Vino in Alto Adige

Storia e presente di un
territorio vinicolo unico

Vino in Alto Adige

Storia e presente di un territorio vinicolo unico

a cura del
Consorzio Vini Alto Adige

ATHESIA VERLAG

// In Alto Adige il vino è un pezzo di cultura, un pezzo di storia, un pezzo dell'anima di questa terra. Caratterizza le persone e il paesaggio, l'economia e il trascorrere delle stagioni.

Viticoltura e vino riflettono la geologia, i suoli e il clima. Segnano le epoche, sono un libro aperto sui cambiamenti della società, stimolano lo sviluppo, influenzano arte, cultura e architettura. Alimentano lo spirito innovativo, fanno nascere e fiorire nuove idee.

Nato dall'idea di un gruppo di entusiasti esperti di vino, il presente volume esplora le interazioni tra viticoltura, territorio e popolazione. Per realizzarlo, il Consorzio Vini Alto Adige, nelle vesti di curatore, ha coinvolto autori di prestigio, specialisti nei rispettivi ambiti, che ci offrono una panoramica completa e nuove intuizioni – incluse le loro visioni, prospettive e opinioni.

I cinque grandi capitoli del libro riflettono le diverse sfaccettature del vino: il territorio vinicolo dell'Alto Adige, la storia vitivinicola locale, lo sviluppo della produzione e del consumo, la cultura del vino e, non da ultimo, l'economia del vino e i suoi protagonisti.

L'obiettivo è quello di mostrare una completa visuale sul mondo vitivinicolo altoatesino, senza dimenticare nulla. Una panoramica per presentare tutto ciò che è stato, che è e che (presumibilmente) diventerà il vino inteso come bene culturale. \\

Andreas Kofler, presidente Consorzio Vini Alto Adige

INDICE

2.

Imparare e acquisire esperienza da 2.500 anni
La viticoltura nel corso del tempo

3.

Il lungo cammino dal vigneto al bicchiere
Produzione e consumo

4.

Persone e vino

Il vino nell'arte, nella cultura e nella società

5.

Qui si vive il vino
Ricerca, consulenza, associazioni

Le zone vinicole dell'Alto Adige

// Dalle zone meridionali quasi mediterranee di Oltradige e Bassa Atesina passando per Bolzano fino ai vitigni più settentrionali a sud dell'arco alpino in Valle Isarco. O risalendo la Valle dell'Adige, oltre Merano fino all'aspra Val Venosta: ogni zona vinicola dell'Alto Adige ha caratteristiche uniche e una storia altrettanto unica.

La ragione dell'eccezionale varietà di questa piccola regione vitivinicola va ricercata nella morfologia dell'Alto Adige. La sua posizione nelle Alpi offre una straordinaria varietà di terreni, di orientamenti dei pendii e di microclimi che influenzano profondamente la viticoltura e la sua evoluzione.

Storicamente, l'area che si estende da Merano lungo l'Adige fino all'estremità meridionale della provincia costituisce il cuore del paesaggio vitivinicolo dell'Alto Adige. Ancora oggi è qui che si trovano le zone di coltivazione più estese, mentre la Val Venosta e la Valle Isarco vantano una tradizione vitivinicola più recente. Ciononostante, è l'insieme delle sue diverse zone di produzione a definire la vera essenza del territorio vitivinicolo dell'Alto Adige che, per quanto possa sembrare un luogo comune, è molto più della somma delle sue singole parti. \\

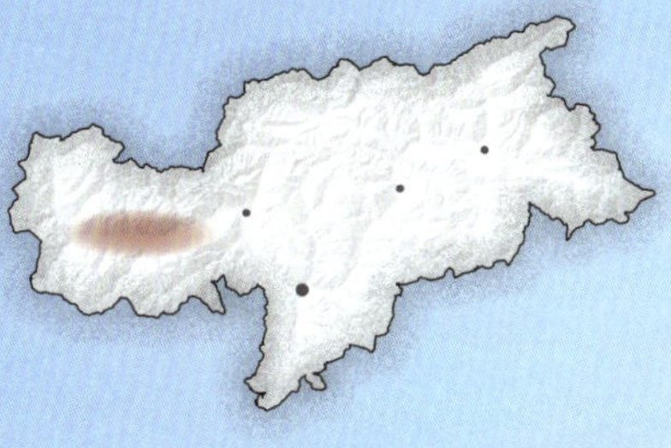

Val Venosta

Con poco più di 80 ettari di superficie vitata, la Val Venosta è la zona di produzione più piccola dell'Alto Adige. Ciò potrebbe essere dovuto anche al fatto che qui le condizioni per la viticoltura (e non solo) risultano piuttosto problematiche: ripidi terrazzamenti sui pendii meridionali di una valle tra le più secche dell'arco alpino.

Merano e il Burgraviato

Merano non è solo l'antico cuore del Tirolo; la città e i suoi dintorni ricoprono un ruolo centrale anche nella storia della viticoltura dell'Alto Adige. Fu qui che l'arciduca Giovanni d'Austria fece i primi esperimenti con nuove varietà di vitigni. Oggi, con oltre 700 ettari di superficie vitata, Merano e il Burgraviato sono dei pesi massimi della viticoltura dell'Alto Adige.

La conca di Bolzano
La cintura di vigneti che circonda la conca di Bolzano è considerata da sempre una vera peculiarità. Ancora oggi, degli oltre 700 ettari di superficie vitata di Bolzano e dintorni, solo un terzo si trova sul terreno del fondovalle, mentre il resto si arrampica sui pendii intorno alla città – oppure adorna la collina dalla quale proviene il Santa Maddalena.

Valle Isarco

Per molto tempo, la Valle Isarco è stata un'isola di bianchi in una regione vinicola votata ai rossi come l'Alto Adige – e, quindi, anche una sorta di pioniera di una tendenza che oggi si estende a tutto il territorio. Poiché il clima della Valle Isarco, la zona di coltivazione vinicola più settentrionale a sud delle Alpi, è piuttosto rigido, le varietà di vitigni che vi si coltivano provengono dal nord.

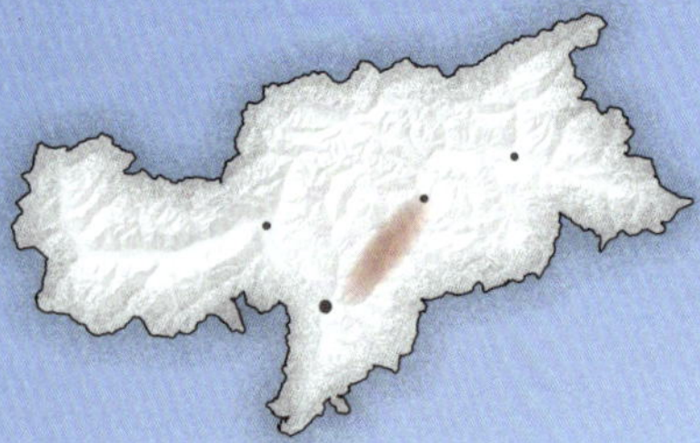

Oltradige

A circa 200 metri sopra il fondo della Valle dell’Adige a sud di Bolzano, si estende l’Oltradige, che ospita quasi un terzo di tutte le superfici vitate dell’Alto Adige. Il cuore di questa zona vitivinicola di fondamentale importanza è il Lago di Caldaro, il cui vino omonimo nel corso degli anni si è più che affermato.

Bassa Atesina

Così come l'Oltradige, il suo vicino più in quota, anche la Bassa Atesina, tra Laives e Salorno, ospita un terzo delle superfici vitate dell'Alto Adige. La gamma delle varietà di vitigni che vi viene coltivata è considerevole e spazia dai vini bianchi più fruttati al Pinot Nero.

Artigianato alpino

L'Alto Adige è una piccola area vinicola che offre una grande varietà. Il motivo è la presenza delle montagne che caratterizzano la viticoltura del territorio: dai terreni al clima, dai vari vitigni alle loro zone ideali, al lavoro manuale che ancora oggi predomina nella viticoltura altoatesina.

1.

Un piccolo territorio con terroir diversi

Ambiente e natura

Le fondamenta della viticoltura dell'Alto Adige

Geologia e terreni

// Sebbene l'Alto Adige sia una piccola area vinicola, la varietà di terreni è enorme e caratterizza i vigneti e il vino. Per capire meglio il vino altoatesino, è interessante scoprire come si siano formati i terreni vitivinicoli: plasmati da forze della natura nel corso di 20.000 anni e modellati nel tempo da generazioni di viticoltori. Inoltre, è affascinante osservare come i diversi terreni influenzino il vino nelle varie zone di coltivazione.

Martin Thalheimer

A causa della sua natura montuosa l'Alto Adige è strutturalmente e geologicamente molto vario, con contrasti che vanno dalle vallate più profonde fino alle formazioni rocciose d'alta montagna. Notoriamente le superfici vitate dell'Alto Adige sono situate nelle zone più climaticamente favorevoli di Valle Isarco, Val Venosta, Valle dell'Adige e Bassa Atesina, soprattutto su conoidi di deiezione e colate detritiche nonché su terrazzamenti di mezza montagna. Fig.1 Ne fanno parte anche le conche vallive di Bressanone, Merano e Bolzano. In queste zone, i terreni non sono stati creati dall'alterazione chimica e fisica della locale roccia madre, ma si sono sviluppati su substrati emersi a seguito delle forze abrasive e modellanti esercitate da ghiaccio e acqua nel recente passato geologico. Pertanto, la struttura di questi terreni riflette spesso le caratteristiche geologiche di un bacino idrografico più ampio. Per comprendere la formazione dei terreni è utile proporre un breve excursus della geologia dell'Alto Adige anche oltre i confini delle zone vitivinicole vere e proprie.

Semplificando, geologicamente l'Alto Adige si presenta diviso in due. Nella parte settentrionale affiorano soprattutto rocce metamorfiche. Si tratta di rocce che, nel loro passato all'interno della Terra, hanno subìto una profonda trasformazione della struttura cristallina a causa di pressione e temperatura. Nella zona meridionale invece predominano le rocce magmatiche e sedimentarie. Le prime si formano in seguito alla solidificazione di rocce fuse, mentre le seconde derivano dal consolidamento e rimodellamento di depositi di varia origine. La linea di confine tra queste due principali unità geologiche viene definita "linea insubrica".

Tra le rocce metamorfiche rientrano gneiss e micascisto, prevalenti in vaste zone della parte settentrionale dell'Alto Adige, oltre alla fillade quarzifera, comune nell'area di Bressanone. Un noto esempio di formazione magmatica è invece la placca di porfido quarzifero di Bolzano. Le Dolomiti, universalmente note, sono a loro volta composte da una variegata successione di rocce sedimentarie. GRAFICO 1

Semplificando, geologicamente l'Alto Adige si presenta diviso in due. Nella parte settentrionale affiorano soprattutto rocce metamorfiche. Nella zona meridionale invece predominano le rocce magmatiche e sedimentarie.

Qual è l'origine dei nostri terreni?

Mentre l'origine delle rocce metamorfiche, magmatiche e sedimentarie risale a molti milioni di anni fa, l'origine dei substrati che formano il terreno predominante nelle zone vitivinicole risale al passato geologico più recente degli ultimi 20.000 anni, cioè al periodo temporale tra l'apice dell'ultima era glaciale e oggi. Durante le grandi ere glaciali, i ghiacciai alpini si unirono fino a diventare un sistema chiuso di colate glaciali. In Alto Adige i possenti ghiacciai ricoprivano praticamente l'intero territorio. Nel loro lento scorrimento, i ghiacciai trasportavano enormi quantità di detriti rocciosi che venivano parzialmente levigati e macinati finemente dall'attrito. Dopo lo scioglimento dei ghiacciai, questi detriti rimasero in molte località sotto forma di sedimenti morenici. FIG. 2/3

In diversi periodi intermedi più caldi e alla fine dell'era glaciale, le masse di ghiaccio si ritrassero e potenti corsi d'acqua di disgelo attraversarono le vallate, causando il deposito di grandi banchi di ghiaia. A differenza delle morene, questa ghiaia fluviale presenta una chiara stratificazione di materiali di diversa grana, mentre i sedimenti morenici sono costituiti per lo più da una massa di base a grana fine con una distribuzione casuale di frammenti di varie dimensioni. I sedimenti dei ghiacciai e delle loro acque di scioglimento sono spesso intrecciati e vengono quindi denominati anche sedimenti fluvioglaciali. In gran parte delle odierne superfici vitate, banchi di ghiaia e morene costituiscono il substrato principale della formazione del terreno. Nella loro composizione, questi due elementi riflettono il vasto bacino idrografico dei flussi glaciali o dei corsi d'acqua e presentano pertanto solitamente una grande varietà dei più diversi tipi di roccia.

Nel recente passato geologico, dopo la fine dell'era glaciale, a modellare il paesaggio sono stati soprattutto i corsi d'acqua. Nelle zone in cui i flussi d'acqua laterali confluiscono nelle vallate principali, si sono formati numerosi conoidi alluvionali causati dal depositarsi del materiale roccioso trasportato. Poiché i corsi d'acqua attraversavano spesso depositi geologici di diversa natura, nei conoidi alluvionali sono solitamente presenti rocce di origine assai varia. Su tali conoidi, soprattutto nella Valle dell'Adige, nell'Oltradige e nella Bassa Atesina, si trovano oggi molte delle più classiche zone vitivinicole. Solo una piccola parte delle superfici vitate si trova invece su terreni formati esclusivamente dall'alterazione chimica e fisica delle rocce originariamente presenti sul posto.

Grafico 1

Geologia dell'Alto Adige

Un territorio, tanti suoli: le grandi unità geologiche formano le fondamenta dei terreni sui quali crescono i vini dell'Alto Adige.

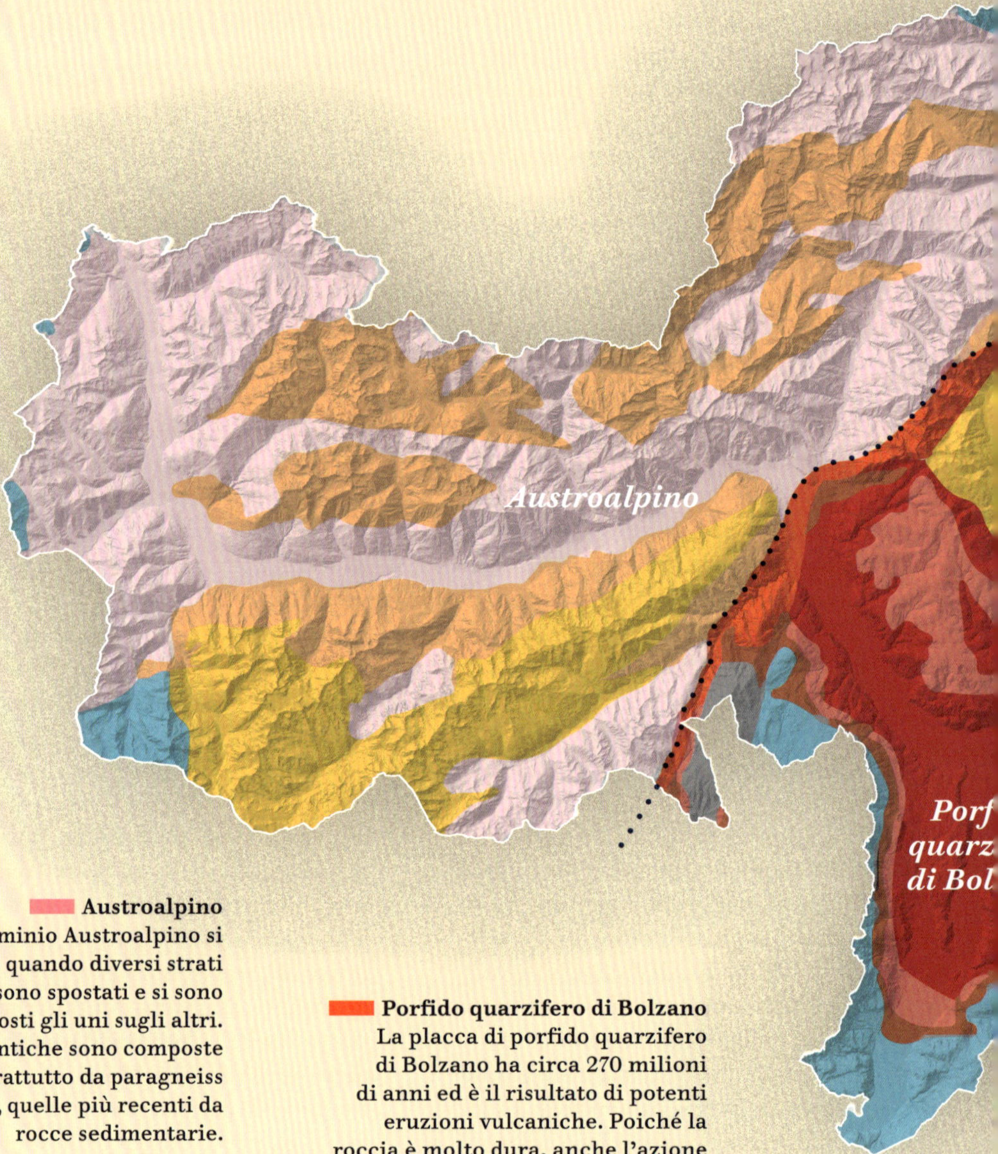

Austroalpino
Il Dominio Austroalpino si è formato quando diversi strati rocciosi si sono spostati e si sono sovrapposti gli uni sugli altri. Le parti più antiche sono composte soprattutto da paragneiss e micascisti, quelle più recenti da rocce sedimentarie.

Porfido quarzifero di Bolzano
La placca di porfido quarzifero di Bolzano ha circa 270 milioni di anni ed è il risultato di potenti eruzioni vulcaniche. Poiché la roccia è molto dura, anche l'azione meccanica dei ghiacciai durante l'era glaciale non è riuscita a modificarla in modo sostanziale.

Finestra dei Tauri
Lo gneiss e gli scisti della Finestra dei Tauri hanno vissuto un susseguirsi di alti e bassi. Formatisi sul fondo di un oceano, durante la formazione delle Alpi furono spinti in profondità, dove la loro struttura si è modificata. Sono tornati a riemergere circa 25 milioni di anni fa.

Sudalpino
La base del Dominio Sudalpino è costituita da rocce della placca continentale africana. Su di essa ci sono diversi strati: quelli nati da barriere coralline e quelli spinti in superficie dai vulcani.

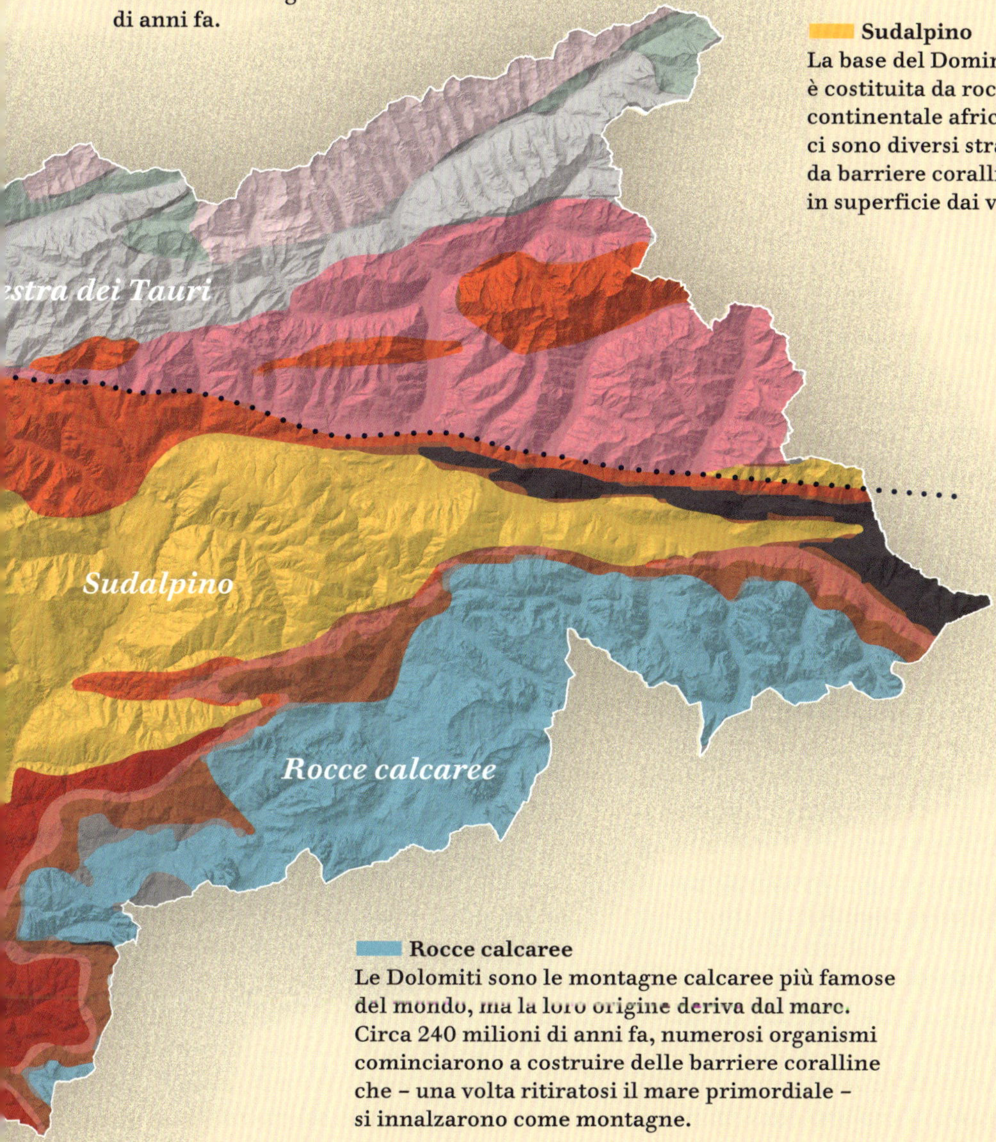

Rocce calcaree
Le Dolomiti sono le montagne calcaree più famose del mondo, ma la loro origine deriva dal mare. Circa 240 milioni di anni fa, numerosi organismi cominciarono a costruire delle barriere coralline che – una volta ritiratosi il mare primordiale – si innalzarono come montagne.

Legenda

Anfibolite	Permiano
Scisto grigionese	Fillade quarzifera
Rocce calcaree	Porfido quarzifero di Bolzano
Scisto	"Unità di Tulver-Senges"
Gneiss	Rocce effusive
Granito	Strati di Werfen
Paragneiss	• • • • • • Allineamento periadriatico

Fonte: https://ambiente.provincia.bz.it/downloads/04_PTA.2021_Volume_A.pdf

Grafico 1 – Geologia dell'Alto Adige

Cosa conta per la viticoltura?

I terreni si formano a partire da un determinato substrato geologico attraverso processi di alterazione e neoformazione di composti e la loro migrazione lungo il profilo, sotto l'influsso di clima, vegetazione e paesaggio. Ciò può portare a trasformazioni anche significative nella composizione dei terreni e allo sviluppo di nuove caratteristiche. I principali processi che hanno contribuito alla formazione dei terreni delle zone vitivinicole altoatesine sono l'arricchimento in humus, la decalcificazione, la brunificazione e l'arricchimento in argilla. Sui substrati giovani come i conoidi alluvionali, i processi di trasformazione si trovano ancora in uno stadio iniziale.

La decalcificazione dei terreni originariamente ricchi di calcare è riconducibile all'instabilità del carbonato di calcio in ambiente acido. L'effetto acidificante della vita presente nel terreno e gli agenti acidificanti presenti nell'atmosfera portano alla dissoluzione del carbonato di calcio e alla sua rimozione da parte delle acque di infiltrazione. Con il passare del tempo si può arrivare anche alla totale decalcificazione del terreno. Il valore del pH del terreno può quindi scendere da alcalino o neutrale ad acido a causa del venire meno dell'effetto tampone fornito dal carbonato di calcio facilmente solubile. In un ambiente acido si arriva al disfacimento di minerali del terreno fino a quel momento stabili. Il rilascio e l'ossidazione del ferro causano quindi la brunificazione del terreno e dai prodotti di questa disgregazione chimica possono generarsi nuovi minerali argillosi. Simili cambiamenti nel terreno richiedono periodi di secoli o di millenni e avvengono in luoghi che, a causa della loro posizione geografica, sono riparati dall'afflusso di materiale fresco e ricco di calcio dall'entroterra. Un esempio sono i terreni di disgregazione sui sedimenti morenici nei dintorni di Cornaiano.

Oltre a questi naturali processi di trasformazione, nel caso dell'utilizzo agricolo, e soprattutto vitivinicolo, a influire significativamente sulle caratteristiche del terreno è anche la coltivazione protratta per molti anni. Per esempio, la lavorazione profonda del terreno praticata da generazioni in occasione del rinnovo dei vigneti ha portato a un rimescolamento degli orizzonti creando uno strato di lavorazione più omogeneo.

Le caratteristiche del terreno più importanti ai fini della viticoltura, ossia quelle in grado di determinare le proprietà colturali di un luogo, sono la tessitura del suolo, il contenuto di humus e di calcare, la pietrosità e la profondità. La tessitura del terreno è determinata dalle frazioni delle tre classi di terra fine, ossia sabbia, limo e argilla. La maggior parte delle nostre superfici vitate presenta terreni con modesti contenuti di argilla. I suoli sono prevalentemente di tessitura franca o franco-sabbiosa e grazie anche al loro contenuto in scheletro sono generalmente permeabili all'acqua e ben arieggiati. Grazie all'inverdimento permanente praticato da decenni, il contenuto di humus risulta solitamente elevato.

Il contenuto di carbonato di calcio attivo dipende dalle caratteristiche iniziali del substrato e si riduce con la sua progressiva alterazione chimica. Il carbonato di calcio tampona il valore del pH del terreno tra neutro e alcalino e stabilizza la struttura del suolo e la sostanza organica. Tuttavia, contenuti molto elevati possono causare problemi con l'assorbimento di alcuni nutrienti. A causa del loro posizionamento quasi esclusivo in zone collinari, i terreni vinicoli altoatesini presentano un contenuto di pietre da medio ad alto. Un elevato contenuto in scheletro rende più difficile la lavorazione del terreno e ne limita la naturale fertilità, anche se ciò non sempre è uno svantaggio per la viticoltura. Effetto contrario ha invece la profondità del terreno, poiché più è profondo, maggiore è il volume di terreno disponibile per le viti con le loro radici tipicamente profonde e quindi risulta maggiore anche la capacità di ritenzione di acqua ed elementi nutritivi.

Figura 1

Sezione trasversale naturale: un conoide alluvionale di detrito calcareo costituisce la base di questo vigneto sotto la catena della Mendola.

Figura 2

Il profilo del suolo (qui sopra quello di una morena) fornisce informazioni su come cambia il terreno con l'aumentare della profondità: anche in viticoltura.

Figura 3

Numerosi vigneti in Alto Adige crescono oggi su ciò che è stato depositato dai ghiacciai dell'era glaciale – nella foto una morena inalterata con le tipiche pietre arrotondate in una massa di base a grana fine.

I terreni vinicoli dell'Alto Adige

La conca di Bressanone e la Valle Isarco

A Bressanone, la Valle Isarco si apre in un'ampia conca posta su un basamento cristallino costituito da diverse rocce silicatiche metamorfiche denominate filladi quarzifere di Bressanone. Queste si estendono verso sud fino a Ponte Gardena, dove confinano con il porfido quarzifero di Bolzano. Tuttavia, al basamento cristallino sono sovrapposti diffusi sedimenti glaciali, che circondano anche il bacino di Bressanone e costituiscono la base dei vigneti della zona. Tali sedimenti provengono dall'attività di trasporto sia delle masse glaciali che delle loro acque di disgelo, e possono presentare caratteristiche localmente differenti. I vigneti, situati prevalentemente in pendenza, sono stati spesso terrazzati nel corso delle generazioni per facilitare la coltivazione e presentano una componente scheletrica composta in prevalenza da rocce silicatiche metamorfiche.

Anche le zone coltivate sui versanti laterali della media e bassa Valle Isarco poggiano su sedimenti morenici, ghiaie fluviali e, in parte, su detriti di erosione silicatici, che a nord di Ponte Gardena provengono dalla già citata fillade quarzifera, mentre a sud dai porfidi quarziferi di Bolzano. Nonostante la roccia madre in queste zone sia di natura silicatica, i suoli contengono comunemente calcare attivo e di conseguenza presentano un pH da neutro a leggermente alcalino. La presenza del calcare attivo è riconducibile all'influenza dei depositi dell'era glaciale, la cui area di origine include anche le formazioni calcaree delle Dolomiti. Il contenuto in scheletro dei terreni varia notevolmente a livello locale, così come il loro spessore, che è determinato dalla profondità della roccia madre oppure del corpo morenico inalterato.

Anche le zone coltivate sui versanti laterali della media e bassa Valle Isarco poggiano su sedimenti morenici, ghiaie fluviali e, in parte, su detriti di erosione silicatici.

La conca di Bolzano

Il basamento della conca valliva di Bolzano e dintorni è l'imponente placca di porfido quarzifero di Bolzano, originata circa 270 milioni di anni fa da un vasto sistema vulcanico. Tuttavia, il substrato principale dei suoli delle famose zone viticole sui versanti della conca è di origine molto più recente. Anche in questo caso si tratta di depositi fluvioglaciali risalenti all'ultima era glaciale, terminata circa 12.000 anni fa. I sedimenti terrazzati di ghiaia fluviale dell'ultimo periodo interglaciale raggiungono una maggiore estensione nella zona settentrionale di Bolzano e costituiscono il substrato principale dei terreni delle aree vitivinicole di Santa Maddalena, Santa Giustina, Rencio, Coste e San Pietro. Questi presentano un elevato contenuto in scheletro, sono profondi e ben aerati, ma hanno una capacità di trattenere nutrienti e acqua piuttosto modesta.

Sui pendii che scendono dal Monzoccolo verso la conca di Bolzano prevalgono le morene come substrato per la formazione dei suoli. Questi presentano un contenuto di argilla leggermente più alto e, a causa dell'influenza del porfido, spesso una colorazione rossastra. Le superfici vitate di fondovalle poggiano in gran parte sull'ampio ventaglio alluvionale della Talvera. A causa delle diverse dinamiche di deposizione, terreni con prevalenza di terra fine si alternano a terreni ghiaiosi. Poichè il bacino idrografico della Talvera è quasi esclusivamente costituito da rocce silicatiche, i sedimenti depositati sono prevalentemente privi di carbonati. Si tratta inoltre di terreni profondi e ben permeabili.

Val Venosta

In Val Venosta, i vigneti sono limitati ai ripidi pendii soleggiati ai piedi del Monte Sole o ai coni alluvionali creati dai torrenti laterali. Sui pendii più ripidi le viti sono disposte spesso su piccoli terrazzamenti. La roccia madre silicatico-metamorfica che predomina in queste aree è ampiamente influenzata dai sedimenti glaciali. Per quanto riguarda il materiale morenico, esso proviene da un bacino idrografico composto soprattutto da silicati e contenente quindi solo piccole quantità di carbonato. Anche nei terreni dei coni alluvionali si trova una miscela di rocce autoctone e materiale morenico.

In termini di profondità e presenza di pietre, i terreni possono presentare caratteristiche molto differenti. Mentre sui conoidi alluvionali lo sviluppo in profondità delle radici raramente incontra ostacoli, sui ripidi pendii terrazzati la profondità può risultare limitata dalla sottostante roccia madre o da sedimenti morenici consolidati. A causa della bassa percentuale di calcare nel substrato che forma il terreno, i valori di pH di quest'ultimo rientrano prevalentemente nella fascia acida. La percentuale di argilla nei terreni è generalmente bassa.

Burgraviato

Nella zona della conca valliva di Merano, le formazioni geologiche del porfido quarzifero di Bolzano incontrano le rocce metamorfiche dell'Austroalpino. Tuttavia, su gran parte delle superfici vitate, queste rocce madri sono ricoperte dai sedimenti dell'era glaciale. Questo vale sia per le superfici coltivate sulle colline da Lagundo a Scena a nord e sui ripidi contrafforti del Monzoccolo nella zona di Avelengo a ovest, che per i ripidi pendii vitivinicoli vicino a Marlengo e Cermes a sud-est. Sebbene le aree viticole presentino una topografia assai varia per effetto delle diverse condizioni di eposizione, pendenza e rilievo superficiale, presentano generalmente come caratteristica in comune il substrato morenico con prevalenza di rocce silicatiche e a basso contenuto calcareo. I terreni hanno pertanto un pH prevalentemente acido.

Differenze su piccola scala tra le singole località si rilevano in termini di profondità di sviluppo dei suoli, spesso limitata dal materiale morenico solidificato dalla precedente pressione del ghiaccio. Anche il contenuto in scheletro dei suoli è molto variabile. La percentuale di argilla nella terra fine è quasi sempre bassa. Localmente anche la deposizione di materiale di erosione tramite i corsi d'acqua ha contribuito alla formazione dei suoli; le proprietà del suolo possono quindi essere influenzate sia dalla roccia madre locale che dagli strati sedimentari erosi.

La media Valle dell'Adige

Nella Valle dell'Adige tra Merano e Bolzano i vigneti sono situati per lo più su conoidi alluvionali formati dai torrenti che vi si immettono lateralmente. La composizione dei suoli riflette le condizioni geologiche dei rispettivi bacini di provenienza. Sia sul versante orientale che su quello occidentale, la media Valle dell'Adige è affiancata da formazioni di porfido quarzifero di Bolzano. A ovest, tuttavia, a queste si sovrappongono le rocce calcaree e dolomitiche della Mendola.

I conoidi alluvionali nei pressi di Nalles e Andriano presentano quindi una notevole percentuale di calcare, mentre i terreni sui conoidi alluvionali di Terlano e Settequerce sono costituiti principalmente da detriti di porfido e presentano valori di pH più bassi. I suoli sul versante occidentale sono inoltre caratterizzati da contenuti in argilla più elevati, provenienti da strati di sedimenti argillosi e marnosi a quote più elevate. I terreni dei conoidi alluvionali sono sempre profondi e presentano un elevato contenuto in scheletro, che tende comunque a diminuire a valle. Su entrambi i versanti si trovano anche piccole superfici vitate su terrazzamenti di mezza montagna, dove i terreni si sono formati su sedimenti morenici o detriti di versante più recenti, spesso anche mescolati tra di loro, dando origine a suoli molto variabili per composizione e profondità.

Oltradige

A causa della loro complessa origine, i vigneti dell'Oltradige presentano una grande varietà di terreni. Una grossolana suddivisione si presenta in direzione est-ovest. Nella zona orientale intorno a Cornaiano si estende un paesaggio ondulato di colline glaciali, mentre il versante occidentale della valle è caratterizzato da conoidi di detriti calcarei della Mendola. Il paesaggio morenico dell'Oltradige orientale si è formato quando i ghiacciai dell'ultima era glaciale hanno rimodellato i massicci depositi di ghiaia di epoca interglaciale ricoprendoli di morene. Sebbene ciò sia avvenuto anche nella zona occidentale lungo la catena della Mendola, lì i depositi dell'era glaciale vennero ricoperti da conoidi alluvionali durante un più recente passato geologico.

Nella loro forma originaria, le morene presentavano una notevole percentuale di calcare attivo e un colore grigio chiaro, dovuto al carico di rocce calcaree portato dal ghiacciaio dell'Isarco dalla regione dolomitica. L'alterazione chimica di questi sedimenti ha portato alla brunificazione e all'acidificazione dei terreni. La profondità di sviluppo del suolo è molto variabile e risulta spesso bassa sulle creste delle colline a causa dell'erosione. Negli avvallamenti, invece, l'accumulo di terra fine ha portato alla formazione di suoli molto profondi. La parte scheletrica vede prevalere rocce silicatiche arrotondate dal trasporto glaciale.

I terreni vitivinicoli sui conoidi alluvionali ai piedi della Mendola sono generalmente ricchi di calcare e quasi ovunque molto profondi. Il contenuto in scheletro, in cui predominano rocce calcaree e dolomitiche della catena della Mendola, è molto alto nella parte superiore del conoide e diminuisce notevolmente con lo spianarsi del pendio. I sedimenti ricchi di argilla presenti nella successione rocciosa della Mendola conferiscono ai terreni dei conoidi alluvionali la loro tessitura franca e il colore rossastro. Il contenuto relativamente elevato di argilla e calcare ha un effetto stabilizzante sulla sostanza organica. Il contenuto di humus è quindi generalmente più elevato rispetto a quello nei terreni situati su sedimenti glaciali. Su superfici più piccole, soprattutto nella zona dei solchi vallivi, si possono trovare terreni che si sono originati su ghiaie dell'Adige di epoche interglaciali. Nella parte settentrionale dell'Oltradige anche sedimenti profondi e fini di un antico lago costituiscono il substrato per la formazione del terreno.

Bassa Atesina

La struttura paesaggistica relativamente complessa della Bassa Atesina determina caratteristiche del terreno localmente molto differenti. Una parte significativa dei vigneti si trova su entrambi i lati della valle su conoidi alluvionali aggettanti sulla Valle dell'Adige e caratterizzati da una forte presenza di detriti calcarei. All'altezza di Termeno e sul versante opposto della valle nei pressi di Egna, la placca di porfido quarzifero di Bolzano sprofonda nel sottosuolo e lascia il posto a formazioni calcaree e dolomitiche che, da lì in poi, affiancano la Valle dell'Adige verso sud. In questi si trovano intercalati anche strati argillosi facilmente erodibili che conferiscono ai suoli la loro tessitura franca e le loro distintive tonalità rosse. I terreni dei conoidi alluvionali sono molto profondi e presentano una crescente presenza scheletrica con l'aumentare dell'altitudine.

Su entrambi i versanti della valle si trovano anche vigneti in quota, su pendii o terrazzamenti influenzati dai ghiacciai. Anche in queste zone prevalgono i detriti di versante calcareo-argillosi, spesso frammisti a resti di sedimenti glaciali. La profondità dei terreni e il loro contenuto in scheletro varia notevolmente in base alle condizioni di formazione locali. Alcuni vigneti in Bassa Atesina sono situati anche su terreni alluvionali di fondovalle, in una posizione atipica per la viticoltura altoatesina, ma tradizionale per le regioni vitivinicole più a sud. In queste zone, molto povere di pietre e dal terreno profondo, le radici della vite si collegano anche alle falde acquifere superficiali.

\\

La struttura paesaggistica relativamente complessa della Bassa Atesina determina anche caratteristiche del terreno localmente molto differenti. Una parte significativa dei vigneti si trova su entrambi i lati della valle su conoidi alluvionali aggettanti sulla Valle dell'Adige.

Fattori climatici, gruppi di maturazione e cambiamento climatico

L'influsso del clima sulla viticoltura

// Il clima – soprattutto temperatura, luce e precipitazioni – influisce sulla viticoltura in modo duraturo. Per via della sua topografia, l'Alto Adige presenta una grande varietà di climi anche in un'area ridottissima. Vi si possono trovare tre dei cinque gruppi di maturazione riconosciuti ma in linea di massima si può dire che l'Alto Adige si trovi al margine più freddo della diffusione della vite. Quale sarà il futuro climatico e vitivinicolo dell'Alto Adige?

Lukas Egarter Vigl, Simon Tscholl

Da sempre, viticoltura e clima sono strettamente connessi. Per il successo della viticoltura e per la produzione di vini di alta qualità occorre un clima ottimale. La viticoltura in Alto Adige, regione di montagna, è fortemente influenzata da un equilibrio favorevole tra luogo di coltivazione e clima. Il minimo cambiamento dell'orientamento, dell'inclinazione e dell'altitudine dei pendii determina lo sviluppo di un'ampia varietà di condizioni climatiche anche in uno spazio molto piccolo. Questa varietà topografica e climatica consente la coltivazione di molti vitigni diversi e la produzione di vini con caratteristiche sensoriali e qualitative assai differenti.

Zona vinicola di montagna ricca di sfaccettature

In Alto Adige la viticoltura si estende su circa 5.750 ettari, prevalentemente nelle valli dell'Adige e dell'Isarco tra i 200 e i 1.000 metri sul livello del mare e comprende località dal clima in parte mite ma anche piuttosto rigido. FIG. 1
Le varietà a maturazione precoce, come Müller-Thurgau e Kerner vengono coltivate preferibilmente ad alta quota, mentre la posizione favorevole alle varietà a maturazione tardiva come Lagrein e Cabernet Sauvignon è il fondovalle. Le località tra i 300 e i 650 metri sul livello del mare sono riservate alle esigenti varietà della

Borgogna come Pinot Grigio, Pinot Bianco e Pinot Nero o alle varietà aromatiche come Gewürztraminer e Sauvignon Blanc.

L'avanzamento del cambiamento climatico degli ultimi decenni sta interessando anche la viticoltura in Alto Adige: incremento delle temperature, eventi meteorologici estremi e aumento delle infestazioni parassitarie sono solo i primi segnali in questa direzione. Dagli inizi degli anni novanta in Alto Adige si è registrato un aumento della temperatura di ben oltre 1 grado Celsius e i modelli climatici prevedono un ulteriore aumento della temperatura fino a 3 gradi Celsius entro la fine di questo secolo. Tabella 1 Ciò comporterà sicuramente un cambiamento nell'idoneità colturale delle singole varietà e un generale spostamento dei limiti di coltivazione, con effetti sull'ambiente e sulla società. Già oggi la viticoltura si sta spingendo sempre più in zone prima riservate ad altri tipi di coltivazione (p. e. prati e pascoli). Essendo una coltura permanente, modifica l'equilibrio ecologico e il paesaggio tradizionale a cui siamo abituati. È quindi probabile che sorgano conflitti di utilizzo e di interessi. Per poter contrastare tempestivamente gli sviluppi legati al cambiamento climatico si rendono necessarie adeguate strategie di adattamento, di importanza vitale se si vorrà garantire anche alle generazioni future una viticoltura di alta qualità, competitiva e sostenibile.

Tre fattori climatici

Quasi nessun'altra pianta coltivata reagisce ai cambiamenti climatici in modo così immediato come la vite. Per produrre uve di alta qualità ha bisogno della giusta temperatura, di luce adeguata e

n.	Descrizione stazione	Altitudine [m s.l.d.m.]	Temperatura media [°C]	Tendenza [°C]	Quantità di precipitazioni [mm]	Gradi giorno periodo vegetativo [°C]
1	Silandro	695	10,8	0,9	572	1.332
2	Merano	329	12,2	1,7	810	1.648
3	Bolzano	224	13,1	1,2	736	1.919
4	Varna (Bressanone)	587	11,1	0,7	727	1.467
5	Barbiano (Colma)	465	11,4	1,4	741	1.473
6	Ora	252	12,9	1,5	847	1.864
7	Fiè allo Sciliar	840	10,2	1,8	806	1.235
	media	485	11,7	1,3	748	1.563

Tabella 1

Rilevazioni di temperatura e precipitazioni in località altoatesine selezionate per il periodo di riferimento 1991-2020; periodo vegetativo stabilito tra aprile e ottobre

di una sufficiente quantità di precipitazioni; questi tre fattori dipendono dalle condizioni ambientali e naturali, e la loro somma determina il clima di un'area di coltivazione.

In viticoltura, il fattore della temperatura ha il ruolo più importante, perché determina l'intero sviluppo fenologico. Come regola generale una coltivazione per rendere al meglio richiede, durante la stagione di crescita, una temperatura media di almeno 13 gradi Celsius. In una regione montuosa come l'Alto Adige, la temperatura media registrata in una località dipende in gran parte dall'altitudine e diminuisce mediamente di circa 0,6 gradi Celsius ogni 100 metri di altezza. Data questa relazione tra temperatura e altitudine, è essenziale adattare il materiale di impianto e le tecniche di coltivazione alle condizioni prevalenti, altrimenti sussiste il rischio che la vite non completi il suo ciclo vegetativo e che le uve non raggiungano la piena maturazione fisiologica. Oltre alla temperatura durante la fase di crescita, in viticoltura è importante anche la temperatura invernale, particolarmente nelle zone di confine dove si verificano forti gelate che possono causare danni permanenti alle viti.

Oltre a questo, le viti hanno bisogno di sufficiente luce solare. A seconda della pendenza e dell'orientamento del terreno, dell'ombreggiamento dovuto agli elementi paesaggistici circostanti e del grado di nuvolosità, anche un'area molto piccola può presentare differenze significative. Tra le 1.200 e le 1.500 ore di sole durante la stagione di crescita sono un requisito fondamentale per la viticoltura, anche se questa cifra varia leggermente tra le diverse varietà di vitigni. L'irraggiamento solare è decisivo soprattutto nelle regioni ai margini freddi dell'area di diffusione, perché può portare a un aumento del calore sulle superfici esposte a sud con pendenza crescente e quindi influenzare notevolmente l'idoneità di un luogo ai fini della coltivazione.

Per poter ricavare le sostanze nutritive dal terreno la vite ha bisogno di sufficiente

È essenziale adattare il materiale di impianto e le tecniche di coltivazione alle condizioni climatiche prevalenti, altrimenti c'è il rischio che le uve non raggiungano la piena maturazione fisiologica.

umidità. E anche la quantità di precipitazioni necessarie è un argomento basilare, poiché dipende da una serie di altri fattori geografici. L'andamento climatico annuale, la natura del suolo e la relativa capacità di immagazzinare acqua, nonché la possibilità di un'irrigazione aggiuntiva, rendono difficile definire con precisione i fabbisogni minimi. Dato che la vite tende a preferire poche precipitazioni durante la fioritura a inizio estate, il terreno dovrebbe essere in grado di immagazzinare acqua in inverno e primavera. Con il procedere della maturazione dell'uva, troppa pioggia può avere un effetto negativo sulla sua qualità. Il presupposto è che, con precipitazioni superiori a 1.000 millimetri all'anno, una viticoltura non è economicamente sostenibile a causa del frequente ombreggiamento del sole da parte delle nuvole, dell'aumento dell'umidità fogliare e delle malattie fungine associate. Al contrario, precipitazioni assenti o molto scarse durante la stagione di crescita possono comportare uno stress idrico nelle piante e comprometterne la fotosintesi e altre importanti funzioni fogliari.

Oltre ai tre fattori climatici citati, altri eventi climatici in grado di determinare l'idoneità alla coltivazione sono anche le gelate precoci, tardive e invernali, le forti piogge, le giornate/notti tropicali e le grandinate. Si tratta di eventi in grado di avere un impatto duraturo sulla crescita della vite e che possono verificarsi con maggiore frequenza in seguito al cambiamento climatico. Le grandinate, per esempio, possono causare danni devastanti o addirittura la perdita completa del raccolto. Lo stesso dicasi per le gelate tardive o per un precoce inizio dell'inverno. I fondivalle sono considerati inadatti per la loro tendenza a formare inversioni e pozze di aria fredda. Anche il caldo eccessivo per un periodo di tempo prolungato (p. e. una concentrazione di giornate e notti tropicali) può avere un effetto negativo sul sensibile rapporto zuccheri-acidi nelle uve e portare a danni da calore e perdita di qualità.

Come si suddivide l'Alto Adige dal punto di vista climatico?

Il periodo vegetativo è la parte più importante del ciclo annuale della vite. Durante questa fase, la vite germoglia, fiorisce e matura, e al suo termine vengono raccolte le uve fisiologicamente mature. Tempo sufficiente e calore opportunamente accumulato sono fondamentali per il completo sviluppo fenologico della vite. I metodi della somma termica rappresentano un buon approccio alla suddivisione climatica delle regioni vitivinicole. Tali metodi si basano sulla somma dei gradi giorno (Growing Degree Days) all'interno di una stagione di crescita (dal 1° aprile al 31 ottobre). Un grado giorno si ricava sottraendo alla temperatura media giornaliera la temperatura di base – per la vite 10 gradi Celsius. Al di sotto di questa soglia di temperatura non si presume alcuna crescita vegetativa e questi giorni non vengono presi in considerazione nel metodo dei gradi giorno. Nel corso dei decenni sono stati sviluppati vari indici di somma termica a livello internazionale, uno dei più antichi e più ampiamente utilizzati è l'indice di Winkler del 1974.

$$IW = \sum_{1^\circ\ aprile}^{31\ ottobre} T_{valore\ medio} - T_{valore\ base}$$

Con l'aiuto dell'indice di Winkler le regioni viticole possono essere suddivise in cinque gruppi di maturazione, dove il gruppo 1 indica zone di coltivazione molto fresche e varietà a maturazione precoce, mentre il gruppo 5 designa il clima di zone molto calde e varietà a maturazione tardiva. Di norma una zona è vocata alla viticoltura non appena raggiunga il valore indice di 850 gradi (valore minimo del gruppo 1) o non superi il valore di 2.700 gradi (valore massimo del gruppo 5) nel periodo climatologico trentennale di riferimento. Il gruppo 1 è inoltre suddiviso in due sottogruppi, 1a e 1b. In tal modo le varietà a maturazione molto precoce come le varietà ibride (PIWI) o le zone che devono essere vendemmiate molto presto per la produzione di vini base per spumanti possono essere mantenute in un proprio gruppo di maturazione (1a). Nella presente documentazione il gruppo 1a è contrassegnato separatamente, perché si parte dal presupposto che la viticoltura economicamente redditizia possa essere praticata solo in presenza di particolari restrizioni.

Per via della sua geografia, in Alto Adige esistono attualmente tre gruppi di maturazione. FIG. 2 Le zone di coltivazione del gruppo 1 si trovano ad altitudini comprese tra 700 e 1.000 metri, per esempio nella Valle Isarco meridionale, in Val Venosta o in Bassa Atesina. In posizioni favorevoli e sui pendii meridionali esposti al sole, la viticoltura può essere praticata con successo anche ad altitudini leggermente più elevate. Durante il periodo vegetativo anche le zone settentrionali come l'alta Valle Isarco meridionale e la Val Pusteria raggiungono temperature che permetterebbero di classificarle nel gruppo 1a. Tuttavia, in inverno, a volte fa ancora troppo freddo ed è prevedibile un ripetuto verificarsi di gelate precoci. Il gruppo 2 occupa la maggior parte della zona di coltivazione dell'Alto Adige e comprende prevalentemente le classiche zone di coltivazione alle medie altitudini tra 300 e 600 metri lungo la Valle dell'Adige

Figura 1

Superfici vitate e zone DOC in Alto Adige oggi

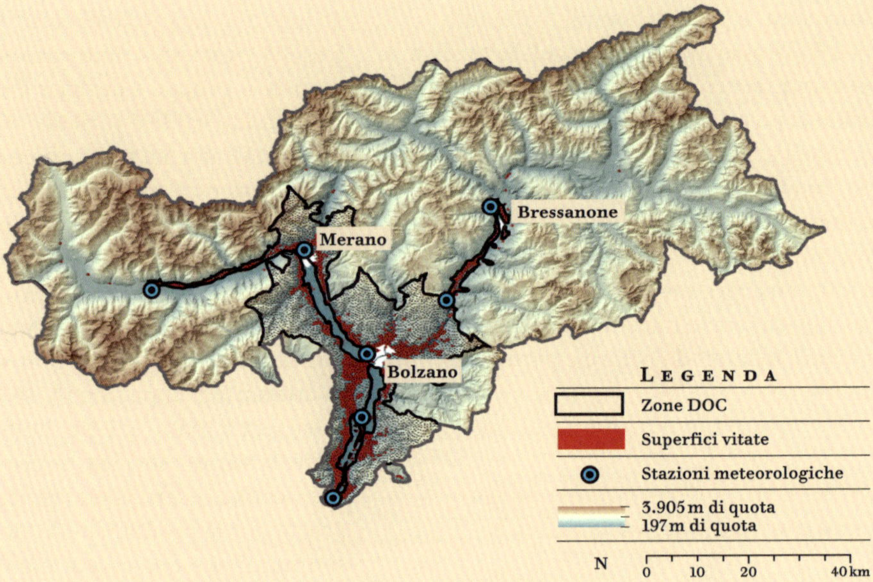

Oltre alle superfici attualmente vitate e alle zone DOC in Alto Adige, questa mappa riporta anche l'ubicazione delle stazioni di misurazione del Servizio idrografico (contrassegnate in blu) tratte dalla Tabella 1.

Figura 2

Quali zone, oggi, sono climaticamente adatte alla viticoltura?

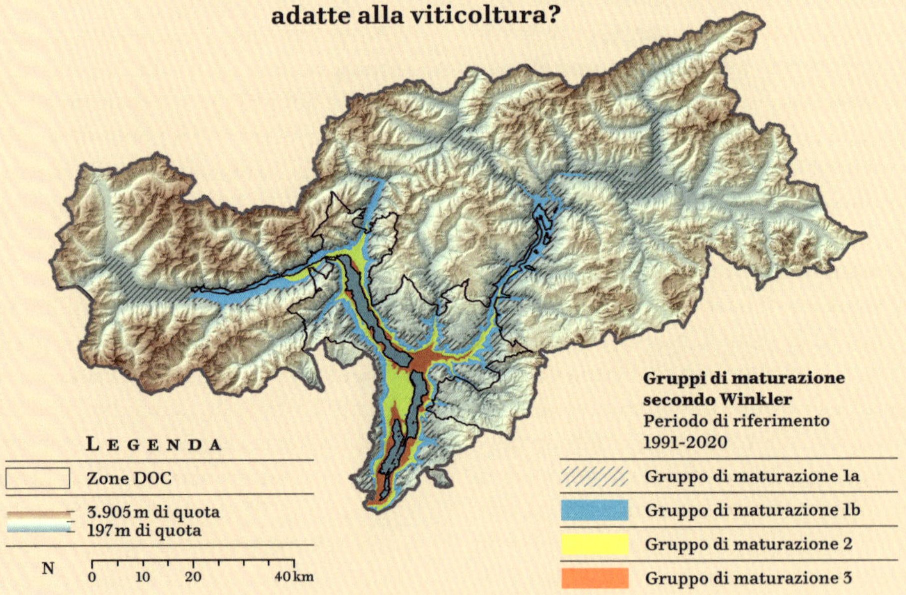

La risposta alla domanda la fornisce questa cartina in cui sono rappresentati i gruppi di maturazione secondo Winkler. I dati sono stati rilevati nel periodo 1991-2020.

Figura 3

Innalzamento della temperatura di 2,5 gradi Celsius entro il 2100

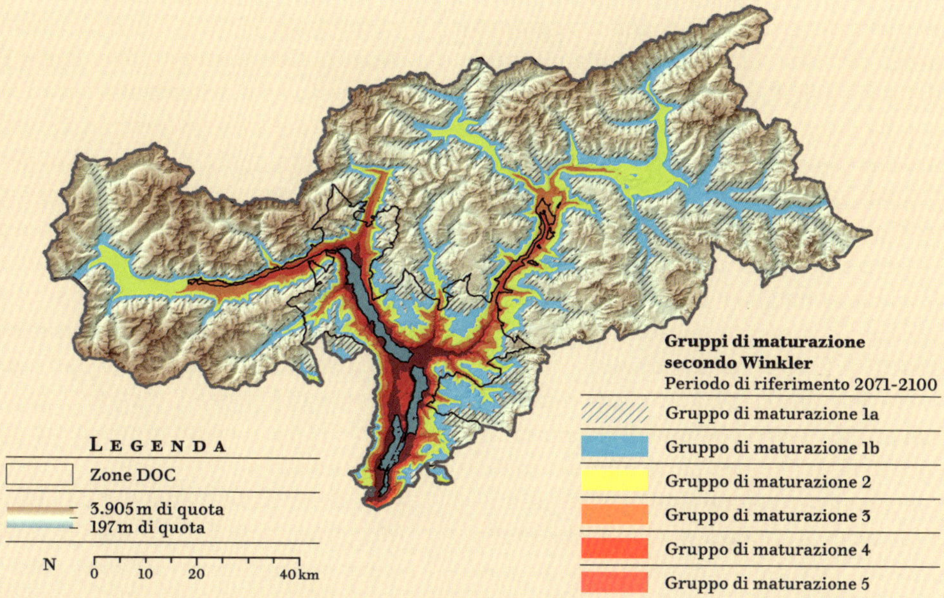

Come mostra questa analisi relativa al periodo 2071-2100, la suddivisione dei gruppi di maturazione cambierà insieme al clima. Questa proiezione considera un incremento della temperatura di circa 2,5 gradi Celsius rispetto ai valori preindustriali.

Figura 4

E se diventa ancora più caldo?

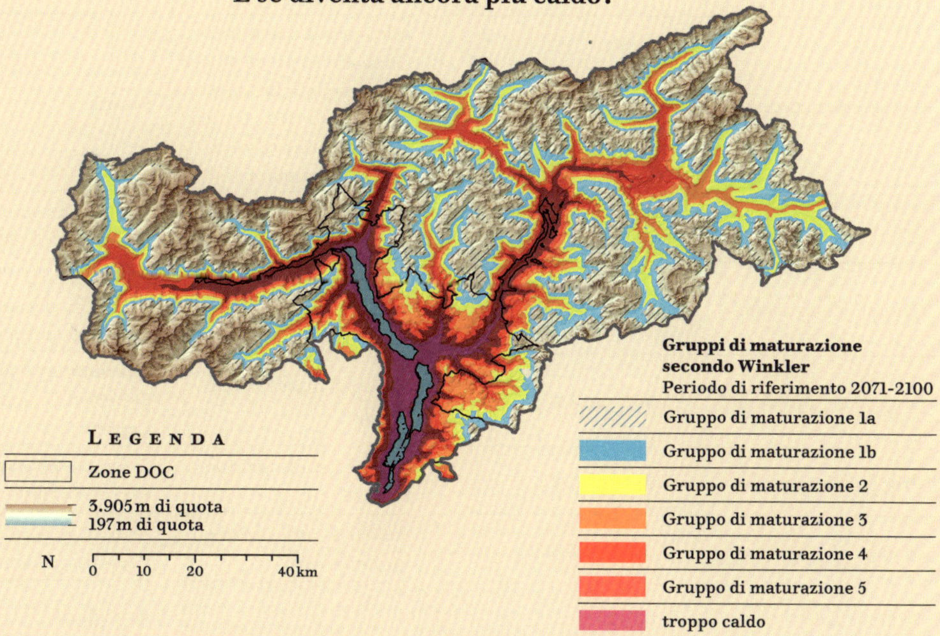

Se si presuppone un aumento delle temperature di 4 gradi Celsius, la suddivisione dei gruppi di maturazione cambia radicalmente. Le zone nelle quali il clima è troppo caldo per la vitivinicoltura (in rosa) si estendono drasticamente.

Fonte: prospetti a cura degli autori

(Terlano, Andriano, Nalles), in Oltradige (Appiano, Caldaro) e in Bassa Atesina (Termeno, Montagna). Le condizioni climatiche del gruppo 3 vengono raggiunte a lungo termine solo nelle località più calde della Valle dell'Adige, attorno a Bolzano e nella parte più meridionale della Bassa Atesina (Salorno, Cortaccia, Lago di Caldaro).

Come è risaputo, i singoli vitigni hanno esigenze termiche diverse con cui si sviluppano al meglio e possono quindi, approssimativamente, essere assegnati a uno specifico gruppo di maturazione. Tabella 2 La varietà ibrida (PIWI) Solaris rientra nel gruppo 1a; poiché può immagazzinare lo zucchero in modo particolarmente rapido, la maturazione fisiologica è garantita anche in condizioni climatiche molto fresche. Le varietà a maturazione precoce come Müller-Thurgau, Kerner o Riesling rientrano invece nel gruppo 1b; per raggiungere la maturità hanno bisogno di calore tra 1.100 e 1.300 gradi. Il gruppo 2 comprende le varietà bianche come Pinot Bianco, Chardonnay e Sauvignon Blanc. Necessitano di temperature tra 1.300 e 1.600 gradi a lungo termine. Questi vitigni sono solitamente posizionati in pendenza e beneficiano così di un angolo di incidenza del sole più favorevole. Infine, nel gruppo di maturazione calda 3 (calore totale compreso tra 1.600 e 1.900 gradi) si trovano Lagrein, Merlot e Cabernet Sauvignon, i quali beneficiano di una quota relativamente più bassa e di fenomeni meteorologici locali come l'Ora, il vento proveniente dal Lago di Garda.

La piovosità media annua nelle zone di coltivazione dell'Alto Adige varia tra i circa 750 millimetri all'anno della zona di Bolzano e gli 850 millimetri della Valle

Gruppo maturazione	Somma termica	Descrizione	Vitigni (selezione)
Troppo freddo	<850°		non adatti
Gruppo maturazione 1a	850°-1.111°	solo varietà a maturazione molto precoce, per lo più varietà ibride o varietà da utilizzare per la produzione di vino base per spumante	Solaris
Gruppo maturazione 1b	1.111°-1.389°	varietà a maturazione precoce	Müller-Thurgau, Kerner, Zweigelt
Gruppo maturazione 2	1.389°-1.667°	varietà a maturazione medio-precoce	Pinot Bianco, Pinot Nero, Sauvignon Blanc, Gewürztraminer
Gruppo maturazione 3	1.667°-1.944°	varietà a maturazione media	Chardonnay, Merlot, Cabernet Sauvignon, Lagrein
Gruppo maturazione 4	1.944°-2.222°	varietà a maturazione tardiva	Sangiovese, Grenache, Syrah, Nebbiolo
Gruppo maturazione 5	2.222°-2.700°	varietà a maturazione molto tardiva	Primitivo, Nero d'Avola, Palomino, Fiano
Troppo caldo	>2.700°		non adatti

Tabella 2

Gruppi di maturazione secondo Winkler (1974): vitigni adattati dagli autori al territorio vinicolo dell'Alto Adige (per i gruppi di maturazione 1-3)

dell'Adige e della Bassa Atesina, e in media è sufficientemente abbondante per la viticoltura. La situazione può diventare critica solo in Val Venosta, dove a lungo termine si registrano valori intorno ai 500 millimetri all'anno. Qui è necessaria l'irrigazione aggiuntiva, ma in caso di prolungati periodi di siccità ciò vale anche per quasi tutte le altre aree di coltivazione; ecco perché la maggior parte dei vigneti dell'Alto Adige ha ora la possibilità di effettuare irrigazioni aggiuntive.

La durata dell'irraggiamento solare dipende molto da esposizione, inclinazione del pendio e ombreggiamento orizzontale dovuto agli elementi paesaggistici. Anche la copertura nuvolosa è importante. Nelle classiche zone di coltivazione dell'Alto Adige si raggiungono in media dalle 1.800 alle 1.900 ore di sole all'anno, con valori massimi di oltre 2.200 ore di sole, per esempio ad Aldino. Ciò rende l'Alto Adige una delle regioni vinicole più soleggiate e climaticamente favorevoli delle Alpi orientali.

Cambiamento climatico e strategie di adattamento

In Alto Adige, dagli anni novanta la temperatura media annua è aumentata di oltre 1 grado Celsius, un aumento significativamente superiore alla media globale, in cui lo stesso aumento è stato registrato solo a partire dal 1850. Ciò comporterà inevitabili cambiamenti nelle caratteristiche e nella geografia della viticoltura. I primi effetti di questo cambiamento sono già evidenti, per esempio si registra già un incremento della gradazione zuccherina – uno dei parametri di maturazione e qualità del mosto d'uva a temperatura controllata. Grafico 2 Finora l'Alto Adige ha beneficiato delle condizioni climatiche più calde (gradazioni più elevate significano alcol più elevato e vini più corposi) ma a fronte di un ulteriore aumento della temperatura, gli effetti negativi sulle caratteristiche e sullo stile del vino diventeranno sempre più frequenti.

Gli effetti del cambiamento climatico sono già evidenti anche nella selezione di un luogo per i nuovi impianti di vite. Nel 2017 e nel 2018 più del 50 per cento delle nuove piantagioni o dei trapianti sono stati messi a dimora a un'altezza superiore a 500 metri e nel 2018 ben il 12 per cento addirittura a un'altezza superiore a 800 metri. Il dato è notevole se si considera che la maggior parte delle zone vitivinicole dell'Alto Adige si trova al di sotto dei 500 metri e che, solo fino a pochi anni fa, la viticoltura era difficilmente immaginabile al di sopra degli 800 metri.

Un ulteriore aumento della temperatura è previsto anche nel XXI secolo. Lo sviluppo dei prossimi decenni è strettamente legato alle emissioni di gas serra causate dall'uomo. Se non si riuscirà ad attuare gli obiettivi climatici definiti a Parigi 2015 e Glasgow 2021, non sarà più possibile rispettare l'obiettivo di contenere il riscaldamento globale a 1,5-2 gradi Celsius rispetto ai livelli preindustriali. Secondo il sesto rapporto del Gruppo intergovernativo sul cambiamento climatico (IPCC), ciò avrebbe un impatto non solo sulla temperatura ma anche su altre variabili climatiche come le precipitazioni e gli eventi meteorologici estremi. Poiché il riscaldamento globale negli ultimi anni ha già raggiunto quasi 1 grado Celsius, la maggior parte degli scenari climatici lascia presumere un riscaldamento di circa 2,5 gradi entro il 2100. Scenari pessimistici prevedono addirittura un riscaldamento di oltre 4 gradi entro il 2100, a meno che non vengano adottate mirate misure per la protezione del clima.

Se si procede a calcolare l'indice di Winkler sulla base di questi due scenari, il risultato per la viticoltura altoatesina è quello mostrato in Fig. 3/4 Nello scenario ottimistico, entro il 2100 l'Alto Adige passerebbe da un'area di coltivazione prevalentemente del gruppo di maturazione 2 a una del gruppo 3 e 4. Fig. 3 Sarebbe possibile quindi praticare la viticoltura in tutte le valli principali e a tutte le altitudini fino a circa 1.500 metri, e nelle zone tradizionali di coltivazione sarebbe necessario adeguare la gamma delle varietà, poiché non tutte le varietà (p. e. la Schiava sul Lago di Caldaro) raggiungerebbero la qualità desiderata. Nello scenario pessimistico, ossia un aumento di oltre 4 gradi Celsius, la gamma delle varietà dovrebbe essere radicalmente modificata e adattata alle nuove circostanze. Fig. 4 L'Alto Adige si trasformerebbe quindi da zona caratterizzata da varietà bianche a terra di vini rossi in cui dominerebbero varietà a maturazione tardiva e in cui le altitudini inferiori a 350 metri non sarebbero più adatte alla viticoltura.

In questo contesto anche i consumatori svolgono un ruolo importante: gradiranno anche altre varietà provenienti dall'Alto Adige o preferiranno ritrovare le varietà tradizionali anche se con un gusto e uno stile un po' diversi? Inoltre, l'aumento delle temperature ha un forte impatto sul bilancio idrico (una maggiore evaporazione fa incrementare la richiesta di acqua) e porta quindi a conflitti di utilizzo con altri importanti settori economici, come l'industria energetica. Lo spostamento delle superfici coltivate può comportare anche un inasprimento dei conflitti di interessi in agricoltura: si può ipotizzare la speculazione sul verde agricolo utilizzabile che inciderebbe, tra l'altro, sui prezzi dei terreni. Infine, un cambiamento nella viticoltura ha in sé anche una componente ecologica. Essendo una coltura a lungo termine, sostituisce l'habitat di importanti specie animali e vegetali e può avere un impatto negativo sul delicato ecosistema del suolo.

In viticoltura ci sono vari modi per reagire ai mutamenti causati dal cambiamento climatico. Una distinzione di base viene fatta tra strategie di adattamento a breve e a lungo termine. Fig. 5 Le strategie a breve termine comprendono tutte le misure colturali da affrontare direttamente nel vigneto, da svolgersi in una sequenza annuale, e fortemente influenzate dal clima stagionale, così come le misure da intraprendere in cantina in grado di modificare la composizione del mosto d'uva. Ciò include la gestione del raccolto (modifica della data della vendemmia), la protezione delle colture (tempismo delle applicazioni) o la gestione della chioma (controllo del rapporto foglie-frutti). In cantina le misure riguardano tutti i processi volti a migliorare la stabilità del vino, per esempio l'acidificazione del mosto quando i valori di pH sono troppo alti. Invece le strategie di adattamento a lungo termine comprendono misure legate a fattori di localizzazione fisica, in particolare clima e suolo. Giocano un ruolo importante soprattutto la corretta scelta dell'esposizione e dell'altitudine del luogo, ma anche la scelta delle varietà, dei cloni di vite e dei portainnesti in accordo con le condizioni prevalenti del sito. In questa categoria rientrano anche tutte le misure di assistenza tecnica come l'installazione di impianti di irrigazione o di reti antigrandine. Quale delle misure qui indicate vada utilizzata dipende in ultima analisi dal grado e dalla gravità dei cambiamenti che si verificano. Piccoli cambiamenti delle condizioni climatiche possono essere attenuati con misure a breve termine, meno costose. Se però si verificano variazioni di diversi gradi Celsius, è necessario adottare misure a lungo termine tenendo conto delle caratteristiche fisiche del territorio.

Le conseguenze del riscaldamento globale sulla viticoltura sono già evidenti e possono essere sia positive che negative, con effetti regionali anche molto diversi. Attualmente l'Alto Adige è una regione di coltivazione al margine più freddo della distribuzione della viticoltura e, almeno finora, ha prevalentemente beneficiato dell'aumento delle temperature legato al cambiamento climatico. A causa del rapido riscaldamento degli ultimi decenni, però, la viticoltura altoatesina deve adattarsi costantemente alle nuove condizioni. La molteplicità dei luoghi e delle varietà gioca un ruolo cruciale, poiché consente di trarre il massimo beneficio da tutte le misure di adattamento. Per il futuro

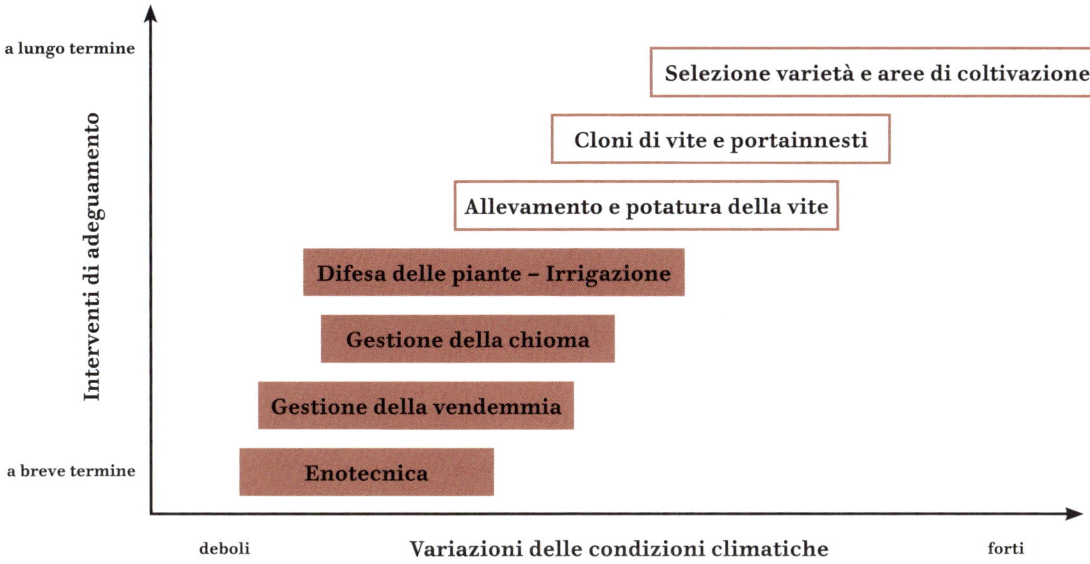

Figura 5
A seconda dell'intensità del cambiamento climatico, si rendono necessarie strategie di adeguamento a breve e a lungo termine. Lo schema mostra le strategie di adeguamento disponibili a seconda del grado di cambiamento climatico.

l'obiettivo è quello di mantenere e ampliare ulteriormente la gamma dei vitigni e di sfruttare al meglio e in modo sostenibile la varietà topografica e climatica che caratterizza naturalmente il paesaggio vitivinicolo altoatesino, tenendo conto anche dei potenziali conflitti sia sul piano socioeconomico che ecologico.

\\

Grafico 2

Aumento delle temperature, aumento del contenuto zuccherino

Quale tendenza si rileva nel peso del mosto? Lo schema mostra le variazioni della gradazione in °KMW (contenuto di zucchero in gradi secondo la scala del mostimetro Klosterneuburg). La base sono i dati della vendemmia delle Cantine Nals Margreid, Tramin e Kurtatsch nonché le temperature in località Laimburg (indicate in gradi giorno dell'indice di Winkler).

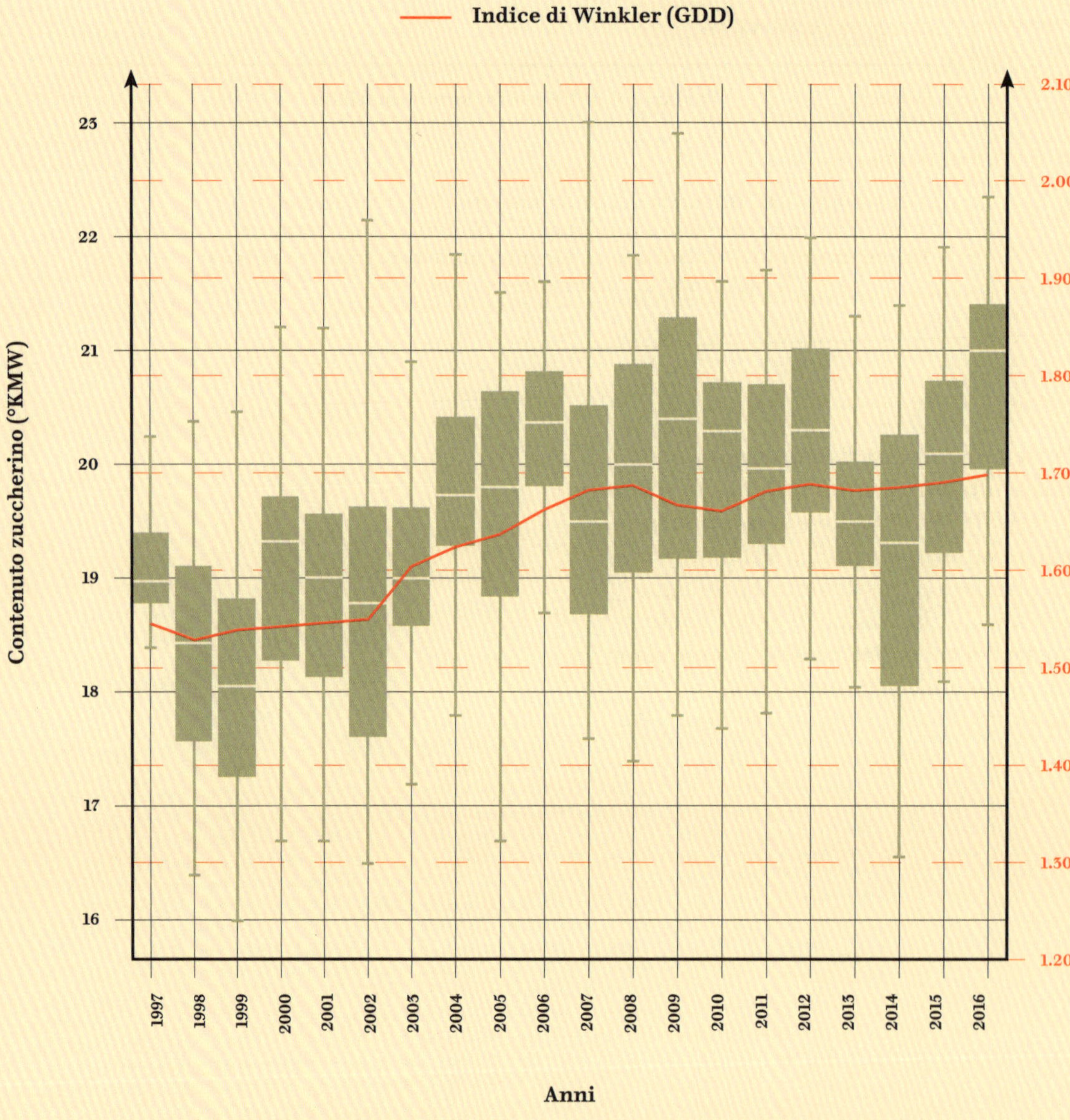

Fonte: dati della vendemmia delle Cantine Nals Margreid, Tramin e Kurtatsch. Dati di misurazione delle temperature della stazione Laimburg.

Sempre più in alto: i nuovi impianti di vite

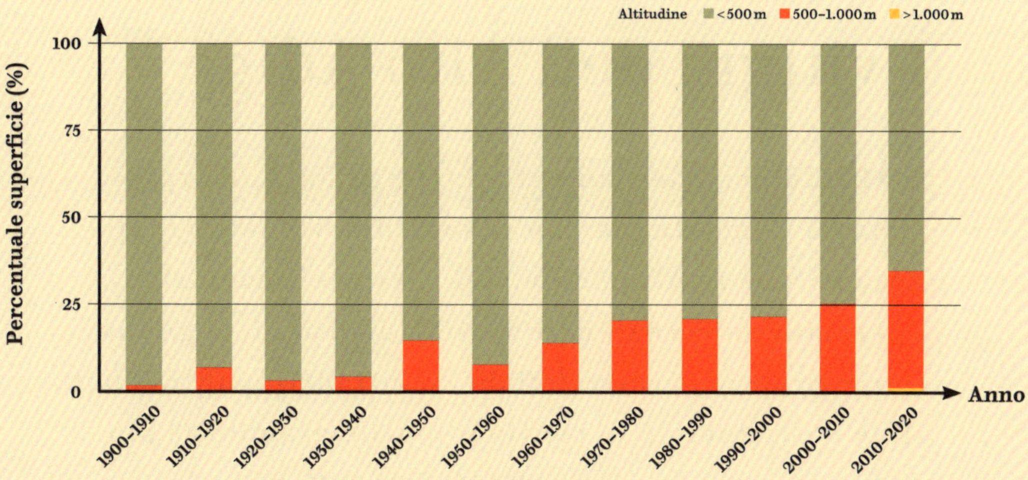

Il territorio vinicolo in Alto Adige si estende sempre più in alto. Lo dimostra la distribuzione dei livelli di altitudine degli impianti di vite, sia nuovi che reimpiantati, dall'inizio del XX secolo.

Fonte: Ufficio Sistemi Informativi Agricoli (SIAF), Provincia Autonoma di Bolzano

Vendemmia: un avvio sempre più precoce

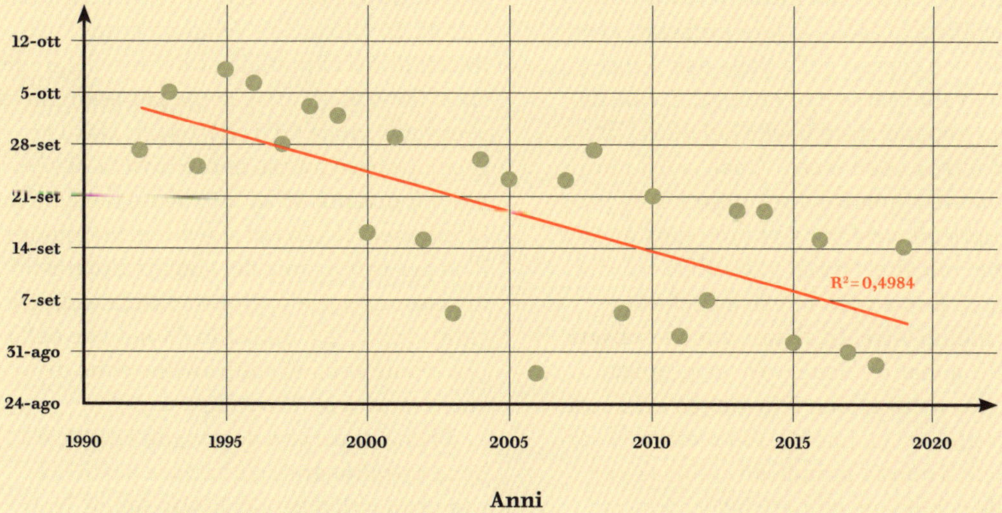

Il giorno della vendemmia del Sauvignon Blanc negli ultimi venticinque anni nella zona "Voglar". Nei primi anni novanta la vendemmia iniziava di norma a inizio ottobre ma negli ultimi anni inizia già a fine agosto. Questo grafico non è opera degli autori del contributo.

Fonte: Centro di Consulenza per la frutticoltura dell'Alto Adige

L'unica costante è la varietà
I vitigni dell'Alto Adige

// Altitudine, orientamento, inclinazione, ombreggiatura: in montagna non ci sono due vigneti uguali. Ecco perché in Alto Adige, nel corso dei secoli si è affermata un'eccezionale varietà di vitigni – ognuno con le proprie caratteristiche, punti forti, punti deboli, sfide nel vigneto e in cantina. È utile esaminare più da vicino le varietà dei vitigni: da quelli autoctoni a quelli insediati in Alto Adige, fino alle varietà PIWI.

Barbara Raifer

L'Alto Adige è uno dei pochi territori vinicoli in cui vengono coltivati così tanti vitigni diversi. Ciò dipende dalla sua posizione nelle Alpi meridionali. Per la viticoltura possono essere utilizzati i versanti ben esposti della Valle dell'Adige e della Valle Isarco dal fondovalle, cioè da circa 200 metri sul livello del mare, fino a ben oltre i 1.000 metri. A causa del riscaldamento climatico degli ultimi decenni sempre più aziende si stanno spostando a quote più alte. Ormai è possibile trovare vigneti fino a 1.100 metri, e anche leggermente oltre. In alcune zone le varietà PIWI a maturazione precoce permettono la coltivazione fino a 1.300 e, in casi estremi, anche fino a 1.400 metri. Per far fronte a questa grande diversificazione delle condizioni climatiche occorrono vitigni a maturazione precoce, media e tardiva.

Se una data località sia adatta o meno alla viticoltura o alla coltivazione di una particolare varietà, non dipende solo dall'altitudine. Le zone di montagna presentano condizioni climatiche molto variegate anche a seconda di orientamento, inclinazione, ombreggiatura e diversi altri fattori. In viticoltura vengono quindi utilizzati indici climatici per definire la predisposizione di un'area, come per esempio la somma termica GDD (Growing Day Degree). In base a essa, per le varietà di vite più importanti, di seguito viene indicata la fascia mediana in cui si trova attualmente il 50 per cento circa dei vigneti altoatesini di ciascuna varietà. Questa fascia centrale caratterizza le condizioni climatiche della principale zona di coltivazione delle diverse varietà in Alto Adige.

Prima di parlare dei singoli vitigni, è bene sottolineare un'ulteriore particolarità della viticoltura dell'Alto Adige. Nel XIX e XX secolo i mercati di commercializzazione dei vini altoatesini erano soprattutto le aree tedescofone a nord, in cui il vino rosso dell'Alto Adige, gradevole ma leggero, veniva molto apprezzato. Solo negli anni ottanta, alcuni pionieri hanno cercato di migliorare la redditività della viticoltura per garantire il futuro delle piccole aziende vitivinicole altoatesine, sotto molti aspetti non competitive con le grandi regioni vitivinicole del mondo. In pochi decenni la viticoltura altoatesina è stata profondamente ristrutturata. La gamma delle varietà è cambiata radicalmente. Questa fase di cambiamento è ormai in gran parte completata.

Sul trono per lunghi anni: La Schiava

Sinonimi:
Schiava grossa, Vernatsch, Trollinger (in Germania)

Vini DOC:
Lago di Caldaro, Alto Adige Santa Maddalena, Alto Adige Schiava, Alto Adige Merano, Alto Adige Colli di Bolzano, Alto Adige Val Venosta Schiava

Fascia climatica mediana in cui rientra il 50 per cento dei vigneti in Alto Adige:
1.540-1.810 GDD

Superfici vitate in Alto Adige (stato agosto 2023): 480 ettari

Comuni con le maggiori superfici vitate (in ettari): Bolzano 118, Caldaro 96, Appiano 54, Termeno 51

Pochi decenni fa la Schiava era il vitigno predominante nella viticoltura dell'Alto Adige. La sua area di coltivazione si è ridotta dai 3.572 ettari del 1978 agli attuali 480 ettari. Questa riduzione è dovuta all'ancora insoddisfacente capacità dei vini Schiava di creare valore aggiunto, ma anche alle caratteristiche colturali della varietà. La Schiava è altamente sensibile all'oidio della vite che può diventare un problema soprattutto nel caso del tradizionale allevamento su pergola, ancora molto diffuso soprattutto per la Schiava, perché in un luogo poco ventilato e ombreggiato come quello sotto la pergola, il fungo trova l'ambiente ideale per svilupparsi bene. Già Edmund Mach, il primo direttore dell'Istituto Agrario di San Michele all'Adige, nella sua descrizione della viticoltura e dei vini del "Tirolo tedesco" (oggi Alto Adige) del 1894, sottolineava come la Schiava, originariamente diffusa nell'Italia settentrionale, avesse perso moltissima superficie vitata proprio a seguito della comparsa dell'oidio (metà del XIX secolo). Nelle zone di coltivazione più calde, la lotta all'oidio era diventata così complessa che si dovette addirittura rinunciare alla coltivazione della varietà.

Un secondo elemento distintivo della varietà sono i grappoli talvolta molto grandi e pesanti, che possono portare a rese molto elevate. Per ottenere una buona qualità del vino è quindi fondamentale rallentare intenzionalmente la

> Se una località sia adatta o meno alla viticoltura o alla coltivazione di una particolare varietà, non dipende solo dall'altitudine. Le zone di montagna presentano condizioni climatiche molto variegate anche a seconda di orientamento, inclinazione, ombreggiatura e diversi altri fattori.

Grafico 3

Più è alto, più è bianco: le altitudini ottimali per la produzione

Grazie alla sua morfologia, l'Alto Adige è una regione vinicola che offre le condizioni ideali a un'ampia varietà di vitigni. Tralasciando l'influenza dell'inclinazione e dell'esposizione del terreno, nonché dei microclimi locali

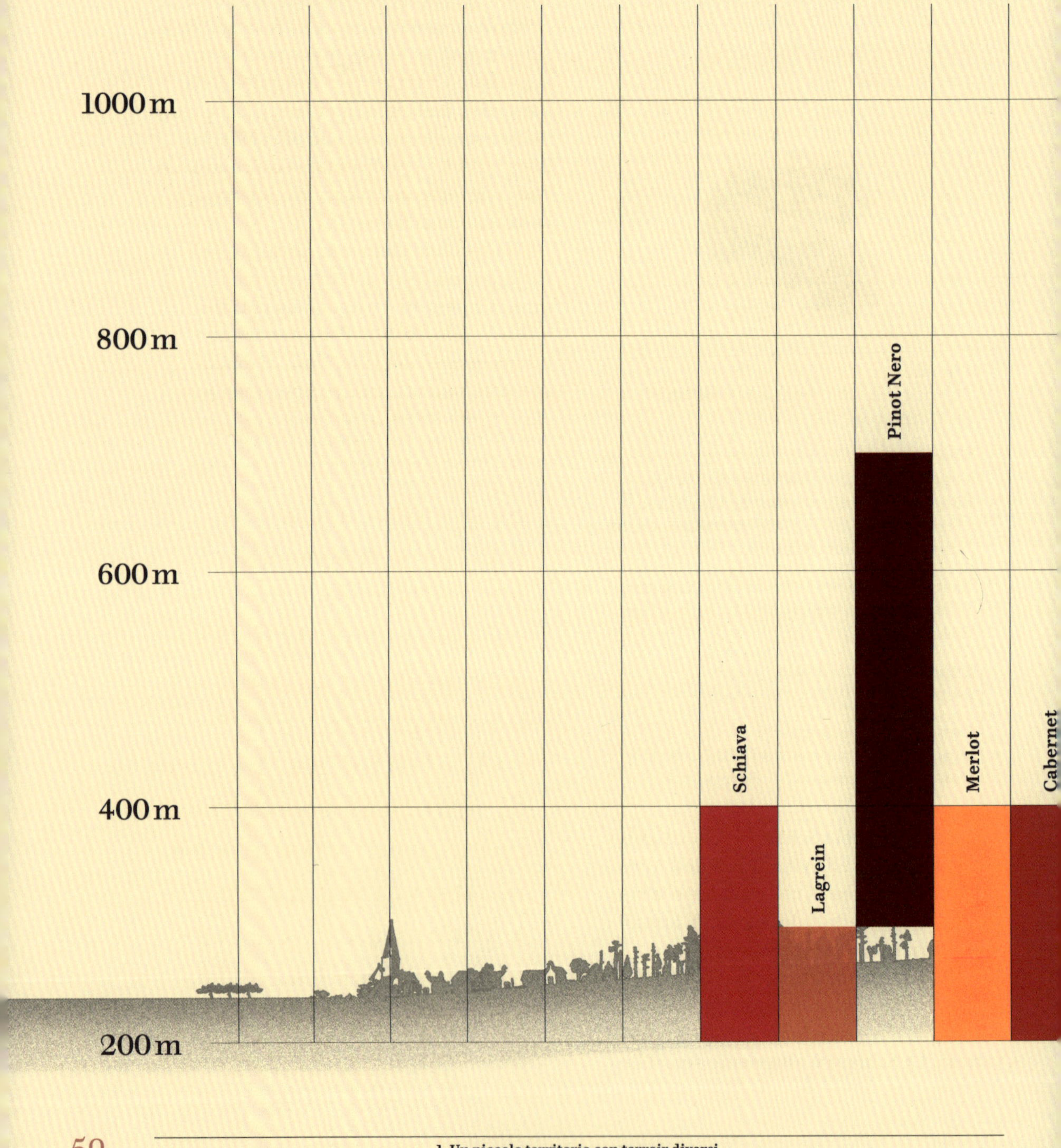

differenti, è possibile definire altitudini ottimali per le varietà di vite più diffuse in Alto Adige. Come appare evidente anche ai non addetti ai lavori, più aumenta l'altitudine, più le varietà bianche sono a loro agio e più quelle rosse diventano rare. Ciò è dovuto anche al fatto che per i vini rossi contano struttura e corposità, mentre per i vini bianchi contano acidità e freschezza. E questo si ottiene solo se le temperature medie non sono troppo elevate e se ci sono notevoli escursioni termiche tra il giorno e la notte.

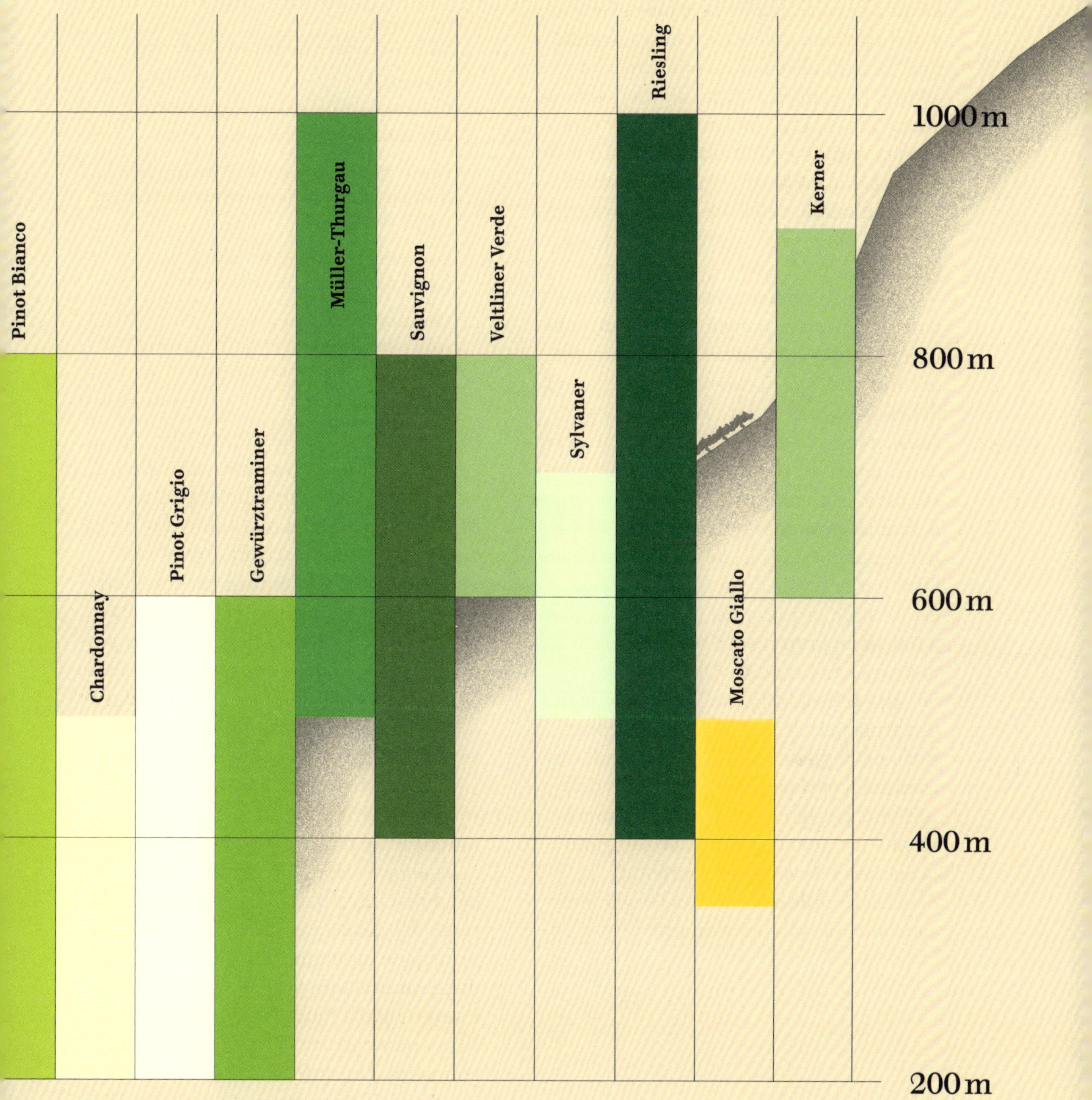

Grafico 3 – Più è alto, più è bianco: le altitudini ottimali per la produzione

crescita della Schiava. Solo terreni piuttosto poveri e asciutti offrono le condizioni per ottenere grappoli e acini più piccoli. Sorprendentemente dalla Schiava si possono ottenere anche vini che invecchiano bene.

Oltre alla Schiava, fino a pochi decenni fa in Alto Adige venivano coltivate altre due varietà indipendenti, la Schiava Gentile e la Schiava Grigia. A causa del cambiamento climatico, nelle sue tradizionali località di coltivazione la Schiava Gentile, a maturazione precoce e a bassa acidità, non trova più le condizioni di crescita adatte. La Schiava Grigia, invece, sebbene abbia una resa un po' irregolare, in termini di qualità è sicuramente al pari della Schiava. La Schiava Tschaggele è infine una mutazione della varietà Schiava con grappoli più piccoli su steli solitamente piuttosto lunghi.

Secondo Robinson, Harding e Vouillamoz, in passato la Schiava non era solo una varietà dell'Italia settentrionale, ma di tutta l'Europa occidentale. Un tempo la Schiava era una varietà ricercata soprattutto come uva da tavola coltivata in serra con il nome di "Black Hamburg". Di questo periodo rimangono due testimonianze: la famosa grande vite di Hampton Court, nei pressi di Londra, che in passato forniva l'uva per la tavola della regina Vittoria, e la vite sulle terrazze del palazzo Sanssouci a Potsdam, fatto costruire da Federico II di Prussia nel 1744. In Alto Adige la Schiava veniva utilizzata anche come uva da tavola per il consumo fresco, soprattutto nell'ambito delle cure a base di uva durante il periodo dell'incremento del turismo. L'origine genetica, i genitori e l'ambiente genetico da cui provengono la Schiava e le varietà imparentate, la Schiava Gentile e la Schiava Grigia, non sono ancora stati individuati.

Sempre più in alto: Pinot Nero

Sinonimi:
Blauburgunder, Spätburgunder

Vini DOC:
Pinot Nero Alto Adige, Pinot Nero Alto Adige Val Venosta

Fascia climatica mediana in cui rientra il 50 per cento dei vigneti in Alto Adige:
1.430-1.590 GDD

Superfici vitate in Alto Adige (stato agosto 2023): 568 ettari

Comuni con le maggiori superfici vitate (in ettari): Appiano 164, Montagna 71, Caldaro 68, Egna 57

In Alto Adige la varietà Pinot Nero viene coltivata in un vasto settore climatico. Il 75 per cento delle superfici vitate con Pinot Nero presenta una somma termica inferiore a 1.590 GDD, mentre le zone più calde si trovano intorno ai 300 metri con una somma termica di 1.100 GDD e vengono utilizzate soprattutto per la produzione di vino base per spumante. Nessun'altra varietà presente in Alto Adige è interessata da un costante spostamento verso quote più alte come il Pinot Nero.

Le superfici vitate a Pinot Nero nel 1980 ammontavano a 220 ettari, per aumentare poi molto lentamente fino al 2000 e, da allora, vivono un aumento continuo, con brevi interruzioni. Un fattore importante di questa crescita è l'aver risolto il principale problema della coltivazione delle varietà borgognone. Pinot Bianco, Pinot Grigio e Pinot Nero hanno per natura una struttura del grappolo molto compatta. Durante la fase di maturazione, a causa dell'aumento della percentuale zuccherina, la dimensione degli acini continua ad aumentare; questo porta a un affollamento degli acini e al verificarsi di lievi lesioni alla buccia dell'acino. Di conseguenza, in condizioni più fresche si può sviluppare la botrite o la muffa grigia; in condizioni più calde, invece, la formazione di alcol e aceto porta al marciume acido. Quest'ultimo può infettare tutto il grappolo in un breve tempo, rendendolo così inadatto alla vinificazione. Con il tempo sono state sviluppate varie opzioni per favorire il diradamento degli acini nelle prime fasi del loro sviluppo. Inoltre sono stati selezionati cloni che producono grappoli meno compatti. Il marciume acido ha così perso parte della sua minacciosità.

Ricerche biologico-molecolari sui reperti storici di semi ritrovati in Francia, hanno rivelato che il Gewürztraminer è uno dei genitori delle varietà borgognone. La seconda varietà genitore non è stata ancora identificata.

(Presumibilmente) un vero altoatesino: Lagrein

Non sono noti sinonimi.

Vino DOC:
Alto Adige Lagrein, Alto Adige Lagrein Kretzer

Fascia climatica media in cui rientra il 50 per cento dei vigneti in Alto Adige:
1.730-1.860 GDD

Superfici vitate in Alto Adige (stato agosto 2023): 533 ettari

Comuni con le maggiori superfici vitate (in ettari): Bolzano 213, Caldaro 57, Termeno 41, Ora 36

Per tanto tempo la coltivazione del Lagrein in Alto Adige diminuì a causa della forte urbanizzazione delle zone tradizionali di coltivazione del Lagrein nei dintorni di Bolzano. Dal 2000, però, la superficie vitata è tornata ad aumentare con continuità. A causa del cambiamento climatico, oggi questa varietà può essere coltivata nelle zone più calde del territorio, anche al di fuori della zona di Bolzano.
Il Lagrein è molto probabilmente una varietà autoctona dell'Alto Adige. Sebbene di Lagrein qui si parli da secoli, è solo in tempi più recenti che questo vitigno è stato coltivato al di fuori dell'Alto Adige. Essendo nato dall'incrocio tra le varietà Schiava Gentile e Teroldego, l'ascendenza genetica del Lagrein conferma la sua possibile origine locale. Mentre la Schiava Gentile è probabilmente il più antico dei vitigni Schiava diffusi sul territorio da molti secoli, il Teroldego proviene dalla vicina regione del Trentino.

Anche il Lagrein è una varietà a forte crescita in grado di produrre rese molto elevate. Quando durante il periodo di fioritura l'accrescimento vegetativo è piuttosto intenso e le condizioni climatiche sono sfavorevoli, tende però a produrre una bassa allegagione. Come risultato del riscaldamento globale, questo problema si è ora in qualche modo attenuato. Nonostante lo sviluppo di tralci piuttosto penduli, oggi il Lagrein viene allevato preferibilmente a spalliera, poiché in tal modo i grappoli possono essere portati più facilmente a piena maturazione ottenendo quindi migliori requisiti qualitativi.

La varietà Lagrein presenta biotipi con grappoli di forme anche molto diverse e si possono pertanto trovare tipi con grappoli piccoli e altri con grappoli molto grandi, alcuni con grappoli molto compatti e altri con grappoli più radi. Il lavoro di selezione ha dimostrato che la qualità del vino non è influenzata direttamente da questi biotipi, ma piuttosto dalle diverse rese che producono.

Il Lagrein è l'unico vitigno rosso dell'Alto Adige utilizzato fin dall'antichità e a tutt'oggi, per la produzione di vini rosati. Questi vengono tradizionalmente indicati come Lagrein Kretzer. La denominazione deriva da "kretze", ovvero il setaccio utilizzato per separare il mosto dalle componenti solide dell'acino.

Progenitore di tante varietà di successo: Gewürztraminer

Sinonimi: Traminer aromatico, in ambito internazionale anche Savagnin Rose, Traminer rosso, Traminer

Vini DOC:
Alto Adige Gewürztraminer,
Alto Adige Valle Isarco Gewürztraminer,
Alto Adige Val Venosta Gewürztraminer

Fascia climatica media in cui rientra il 50 per cento dei vigneti in Alto Adige: 1.520-1.740 GDD

Superfici vitate in Alto Adige (stato agosto 2023): 633 ettari

Comuni con le maggiori superfici vitate (in ettari): Appiano 126, Termeno 114, Caldaro 92, Cortaccia 51

Tra il 2000 e il 2010 la superficie coltivata a Gewürztraminer è aumentata notevolmente e continua tuttora ad aumentare, seppur più lentamente. La varietà era già presente in tutto l'Alto Adige fin dagli anni ottanta, ma la zona di coltivazione principale era chiaramente la Bassa Atesina. Nel Gewürztraminer l'allegagione può essere piuttosto bassa durante la fioritura, soprattutto se il tempo in quella fase è freddo e umido. Le intrusioni di aria fredda da nord, che possono essere percepite chiaramente anche nella zona di Bolzano, solitamente raggiungono le zone a sud del capoluogo solo in forma indebolita. Ecco perché qui il Gewürztraminer produceva raccolti più stabili rispetto a zone più settentrionali. A causa dell'aumento della temperatura questa connessione non è più così evidente.

Al giorno d'oggi, le ricerche genetiche e bio-archeologiche consentono una migliore comprensione della storia dello sviluppo dei vitigni. Ora è quindi chiaro che le varietà Savagnin, Traminer, Gewürztraminer nonché Traminer Rosso e Bianco geneticamente siano sempre la stessa varietà, con piccole mutazioni individuali come, per esempio, il colore degli acini. La forma originaria potrebbe essere stata il Traminer Bianco. È inoltre chiaro che il Traminer è un vitigno molto antico dal quale discendono direttamente le varietà Pinot Nero, Pinot Bianco, Pinot Grigio, Sauvignon Blanc, Sylvaner, Veltliner Verde, Chenin, Petit Manseng e Verdejo, vitigni ai quali possono successivamente essere ricondotte molte delle nostre attuali varietà. Come vitigno genitore, il Traminer ha trasmesso le sue eccellenti caratteristiche qualitative a molti discendenti e ha quindi avuto un'influenza decisiva sull'elevata qualità del vino dei vitigni nobili europei.

Ma quando hanno avuto luogo questi numerosi incroci del Traminer? Un seme d'uva risalente al 1100 d. C. circa e rinvenuto a La Madeleine presso Orléans sulla Loira è stato identificato come Traminer e un primo parente diretto del Traminer è stato datato al I secolo d. C. Gli esperti ritengono quindi possibile che già i Romani conoscessero il vitigno Traminer e ne assicurassero la diffusione nelle zone settentrionali conquistate. Infine, a differenza della maggior parte dei vitigni allora diffusi nella regione mediterranea, il Traminer aveva già una certa tolleranza al freddo. Furono quindi i Romani a portarlo qui durante i cinque secoli della loro dominazione in Alto Adige? Le analisi genetiche dei semi d'uva storici potrebbero fornire maggiori informazioni a riguardo e darci informazioni sullo sviluppo delle

Il Gewürztraminer è di tendenza: le superfici vitate in Alto Adige – qui un vigneto a Termeno-Sella – sono rapidamente aumentate dal 2000 in poi e continuano ancora a crescere leggermente.

Indipendentemente dalla varietà, per anni e anni la pergola è stata la forma di allevamento per eccellenza in Alto Adige.

varietà di uva presenti sul nostro territorio, dalle viti selvatiche alle varietà domestiche.

Un pioniere bianco: Pinot Bianco

Sinonimi:
Weißburgunder,
(internazionale) Pinot Blanc

Vini DOC:
Alto Adige Pinot Bianco, Alto Adige Val Venosta Pinot Bianco e nella cuvée Alto Adige Terlano con una percentuale minima del 50 per cento

Fascia climatica media in cui rientra il 50 per cento dei vigneti in Alto Adige:
1.430-1.610 GDD

Superfici vitate in Alto Adige (stato agosto 2023): 603 ettari

Comuni con le maggiori superfici vitate (in ettari): Appiano 174, Caldaro 89, Terlano 42, Cortaccia 32

Il Pinot Bianco è l'unica varietà di vino bianco che in Alto Adige negli anni ottanta era diffuso come lo è oggi. Prima che l'Alto Adige da regione vinicola votata ai rossi diventasse una regione votata ai bianchi, il Pinot Bianco era già la varietà di vino bianco più apprezzata del territorio. Mentre lo Chardonnay, detto anche "Pinot Bianco Giallo", veniva coltivato prevalentemente nelle regioni più calde, il Pinot Bianco, detto anche "Pinot Bianco Verde", veniva coltivato alle altitudini medio-alte. I vigneti di Appiano erano e sono tuttora il centro della coltivazione del Pinot Bianco in Alto Adige. Ma anche al di fuori di questa zona di produzione principale, il Pinot Bianco produce vini interessanti in molte zone medio-alte dell'Alto Adige. Alcuni test condotti recentemente dal Centro di Sperimentazione Laimburg nell'ambito del progetto "Pinot Blanc" hanno dimostrato che il Pinot Bianco in Alto Adige può adattarsi ai climi più diversi e produrre comunque vini piacevoli. La gamma aromatica dei vini varia da aromi più esotici di banana e ananas nelle zone più calde ad aromi più freschi di agrumi e drupacee alle altitudini più elevate.

Il Pinot Bianco proviene da una mutazione cromatica del Pinot Nero e quindi geneticamente è in gran parte identico a quest'ultimo. Come tutte le varietà borgognone, il Pinot Bianco tende a produrre grappoli compatti; questo significa che l'insorgere di eventuali marciumi si diffonde rapidamente all'intero grappolo e inoltre è predisposto al fenomeno dell'avvizzimento del grappolo. Questo disturbo fisiologico sembra essere correlato a fluttuazioni climatiche estreme ed eventi meteorologici altrettanto estremi e, almeno attualmente, può essere contenuto solo attraverso misure preventive.

Prima che l'Alto Adige da regione vinicola votata ai rossi diventasse una regione votata ai bianchi, il Pinot Bianco era già la varietà di vino bianco più apprezzata del territorio.

Un ex caso problematico: Sauvignon

Sinonimi:
Sauvignon Blanc

Vini DOC:
Alto Adige Sauvignon

Fascia climatica media in cui rientra il 50 per cento dei vigneti in Alto Adige: 1.480-1.690 GDD

Superfici vitate in Alto Adige (stato agosto 2023): 493 ettari

Comuni con le maggiori superfici vitate (in ettari): Appiano 116, Caldaro 65, Terlano 52, Cortaccia 36 e Bolzano 37

Fino a qualche decennio fa, la coltivazione di questa varietà in Alto Adige era limitata a pochi ettari. Veniva coltivata di rado perché dava rese molto basse a causa della forte contaminazione virale dei pochi e vecchi ceppi di Sauvignon esistenti nella zona di Terlano dalla fine del XIX secolo. Piantando nuovi cloni francesi è diventato chiaro che il Sauvignon Blanc potesse non solo fornire vini eccellenti, ma anche rese stabili. Da allora in poi la superficie coltivata a Sauvignon Blanc in Alto Adige è aumentata costantemente.

Uno svantaggio nella coltivazione di questa varietà è la sua elevata sensibilità al mal dell'esca, che non può essere trattato direttamente, ma può essere mantenuto entro limiti accettabili solo con la cosiddetta potatura delicata e la fresatura e la rimozione delle parti del legno perenne intaccate dalla patologia. Come le varietà borgognone, anche il Sauvignon Blanc è suscettibile all'appassimento dell'uva. La sua zona d'origine è considerata la regione vinicola della Loira. Attraverso l'analisi genetica è stato possibile individuare il Traminer Bianco come uno dei genitori del Sauvignon, la seconda varietà genitrice non è stata ancora identificata.

I diversi volti di un territorio vinicolo votato ai bianchi

La maggior parte dei vigneti altoatesini di **Pinot Grigio** si trova sui pendii e sulle colline più caldi e nel sud della regione, ma anche nel fondovalle dei comuni di Salorno, Magrè e Cortina sulla Strada del Vino. La varietà è presente anche a quote medie e, in misura minore, anche a quote elevate. Con una superficie vitata complessiva di 694 ettari, il Pinot Grigio è attualmente il vitigno bianco più coltivato in Alto Adige. Noto anche come "Ruländer", il Pinot Grigio fa parte delle varietà borgognone ed è una mutazione del Pinot Nero, ossia geneticamente è in gran parte identico a esso.

In Alto Adige lo **Chardonnay** viene coltivato su 604 ettari. Come il Pinot Grigio, anche lo Chardonnay si trova in parte a quote medie e alte della regione vinicola. Tuttavia, lo Chardonnay viene piantato principalmente nei luoghi più caldi perché, durante la maturazione, questa varietà degrada l'acido più lentamente rispetto al Pinot Bianco e ha quindi un buon rapporto zuccheri-acidi anche in ambienti più caldi. Lo Chardonnay viene utilizzato anche per produrre vini base per spumanti. A causare occasionalmente problemi nella sua coltivazione è la sua nota sensibilità all'oidio. I cloni francesi, in particolare, tendono a produrre grappoli piuttosto compatti e quindi più soggetti a marciumi. I cloni italiani di Chardonnay tendono invece a essere un po' più robusti e meno suscettibili al marciume. A livello genetico lo Chardonnay deriva da un incrocio tra le varietà Pinot Nero e Gouais ed è quindi un diretto discendente delle varietà borgognone nonché nipote del Traminer.

Rese basse, buona qualità: questa correlazione è particolarmente vera in merito al Cabernet.

Più le zone sono calde, più diventa difficile portare le uve Riesling a un sano livello di maturazione e produrre quindi vini Riesling di alta qualità.

In Alto Adige la varietà **Müller-Thurgau** viene piantata in vigneti alti e più freschi, con temperature appena superiori a 1.100 GDD. In queste località risulta la varietà preferita dalle aziende vinicole agli inizi, perché produce vini bianchi già promettenti anche in presenza di una moderata maturazione. Tuttavia, in ambienti un po' troppo caldi, i vini perdono rapidamente la loro tipicità e armonia. In Alto Adige la superficie in cui si coltiva questa varietà è in diminuzione ormai da anni e attualmente ammonta a 157 ettari. Il Müller-Thurgau risale a un incrocio tra il Riesling e la varietà di uva da tavola Madeleine Royale eseguito nel 1882 dall'enologo Hermann Müller nel cantone svizzero della Turgovia.

Da un incrocio del 1929 tra Schiava e Riesling nasce il **Kerner**, vitigno coltivato attualmente in Alto Adige su 117 ettari, in climi un po' più freschi rispetto al Müller-Thurgau. Anche per il Kerner vale il fatto che in luoghi anche solo poco troppo caldi vadano persi l'aroma e la tipicità dei vini. Le località più interessanti per la coltivazione di Kerner sono quelle intorno e al di sotto di 1.400 GDD.

La zona di coltivazione del **Riesling** in Alto Adige si trova climaticamente tra quella che ospita il Kerner, il Müller Thurgau e il Sylvaner e quella adatta alla coltivazione del Pinot Bianco. Più le condizioni sono calde, più diventa difficile portare le uve Riesling a un alto livello di maturazione e produrre quindi vini Riesling di alta qualità. In Alto Adige, pertanto, le posizioni ottimali per il Riesling sono molto limitate. La varietà è attualmente coltivata su 102 ettari. Un genitore del Riesling è il Gouais Bianco, mentre la seconda varietà genitrice non è stata ancora identificata.

Geneticamente, il **Moscato Giallo** è un parente diretto del Muscat Blanc à Petits Grains che probabilmente è il genitore della varietà. Rappresentante robusto del gruppo dei moscati, il Moscato Giallo viene coltivato da secoli in Italia settentrionale e anche in Alto Adige. Poiché gli acini difficilmente marciscono anche a maturità, la buccia dell'acino diventa friabile solo molto lentamente e gli acini tendono a perdere un po' di liquido, il Moscato Giallo è adatto anche per la produzione di vini da dessert. La sua attuale superficie di coltivazione in Alto Adige è di 97 ettari.

La coltivazione della varietà **Sylvaner** in Alto Adige è limitata quasi esclusivamente alla Valle Isarco, dove attualmente viene coltivata su 68 ettari. In termini di clima, la varietà richiede zone simili a quelle di Müller-Thurgau e Kerner, ma non ha la stessa resistenza invernale di queste varietà. Il Sylvaner nasce da un incrocio spontaneo tra il Traminer e la varietà locale austriaca Österreichisch Weiss, avvenuto, secondo fonti storiche, più di cinquecento anni fa.

Sempre dall'Austria proviene anche la varietà **Veltliner**. Sebbene un tempo in Valle Isarco si coltivasse anche la varietà di Veltliner detta Frühroter, oggi vi si coltiva solo il Veltliner Verde. Quest'ultimo è il risultato di un incrocio tra Traminer e St. Georgenrebe, una storica varietà austriaca. L'attuale superficie di coltivazione del Veltliner in Alto Adige è di 27 ettari.

Aziende in ascesa e nuovi protagonisti di successo

In Alto Adige il **Merlot** viene coltivato su 196 ettari. A causa dell'aumento delle temperature, questo vitigno in Alto Adige sta trovando collocazioni sempre migliori e si sta diffondendo sempre più, soprattutto nelle zone più basse e calde ai piedi della Mendola. Per sviluppare il suo potenziale qualitativo, nella sua coltivazione è importante puntare a una crescita moderata, a rese adeguate e solo moderatamente elevate e a un alto grado di maturazione delle uve. Geneticamente, il Merlot è fratellastro del Cabernet Sauvignon e discende dalla varietà Cabernet Franc come padre e dalla varietà a maturazione precoce Madeleine Noire de Charentes, oggi non più coltivata, come madre.

Anche il **Cabernet Sauvignon**, con i suoi attuali 112 ettari, e il **Cabernet Franc**, con 51 ettari di superficie coltivata, stanno beneficiando dell'aumento delle temperature. Quasi ogni anno, almeno nelle regioni di coltivazione più calde, raggiungono un elevato grado di maturazione e una buona maturazione dei polifenoli, garantendo così i presupposti per un'alta qualità del vino. Anche con le varietà Cabernet è importante badare a moderarne la crescita e le rese. Il Cabernet Sauvignon si adatta bene alle condizioni di scarsa irrigazione, anche in caso di siccità prolungata, mentre può reagire più di altre varietà agli scatti di crescita, soprattutto durante la fase di maturazione, sviluppando disturbi fisiologici come il disseccamento del grappolo o l'appassimento dell'uva. Il Cabernet Sauvignon deriva da un incrocio tra le varietà Cabernet Franc e Sauvignon Blanc e si ritiene abbia avuto origine nella regione francese della Gironda. Il Cabernet Franc, invece, ha una parentela di primo grado con due varietà basche e potrebbe provenire dalla Spagna.

Anche se la sua superficie di coltivazione è ormai scesa a meno di 10 ettari, rientra tra le varietà DOC dell'Alto Adige anche il **Moscato Rosa**. A questa riduzione ha contribuito anche la comparsa della *Drosophila suzukii*, una mosca che provoca il marciume acido soprattutto in varietà a buccia morbida. Come il Moscato Giallo, anche il Moscato Rosa è un parente diretto del Muscat Blanc à Petits Grains. Il Moscato Rosa viene coltivato anche in Croazia con il nome Muscat Ruza Porecki.

Oltre alle varietà DOC, in Alto Adige è consentita anche la coltivazione di numerose altre varietà. Fatta eccezione per la varietà Zweigelt a maturazione precoce, che viene coltivata su 24 ettari alle altitudini più alte e fresche dell'Alto Adige, ognuna di queste varietà ha una superficie di coltivazione inferiore ai 10 ettari. Tra questi ricordiamo Petit Manseng e Manzoni Bianco, Portugieser, Petit Verdot, Syrah, Viognier, Tannat, Teroldego, Tempranillo e Diolinoir. Un tempo presenti in zona, le varietà Malvasia, Riesling Italico e Carménère sono invece quasi completamente scomparse dalle coltivazioni negli ultimi decenni.

Sono ammessi alla coltivazione anche quattro vitigni storici dell'Alto Adige: Blatterle, Fraueler, Weißer Versoaln e Furner. Queste varietà sono ancora curate, coltivate, trasformate in vino e commercializzate da alcune aziende, anche se il Furner si trova raramente come varietà pura, ma piuttosto come vino da taglio di agriturismo.

Robusti esordienti: i vitigni PIWI

Negli ultimi decenni si è sviluppato un nuovo gruppo di varietà, le cosiddette varietà PIWI. Sono varietà con una maggiore resistenza ai funghi, che necessitano di minori trattamenti fitosanitari contro l'oidio e la peronospora della vite perché dotate di specifici meccanismi di difesa contro queste patologie. Nel migliore dei casi queste varietà hanno anche una maggiore resistenza al marciume nero della vite, al rossore parassitario e all'antracnosi, ovvero contro le malattie fungine secondarie della vite. Se la maggior parte dei trattamenti fitosanitari viene omessa per un lungo periodo, queste malattie della vite possono tornare a svilupparsi in modo più forte e causare notevoli perdite del raccolto. Affinché il numero di trattamenti

Le PIWI sono varietà con una maggiore resistenza ai funghi, che necessitano di minori trattamenti fitosanitari contro l'oidio e la peronospora della vite perché dotate di specifici meccanismi di difesa contro queste patologie.

fitosanitari possa essere ridotto a lungo termine, le varietà PIWI necessitano quindi di molteplici resistenze.

Questa è la sfida: unire più resistenze di diverse varietà selvatiche, preservando allo stesso tempo l'alta qualità del vino degli odierni vitigni nobili. Solo quattro-cinque decenni fa si credeva che ciò fosse impossibile. Il primo vitigno a far cambiare opinione fu il Merzling, allevato a Friburgo in Brisgovia nel 1960 e approvato per la coltivazione in Germania nel 1992. Da allora, sia nei vecchi che nei nuovi paesi vitivinicoli del mondo, sono aumentati gli investimenti nella creazione e selezione di nuove varietà resistenti e sul mercato vengono immesse nuove varietà migliorate. Grande aiuto arriva anche dalla biologia molecolare, poiché è possibile identificare gli incroci con resistenza al primo germoglio delle piantine e si possono anche determinare i partner ideali per gli incroci. In futuro potrebbero nascere nuove varietà PIWI ulteriormente migliorate. Attualmente, in Alto Adige, è ammessa la coltivazione delle seguenti varietà PIWI: Solaris, Bronner, Souvignier Gris, Regent, Cabernet Cortis, Muscaris e Johanniter. A comportarsi particolarmente bene nel nostro territorio vinicolo sono le varietà bianche Solaris e Souvignier Gris; la prima alle altitudini molto elevate e la seconda alle medie altitudini.

Grafico 4

Da terra di rossi a terra di bianchi

Negli ultimi tre decenni, il rapporto tra vini rossi e bianchi o, più precisamente, tra le superfici coltivate a vitigni rossi e quelle coltivate a vitigni bianchi, si è invertito. Nel 1996 le varietà rosse erano presenti su due terzi delle superfici viticole, oggi ne occupano solo un terzo. Colpisce anche

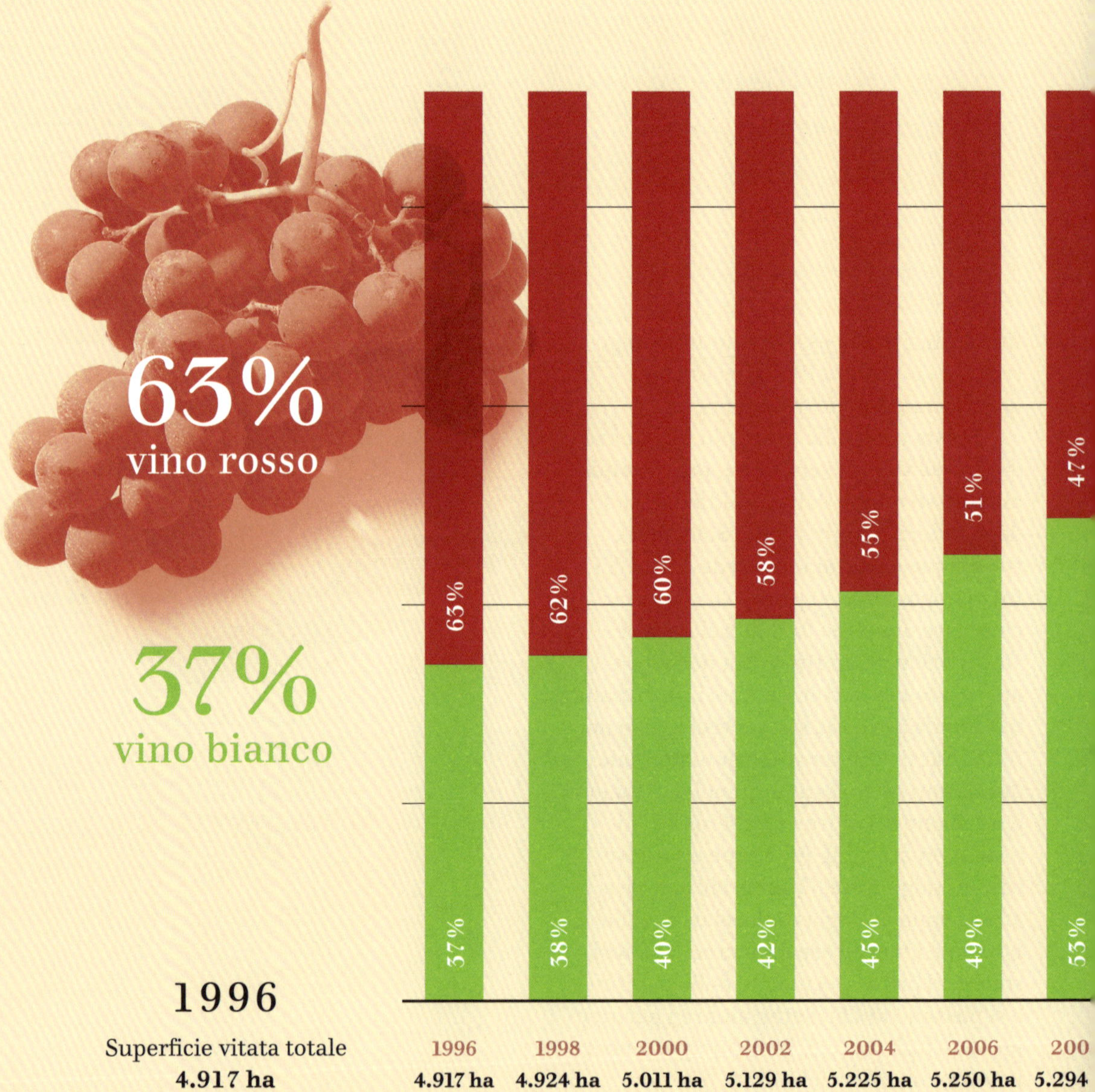

il fatto che negli ultimi anni la viticoltura altoatesina sia riuscita a uscire dal periodo di crisi tra la fine degli anni ottanta e l'inizio degli anni novanta e che la superficie vitata sia in costante aumento. Ciò si deve da un lato all'abbandono della produzione di massa e a una mirata focalizzazione sulla qualità, dall'altro al fatto che il successo dovuto alla svolta qualitativa abbia reso la frutticoltura meno allettante come alternativa alla viticoltura.

Fonte: grafico originale sulla base dei dati dell'Ufficio Frutti e Viticoltura della Provincia Autonoma di Bolzano

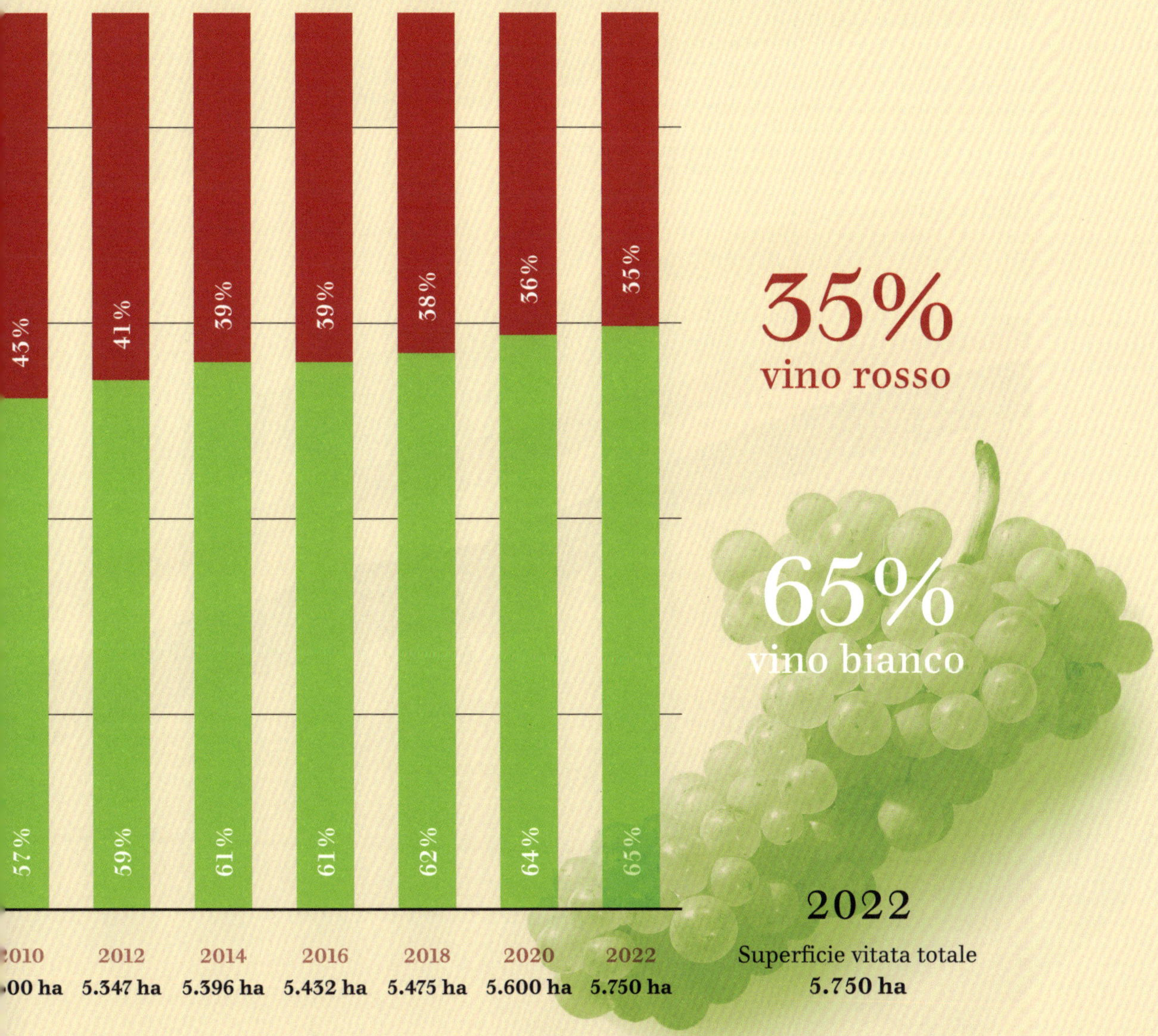

Grafico 4 – Da terra di rossi a terra di bianchi

Grafico 5

Meno rossi, più bianchi: la gamma dei vitigni

Non è necessario essere esperti di vini per cogliere da questo grafico due degli sviluppi chiave della regione vinicola dell'Alto Adige avvenuti negli ultimi trent'anni. Da un lato c'è il passaggio da terra di vini rossi a terra di vini bianchi e la conseguente ascesa a regione di vini bianchi più importante

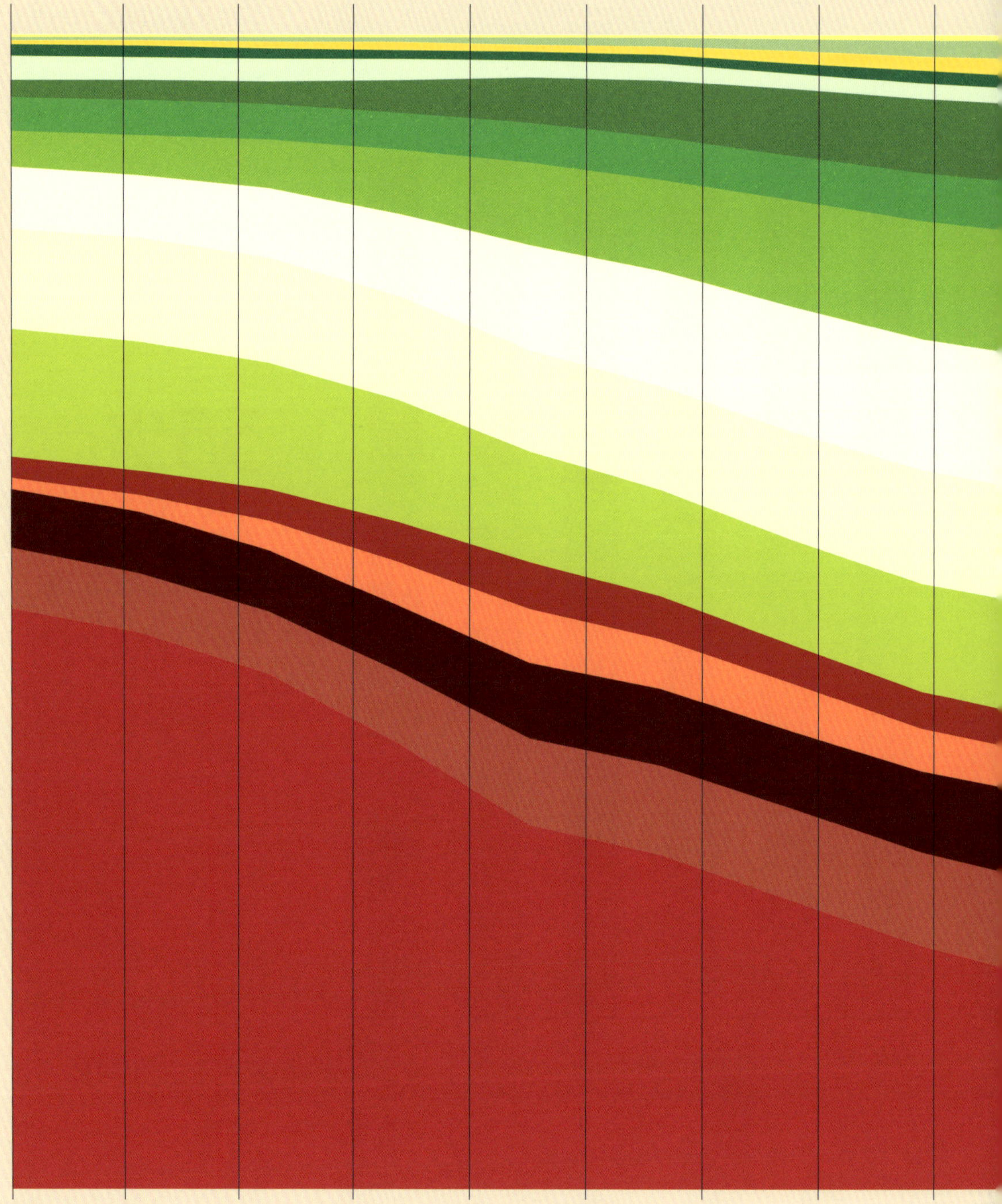

d'Italia. Dall'altro lato si registra anche la drastica diminuzione della superficie dedicata alla Schiava considerata per decenni la varietà leader dell'Alto Adige anche per le sue rese elevate. Poiché questo vino oggi non è più né richiesto né ambito, la gamma delle varietà è più diversificata rispetto al passato. Questo perché l'obiettivo attuale è piantare la varietà più adatta a ogni località. In poche parole: i grandi vini nascono solo dalla combinazione ottimale di posizione e varietà.

Fonte: grafico originale sulla base dei dati dell'Ufficio Frutti e Viticoltura della Provincia Autonoma di Bolzano

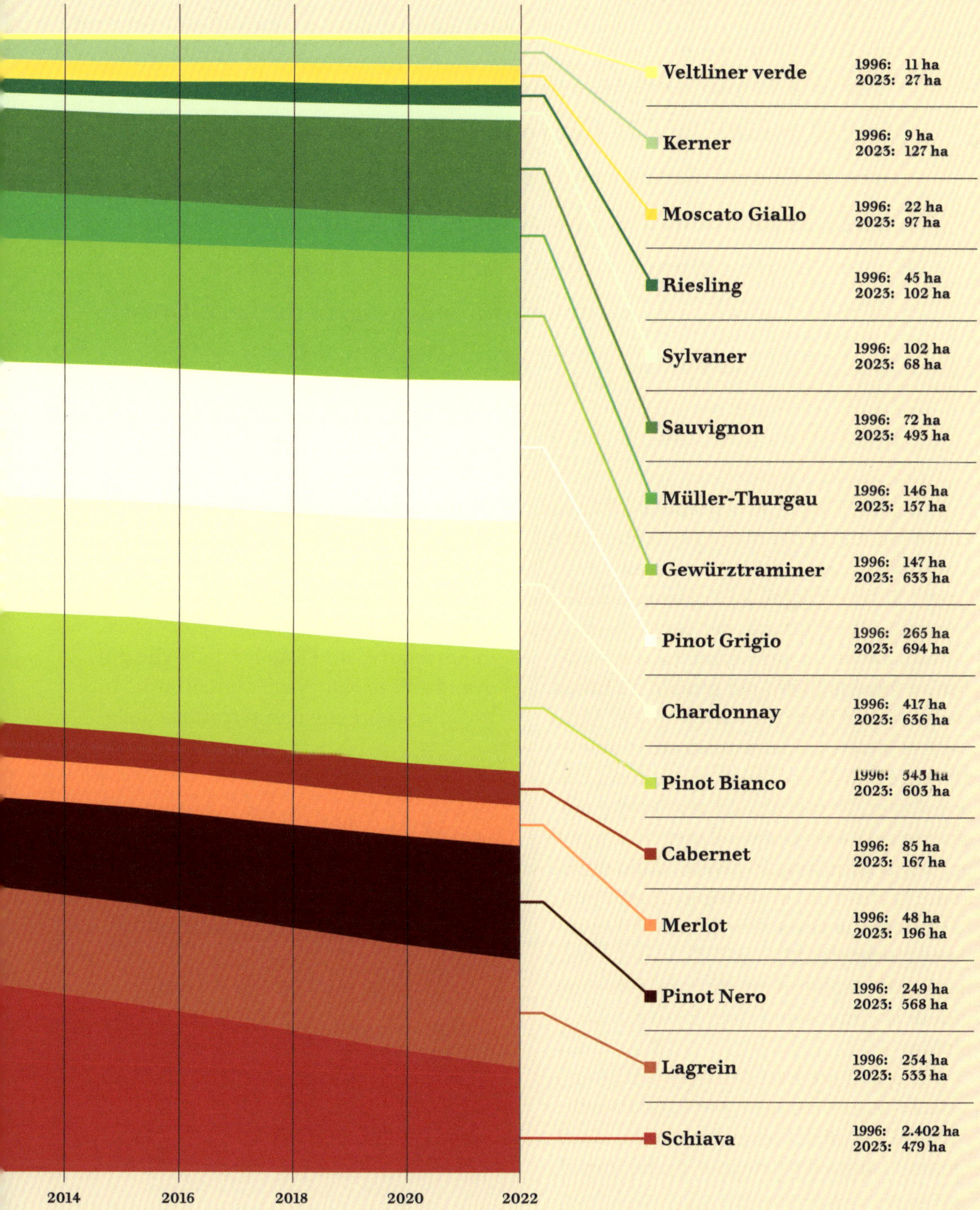

Grafico 5 – Meno rossi, più bianchi: la gamma dei vitigni

Una delle più antiche del mondo

La vite Versoaln a Prissiano

// Forse è la più antica, o forse è la seconda più antica vite del mondo, ma di sicuro la vite Versoaln fuori le mura di Castel Katzenzungen a Prissiano è una testimonianza assolutamente unica della storia della viticoltura. E, con la sua chioma di foglie arrivata a superare i 350 metri quadrati, è anche una meraviglia della natura.

Irmgard Windegger

In Europa le viti che si contendono il titolo di vite più antica del mondo sono due: una a Maribor, in Slovenia, e una davanti a Castel Katzenzungen a Prissiano, la vite Versoaln. Quest'ultima, per decenni, ha vantato anche un altro primato: quello di vite su terreno libero più grande d'Europa. Nei suoi anni d'oro, la sua chioma di foglie copriva oltre 350 metri quadrati, grazie alle cure dell'allora proprietario Josef Unterholzner. Deciso a possedere la vite più grande del paese Unterholzner non la potò per molti anni; ampliò invece, anno dopo anno, la struttura di sostegno. Purtroppo, l'antichissima vite soffre di mal dell'esca, tanto che negli ultimi quindici anni è stato necessario tagliarne molti rami, riducendo quindi la dimensione complessiva della pianta.

I grappoli prodotti dalla vite antistante a Castel Katzenzungen, per la quale nel 2006 i Giardini di Castel Trauttmansdorff hanno assunto il patrocinio, erano inizialmente lavorati nella Cantina Nals Margreid; il vino che se ne produceva veniva imbottigliato in bottiglie da 0,35 ml –numerate e dotate di certificato che garantiva al consumatore di essere in possesso di un Fraueler della vite più grande d'Europa. Negli anni ottanta, tuttavia, si scoprì che non si trattava della

In Europa le viti che si contendono il titolo di più antica del mondo sono due: una a Maribor, in Slovenia, e una davanti a Castel Katzenzungen a Prissiano, la vite Versoaln.

Nodosa e dai rami in gran parte cavi, l'antica vite Versoaln a Prissiano è una presenza imponente. La vite è stata dichiarata monumento naturale e culturale dalla Provincia Autonoma di Bolzano.

La vite Versoaln è facilmente riconoscibile per le sue foglie molto particolari; accentuatamente dentellate e dal retro ricoperto di peluria.

La storia incontra la storia: la maestosa vite Versoaln davanti a Castel Katzenzungen a Prissiano

La vite Versoaln di Prissiano non può certo nascondere la sua età. I segni lasciati dal tempo si notano ovunque.

varietà Fraueler, ma della Versoaln. Sebbene questi due vitigni autoctoni dell'Alto Adige siano molto simili, si distinguono comunque dalle foglie. L'uva è di medie dimensioni con acini di media grandezza che, a maturazione, diventano molto chiari e spesso quasi traslucidi. Non c'è quindi da stupirsi se il vino che se ne ricava sia di colore giallo paglierino chiaro, quasi verde, fruttato, fine e leggermente acido.

Il nome "Versoaln" ricorre nei toponimi preromani "Faxoal" o "Frason" ma potrebbe riferirsi anche a un raccolto da effettuare su un ripido pendio, assicurandolo con delle corde per il trasporto, in dialetto "versoaln", o anche "verseiler" o "versoaler". La questione dell'età esatta della vite, che il Centro di Sperimentazione Laimburg ha tentato di determinare nel 2004, non è ancora del tutto risolta. All'epoca il professor Martin Worbes dell'università di Gottinga certificò che la vite aveva circa 350 anni. Una datazione più precisa sulla base degli anelli annuali non è però possibile, perché il tronco e tutti i rami laterali sono cavi.

Cionostante, per una vite, 350 anni sono un'età impressionante. La vite Versoaln a Prissiano è sopravvissuta alla fillossera e a molte altre minacce, ed è una vite a piede franco tuttora vitale e sana. La vite è di proprietà della famiglia Pobitzer e viene coltivata da Laimburg (da due anni secondo princìpi biodinamici) dal quale, nella cantina provinciale, il Versoaln viene anche prodotto e imbottigliato.

\\

Per una vite,
350 anni sono un'età impressionante.
La vite Versoaln a Prissiano è sopravvissuta alla fillossera e a molte altre minacce, ed è una vite a piede franco tuttora vitale e sana.

Qualità e precisa localizzazione

La zonazione come nuova strada

// Armonia tra varietà e zone, quantità di raccolto ridotta, qualità ancora più elevata e precisa localizzazione della produzione di vini: con le ben 86 unità geografiche aggiuntive, ovvero singole sottozone dalle quali la denominazione è costituita, il Consorzio Vini Alto Adige adotta una pratica comune ad alcune tra le più rinomate regioni vinicole del mondo – e indica la strada da seguire.

Eduard Bernhart

La zonazione ha una lunga tradizione. L'esatta assegnazione dei vini a singole zone di produzione fa parte da anni della cultura del vino della Borgogna e il concetto di "cru" – il vino proveniente da una sottozona delimitata – si è ormai affermato in tutto il mondo. Si possono trovare vini provenienti da un singolo cru in Austria, nella Wachau, e anche in Italia, in Piemonte, dove sono definite e censite le Menzioni Geografiche Aggiuntive all'interno della denominazione del Barolo (e del Barbaresco).

Per comprendere il concetto di zonazione, bisogna considerare che i vini sono fortemente caratterizzati dal contesto ambientale nel quale vengono prodotti, ossia da microclima, precipitazioni, irraggiamento solare, terreno, altitudine e inclinazione. E anche la vini(viti)coltura ha un ruolo fondamentale e si riflette nel vino. L'insieme di tutto ciò dà origine al terroir che, nella moderna concezione enologica, dovrebbe potersi percepire nel vino stesso e conferirgli una personalità peculiare legata alla sottozona di provenienza.

Questa personalità è assicurata da zone chiaramente delimitate. I vini provenienti da un'area di produzione definita si diversificano dalla concorrenza, raggiungono il loro massimo potenziale qualitativo, garantiscono continuità, rendono tangibile il loro legame con il terroir e sono quindi ideali anche come mezzo di comunicazione. A differenza dei marchi, le zone di produzione non possono essere modificate ma sono legalmente riconosciute e chiaramente definite.

Uno sguardo al passato e uno al futuro

Con la zonazione, il vino altoatesino sperimenta un passo in avanti e, allo stesso tempo, la riscoperta di un legame con la vecchia concezione rurale dei luoghi. La storia di successo del vino altoatesino inizia negli anni ottanta ed è dovuta principalmente alla crescente coltivazione delle varietà internazionali, sempre più richieste, che sono andate a sostituire la Schiava autoctona. L'adozione di queste nuove varietà ha reso possibile un confronto qualitativo con altre realtà produttive nazionali e internazionali, grazie a cui si è avuta la conferma dello standard di qualità raggiunto. La sola Schiava non avrebbe certo condotto a un tale successo.

Dato che tutti i vitigni richiedono requisiti specifici per la produzione di vino di qualità, si è puntato su una suddivisione ufficiale delle varie aree di coltivazione. Infatti, solo le varietà coltivate nei luoghi più idonei riescono a soddisfare i requisiti per ottenere vini di qualità eccezionale. Fino a qualche anno fa, a determinare la scelta delle varietà in Alto Adige era il mercato. Inizialmente la suddivisione delle aree di produzione era poco rilevante ma il crescente successo del vino altoatesino ha fatto sì che acquisisse un'importanza sempre maggiore.

La zonazione è quindi sia uno sguardo indietro che uno in avanti. Guardare al passato ci rivela che questo processo, durato decenni, sta per essere completato. Questo è dovuto alla consapevolezza, maturata da tempo, che le particolarità delle zone di produzione altoatesine vadano rafforzate e che le loro caratteristiche peculiari debbano essere ancora enfatizzate. Allo stesso tempo il vino dell'Alto Adige gioca a carte scoperte con le consumatrici e i consumatori, il che significa indicare loro il luogo preciso nel quale nasce un determinato vino. Questo fa sì che si riesca a far conoscere agli appassionati di vino le peculiarità delle nostre zone di coltivazione. In tal modo, la fine di un processo durato anni segna contemporaneamente – e soprattutto – l'inizio di uno sviluppo completamente nuovo.

Unità nella varietà

Questo sviluppo è basato anche sul secondo pilastro del concetto di zonazione. Poiché le unità geografiche aggiuntive (UGA) differiscono l'una dall'altra in termini di peculiarità, ciò significa anche che non tutti i vitigni crescono ugualmente bene in ogni luogo. Ci sono luoghi dove lo stesso vitigno viene coltivato da secoli, proprio perché vi trova condizioni ottimali. L'identificazione delle località consiste quindi nel definire e circoscrivere le collocazioni ottimali per le varietà selezionate, così da garantire che i vini sviluppino la migliore identità possibile e possano diventare eccezionali biglietti da visita dei rispettivi terroir.

Quanto detto dimostra che la definizione delle unità geografiche aggiuntive non è un'impresa da poco. A complicare ulteriormente il tutto è il fatto che l'Alto Adige è una regione vinicola estremamente diversificata in cui – a differenza della maggior parte delle altre regioni vinicole – un'area relativamente piccola presenta zone viticole molto diverse, in diverse vallate e a diverse altitudini. E vi si aggiungono anche gli oltre venti vitigni.

La zonazione avviata dal Consorzio Vini Alto Adige rappresenta quindi anche il tentativo, estremamente complesso, di trovare l'unità nella varietà del territorio vinicolo dell'Alto Adige e di attribuirle confini ben precisi.

Molte discipline, un obiettivo

La domanda ora è: come circoscrivere efficacemente aree di coltivazione omogenee? La base per la classificazione delle varie zone è costituita, da un lato, dall'esperienza maturata da mastri cantinieri e da viticoltori nei singoli paesi nel corso degli ultimi quarant'anni e, dall'altro, da un ampio lavoro scientifico-analitico che include discipline molto diverse: agricoltura ed enologia, ma anche ricerca sul clima, geologia e ricerca storica. Sulla base dei risultati forniti da tutte queste discipline, sono stati elaborati i criteri secondo i quali sono state individuate delle unità geografiche il più possibile omogenee: la geografia e la morfologia, per esempio, il microclima o lo sviluppo geologico, le caratteristiche del terreno e la storia della località.

Per capire la complessità di questo processo è sufficiente dare uno sguardo alle fonti dei dati. Per ottenere una zonazione precisa sono state valutate carte climatiche e storiche, modelli digitali del terreno (hillshade), dati sull'irraggiamento solare e sull'ombreggiamento, carte geologiche e cartelle catastali, toponimi, documenti provenienti da un'ampia gamma di archivi, campioni di terreno e dati georeferenziati provenienti da oltre 26.000 vigneti altoatesini.

Il risultato di questi studi è tanto vasto quanto impressionante: 86 unità geografiche aggiuntive in possesso di specifici e particolari requisiti per la coltivazione di determinate varietà. Cortaccia e Appiano sono i comuni che raggruppano il numero maggiore di unità geografiche, ospitandone dieci ciascuno, seguiti da Caldaro e dal capoluogo Bolzano con nove e da Termeno con sei. I comuni di Magrè, Montagna e Terlano hanno quattro unità ciascuno, Salorno, Egna, Ora e Merano ne hanno due ciascuno, mentre i comuni di Cortina, Aldino, Cornedo, Renon, Tirolo, Lagundo, Parcines, Naturno, Silandro, Castelbello-Ciardes, Villandro, Chiusa, Funes e Velturno ne ospitano una ciascuno. Infine, ognuna delle seguenti coppie di comuni condivide un'unità: Castelbello-Ciardes e Naturno, Montagna ed Egna, Vadena e Caldaro, Appiano e Caldaro, Nalles e Tesimo, Merano e Tirolo, Villandro e Chiusa nonché Bressanone, Varna e Naz-Sciaves.

La tradizione crea identità

Molte di queste microaree vantano una tradizione vitivinicola che risale a secoli fa, soprattutto grazie ai documenti conservati nei registri di chiese e monasteri che, dal Medioevo in poi, si occuparono della viticoltura del paese. Tutte le loro attività in campo vitivinicolo, infatti, furono scrupolosamente registrate per iscritto, così come le tasse che le aziende vinicole del monastero erano tenute a versare. Oltre ai documenti dell'archivio del monastero, a testimoniare la secolare tradizione delle parcelle è anche il Catasto Teresiano, introdotto in Alto Adige nella seconda metà del XVIII secolo. Mentre, da un lato, la destinazione d'uso è stata registrata nel catasto per motivi fiscali, dall'altro il nome tradizionale del microtoponimo si riferisce spesso alla viticoltura.

Molte zone possono quindi vantare cinque secoli o più di coltivazione continua – e questo lascia certamente un segno. Non c'è quindi da meravigliarsi se tutte le unità geografiche aggiuntive individuate abbiano sviluppato una propria identità, non solo culturale, ma anche geografica, economica e storica.

Ciò che rende storicamente speciale l'Alto Adige come paese montano, è la grande dipendenza dell'agricoltura in generale – e della viticoltura in particolare – dalle condizioni naturali e dagli influssi esterni. Le valli, per esempio, sono state per molto tempo ricoperte da paludi, ed erano pertanto inadatte alla viticoltura. Anche i pendii montani a quote più elevate non potevano essere utilizzati a tale scopo ed ecco perché i vigneti storici si diffusero soprattutto a mezza montagna.

Poiché non ci troviamo di fronte a un territorio pianeggiante e uniforme, le condizioni variano completamente da un luogo all'altro. In pochi chilometri cambiano tutte le basi della viticoltura: il terreno, il clima, l'altitudine. Questo è il motivo della complessità della regione vinicola dell'Alto Adige e, con essa, dell'eterogeneità delle singole UGA.

Le condizioni naturali, inoltre, fanno sì che le singole unità geografiche aggiuntive dell'Alto Adige siano di solito relativamente piccole in quanto a superficie. In un paese di montagna come l'Alto Adige non esistono infatti località estese con condizioni omogenee. Allo stesso tempo, la naturale varietà, unita all'utilizzo dei vitigni più adatti, ha consentito a queste unità geografiche di sviluppare un'identità molto marcata che può essere chiaramente distinta da quella di altri luoghi, creando con ciò il presupposto primario alla legittimità della zonazione.

L'indicazione dell'unità geografica aggiuntiva diventa così un mezzo di comunicazione fondamentale per il mercato. Garantisce standard elevati, ma può anche essere abbinata a interessanti racconti incentrati sulle particolarità e sulla storia di un dato luogo. Ciò soddisfa l'esigenza di consumatrici e consumatori di avere nel bicchiere un vino che racconti una storia – al palato, ma non solo.

Vini ricchi di storia(e)

Già il nostro breve excursus su come siano state delimitate le singole unità geografiche e su quante approfondite analisi siano state necessarie, lo lascia intuire: arrivare alla zonazione è stata una strada lunga e tortuosa. Dopo anni di preparazione, raccolta di dati e documenti, revisione di archivi e banche dati e, va anche detto, discussioni all'interno del settore vitivinicolo, nel 2019 il Consorzio Vini Alto Adige è riuscito a predisporre la relativa domanda da sottoporre al Ministero dell'Agricoltura a Roma.

Il via libera ministeriale è indispensabile perché la zonazione dei luoghi è giuridicamente più importante rispetto, per esempio, a un marchio privato. In futuro, oltre alla denominazione "Alto Adige", sarà possibile aggiungere l'unità geografica aggiuntiva con il relativo pittogramma originale sulle etichette dei vini che soddisfano una serie di requisiti: devono provenire da una delle unità geografiche aggiuntive definite, essere stati realizzati con uve del vitigno previsto dalla normativa per la zona in oggetto e rispettare tutte le norme di produzione. Obiettivo di quest'ultima prescrizione è far sì che la definizione dell'unità geografica aggiuntiva non solo consenta la localizzazione geografica del vino, ma possa anche fungere da garanzia di qualità.

Vini di personalità

È importante che le norme di qualità stabilite nella zonazione impongano degli standard il più elevati possibile. Ciò riguarda, per esempio, la quantità di raccolto, che per i vini provenienti da una singola unità geografica aggiuntiva è inferiore di un ulteriore 25 per cento rispetto alle già basse rese previste dal disciplinare dei produttori DOC. In questo modo si garantisce innanzitutto che i vini provenienti da una sola unità geografica aggiuntiva possiedano i requisiti necessari per distinguersi qualitativamente dalla concorrenza in termini di carattere e inoltre lo sviluppo di vini che colpiscano soprattutto per la loro personalità molto individuale, chiaramente definita e geograficamente identificabile.

Grafico 6

A ciascun vitigno la sua zona: le unità geografiche aggiuntive dell'Alto Adige

È risaputo che non tutti i vitigni crescano bene ovunque. In Alto Adige, negli ultimi anni, sono state condotte analisi approfondite e ricerche storiche per determinare quali zone siano più adatte a quali varietà. Il risultato di anni di ricerca è l'individuazione di 86 unità geografiche aggiuntive in tutta la provincia dotate di requisiti molto particolari per la coltivazione dei vitigni definiti per ciascuna di esse.

Fonte: C. G. Ferretti (GIR – Geo Identity Research)

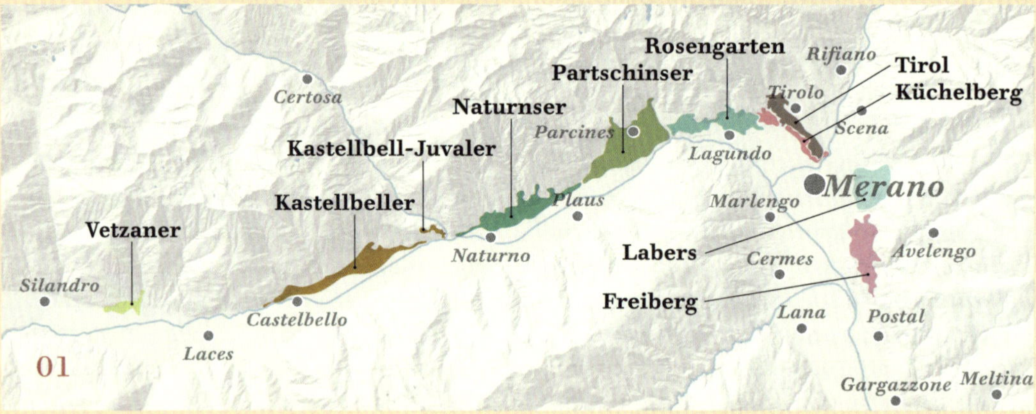

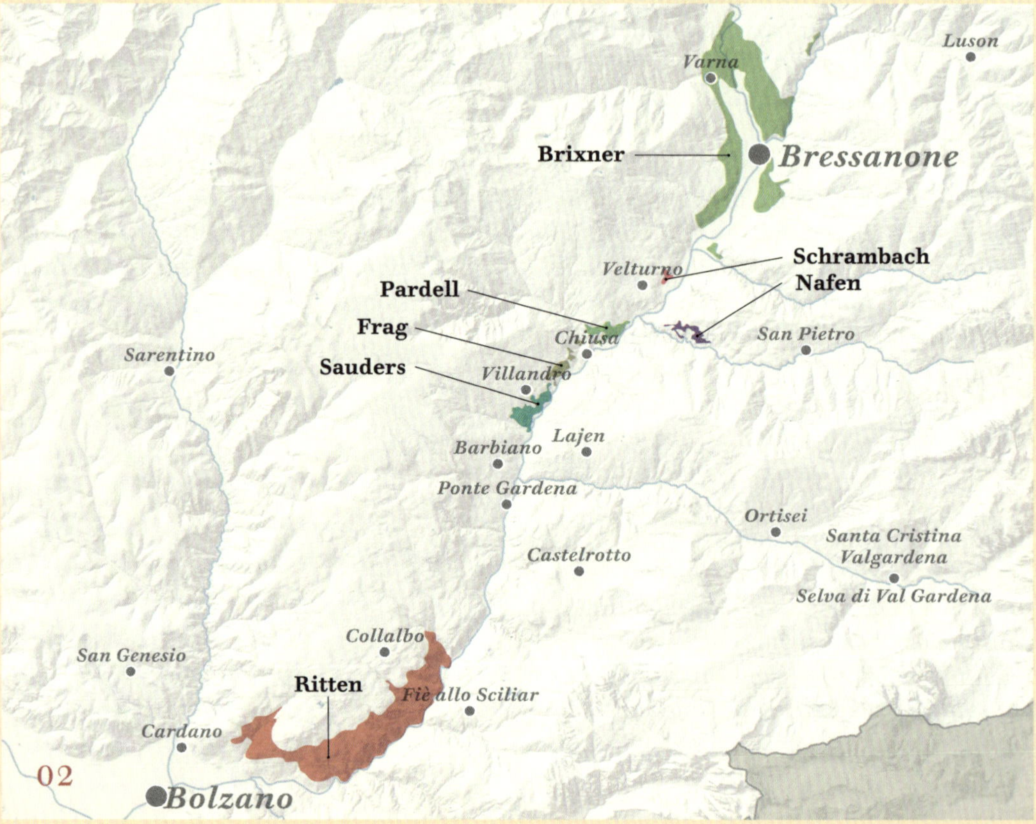

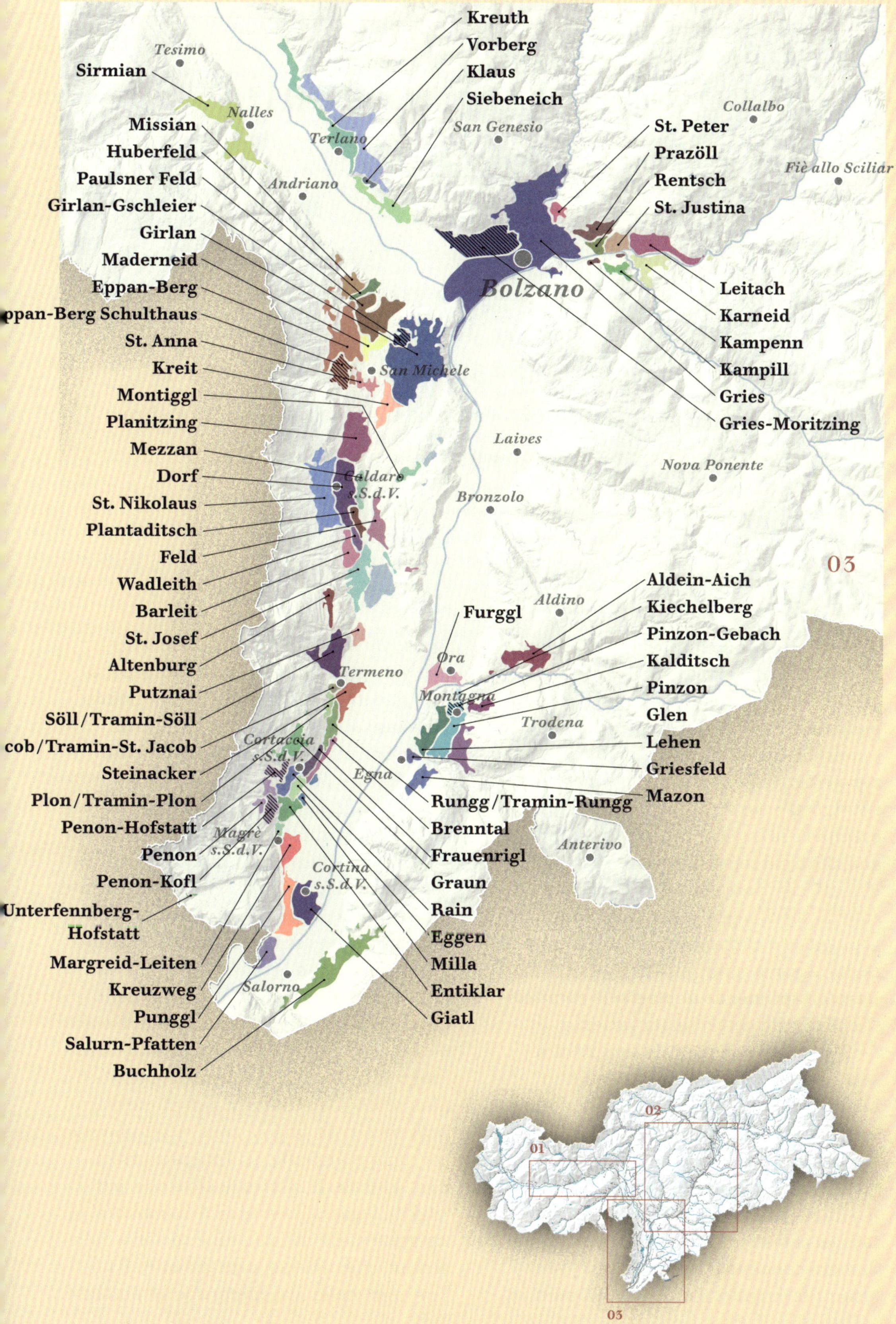

Grafico 6 – A ciascun vitigno la sua zona: le unità geografiche aggiuntive dell'Alto Adige

Zone giuste, grandi vini
Le combinazioni ideali di vitigni e zone

// Per grandi vini occorrono zone vocate: in fin dei conti la vite è una pianta molto esigente. Solo le zone giuste esaltono il carattere dei vitigni creando le condizioni per ottenere ottimi vini. La domanda quindi è la seguente: in quali zone le varietà coltivate in Alto Adige possono produrre uve per un vino di alta qualità?

Peter Dipoli

Ogni varietà di vite ha specifiche esigenze in fatto di clima e terreno. Il potenziale qualitativo di una varietà può svilupparsi pienamente solo in luoghi in grado di soddisfare le sue attitudini. In alcune zone vitivinicole l'attenzione è incentrata sui vigneti e sui vini prodotti in esse. Un esempio è la zona vitivinicola della Borgogna, dove già secoli fa sono stati definiti i "climat", cioè parcelle di terreno caratterizzate da specifiche e particolari condizioni geologiche e climatiche che permettono di esaltare al massimo le potenzialità di un terroir, esprimendo al meglio le caratteristiche di ogni determinata varietà.

Il concetto di zona è da sempre presente anche nella viticoltura dell'Alto Adige. I viticoltori e i mastri cantinieri sanno esattamente dove una varietà cresce bene e dove può nascere un grande vino. Molti toponimi sono stati tramandati nel linguaggio popolare e sono spesso citati nei catasti del Medioevo. Si tratta però di mere denominazioni di origine, senza alcun riferimento alla varietà. Dopotutto, la grande maggioranza delle varietà coltivate in Alto Adige è stata introdotta solo a metà del XIX secolo dall'arciduca Giovanni d'Austria tramite l'Imperial Regia Società Agricola del Tirolo e del Vorarlberg e l'Istituto Agrario di San Michele all'Adige fondato nel 1874. La loro idoneità alla viticoltura altoatesina è stata testata con approfondite prove sul campo ma si sono diffuse, andando gradualmente a sostituire la Schiava autoctona, solo dopo più di un secolo, a seguito del cambio di rotta verso la qualità. Negli ultimi anni si è tenuto sempre più conto delle esperienze e delle conoscenze relative alle esigenze di queste varietà rispetto al loro luogo di coltivazione. Purtroppo, l'imbottigliamento e la vendita di vini monovitigno provenienti da singole zone ricoprono solo un ruolo marginale nel comparto vitivinicolo locale. Il motivo di ciò è che, per ragioni legate alle strategie di mercato, la maggior parte delle cantine sociali e delle tenute, che insieme lavorano oltre il 90 per cento delle uve, preferisce assemblare vini o mosti provenienti da vigneti diversi piuttosto che imbottigliare vini di singole zone.

I risultati, riportati di seguito, sui luoghi più adatti ai principali vitigni coltivati in Alto Adige sono stati raccolti grazie al prezioso aiuto di enologi, mastri cantinieri ed esperti di viticoltura. La domanda ricorrente è stata: in quale luogo una delle varietà coltivate in Alto Adige è in grado di produrre un vino monovarietale di alta qualità? Per dare una risposta cercheremo di definire al meglio le aree di una certa estensione su cui ci si possa avvalere di molti anni di esperienza nella coltivazione della determinata varietà prescelta. Questo non esclude la possibilità che una varietà possa essere coltivata con successo anche in singoli vigneti al di fuori di queste zone.

Gewürztraminer

Le peculiarità del Gewürztraminer sono, oltre al gusto inconfondibile, l'elevata gradazione alcolica e l'acidità estremamente bassa. Ad avere il tipico aroma sono solo i vini ottenuti da uve completamente mature. I luoghi troppo caldi sono quindi problematici, perché la vendemmia anticipata va a scapito della maturazione fisiologica e quindi dell'aroma. Grazie al grande successo commerciale del Gewürztraminer, negli ultimi quarant'anni sono stati messi a dimora numerosi vigneti di questa varietà, principalmente in sostituzione della Schiava. Spesso, però, le esigenze del Gewürztraminer non sono state adeguatamente soddisfatte. Il problema del mal dell'esca che si è manifestato negli ultimi anni e il notevole calo della resa nelle piante più vecchie (a partire dai quindici anni circa) e ad altitudini più elevate, sono la ragione per cui recentemente il Gewürztraminer è stato piantato meno ma in luoghi più idonei. Le zone migliori per questa varietà sono sul versante orografico destro della Bassa Atesina, nel bassopiano altoatesino tra Sella, presso Termeno, e Cortaccia. I terreni ricchi di argilla esprimono meglio il carattere di questo vitigno. Degni di nota, anche in vista del riscaldamento globale, sono le zone più alte e soleggiate di Sella, sopra Kolbenhof, Kastelaz e lungo il lato montano della vecchia via Rungg in direzione di Cortaccia. Condizioni ideali sono presenti anche sopra Cortaccia, nella parcella Kehr.

Sauvignon Blanc

Il Sauvignon è uno dei protagonisti della storia di successo dei bianchi dell'Alto Adige. Fino alla fine degli anni novanta veniva piantato anche a basse e medie altitudini, ma i cambiamenti climatici e un contesto di crescenti esigenze di qualità hanno reso evidente che i vini più riusciti e complessi si producono tra i 450 e i 600 metri sul livello del mare. Si deve considerare che, per garantire la completa maturazione al di sopra dei 500 metri di altitudine, è assolutamente necessario un orientamento solare ideale. Anche i terreni freschi e argillosi possono ritardare la maturazione e portare a toni erbacei negli anni difficili.

In Bassa Atesina la zona di Penone, sopra Cortaccia, si è affermata come area vocata alla produzione del Sauvignon. I suoi terreni leggeri, ghiaiosi e ricchi di calcare rendono i vini molto eleganti e delicati. La varietà si dimostra valida anche a nord di Caldaro, ad altitudini simili, al di sopra della Strada del Vino e fino all'estremità settentrionale di Pianizza di Sopra, dove si alternano terreni detritici di ghiaia calcarea e di porfido che possono avere un forte impatto sullo stile. A nord di Pianizza di Sopra si trova poi l'ampia zona di Appiano-Monte, molto fresca per via dell'altitudine, delle correnti discendenti della Mendola e dei brevi periodi soleggiati. Qui è più probabile che vengano scelti i vigneti più bassi, fino a 500 metri. La storica località di Lafoi a Cornaiano è particolarmente nota per il Sauvignon Blanc.

Il comune di Terlano ha un'importanza storica nella coltivazione di Sauvignon. Nelle zone più basse, il rapido riscaldamento dei terreni porfirici richiede una vendemmia estremamente precoce.
A offrire le condizioni migliori sono invece i vigneti sui pendii del Tschögglberg, al di sopra dei 450 metri di altitudine. Nel vicino comune di Nalles il Sauvignon viene coltivato sui rilievi detritici formati dai torrenti Nalles e Sirmiano intorno ai 350 metri di altitudine. Qui la vendemmia ha luogo circa una settimana dopo rispetto alle zone intorno al paese di Terlano. Il vitigno trova buone condizioni anche nella zona di Merano tra i 500 e i 600 metri, cioè al di sopra Lana, Cermes e Marlengo. Al di fuori di queste classiche e comprovate aree di coltivazione del Sauvignon, dalla fine degli anni 2000 si distinguono anche i pendii meridionali della Val di Tires vicino ad Aica di Fiè.

Riesling

Tra i vitigni bianchi introdotti a metà del XIX secolo, a destare particolare interesse è stato il prestigioso Riesling. Tuttavia, la varietà ha fatto il suo debutto solo a partire dagli anni novanta, coltivandola a oltre 700 metri. Il vitigno è stato particolarmente apprezzato in Valle Isarco e Val Venosta. In Valle Isarco le posizioni migliori si trovano sui pendii sud-orientali a nord di Chiusa fino a Bressanone e sui pendii sud-occidentali sopra la conca di Bressanone, a un'altitudine compresa tra 700 e 800 metri. Nei vigneti più alti, per la maturazione dell'uva è essenziale un forte irraggiamento solare. La coltivazione del Riesling in Val Venosta, invece, è divisa in due zone climaticamente molto diverse. Sul Montesole presso Naturno fa relativamente caldo, per cui i luoghi adatti si trovano tra i 650 e i 900 metri, anche se a partire da 800 metri è necessario un orientamento ideale. A valle, fino a Vezzano, il limite altitudinale è posto 100 metri più in basso. Qui, a causa dell'influsso climatico fresco proveniente delle valli laterali, la maturazione è ritardata di almeno dieci giorni. In Valle Isarco e in Val Venosta il Riesling trova terreni acidi ideali costituiti da depositi glaciali di gneiss e scisto. Si produce un ottimo Riesling anche nel resto del territorio vinicolo altoatesino, purché ad altitudini sufficientemente elevate. Le caratteristiche tipiche dei terreni di Val Venosta e Valle Isarco si riscontrano però solo sporadicamente.

Pinot Bianco

L'Alto Adige è di gran lunga la più vasta regione di produzione di Pinot Bianco in Italia. Poiché la varietà a grappolo compatto è molto suscettibile al marciume, si sono rilevate particolarmente adatte le altitudini più elevate, alle quali il Pinot Bianco matura più tardi. I luoghi adatti partono da Penone, sopra Cortaccia, a 500 metri, e continuano lungo il pendio: passando per Barleit nel comune di Caldaro e per la parcella Berg ad Appiano fino ad arrivare a Sirmiano sopra Nalles. Nelle località più fresche la varietà può essere coltivata con successo anche a Cornaiano e Colterenzio. Condizioni ideali si trovano alla stessa altitudine anche sul versante orientale della Valle dell'Adige, partendo da Terlano fino a Freiberg nel Burgraviato. La località più conosciuta per il Pinot Bianco rimane comunque la parcella Vorberg sopra Terlano. In Val Venosta i vigneti del Pinot Bianco si affiancano in gran parte a quelli del Riesling. Presso Naturno la coltivazione è possibile fino a 900 metri, mentre a ovest dello stesso paese la zona di coltivazione presso Vezzano termina a 750 metri, quindi leggermente più in basso rispetto a quella del Riesling.

Pinot Grigio

Grazie all'enorme richiesta sul mercato internazionale, il Pinot Grigio è diventato il vitigno più coltivato in Alto Adige.

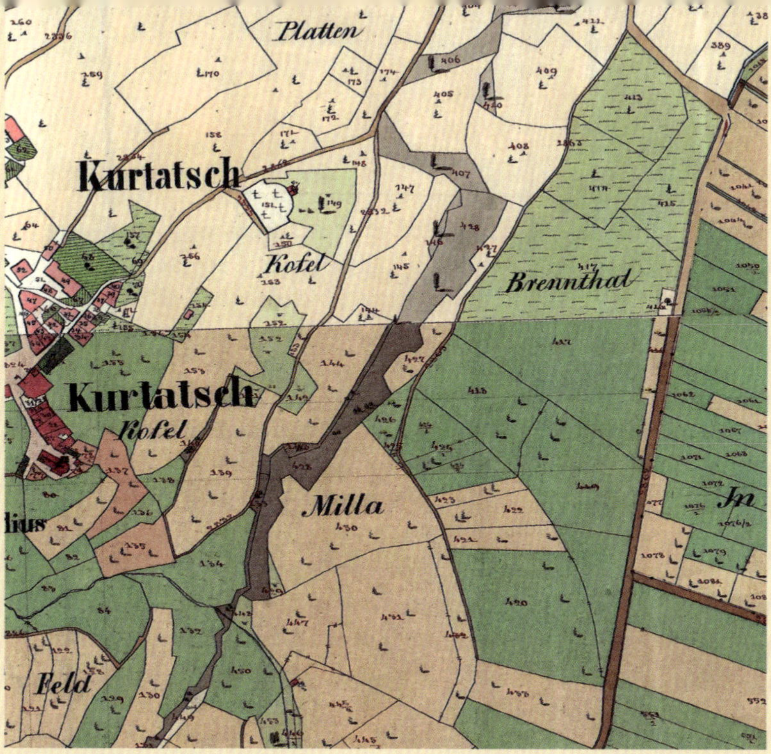

La storica parcella Brenntal a Nord di Cortaccia compare già nel castasto di Francesco I del 1858.

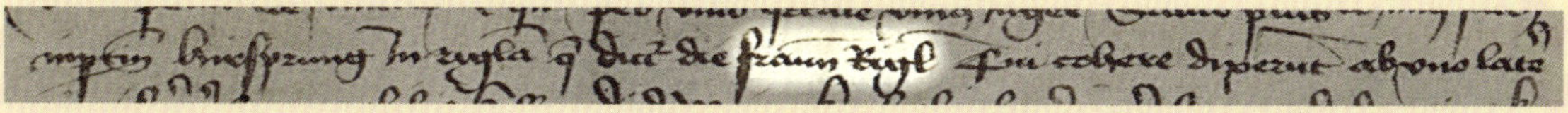

La parcella "Frauenrigl" viene citata per la prima volta in un atto notarile del 1456.

L'esempio perfetto di una zona chiaramente delimitata: Mazon al di sopra di Egna.

A parte una certa predisposizione al marciume, non è una varietà particolarmente esigente. Il Pinot Grigio viene coltivato con successo nel fondovalle e nelle zone centrali della Bassa Atesina, dove è particolarmente nota la parcella Punggl a sud di Magrè. Le altitudini più elevate sono caratterizzate da una resa decisamente inferiore e da una maggiore acidità, ma a differenza di altri vitigni bianchi le differenze qualitative non sono poi molto significative, tanto che, sul mercato, il Pinot Grigio delle altitudini più elevate non è riuscito a distinguersi da quello proveniente dalle restanti zone di coltivazione. A causa degli elevati costi di produzione, ad altitudini più elevate si preferiscono pertanto altre varietà.

Chardonnay

Di tutti i vitigni bianchi dell'Alto Adige, lo Chardonnay è quello con le minori esigenze ambientali. Si possono produrre ottimi vini sia a quote basse che medie; a quote molto elevate (oltre i 600 metri) la varietà è anche adatta alla produzione di vini spumanti. La natura del terreno può avere un'influenza decisiva sul carattere del vino. I terreni calcarei, per esempio a Niclara e nella parcella Kreuzweg a Magrè, danno vini fini ed eleganti, mentre a terreni argillosi corrispondono vini più corposi. A differenza di altre varietà bianche, la fermentazione malolattica aiuta lo Chardonnay a raggiungere la sua perfetta espressione. Ad altitudini più elevate aumenta la percentuale di acido malico nel mosto; i vini, quindi, presentano di solito una maggiore complessità. La combinazione di alta quota e terreno argilloso si trova a Sella, presso Termeno, a partire da 500 metri di altitudine, e ad Appiano-Monte.

Kerner

A partire da metà anni 2000, il Kerner ha avuto un grande successo sul mercato italiano grazie al suo aroma e alla sua freschezza. Poiché la varietà matura precocemente, in Alto Adige trova buone condizioni soprattutto ad alta quota. La Valle Isarco svolge un ruolo pionieristico nella coltivazione di questo vitigno e l'esperienza ha dimostrato che i migliori risultati si ottengono alle altitudini più elevate, comprese tra 700 e 900 metri. A quote più basse i vini perdono freschezza e diventano troppo alcolici. Il Kerner non è molto esigente in termini di condizioni del terreno; alla giusta altezza, quindi, si può produrre un ottimo Kerner anche in molte altre località, per esempio a Corona sopra Cortaccia, a Cardano e sui pendii del Renon.

Sylvaner e Veltliner Verde

Sebbene il Sylvaner sia ammesso in tutta la denominazione d'origine controllata dell'Alto Adige, ha un certo rilievo solo nella sottozona della Valle Isarco. La varietà veniva coltivata già nel 1857 nei pressi di Castel Seeburg a Bressanone. Le zone più adatte sono quelle più basse sul versante occidentale della Valle Isarco centrale nei dintorni di Chiusa, dove la presenza di una roccia magmatica, la diorite, conferisce alla varietà un particolare carattere. Nella conca di Bressanone si trovano alcune buone posizioni sul versante orientale della valle. In entrambi i casi il limite di quota si colloca intorno ai 650 metri.

Come il Sylvaner, anche il Veltliner Verde è rilevante solo nella sottozona Alto Adige Valle Isarco. Sono solo venti, infatti, gli ettari totali coltivati a Veltliner Verde in questa zona. A causa della sua breve storia e della limitata area di coltivazione, è quindi difficile individuare luoghi ideali per questo vitigno che, in ogni caso, predilige terreni profondi. Sono sconsigliate le zone oltre i 600 metri.

Schiava

La Schiava è il vitigno autoctono più coltivato in Alto Adige. In Bassa Atesina trova le migliori condizioni sul versante occidentale della valle, in posizioni soleggiate tra 300 e 400 metri, cioè tra Niclara presso Cortaccia e Rungg presso Termeno. La Schiava era particolarmente importante a Caldaro dove, dall'inizio del XX secolo, veniva commercializzata con la denominazione "Lago di Caldaro". Le zone migliori si trovano al di sopra della Strada del Vino a sud del paese fino alla frazione di San Giuseppe al Lago. A Cornaiano e Colterenzio, a causa delle condizioni acide del terreno e del maggiore contenuto di argilla, nascono vini Schiava decisamente più forti e più ricchi di colore. Qui sono particolarmente apprezzate la storica parcella Gschleier e i vigneti sul versante orientale di Colterenzio.

Di particolare importanza per la Schiava è poi la zona di Santa Maddalena, vicino a Bolzano, in cui l'area ideale è collocata a un'altitudine compresa tra 270 e 450 metri. Nella parte meridionale il terreno è più leggero, mentre nella parte settentrionale, vicino alle zone Justina e Leitach, aumenta il contenuto di argilla. I vini prodotti qui hanno note più acide, maggiore intensità e beneficiano di un invecchiamento più lungo. Le zone più basse della zona classica, ai Piani di Bolzano, sono invece troppo fertili per la Schiava e oggi vi si coltiva principalmente Lagrein.

Lagrein

Anche il Lagrein è una delle poche varietà autoctone dell'Alto Adige. Ha bisogno di un terreno caldo e permeabile perché questo si asciuga più rapidamente dopo le piogge di fine estate e autunno e si raffredda meno, consentendo così al vitigno di maturare completamente anche nelle annate difficili. I terreni permeabili, inoltre, si riscaldano più rapidamente in primavera e danno origine a un germogliamento più precoce. A risultare ottimali sono sempre stati i luoghi in cui il materiale alluvionale di fiumi e torrenti ha formato un sottosuolo sciolto. A causa della forte richiesta, il Lagrein veniva spesso piantato su terreni pesanti, ma lì raramente riusciva a raggiungere la qualità desiderata.

Nella conca di Bolzano, invece, si trovano ampie zone con condizioni del terreno ideali. Il cuore dell'area è Gries, considerata la migliore zona di coltivazione del Lagrein. Qui i terreni sono formati dai depositi della Talvera che si estendono fino alla parcella Moritzing dove incontrano i depositi della placca di porfido quarzifero di Bolzano. A nord-est di Gries, ai Piani di Bolzano, anche il materiale alluvionale dell'Isarco offre condizioni più che buone. A causa dei venti settentrionali provenienti dalla Valle Isarco, l'aria è più fresca rispetto ai vigneti di Gries e ciò può influire sulla maturazione dei tannini. Più a sud in zona Kaiserau, dove confluiscono Isarco e Adige, l'effetto di quest'ultimo rende il terreno notevolmente più sabbioso.

In Bassa Atesina, a risultare favorevole per il Lagrein è soprattutto il conoide alluvionale del Rio Nero a Ora. Le condizioni migliori si trovano nelle storiche parcelle di Tschint, Raut, Peterstückel e nei vigneti più alti di Furggl. Le propaggini del conoide alluvionale, invece, non sono adatte perché troppo profonde per via dei depositi dell'Adige. Buone condizioni per il Lagrein si possono trovare anche verso Egna, sul conoide alluvionale del Rio Trodena nella frazione di Gries. La zona è ben definita, con i vigneti a nord troppo ricchi di argilla e quelli verso il fondovalle troppo fertili. A causa dell'elevata richiesta, spesso il vitigno veniva coltivato anche sul lato opposto della valle a sud di Caldaro ma senza tener conto delle specifiche esigenze della varietà. Ciononostante, anche qui ci sono condizioni idonee, per esempio sui caldi terreni ghiaiosi di Niclara.

Pinot Nero

A causa della sua sensibilità alla botrite, nella storia della vitivinicoltura altoatesina, il Pinot Nero è stato coltivato solo di rado. Oggi si stanno raggiungendo qualità difficili da immaginare in passato. Ciò è dovuto al passaggio al sistema di allevamento a spalliera, ai cloni di qualità e alla costante riduzione della resa. A essere state cruciali sono anche le condizioni climatiche della zona. La varietà beneficia di altitudini superiori a 400 metri con pronunciate escursioni termiche. Per ottenere la perfetta espressione del vitigno, in Alto Adige e in Borgogna, la sua patria, si sono rivelati vantaggiosi i terreni calcarei con una certa quantità di argilla.

L'area più meridionale dell'Alto Adige in cui viene coltivato è la Buchholz, sopra Salorno. I vigneti hanno orientamento sud-ovest, ovest e nord-ovest e si trovano a oltre 400 metri sotto i pendii delle montagne sul versante orientale. Di conseguenza, il sole esce solo in tarda mattinata e il luogo rimane fresco, soprattutto durante il periodo di maturazione. I terreni sono costituiti da roccia calcarea dolomitica mista a porfido e presentano un'elevata percentuale di argilla. Sullo stesso lato della valle, più a nord, sopra Egna, si trova il famoso sito di Mazon, il cui potenziale per la coltivazione del Pinot Nero era già stato riconosciuto nella seconda metà del XIX secolo. Qui i vigneti si trovano a una quota compresa tra 300 e 450 metri e hanno esposizione ovest e nord-ovest.

Anche qui i ripidi pendii montuosi bloccano a lungo il sole durante le ore mattutine. Tuttavia, a causa del cambiamento climatico, nel giro di pochi anni i vigneti più bassi sono diventati quasi troppo caldi per il Pinot Nero. I vigneti all'altezza della chiesetta di San Michele sono considerati ottimali, mentre i vigneti più alti nelle immediate vicinanze del limitare del bosco e alcune singole zone peggio orientate risultano un po' troppo freschi. In seguito al cambiamento climatico, queste zone verranno probabilmente rivalutate. I terreni sono argillosi e costituiti prevalentemente da calcare e porfido. Di fronte alla parcella di Mazon ci sono i vigneti di Glen esposti a sud-ovest, una zona rivelatasi preziosa durante gli ultimi anni. Con un'altitudine compresa tra 400 e 660 metri, Glen è leggermente più alta di Mazon, anche se il periodo della vendemmia può variare notevolmente tra i vigneti più alti e quelli più bassi. A fornire i migliori risultati sono i vigneti di media altitudine con un alto contenuto di argilla. Sebbene nella zona Pinzon, appena sotto Glen, faccia a volte troppo caldo per il Pinot Nero, anche qui i singoli vigneti più alti e freschi offrono le condizioni ideali.

Più a ovest si trovano pregiate zone di Pinot Nero nell'Oltradige, a cominciare dalla storica parcella Barleit sopra Caldaro e poi lungo i piedi della montagna fino a Pianizza di Sopra. Poco a nord di quest'ultima inizia il comune di Appiano, che possiede la più vasta superficie coltivata a Pinot Nero di tutto l'Alto Adige. Particolarmente adatti sono i vigneti della vasta zona Eppan-Berg tra 400 e 550 metri. Il terreno qui è molto calcareo e, fatta eccezione per la parte meridionale della zona, anche il contenuto di argilla è molto elevato. Del comune di Appiano fa parte anche il vicino paese vinicolo di Cornaiano dove, nel corso della rivoluzione qualitativa della viticoltura altoatesina, sono stati sostituiti ottimi vigneti di Schiava con Pinot Nero. I terreni sono caratterizzati da depositi morenici, ma a differenza della zona Eppan-Berg hanno un valore pH basso. I vini risultano quindi ricchi di colore e tannino e invecchiano molto bene.

In Val Venosta, date le condizioni climatiche più fresche, il Pinot Nero è l'unico vitigno rosso nobile a risultare adatto alla coltivazione. Come per il Riesling si possono distinguere due zone. A Naturno il Pinot Nero può essere coltivato fino a 800 metri. Più a valle, invece, non si devono superare i 650 metri. Sopra Castelbello, infine, il vitigno riesce a maturare solo di rado. A causa delle condizioni del terreno, acido e permeabile, i Pinot Nero della Val Venosta si distinguono nettamente da quelli più a sud già menzionati, solitamente molto più corposi.

Merlot

La prima menzione di un Merlot altoatesino risale al 1930, allorché un Merlot Kretzer dell'annata 1929 fu presentato dalla cantina sociale di Andriano alla ventiduesima edizione della "Mostra Mercato Provinciale Vini di Bolzano". I luoghi ideali per il Merlot si trovano però lungo la Strada del Vino a sud di Caldaro fino alla zona Margreider Leiten sopra Magrè. Per ottenere la corposità e la dolcezza ideali del frutto, i requisiti più importanti in questa zona sono l'orientamento solare ideale (sud, sud-est, est), ma soprattutto un terreno calcareo dall'elevato contenuto di argilla. A causa del cambiamento climatico, nelle località molto calde al di sotto della Strada del Vino meridionale (a 250 metri), come la storica parcella Brental, è consigliabile anche il taglio con Cabernet Franc o Cabernet Sauvignon. Nelle località più fresche come a Margreider Leiten o sopra la Strada del Vino (Frauenrigl, Freising, Rungg) il Merlot può invece essere prodotto anche in purezza. Troviamo anche importanti zone di Merlot a Settequerce. I vini prodotti qui, tuttavia, a causa dei terreni caldi e del basso contenuto di argilla, si differenziano notevolmente da quelli della Bassa Atesina.

Cabernet Franc

Fino alla metà degli anni ottanta, i vivai vendevano erroneamente l'antica varietà bordolese Carménère come Cabernet Franc. In Alto Adige è stato solo grazie all'importazione di materiale vegetale francese agli inizi degli anni novanta che si è conosciuto il "vero" Cabernet Franc. Poiché questo vitigno veniva coltivato nei vigneti più vecchi anche in impianto misto con Cabernet Sauvignon e Carménère, i vini venivano solitamente imbottigliati con la denominazione imprecisa di "Cabernet". La varietà matura un po' più tardi del Merlot e può produrre vini di alta qualità in luoghi caldi sia come varietà in purezza sia assemblata con il Merlot. La zona di coltivazione ideale è quella del Merlot, ossia le località intermedie a sud di Caldaro fino al cru Margreider Leiten. Su terreni più argillosi, comunque, la preferenza va data al Merlot.

Cabernet Sauvignon

Il Cabernet Sauvignon è sicuramente uno dei vitigni rossi più pregiati. Per via della sua maturazione tardiva, negli ultimi anni la sua coltivazione è consigliata solo nelle zone più calde dei pendii orientali della Bassa Atesina. Qui, a risultare particolarmente adatte, sono alcune zone a sud di Caldaro, da Castel Ringberg attraverso il vigneto Cor e fino alla storica parcella Putznai e alcune altre lungo la Strada del Vino tra Cortaccia e Niclara. Per evitare un raffreddamento anticipato durante le forti piogge di fine settembre e ottobre e consentire così la piena maturazione, i terreni dovrebbero avere una struttura leggera. Per questo motivo sono da evitare i terreni argillosi. In Alto Adige, nelle annate molto fresche o tardive, non è possibile ottenere una produzione di Cabernet Sauvignon di alta qualità.

\\

L'idea di terroir in dettaglio

La menzione "Vigna – Weingarten"

// Con la possibilità di indicare in etichetta, oltre alla denominazione di origine controllata, anche il nome di un vigneto, anche in Alto Adige si sta dando il giusto risalto al concetto di terroir. La menzione "Vigna – Weingarten" permette infatti di mettere in particolare risalto le caratteristiche uniche di una piccola località fino ad arrivare alla singola parcella, stabilendo in tal modo le peculiarità di ogni zona. Ciò che si è iniziato molti decenni fa grazie a un lungimirante vignaiolo altoatesino trova ora sempre più seguaci.

Martin Foradori

Il vino si caratterizza per numerose proprietà e peculiarità. Oltre all'annata, la sua personalità è determinata soprattutto da due fattori. Da un lato, il vignaiolo influenza la crescita delle uve e il loro sviluppo nel vigneto e in cantina. Dall'altro, il vino è un prodotto naturale, e l'intervento del vignaiolo – se non agisce in maniera estremamente invasiva – è importante, ma secondario, perché un vino è innanzitutto modellato dal "terroir". Questo termine molto specifico del vino riunisce in sé tutte le peculiarità legate all'origine delle uve, cioè il microclima, l'altitudine, la natura del terreno e l'orientamento del pendio.

Poiché il terroir può essere profondamente diverso da zona a zona, anche tra due parcelle adiacenti, e poiché, come già sottolineato, nel vino conta l'individualità, per i vignaioli che sentono un profondo legame con la terra è di grande importanza che un vino sia espressione della sua origine. Il riferimento alla provenienza di un vino diventa quindi un'informazione fondamentale per gli appassionati di vino particolarmente attenti.

In tutto il mondo, i vini più famosi hanno tutti un'origine geografica ben definita. Queste denominazioni d'origine sono rigorosamente regolamentate fin nei minimi dettagli. L'approccio giuridico varia da Paese a Paese: mentre l'Italia punta sulla denominazione di vaste superfici, la regolamentazione dell'indicazione di origine in Borgogna, per esempio, è stata istituita già nel 1935, quando si procedette alla classificazione di tutti i vigneti della regione e alla concessione del titolo di "Grand Cru" ai migliori di essi.

I cru dell'Alto Adige

Nel 1987 Paolo Foradori prese a modello la Borgogna e diede a due vini della sua tenuta J. Hofstätter di Termeno il nome della loro esatta origine, cioè i nomi storici delle parcelle da cui provenivano. In Alto Adige, per la prima volta, i vini vennero classificati in base alla loro origine e il carattere distintivo del vigneto che li ha prodotti divenne visibile non solo nel vino stesso, ma anche in etichetta. Nacquero così il Barthenau Vigna Sant'Urbano Pinot Nero e il Barthenau Vigna San Michele Pinot Bianco. Già nel 1959, all'inizio della sua carriera di successo come vignaiolo ed enologo nell'azienda di famiglia, Paolo Foradori riconobbe che alcuni dei suoi vigneti producevano uve di eccezionale qualità. Ispirato dalla cartografia dei vigneti della Borgogna, per anni condusse una meticolosa ricerca tra le vecchie mappe dell'Alto Adige e gli estratti storici dei catasti dell'epoca in cui l'Alto Adige faceva parte dell'Austria-Ungheria. Fortunatamente, alcuni appezzamenti della sua azienda possedevano già un nome storico. Utilizzando i nomi di queste proprietà come denominazione d'origine nell'etichetta dei suoi vini, Paolo Foradori pose una pietra miliare nella storia della viticoltura altoatesina e oggi può essere giustamente definito il padre della menzione "Vigna – Weingarten" nella nostra provincia.

Molti anni dopo, alcuni vignaioli altoatesini, approfittando della legislazione statale che da decenni prevede la possibilità di designare alcuni appezzamenti e parcelle "Vigna – Weingarten" e di iscriverle in un apposito elenco delle unità geografiche aggiuntive, stanno intraprendendo una strada simile. Questa iscrizione permette infatti di indicare sull'etichetta la denominazione "Vigna" oltre alla denominazione di origine controllata "Alto Adige DOC".

In linea di principio, ai sensi di legge, la zona di origine di un vino classificato come "Vigna – Weingarten" non deve essere superiore ai 20 ettari e deve comprendere solo "superfici viticole contigue e chiaramente identificabili ubicate in un'area precisamente delimitata". "Contigue" nel senso che le singole aree non possono distare tra loro più di 100 metri. Questa precisazione è importante perché un vino con un nome storico deve poter garantire l'unicità e la tipicità legate a un preciso appezzamento di terreno. Se le uve provengono da più luoghi questa garanzia viene meno. La strettissima connessione geografica sottolinea la speciale "relazione con il terroir" che sta alla base dell'idea di "Vigna – Weingarten".

Nomi storici e tradizionali

Questa classificazione, in gran parte nuova per l'Alto Adige, non ha solo una dimensione geografica ma anche storica. Possono essere inseriti i nomi tradizionali delle parcelle che figurano nel registro storico del catasto o nelle cartelle catastali del XVIII secolo. È interessante notare che un nome storico può essere attribuito a due parcelle confinanti, se queste sono state suddivise e vendute separatamente nel corso degli anni.

Oltre ai nomi storici delle parcelle, nell'elenco dei vigneti possono essere inclusi anche i nomi tradizionali delle superfici vitate. Il richiedente deve fornire la prova di utilizzare tale denominazione ininterrottamente da almeno cinque anni senza però avere aggiunto in etichetta la dicitura "Vigna – Weingarten".

Per un vino menzionato come "Vigna – Weingarten", l'origine delle uve è fondamentale. Esse devono provenire dai vigneti corrispondenti, venire vinificate separatamente e quindi essere iscritte separatamente anche nei registri enologici. Questo procedimento garantisce che il vino contenga effettivamente i frutti del vigneto indicato in etichetta.

Una strada in salita

Il fatto che l'Alto Adige abbia oggi un regolamento dedicato al concetto di "Vigna - Weingarten" non è scontato. Per molti anni la provincia ha ritardato l'attuazione della legislazione statale in questo settore perché non si riteneva sensato mettere in evidenza solo alcuni vigneti ben precisi. Per lungo tempo, quindi, la menzione "Vigna - Weingarten" rimase chiusa nei cassetti degli uffici competenti. Questa situazione di stallo, fortunatamente, non scoraggiò alcuni vignaioli altoatesini, decisi a sottolineare la grande importanza di possedere una denominazione d'origine geografica, anche con riferimento al modello della Borgogna e dell'Alsazia che è una delle ultime regioni vinicole francesi ad avere ottenuto una menzione dei cru.

L'esempio dell'Alsazia non è stato fatto a caso. A differenza di altre regioni vinicole francesi, ha infatti una struttura molto fitta di cantine organizzate su base cooperativa, e può quindi essere paragonata alla situazione dell'Alto Adige. Già questo fuga il timore che la menzione "Vigna - Weingarten" sia difficile da attuare all'interno delle cantine sociali. La menzione dei cru, infatti, è un'opzione perfettamente praticabile anche in ambito cooperativo ed è un modello di successo per garantire una maggiore riconoscibilità. Nel 2012 la Provincia Autonoma di Bolzano ha finalmente deliberato un decreto in materia che ha sancito l'introduzione della denominazione di origine controllata.

Perché vigna?

Dopo aver chiarito la menzione "Vigna - Weingarten", sorge spontanea la classica domanda sul perché. Davvero l'origine dei vini deve essere specificata fino a questo punto? Non è già sufficiente la tutela fornita dalla DOC? È indispensabile definire una dimensione minima per un vigneto?

A queste domande è possibile rispondere solo tenendo presente sia la tendenza verso vini con sempre maggiore identità, sia la particolarità della regione vinicola altoatesina, che risiede nella sua grande varietà. Non è possibile presentare l'Alto Adige come un territorio unitario, perché creare un "vino modello" non è né fattibile né sensato. Ecco perché, a lungo termine, il territorio vinicolo dell'Alto Adige ha una sola chance di sopravvivenza: scendere nei dettagli, ossia riconoscere le specificità climatiche e geologiche di ciascuna zona e di ciascun vigneto e riuscire a comunicarle e farle percepire anche nel vino, tra le altre cose. Solo così potremo essere speciali, solo così potremo essere unici, solo così potremo essere inconfondibili, solo così non saremo paragonati ad altre regioni vitivinicole.

In conclusione, una parola sul ruolo del vignaiolo nel regolamento dell'Alto Adige relativo a "Vigna - Weingarten": mentre i vitigni sono specificati per legge per le singole unità geografiche aggiuntive (vedi capitolo dedicato) - possono essere fino a cinque per ogni unità geografica aggiuntiva - per la denominazione "Vigna - Weingarten" non ci sono restrizioni a riguardo, perché tale classificazione non è soggetta alla legislazione dell'Alto Adige, bensì a quella nazionale italiana. Sta quindi all'esperienza del vignaiolo scegliere il vitigno giusto per il suo vigneto. Anche se la menzione "Vigna - Weingarten" può certamente essere letta come una limitazione geograficamente ben definita, a conferire prestigio ai vini "Vigna - Weingarten" è, in definitiva, ancora e sempre l'individualità del singolo viticoltore.

\\

A lungo termine, il territorio vinicolo dell'Alto Adige ha una sola chance di sopravvivenza: scendere nei dettagli, ossia riconoscere le specificità climatiche e geologiche di ciascuna zona e di ciascun vigneto e riuscire a comunicarle e farle percepire anche nel vino.

Dai Reti al vino da singoli vigneti
La storia del vino in Alto Adige disegna un arco temporale estremamente ampio. Nel corso dei secoli cambiano i responsabili, le filosofie, i successi e gli impatti che l'economia del vino ha sul paesaggio e sulla società. A non cambiare praticamente mai sono solo alcuni attrezzi, in particolare la roncola.

2.

Imparare e acquisire esperienza da 2.500 anni

La viticoltura nel corso del tempo

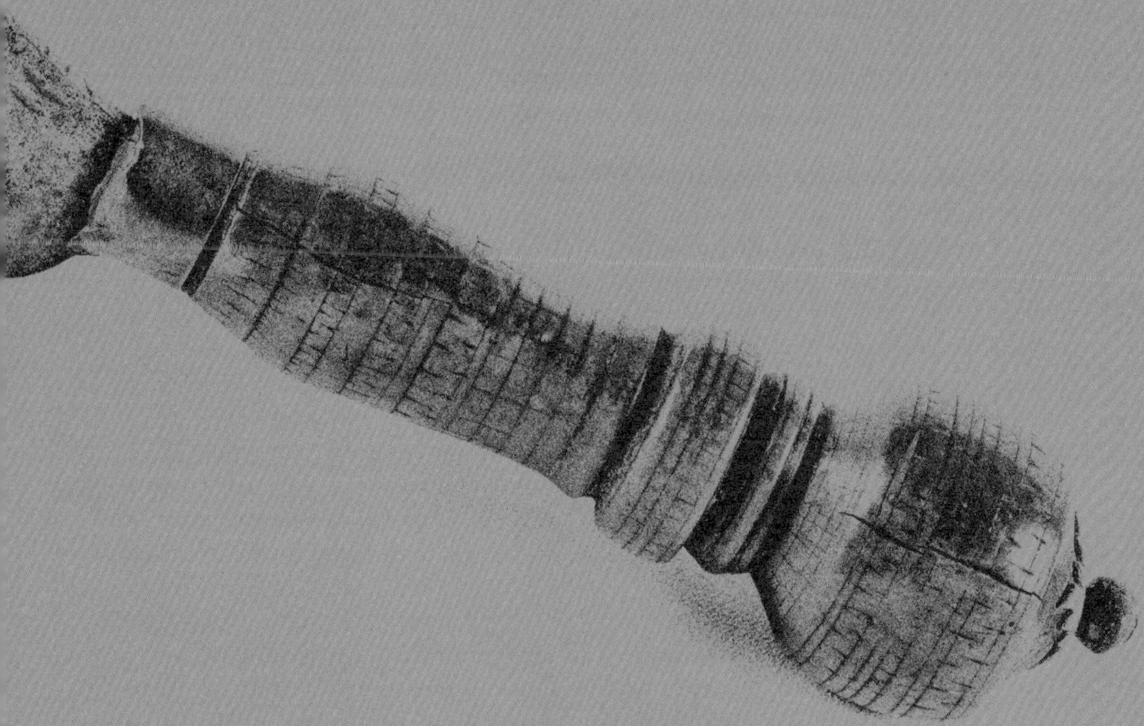

Bevanda cerimoniale e status symbol

I Reti e il vino

// Vinaccioli provenienti da viti coltivate, roncole in ferro, setacci, mestoli e la messa a dimora di vigneti dimostrano che i Reti praticavano la viticoltura già a metà del I millennio avanti Cristo. Per loro, il vino era una bevanda molto speciale e il suo consumo aveva un grande significato simbolico e cerimoniale. Rappresentava inoltre uno status symbol per l'élite e testimoniava chiaramente quanto i Reti fossero strettamente legati alla regione mediterranea.

Catrin Marzoli, Hubert Steiner

In Europa la vite selvatica (*vitis vinifera ssp. sylvestris*) si è diffusa dopo l'ultima era glaciale, cioè a partire dal 10.000 avanti Cristo. Nella regione alpina non è presente su grandi superfici, ma piuttosto come pianta rampicante nei boschi ripariali. Secondo i profili pollinici esaminati dall'Istituto di Botanica dell'Università di Innsbruck, è possibile dimostrare una presenza regolare, seppure in quantità limitata, nell'area del Tirolo e dell'Alto Adige a partire dall'epoca neolitica, intorno al VI millennio a. C.

I reperti più antichi provengono da Villandro: in un insediamento del primo Neolitico (seconda metà del VI millennio a. C.) sono stati infatti rinvenuti vinaccioli di vite selvatica. L'uva selvatica veniva raccolta e consumata anche nell'età del Rame. Inoltre, l'uva prodotta dalla vite selvatica integrava l'alimentazione anche nell'età del Bronzo (II millennio a. C.). Sono stati rinvenuti reperti che attestano anche la presenza di insediamenti palafitticoli in Trentino, per esempio a Fiavè/ Giudicarie o sul Lago di Ledro. Sono stati ritrovati vinaccioli di uva selvatica anche a Velturno e Vadena in un insediamento della prima età del Ferro (prima metà del I millennio a. C.).

Le più antiche testimonianze della coltivazione della vite provengono dal Vicino e Medio Oriente e risalgono al Neolitico, cioè al VI e V millennio a. C. Nella zona della penisola italiana, la prima produzione di vino è probabilmente avvenuta tra la media e la tarda età del Bronzo (seconda metà del II millennio a. C.). La "cultura del vino" diffusasi nel Mediterraneo occidentale è essenzialmente di origine greca. Ne esistono prove risalenti all'età del Ferro, nel I millennio a. C., grazie al ritrovamento di numerosi oggetti che servivano al consumo di vino da parte di una nascente classe dirigente. Resti archeobotanici indicano che nell'attuale

Italia settentrionale tra la Liguria e il Veneto, nel periodo che va dalla fine dell'età del Bronzo alla fine del VII secolo a. C., se non addirittura per un periodo più lungo, veniva utilizzato principalmente vino prodotto da viti selvatiche. In queste zone, la coltivazione della vite e gli strumenti per la sua coltivazione sono stati rinvenuti per la prima volta in alcuni siti risalenti al VII-V secolo a. C.

Vinaccioli e le prime botti

Nel corso del VI secolo a. C., sotto la forte influenza mediterranea, in Trentino, ma anche in Tirolo e in Alto Adige, sorse la cultura di Fritzens-Sanzeno, identificata come la cultura materiale dei Reti. Sui gruppi alpini esercitarono una grande influenza anche gli Etruschi e i Veneti, residenti nella Pianura Padana. Le case dei Reti erano caratterizzate da un piano interrato costruito con la tecnica della muratura a secco, al quale conduceva un ingresso angolare, costruito con molta cura e talvolta coperto con lastre di pietra.

Negli strati di materiale risultante dall'incendio di alcune case del V/IV secolo a. C. nel corso di scavi archeologici, oltre a resti di grano e legumi carbonizzati, sono stati trovati vinaccioli sia di vite selvatica sia, seppur in numero minore, di quella coltivata.

Il piano superiore era in legno e il tetto era coperto di scandole. Gli elevati standard strutturali e di comfort sono testimoniati, tra l'altro, dai pavimenti in legno e dalla perlinatura delle pareti.

All'interno di queste case si sono conservati reperti organici, più volte carbonizzati, in grado di fornire informazioni sulle basi nutrizionali degli abitanti dell'epoca. In uno degli insediamenti più importanti della prima età del Ferro nell'area dell'attuale Alto Adige, a Stufles/Bressanone, furono scoperti per la prima volta i vinaccioli di uva coltivata (***vitis vinifera ssp. vinifera***). Negli strati di materiale risultante dall'incendio di alcune case del V/IV secolo a. C. (Casa III/Scavo 1909, Stufles/via Elvas, Alta via Angelo Custode/Russo) nel corso di scavi archeologici, oltre a resti di grano e legumi carbonizzati, sono stati trovati vinaccioli sia di vite selvatica sia, seppur in numero minore, di quella coltivata.

Di particolare importanza è quindi l'indagine condotta nel 2002 su una casa dell'età del Ferro a Bressanone-Rosslauf. Nel piano interrato della casa risalente alla prima metà del V secolo a. C., distrutta da un incendio, sono stati rinvenuti i resti carbonizzati di sette botti e di un tino. FIG. 1

Le doghe, in legno di larice, erano originariamente munite di diversi cerchi in legno. Sono presenti anche indizi relativi a botti in legno provenienti dal Piperbühel (Collalbo). La prova dell'esistenza di botti in legno conduce alla famosa citazione di Plinio il Vecchio (Nat. Hist. XIV, 132), il quale riferisce che nella regione alpina (*circa alpes*) venivano utilizzate botti in legno munite di cerchi per conservare e trasportare il vino.

Testimonianze di grappoli carbonizzati di uva selvatica e coltivata, o della conservazione e del consumo dell'uva, si trovano anche nelle case del IV-I secolo a. C. (Laives/Reif, Laives/via Galizia, Collalbo/Piperbühel, Settequerce/n. 12/scavo 1985). Uve di vite selvatica sono state rinvenute anche ad altitudini più elevate, per

Figura 1
Nel 2002, nel quartiere di Rosslauf a Bressanone, è stato riportato alla luce il piano interrato di una casa retica. Al suo interno sono stati rinvenuti anche i resti carbonizzati di sette botti e un tino. La loro età: circa 2.500 anni.

Figura 2
Già nella prima età del Ferro la roncola era il più importante strumento utilizzato in viticoltura – qui un esemplare in ferro ritrovato a Settequerce. Da allora la sua forma è cambiata di poco.

Figura 3
Fu probabilmente dai Veneti che i Reti adottarono l'"arte delle situle", incisioni e raffigurazioni eseguite su lamine di bronzo. Questa cista di bronzo di circa 2.500 anni fa ritrovata ad Appiano presenta immagini di una processione sacrificale.

Figura 4

Il vino al centro dell'attenzione: su una lamina di bronzo ritrovata a Sanzeno, in Val di Non, oltre a una serie di figure, si riconosce anche un grande recipiente da cui viene spillato il vino.

Rappresentazione secondo Lucke/Frey 1962

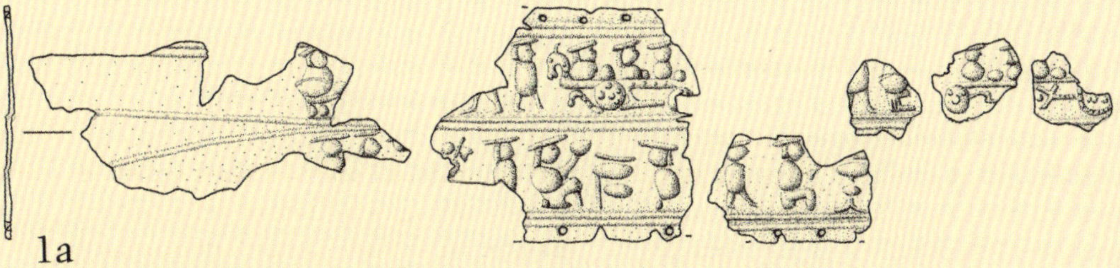

Figura 5

Si beve – probabilmente vino – anche in una scena realizzata su una lamina di bronzo ritrovata in una tomba nei pressi di Laimburg. Oltre alle scene di libagioni (sotto) si distingue anche il passaggio di un carro (sopra).

Rappresentazione secondo Dal Ri 1992

Figura 6

A metà del IV secolo a. C. venne realizzato anche un recipiente etrusco sul quale è visibile questa scena di una libagione. Il ritrovamento è stato effettuato durante uno scavo presso Ora.

Riproduzione secondo Roschmann 1756

esempio nell'insediamento della tarda età del Ferro a Laion a 1.000 metri sul livello del mare.

Come fa l'uva a diventare vino?

Le bevande alcoliche si potevano preparare anche con i frutti della vite selvatica (*vitis vinifera ssp. sylvestris*) e altri frutti fermentati. In epoca preistorica l'uva selvatica e coltivata veniva consumata come frutto o trasformata in succo. In forma essiccata si conservava anche a lungo. Nella prima età del Ferro, nel IV secolo a. C., i frutti della vite venivano anche fatti fermentare: l'uva bruciata proveniente dal luogo di culto di Settequerce, di cui si è conservata la polpa carbonizzata, evidenzia una fermentazione lenta in contenitori di ceramica con scarso apporto di ossigeno.

I ritrovamenti archeologici raccolti finora testimoniano che, nell'area dell'Alto Adige, la viticoltura ebbe inizio intorno alla metà del I millennio a. C. È probabile che la classe sociale elevata retica di quel tempo importasse il vino dal sud grazie a una rete di relazioni complesse. Tuttavia, alcuni attrezzi specifici forniscono anche prove della viticoltura locale. Per fabbricare botti e per piallare e lisciare le doghe ci si serviva di una sorta di "raschiatori"; le asce venivano invece utilizzate per realizzare forme cave. Sebbene botti e tini (Rosslauf/Bressanone, Piperbühel/Collalbor, Nomi/Rovereto) siano stati rinvenuti nel corso di scavi archeologici, da soli non possono essere una prova certa della viticoltura o della conservazione del vino. A fornire una testimonianza diretta della viticoltura locale sono invece le roncole in ferro rinvenute in numerosi insediamenti della tarda età del Ferro. FIG. 2 La roncola è di grande importanza per la viticoltura, soprattutto perché solo una potatura a regola d'arte può garantire una resa ottimale delle viti. Il più antico vigneto dell'età del Ferro, databile intorno alla metà del I millennio a. C., rinvenuto archeologicamente, ossia nel corso di uno scavo, nell'area dell'Alto Adige è probabilmente quello situato a Laives/via Galizia: il pendio leggermente inclinato del conoide alluvionale era terrazzato con muri a secco paralleli. Si è desunto che presumibilmente l'area fosse stata creata e utilizzata per la viticoltura.

Diversi autori antichi riferiscono del vino retico, per esempio Porzio Catone il Vecchio (morto nel 149 a. C.), Strabone (63 a. C.-dopo il 23 d. C.), Catullo (intorno all'84 a. C.-dopo il 55 d. C.) e Plinio il Vecchio (23/24-79 d. C.). Queste fonti, tuttavia, fanno riferimento a un'area che non corrisponde a quella dell'odierno Alto Adige ma a zone più a sud già sotto la forte influenza romana nel II e I secolo a. C.

E come si beveva il vino?

Dalla fine del VI secolo a. C., si assiste a una significativa influenza della cultura mediterranea sugli abitanti dell'area retica, parallelamente allo sviluppo della cultura locale di Fritzens-Sanzeno. Oltre all'adozione della scrittura mutuata dagli Etruschi, una delle conquiste storico-culturali più importanti è lo sviluppo di un linguaggio figurativo basato su immagini sceniche, la cosiddetta arte delle situle, che attesta anche lo stretto contatto tra Reti e Veneti. FIG. 3 Questa forma di "arte" prevede decorazioni scolpite su lamine in bronzo, principalmente su recipienti di vario tipo. Le situle non venivano solo importate ma anche prodotte localmente. Le raffigurazioni, che includono sfilate di guerrieri, corse sui carri, gare di corsa, duelli, competizioni musicali, scene di caccia/aratura, scene di sesso, cortei sacrificali, scene di danza nonché di banchetti, riflettono senza dubbio la vita delle classi elevate, ma anche immagini simboliche e azioni legate al culto. I committenti erano le élite locali che, attraverso tali raffigurazioni, volevano celebrare il proprio stile di vita in cui, seguendo l'esempio

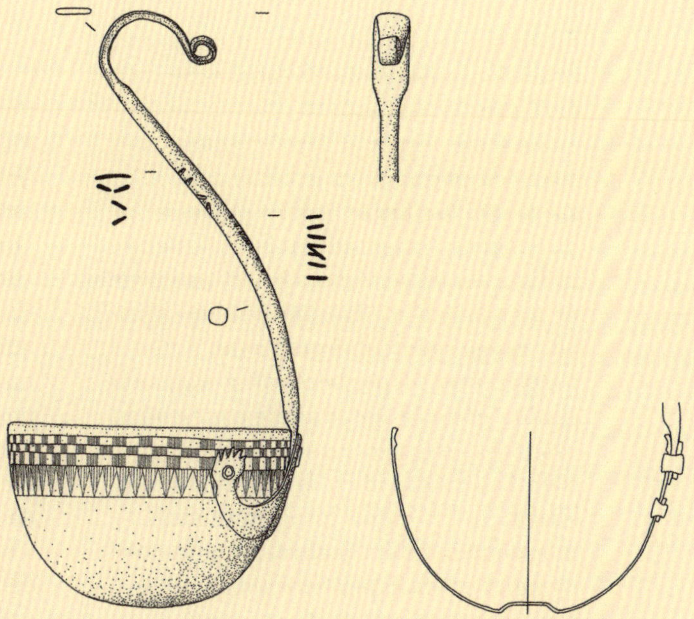

Figura 7

Anche i mestoli in bronzo indicano che i Reti bevevano vino. Questo esemplare, decorato con caratteri retici, è stato ritrovato a San Maurizio.

Rappresentazione secondo Steiner 2002

Figura 8

Probabilmente i Reti bevevano vino da ciotole decorate come queste, rinvenute nel corso di uno scavo a Settequerce.

Figura 9

A Settequerce sono venuti alla luce anche i resti di una kylix attica raffigurante un Erote alato che risale probabilmente alla prima metà del IV secolo a. C.

mediterraneo, il banchetto e il simposio con il consumo di vino rivestivano un ruolo di rilievo.

Le scene legate al bere occupano uno spazio importante tra le raffigurazioni: sia su una lamina in bronzo proveniente da Sanzeno sia in una tomba di Vadena è raffigurato un servitore che attinge il vino da un paiolo e lo offre a un personaggio di alto rango seduto di fronte a lui. FIG. 4/5 I pregiati utensili per bere raffigurati sulle situle – come le stesse situle e mestoli in bronzo, spesso decorati con personaggi o simboli magici di culto – venivano realizzati in laboratori locali su modelli meridionali. I Reti, inoltre, importavano i pregiati utensili per bere anche dalla regione etrusca, come per esempio i manici in bronzo di grandi recipienti, chiamati crateri, rinvenuti a Settequerce (fine IV, inizio III secolo a. C.) e Ora (metà IV secolo a. C.). Prima di essere distribuito ai partecipanti al simposio, il vino veniva mescolato con l'acqua all'interno del cratere – definito anche "king of the symposium set" – e veniva setacciato per ripulirlo dalle spezie. L'attacco del manico inciso con figure proveniente da Ora si riferisce chiaramente al tema del vino: diversi satiri intenti a raccogliere l'uva circondano una figura seduta a cui viene offerta una coppa di vino. FIG. 6 Si tratta probabilmente di Dioniso, il dio greco del vino. I preziosi recipienti utilizzati durante il simposio erano stati importati addirittura dalla Grecia.

Nell'area della cultura di Fritzens-Sanzeno della tarda età del Ferro gli utensili per bere sono stati ritrovati sia negli insediamenti che nelle tombe e nei luoghi di culto. FIG. 7 Negli insediamenti di Appiano/Putzer Gschleier, Settequerce, Rifiano, Vadena, Stufles o Fai della Paganella simboleggiavano l'appartenenza all'élite locale. Nelle tombe di Settequerce, San Maurizio e Vadena gli utensili utilizzati per il consumo del vino, parte di più complessi arredi funerari, esprimono un'autorappresentazione, ovvero l'alto status sociale del defunto anche oltre la morte.

Il vino nei luoghi sacri

Presso il luogo adibito ai sacrifici di Pigloner Kopf, risalente all'età del Rame (III millennio a. C.), l'uva della vite selvatica veniva offerta alle divinità insieme ad altri frutti raccolti. Tra i luoghi dedicati alle offerte con il fuoco sacrificale, un sito molto speciale è quello di Settequerce. FIG. 8 In questo luogo di culto della tarda età del Ferro è stato infatti recuperato un recipiente greco per bere, una kylix attica del tipo senza stelo. Sul lato interno è raffigurato un Erote alato circondato da un motivo di cani in corsa. La kylix a figure rosse è un'opera di origine attica della prima metà del IV secolo a. C. Le numerose tazze ombelicate, le ciotole con anelli di supporto, le brocche, i mestoli recuperati nonché la kylix attica testimoniano l'offerta della libagione, nell'ambito della quale una parte della bevanda festiva, probabilmente il vino, veniva donato alle divinità, come riprodotto anche sulla kylix a figure rosse del Museo Nazionale di Tarquinia. FIG. 9

Vinaccioli, tazze e ciotole, il *simpulum* (il mestolo), il setaccio, le brocche e le ceramiche attiche di importazione del luogo di culto di Settequerce sono la testimonianza del simposio che si svolgeva a seguito delle libagioni, del bere insieme basato sul modello di riferimento mediterraneo, adattato però alle proprie convinzioni ideologiche, come rappresentato sulle situle. I recipienti per bere, utilizzati dai membri dell'élite locale, documentano i diversi e stretti contatti commerciali dell'alta borghesia retica con la regione mediterranea.

L'asse di collegamento lungo l'Adige e, probabilmente, anche lungo la Valle Isarco, nel corso del V/IV secolo a. C. acquisì un'enorme importanza. Beni di lusso, recipienti per bevande e vino di provenienza meridionale raggiungevano anche le residenze principesche celtiche a nord delle Alpi. Gli insediamenti centrali di Stadlhof/Vadena, Settequerce/Terlano e Stufles/Bressanone, nella loro funzione di stazioni di passaggio controllate dalle élite locali, hanno probabilmente svolto un ruolo significativo nello svolgimento del commercio interregionale. I contatti commerciali favorirono l'arrivo nell'area della cultura di Fritzens-Sanzeno non solo di merci importate dal sud, ma anche di significativi influssi culturali provenienti dall'area greca, etrusca e veneta: nella vita quotidiana, nell'agricoltura (come nel passaggio alla vite coltivata), nella vita intellettuale e nell'ambito del culto.

\\

L'asse di collegamento lungo l'Adige e, probabilmente, anche lungo la Valle Isarco, nel corso del V/IV secolo a. C. acquisì un'enorme importanza. Beni di lusso, recipienti per bevande e vino di provenienza meridionale raggiungevano anche gli insediamenti principeschi celtici a nord delle Alpi.

Tracce da quasi due millenni
Dai Romani fino al XVIII secolo

// Dopo i Reti, furono i Romani a portare avanti la viticoltura in Alto Adige – o almeno così si suppone, perché non esistono prove certe. La situazione comincia a cambiare solo circa mille anni più tardi, quando lo sviluppo della viticoltura cominciò a essere documentato per iscritto: descrizioni di vitigni, istruzioni per il lavoro nel vigneto e la riprova che i vini tirolesi, i cosiddetti Vini dell'Adige, non potevano mancare nelle cantine della nobiltà.

Helmuth Scartezzini

In Alto Adige, il vino per uso personale veniva prodotto già in epoca preromana; sebbene sia ipotizzabile una ripresa durante l'occupazione romana, le prove in merito sono scarse. Nel museo privato "Uomo nel Tempo" di Cortaccia sono conservati due reperti che risalgono all'epoca romana. Uno è un frammento di tavola in pietra per la pressatura con cannule vicino al bordo, l'altro è la base di una vasca da pressatura con canale di deflusso. Fig. 2 Nel Museo Provinciale del Vino di Caldaro si trova inoltre un pezzo di legno di vite datato tra il 100 e il 400 dopo Cristo. Fig. 3

Alla ricerca di tracce romane

Anche dopo la conquista romana del 15 a. C., il territorio lungo l'Adige e l'Isarco non fu mai completamente colonizzato, ma venne comunque dotato di strade militari, fortezze, stazioni di posta, poderi e modesti insediamenti di veterani. Probabilmente c'erano guarnigioni vicino a Bolzano e Merano, nonché *vici*, cioè villaggi in cui erano insediati funzionari e militari romani, a Egna, San Paolo, Nalles, Parcines e Bressanone (Stufles). Si può anche ipotizzare la presenza di un'agricoltura più intensiva nell'Oltradige e sui conoidi alluvionali della Valle dell'Adige, ma il fondovalle rimaneva paludoso e ricoperto di boschi alluvionali. Era pratica comune per i Romani fornire ai veterani, al concludersi del loro ventennio di servizio militare, dei possedimenti agricoli nelle aree intorno agli insediamenti fortificati. Queste piccole masserie (*praedia*) sono documentate da scavi lungo la Via Claudia

Augusta nella Valle dell'Adige fino al Passo Resia e sulla sponda destra del fiume a Caldaro, Appiano, Riva di Sotto, Andriano, Nalles e Marlengo. Ciò che manca ancora è la prova dell'esistenza di strutture organizzate per la produzione del vino, come avviene invece per Mezzocorona a sud del confine provinciale, dove, durante gli scavi archeologici, è venuto alla luce un insediamento rurale con edifici simili a fattorie risalenti al I-IV secolo e, sparsi qua e là, vinaccioli, resti di legno di vite carbonizzato e resti del taglio di legno di vite.

Un lascito evidente di quest'epoca sono i cosiddetti nomi prediali, da cui derivano gli attuali nomi di alcuni paesi vinicoli. Appiano, Cornaiano, Missiano, Andriano, Terlano, Prissiano, Scena e Rifiano, per esempio, si riferiscono ai nomi (Appius, Cornelius, Messius, Andrius, ecc.) dei

Termini altoatesini per la coltivazione, le strutture e il lavoro nel vigneto

Versione orale	Termine latino	Significato
Batill	betulla	incisore di viti, curculione dannoso
firmen	firmare	taglio dei vimini per legare le viti
Gfinnen	confinium	strisce di terreno tra le file di pergole per la coltura interfilare
Gossen	cossus	bruco della tignola della vite, molto dannoso
Guntanell	contabulare	trave al piede e al colmo della pergola
Kammerle	camera	spazio tra due sostegni della pergola
Manail	manile	sottili aste di sostegno per giovani viti
Marzan	margo	sbarre orizzontali della pergola
Mortitsch	morticinus	l'emergere di rami nuovi dal legno vecchio
passeln	passum	appassire degli acini
Pataun, Punt	pontone	pergola (zona di Merano, Val Venosta)
Pergl	pergula	impalcatura delle pergole a tetto (Bolzano, Valle Isarco)
profen	profundere	interramento di tralci per nuove viti
Rasl	rasilis	barbatella
Rigel	regula	località ben delimitata
Saltner	saltuarius	custode del vigneto
spigeln	spica, specula	cercare i grappoli rimasti dopo la vendemmia
Stellaun	Stilus	sottili doghe del tetto della pergola
Waal	acquale	roggia di irrigazione
Wimmat	vindemia	vendemmia
wimmen	vindemiare	vendemmiare i grappoli

Termini altoatesini per la coltivazione, le strutture e il lavoro nel vigneto

Versione orale	Termine latino	Significato
Ganter	canterius	base per le botti
Gonzal	congius, congialis	gerla (50 litri)
Kastlet	castellus	botte oblunga per il mosto (10-14 ettolitri) su veicolo per il trasporto
Lagl	lagoena	botte di forma schiacciata per la soma con il cavallo oppure contenitore legnoso da ½ yhr
Lauer	Lura	imbuto
Pazeide	batiacum	recipiente a paletta triangolare con manico, anche unità di misura dei liquidi
Pipp	Pipa	rubinetto a spina
Priel, Preil	prelum	albero del torchio vinario
Sechter	sextarius	secchio in legno con manico (40 litri)
Spinell	spina	rubinetto a spina in legno per la chiusura in occasione degli assaggi dalla botte di fermentazione
Spund	puncta	zipolo per la chiusura delle botti in legno
Sulfer	sublenare	sostegno laterale del torchio vinario
Torggl	torculum	torchio vinario, anche per "Ansetz" (sala del torchio)
torgglen	torquere	spremere il graspato o la vinaccia
Yhrn, Yhrne	urna	unità di misura dei liquidi (ca. 70-120 ettolitri a seconda della località) per vino o mosto
Zumm	cymbium	gerla (= Gonzal)

proprietari dei rispettivi possedimenti. Lo stesso vale anche per i nomi delle città di Bolzano e Merano. Allo stesso modo, la terminologia dialettale della viticoltura risale in gran parte al volgare latino, come dimostrò Franz Tumler già nel 1924. Tale terminologia è unica in tutta l'area di lingua tedesca e deriva solo occasionalmente da origini retiche (Praschlet, Patitsche), mentre la gran parte dei termini vitivinicoli più antichi è probabilmente derivata dal latino volgare, soprattutto i termini che descrivono la coltivazione e la struttura di sostegno delle viti e le attrezzature utilizzate in cantina. Ciò fa supporre che l'impalcatura a pergola e il torchio esistessero già in epoca romana.

Le prime testimonianze scritte

Mentre lo sviluppo della viticoltura in Alto Adige durante e dopo l'epoca romana deve essere ripercorso attraverso riferimenti circostanziati e indiretti, le prime notizie

Figura 1
Nel 1620 Matthias Burglechner creò l'"Aquila Tirolensis", la famosa mappa del Tirolo a forma di aquila. Le scene vitivinicole sulla mappa mostrano l'importanza che la viticoltura aveva già allora in Alto Adige.

Figura 2

A dimostrazione del fatto che in Alto Adige l'uva venisse pigiata già in epoca romana non c'è solo la vasca da pressatura risalente a quell'epoca ed esposta presso il museo privato "Uomo nel Tempo" di Cortaccia. Anche il termine "Torggl" (torchio) è un termine di origine latina.

Figura 3

Un pezzo di legno di vite carbonizzato di epoca romana è una delle poche prove tangibili che in Alto Adige si coltivasse la vite già allora. È stato trovato nel cuore di quello che oggi è il centro storico di Cortaccia.

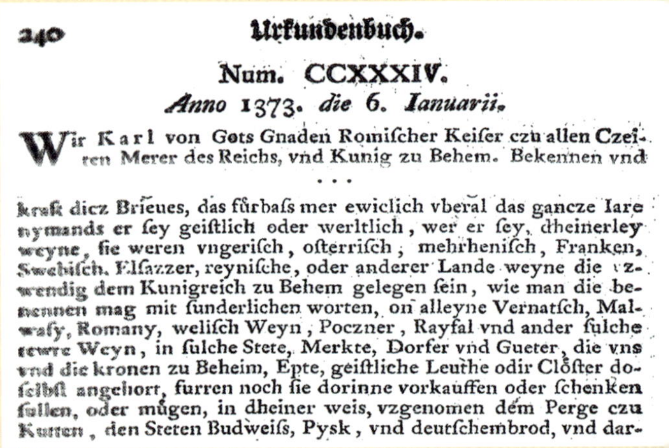

240 Urkundenbuch.

Num. CCXXXIV.

Anno 1373. die 6. Ianuarii.

Wir Karl von Gots Gnaden Romischer Keiser czu allen Czeiten Merer des Reichs, vnd Kunig zu Behem. Bekennen vnd

. . .

kraft dicz Brieues, das fürbass mer ewiclich vberal das gancze Iare nymands er sey geistlich oder werltlich, wer er sey, dheinerley weyne, sie weren vngerisch, osterrisch, mehrhenisch, Franken, Swebisch, Elsazzer, reynische, oder anderer Lande weyne die vzwendig dem Kunigreich zu Behem gelegen sein, wie man die benennen mag mit sunderlichen worten, on alleyne Vernatsch, Malwasy, Romany, welisch Weyn, Poczner, Rayfal vnd ander sulche tewre Weyn, in sulche Stete, Merkte, Dorfer vnd Gueter, die vns vnd die kronen zu Beheim, Epte, geistliche Leuthe odir Clöster doselbst angehort, furren noch sie dorinne vorkauffen oder schenken sullen, oder mugen, in dheiner weis, vzgenomen dem Perge czu Kutten, den Steten Budweiss, Pysk, vnd deutschembrod, vnd dar-

Figura 4

Il codice diplomatico del 1783 riporta tra i documenti riferiti all'imperatore Carlo IV anche il suo editto del 1373, con il quale cercava di proteggere i viticoltori della Boemia dalle importazioni a basso costo. Un permesso eccezionale per l'importazione a Praga è concesso solo per i "vini costosi", tra cui figurano anche la Schiava e il "Poczner".

specifiche sulla viticoltura tirolese risalgono al tardo Medioevo. Il primo documento è una fattura del 1490 del convento di Tegernsee con la nota: “Sull’Adige ci sono diversi vitigni come il Moscato, il Vernetzer, il Lagrein, che sono i migliori; Pfefferwein [Peverella, Pfeffertraube, n. d. a.], Heunisch, Madruschen [varietà sconosciuta, n. d. a.], Schlafen [Gschlafene, n. d. a.], Verdolen [Versoaln, n. d. a.], che sono invece gli ultimi o peggio”. L’amministratore avrebbe quindi dovuto anche badare alla qualità dei vini consegnati in forma di tributo, per i quali non è consentito mescolare Gschlafene, Heunische e Puntwein provenienti da altri vigneti. Bisognava piuttosto fornire un buon Lagrein. Per quanto riguarda i possedimenti del monastero, il vino di Lana era considerato vino estivo, mentre quello di Pianizza era considerato vino invernale. I vini estivi erano considerati quelli pronti da bere solo in estate, probabilmente a causa della loro maggiore acidità o per il contenuto di tannini. Il vino invernale, invece, era considerato vino che non sarebbe sopravvissuto fino all’estate successiva.

Nella sua descrizione in versi “Der Fürstlichen Grafschafft Tyrol Landtreim” del 1558, Georg Rösch von Geroldshausen, un funzionario del governo di Innsbruck la cui tomba è a Vipiteno, parlò anche dei prodotti agricoli. Elenca il vino rosso estivo di Bressanone, il Vergärner di Trento e il Lagrein quale unico vitigno, poi i nomi delle singole parcelle Traminer, Eppaner, Leitacher, Kalterer, Girlaner, Missianer, Montaner, Planitzinger, Rieder (Bolzano?), Grieser, Ackpfeifer (Lana) e St. Gotthartswasser (vino a Mezzocorona?). Si dice che lo Schreckbichler e il Rosso Isera fossero considerati i migliori della Valle dell’Adige. L’autore elenca anche vini alle erbe a base di rosmarino, felce lingua di cervo, ginepro, prugnole, inula, salvia, chiodi di garofano, zenzero e assenzio, nonché vino dolce cotto. Nel 1620 Matthias Burglechner riferì che molte migliaia di yhr di vino venivano esportate (a Bolzano 1 yhr corrispondeva

Mentre lo sviluppo della viticoltura in Alto Adige durante e dopo l’epoca romana deve essere ripercorso attraverso riferimenti circostanziati e indiretti, le prime notizie specifiche sulla viticoltura tirolese risalgono al tardo Medioevo.

a circa 78 litri e di più altrove). “I vini sono di molti colori e varietà, tra i rossi si preferisce il Brixner Most, tra i bianchi quelli di Termeno e Leitach”, scrive Burglechner. FIG. 1

Una terra ricca di vino

A fornire una descrizione ancor più dettagliata del territorio è Marx Sittich von Wolkenstein-Trostburg nella sua “Cronaca del Tirolo”, scritta intorno al 1600. La descrizione fa riferimento ai tribunali di allora come unità amministrative territoriali, ma mancano le sezioni per Merano e la Val Venosta. Secondo Wolkenstein, il Tirolo è ricco di vino, che per la sua qualità e la sua “soavità nel bersi” viene anche esportato. La viticoltura inizia a Bressanone e si estende lungo l’Isarco e l’Adige fino a Borghetto. A Bressanone ci sono vini rossi, a Bolzano il Leitacher e il Grieser, mentre Wolkenstein descrive il Missianer e il Traminer come vini “forti”. L’autore fornisce anche valutazioni sul vino, per esempio se il vino è estivo o invernale, l’ammontare della produzione e se la zona esporta vino. Scrive dunque per Caldaro che “furono venduti al comune 2.000 carri”, ovvero 2.000 botti da 622 litri.

I vini rossi vengono menzionati solo occasionalmente, il che fa supporre che si producesse prevalentemente vino bianco. Oltre ai nomi delle località citate vengono elencati anche il Montaner e il Kalterer Seewein, nonché varietà come Lagrein, Gschlafene, Heunisch, Muskateller, Pfeffertraube e, stranamente, Trollinger (per Teroldego?). Per quanto riguarda il tribunale di Cortaccia, Wolkenstein dice che a Sella cresce il buon vino estivo o il Traminer, a Rungg cresce il buon Traminer e il buon vino rosso, ma solo in quantità ridotta. A Niclara si trova dell'ottimo Traminer e vino rosso, a Cortaccia si trova un buon Traminer, a Penone solo vino estivo, anche se abbastanza buono. Per Magrè Wolkenstein fa riferimento a tre diversi Traminer, la Schiava è considerata un normale vino invernale e sono disponibili anche varietà rosse. A Corona e Favogna di Sopra e Favogna di Sotto, infine, la viticoltura non è praticata.

Dalla descrizione che Wolkenstein fa di Aichholz (Roverè della Luna) si può ricavare un'interessante interpretazione. Lì, infatti, l'Aichholzer Lagrein è uguale al Traminer in termini di qualità, solo che si chiama in un modo diverso. Localmente cresce anche un buon vino rosso. Ciò significa che all'inizio del XVII secolo "Lagrein" stava ancora a indicare un vino bianco, mentre "Traminer" era il nome della zona che andava da Magrè a Sella. Wolkenstein, un cavaliere che aveva viaggiato molto per l'epoca, menziona anche vini speciali come vini alle erbe e vini dolci che non vengono prodotti altrove e sono quindi richiesti all'estero. L'autore precisa che, nel mese di novembre, ai vini alle erbe venivano aggiunti inula, chiodi di garofano, zenzero, salvia o senape e che venivano prodotti anche vini "bolliti", cioè riscaldati. Riscaldando i vini giovani, il processo di fermentazione viene fermato allo scopo di preservare la dolcezza del vino.

Secondo Wolkenstein, il Tirolo è ricco di vino, che per la sua qualità e la sua "soavità nel bersi" viene anche esportato. Wolkenstein, un cavaliere che aveva viaggiato molto per l'epoca, menziona anche vini speciali come vini alle erbe e vini dolci che non vengono prodotti altrove e sono quindi richiesti all'estero.

Uno sguardo nel vigneto

Sono della stessa epoca anche alcuni documenti informativi per la tenuta Anreiter a San Maurizio/Bolzano. Come indica Hubert Gasser, nel 1633 il principato vescovile di Bressanone aveva acquistato il maso da Hans Georg Anreiter. Una descrizione della tenuta risalente al 1780 indica cinque ettari di vigneti e campi, ma gli interventi legati alla cura delle vigne si conoscono da molto prima perché si possono desumere dalle condizioni poste al fattore, che prese servizio il giorno di Martini (San Martino, 11 novembre) 1643. Viene specificato che intorno a Georgi (San Giorgio, 23 aprile) bisognava lavorare il terreno tra i filari delle viti (con una zappa), operazione da ripetere intorno a Pentecoste. Intorno a Jakobi (San Giacomo, 25 luglio) si doveva dissodare nuovamente il terreno con la zappa (contro la malerba), e intorno a Micheli (San Michele, 29 settembre) si dovevano

Figura 5

Quelle lasciate dai Romani nella viticoltura altoatesina sono soprattutto tracce linguistiche. Per illustrare un articolo del 1905 sono stati riportati graficamente gli attrezzi con i rispettivi termini di origine latina. L'illustrazione e l'articolo apparvero – per non si sa quale ragione – nella rivista del club alpino tedesco e austriaco nel 1905/06.

"ammucchiare" i filari delle viti. In assenza di venti "pungenti" la potatura sarebbe dovuta avvenire nel mese di marzo o, in alternativa, subito dopo la vendemmia. Le viti dovevano essere legate fino all'Annunciazione (25 marzo), dovevano essere "raschiate" e appuntate al momento giusto, e anche "spezzate" affinché potessero filtrare il sole e l'aria. I "Batillen" (*Byctiscus betulae*, l'insetto detto anche sigaraio della vite) e altri parassiti dannosi avrebbero dovuto essere eliminati tempestivamente.

Particolarmente interessante è l'elenco delle varietà presenti nel maso, idealmente rappresentativo della zona vinicola di Bolzano. I nomi menzionati sono Liechtheinisch, cioè Heunisch bianco, Kholheinisch (Heunisch blu?), Goltpör (Bacca d'oro), Gaißaugen (Geisaugen, una uva da tavola?), Hurlacherin (nome della varietà locale, Hurlach è una residenza a Bolzano), Schwarzer Lagrein (Lagrein blu), Weislagrein (Lagrein bianco), Hörtling (Härtling), Edler Vernätsch (Schiava grossa), Schwarz Vernätsch (Schiava gentile), Schwarze Schlafen (Gschlafene), Pratweinpör (Brater), Puznising (Putzscherere?), Muscatel (Moscato), Pfefferweinpör (Pfeffertraube) e Frauenweinpör (Traueler?). Nel documento furono aggiunte anche le varietà che dovevano essere utilizzate per il vino del principe vescovo: per i bianchi Hurlacherin, Weislagrein, Muskatell e Frauenpör, per il nero (blu) Kholheinisch, Schwarz Lagrein e Schwarz Schlafen.

I "nobili" vini del Tirolo

In età moderna, i vini tirolesi erano richiesti presso le corti di numerosi nobili. Le corti ducali di Monaco di Baviera e Graz conservavano vini tirolesi di diverse provenienze. E nelle liste delle cantine degli imperatori asburgici i vini del Tirolo erano sempre presenti. Ciò non deve stupire, poiché è espressamente riportato che l'imperatore e il suo seguito femminile

In età moderna, i vini tirolesi erano richiesti presso le corti di numerosi nobili. Le corti ducali di Monaco di Baviera e Graz conservavano vini tirolesi di diverse provenienze. E nelle liste delle cantine degli imperatori asburgici i vini del Tirolo erano sempre presenti.

preferivano il vino bianco friulano e il vino rosso tirolese. Anche il re di Prussia conservava vino tirolese nelle sue cantine. Quale vino provenisse dal Tirolo lo si ricava da un ordine di vino dell'arciduca Ferdinando II per la sua corte a Graz. Sono citati i vitigni Leitacher, Traminer, Grieser nonché Schiava bianca e rossa, quindi altri vini alle erbe con inula, zenzero, chiodi di garofano, rosmarino e assenzio, tutti realizzati con mosto Leitacher di Bolzano. Sembra che già nella seconda metà del XVII secolo si preferissero invece i "vini fermentati sulla buccia". Nell'inventario delle cantine dell'arciduca Sigismondo Francesco a Innsbruck nell'anno 1665 risultano infatti oltre 1.100 yhr di fermentati (Grieser bianco e rosso, Meraner, Traminer bianco e rosso, Trientner bianco e rosso, Missianer bianco e rosso, ecc.) contro i soli 240 yhr circa di vino a basso contenuto di tannini chiamato Höpfwein (Traminer, Merano).

In una guida per il commerciante tedesco del 1766, così come in altri manuali dell'epoca, i vini tirolesi vengono indicati come Etschweine, Vini dell'Adige. I vini rossi messi più in risalto sono molto scuri, dal colore violaceo e un retrogusto particolare. Tuttavia, potevano essere conservati solo per quattro o cinque anni. Nel XVIII secolo i vini rossi dell'Adige erano definiti "amabili", con Traminer e Marziminer (Marzemino di Rovereto) considerati i migliori; erano seguiti dai vini di Bressanone e da quelli della zona di Bolzano. Secondo le indicazioni per il commerciante tedesco, questi vini si possono acquistare innanzitutto in occasione dei due mercati annuali di Bolzano (Mitfasten e Ägydi), ma sono comunque reperibili anche ad Augusta.

Rialzarsi e ripartire
Un XIX secolo turbolento per la viticoltura

// Per secoli la viticoltura in Alto Adige si era sviluppata molto lentamente. Nel XIX secolo la situazione cambia radicalmente. Le mutate esigenze del mercato vinicolo, l'insorgenza di nuovi parassiti e nuove malattie e, non da ultimo, l'introduzione di nuovi vitigni, rivoluzionano completamente il settore e lo pongono su basi completamente nuove. Queste sono (socialmente) più ampie e si fondano sulla scienza che, per la prima volta, entra sistematicamente nel mondo del vino. Ma non senza battute d'arresto e nuove ripartenze.

Helmuth Scartezzini

Intorno alla metà del XVIII secolo, il Tirolo aveva ancora una struttura agrario-feudale. Una prima rivoluzione fu l'introduzione delle riforme di Maria Teresa d'Austria. Di basilare importanza per la popolazione contadina fu la legge agricola del 1750, con la sua indivisibilità dei possedimenti, così come lo fu l'introduzione del concetto di maso chiuso risalente a vent'anni dopo. Tuttavia, nelle principali zone vinicole dell'Oltradige e della Bassa Atesina, la divisibilità delle proprietà resterà in uso fino al XX secolo. Una seconda svolta fu indotta dalle idee dell'Illuminismo, che all'inizio del XIX secolo interessarono anche l'agricoltura. Ne conseguì l'abolizione della dipendenza dei viticoltori dai proprietari terrieri, stabilita dalla legge imperiale nel 1848. In tal modo veniva meno l'obbligo del pagamento della decima o di altri interessi. L'agricoltura cominciò anche a orientarsi sempre più verso le scoperte scientifiche.

Anche per questo motivo Johann Jakob Staffler, negli anni trenta dell'Ottocento, registrò la quantità di vino prodotto. Per l'intero Tirolo si registrano 451.000 ettolitri, con le rese più elevate a Bolzano (79.100 ettolitri), Caldaro (62.150) e Merano (38.400). Solo tre decenni prima, la cifra per l'intero Tirolo era di 316.000 ettolitri. Probabilmente, il temporaneo dominio bavarese ebbe un effetto positivo sulle vendite e si realizzarono nuove coltivazioni. Tuttavia, nella sua "Guida di viaggio attraverso il Tirolo" pubblicata nel 1842, Beda Weber parla di quantità di esportazione insignificanti, con un

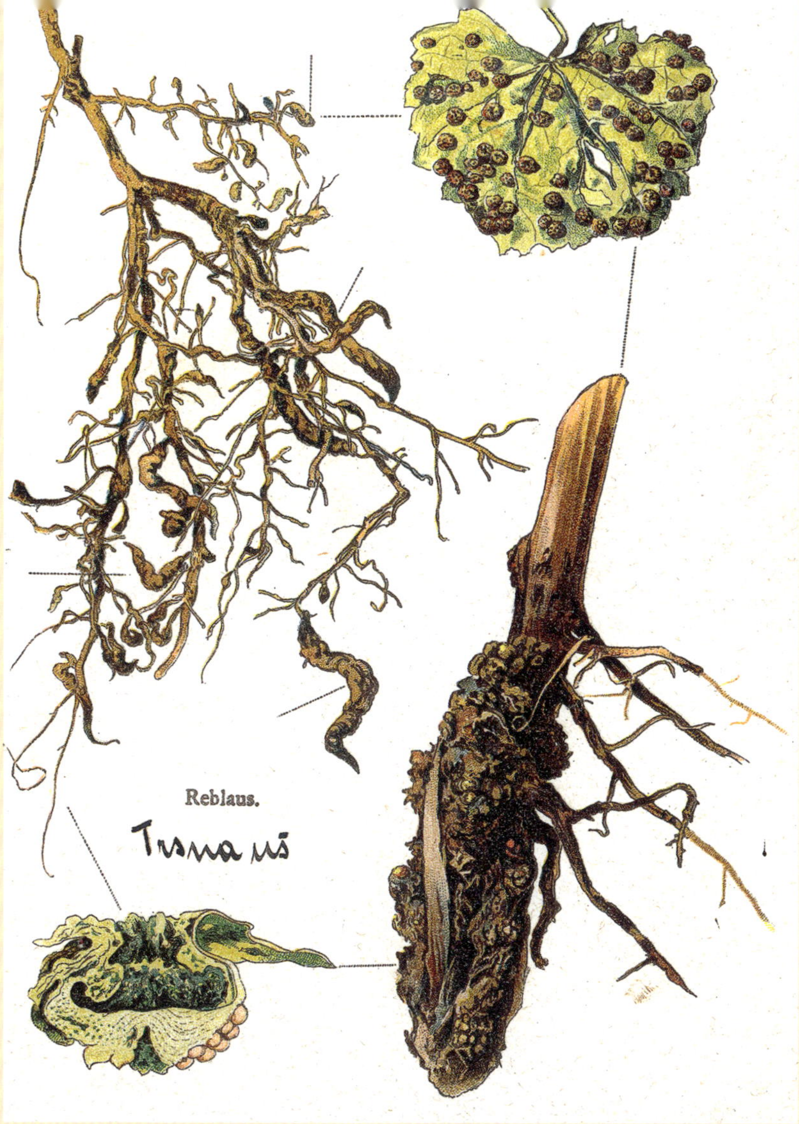

Figura 1

Piccole creature, grandi danni: la fillossera affligge la viticoltura in tutta Europa già dal 1870. In Alto Adige è stato possibile ritardare l'infestazione fino all'inizio del XX secolo. In ogni caso, anche grazie a un esteso lavoro di informazione, ci si era preparati al meglio.

Figura 2

Per combattere la fillossera veniva utilizzato il cosiddetto metodo colturale. Il solfuro di carbonio veniva iniettato nel terreno una volta all'anno, solitamente dopo la vendemmia, utilizzando appositi strumenti. E questo a una profondità compresa tra i 25 e i 40 centimetri.

totale di 481.400 ettolitri di vino prodotto, la maggior parte del quale consumato in loco. Si comincia anche a parlare di 55.300 Jauch (10.175 ettari) di superficie vitata in tutto il Tirolo.

Dati attendibili riferiti all'anno 1870 provengono da un'indagine statistica dell'Imperialregio Ministero dell'Agricoltura di Vienna. Nel comprensorio vitivinicolo di Bolzano (comprese le zone di Oltradige e Bassa Atesina) gli ettari di vigneti sono 4.267, nel comprensorio di Merano 1.764 e in quello di Bressanone 272. L'Alto Adige contava complessivamente 6.303 ettari di superficie vitata, mentre l'intero Tirolo ne contava 11.106. Le quantità di mosto furono indicate in 161.000 ettolitri per Bolzano, 97.000 per Merano e 4.700 ettolitri per Bressanone. È sorprendente che negli anni successivi la superficie coltivata in Tirolo si sia costantemente ampliata fino a raggiungere nel 1908 i 22.870 ettari. Lo stesso vale naturalmente anche per la quantità di vino, che nello stesso periodo passa da circa 400.000 ettolitri a circa un milione.

L'economia vinicola tirolese si riorganizza

I primi tre decenni del XIX secolo furono politicamente turbolenti ma sicuramente redditizi per l'economia vinicola dell'Alto Adige. Gli anni della guerra sotto il dominio francese, bavarese e italiano portarono alti profitti, motivo per cui i vigneti vennero gradualmente ampliati nel fondovalle. Tuttavia, l'aumento del volume di produzione andò a scapito della qualità, ottenendo alla lunga un effetto di sovrapproduzione. Allo stesso tempo, la dipendenza dai commercianti di vino ostacolò il miglioramento di una cultura enologica. I viticoltori lamentavano il fatto che la fornitura di un'ampia varietà di uve provenienti da luoghi diversi venisse "trasformata e venduta in miscele di prodotti mediocri". In questo contesto, venne fondata l'imperialregia "Società Agricola del Tirolo e del Vorarlberg", la quale pubblicò il "Wochenblatt" (rivista settimanale) con lo scopo di informare la comunità agricola in merito alle ultime scoperte in materia di fertilizzazione, controllo dei parassiti, aumento dei raccolti e miglioramento dei metodi di coltivazione. Nell'aprile 1838 furono fondate associazioni settoriali a Bolzano (come la "Kreis an der Etsch") e in Val Pusteria.

Uno dei promotori della Società Agricola fu l'arciduca Giovanni d'Austria, che già vent'anni prima aveva fondato un'azienda agricola in Stiria. All'epoca aveva acquistato un'azienda vinicola a Pickern, vicino a Marburg, nella quale creò impianti monovarietali con nuovi vitigni (tra cui Riesling Italico, Sylvaner, Pinot Nero, Pinot Bianco, Pinot Grigio, Riesling, Traminer) che vinificava separatamente. L'esempio dell'arciduca fu ampiamente imitato determinando un analogo sviluppo anche a Bolzano e dintorni. FIG.3 Anche qui i pionieri realizzarono numerose ricerche varietali; a Bolzano, tra il 1841 e il 1845, fu creato un campo dimostrativo per nuove varietà. Nel 1844 l'arciduca Giovanni rilevò anche la tenuta San Valentino ad Appiano-Berg, nel 1845 acquistò Castel Scena e nel 1852 l'adiacente palazzo Thurn. In tutte le sue tenute, l'arciduca si affidò a nuovi impianti, a nuove varietà e a un'innovativa forma di allevamento basso.

Lo slancio impresso inizialmente dall'imperialregia Società Agricola – nel 1843 i membri della filiale di Bolzano erano 342 – si affievolì dopo il 1848, anche perché si era tralasciato di coinvolgere la popolazione contadina. Nonostante il prosieguo della ricerca varietale e del vivaio, la Società Agricola fu infine sostituita nel 1869 dall'"Associazione di agricoltura e orticoltura" (comprensiva di rivista specializzata e insegnanti itineranti dipendenti) e, nel 1884, dall'"Associazione di frutta-vino-e orticoltura Bolzano".

La riorganizzazione della viticoltura in Tirolo riprese slancio nel 1864, allorché il Landtag, la Dieta tirolese, avviò il dibattito

Figura 3

Nuove varietà, nuovi impulsi: dalla metà del XIX secolo fu soprattutto l'arciduca Giovanni d'Austria a indicare alla viticoltura altoatesina una direzione di sviluppo completamente nuova con l'introduzione di nuove varietà. Grazie a rappresentazioni artistiche – qui quelle contemporanee degli artisti Biedermeier di Graz Vinzenz e Konrad Kreuzer – ai contadini venivano fatti conoscere (da sinistra in alto) Pinot Nero e Pinot Bianco, ma anche Heunisch Bianco e Moscato Giallo.

Figura 4

Un caratteristico tocco di colore: nel XIX secolo (e molto tempo dopo) i preparati di rame venivano utilizzati per combattere tutta una serie di malattie della vite. Il colore blu di questi supporti per pergola è un residuo dei trattamenti con il rame.

Figura 5

È riuscito a coniugare non solo scienza e pratica, ma anche due gruppi linguistici: Edmund Mach, il primo direttore dell'Istituto Agrario di San Michele all'Adige.

Figura 6

Dovrebbe entrare nella storia dell'enologia altoatesina come l'"apostolo dello zolfo": Ludwig von Comini-Sonnenberg, che intorno al 1850 nei suoi impianti combatté l'oidio con trattamenti allo zolfo, li spiegò molto dettagliatamente e incoraggiò anche altri a seguire il suo esempio.

Figura 7

Intorno a Castel Rametz, a Merano-Maia Alta, negli anni sessanta dell'Ottocento, Friedrich Boscarolli mise a dimora nuovi impianti di Riesling, Pinot Nero e Traminer, e più tardi anche Cabernet. In questo modo decise di puntare non solo su nuovi vitigni, ma anche su nuovi accenti.

sulla creazione di una scuola agraria. Cinque anni dopo, il Land Tirol acquistò l'ex monastero di San Michele dove venne fondato il Landwirtschaftliche Landes-anstalt (Istituto Agrario del Land Tirol) a San Michele all'Adige diretto da Edmund Mach. FIG.5 Fin dall'inizio, Mach diede una grande rilevanza al legame tra scuola, centro di sperimentazione e pratica, contribuendo così in modo significativo a porre rimedio, entro la fine del secolo, alle condizioni di arretratezza della viticoltura e dell'economia vinicola tirolese, dandole prestigio all'interno dell'impero.

Nuovi nemici, nuove armi

Inizialmente, a preoccupare i viticoltori erano soprattutto i parassiti. Il sigaraio della vite (Batill), i bruchi della tignola (Gossen), i maggiolini (Zullen), i ragni rossi, il bostrico, le cimici (Blattruscheln), le cocciniglie: dove possibile, i parassiti venivano rimossi o distrutti. La situazione cambiò con la prima comparsa dell'oidio, detto anche marciume dell'uva, che fu introdotto in Europa dal Nord America e in Alto Adige fu scoperto per la prima volta nel 1850, in una tenuta ai Piani di Bolzano. L'anno successivo la malattia si diffuse così tanto che, nel mese di luglio, la Madonna delle Grazie fu portata a Bolzano in processione e vi parteciparono 13.000 fedeli. Ad adottare un approccio più pratico per combattere la malattia fu Ludwig von Comini-Sonnenberg. FIG.6 Dopo i primi tentativi infruttuosi con lo zolfo liquido, Comini provò a immergere gli acini in una soluzione di colla o nell'acqua di cottura delle uova per tornare poi alla solforazione. Sul "Bozner Wochenblatt" del 27 maggio 1857 invitò i viticoltori a irrorare le loro viti con lo zolfo fornendo anche le istruzioni necessarie. Ma gli agricoltori che seguirono il suo consiglio furono così pochi che, nel 1859, una nuova infestazione portò a una perdita quasi completa del raccolto. A salvarsi e ottenere grandi profitti grazie a un aumento di cinque volte del prezzo del vino furono solo i viticoltori che utilizzarono lo zolfo. In seguito al crescente numero di coltivatori che seguirono l'esempio di Comini, dal 1862 i prezzi del vino si stabilizzarono e dal 1865 in poi la resa poté tornare alla normalità.

La successiva piaga per la viticoltura, la peronospora, comparve nel 1880. Inizialmente la malattia si manifestò solo a bassa quota e solo in autunno, ma nel 1883/84 la situazione peggiorò drasticamente. Presso l'Istituto Agrario di San Michele all'Adige furono avviate una serie di sperimentazioni per contrastare il fungo. Il metodo più efficace risultò un liquido a base di rame chiamato anche poltiglia bordolese. FIG.4 Dato che i viticoltori non sapevano utilizzare i presidi liquidi, degli "irroratori" incaricati andavano di maso in maso con le loro attrezzature. In un secondo momento, gli artigiani locali riuscirono a sviluppare degli irroratori a zaino da azionare manualmente utilizzando una pompa. A causa della lotta contro la peronospora, a partire dal 1888, si interruppe la coltivazione di cereali e verdure tra e sotto le pergole.

Dall'America arrivò in Europa anche la fillossera. FIG.1 Intorno al 1870 si diffuse in tutta Europa; in Tirolo si tentò di proteggersi limitando gli spostamenti delle piante (1875), monitorando vigneti e vivai (dal 1879) e vietando l'importazione di materiale straniero (1890). Inoltre, a partire dal 1885, l'istituto di ricerca iniziò a innestare varietà di uva locali su viti resistenti alla fillossera provenienti dall'America. Si pensò di rinnovare le viti, perché fino ad allora le vulnerabili viti europee erano naturalmente cresciute sulle proprie radici. Tutte queste misure, tuttavia, non riuscirono ad arginare del tutto la diffusione della fillossera. La prima infestazione venne segnalata a Merano nel luglio del 1901, ma dopo approfondite indagini si concluse che l'afide avesse già infestato le viti almeno dieci anni prima. All'inizio la fillossera veniva combattuta utilizzando il "metodo colturale", che prevedeva iniezioni di solfuro di carbonio nel terreno. FIG. 2 Poiché tale sistema era molto costoso, venne utilizzato solo in una fase transitoria, cioè finché tutti i vigneti non furono stati rigenerati grazie ai portainnesti americani.

La ricerca della qualità impone nuovi vitigni

Nel XIX secolo la gamma delle uve comprendeva un'ampia varietà di vino rosso del gruppo Schiava, in ordine decrescente Schiava Gentile, Schiava Grossa (Schiava Nobile) e Schiava Grigia. Si diffusero poi anche Gschlafene, Lagrein, Edelschwarze e occasionalmente Schwarzer Brater, Teroldego, Marzemino e Furner. Le varietà di vino bianco rappresentavano circa il 20 per cento, con predominanza di Schiava Bianca e Blatterle, alcuni Terlaner Bianco, Muskatblatterle, Pfeffertraube, Traueler, Heunische, Weiße Brater, Gelber e Weißgelber Muskateller nonché Versoaln e Lagrein Bianco. Lo sforzo per migliorare la qualità ebbe inizio con l'importazione di vitigni provenienti da prestigiose regioni vinicole, soprattutto Rheingau e Francia. Apripista fu la Valle Isarco, dove, intorno al 1829, nella zona di Bressanone alcuni proprietari di aziende vinicole particolarmente progressisti, trapiantarono "viti del Reno", che si dimostrarono resistenti e fertili. Si trattava dell'Ortlieber Giallo, detto "alsaziano", e probabilmente anche dell'Elbling Bianco. Le due nuove varietà però non ebbero il successo sperato; già all'inizio del secolo nella valle erano predominanti altre varietà.

Dopo la sua istituzione nel 1838, a dedicarsi alle nuove varietà fu anche l'imperialregia Società Agricola. Da Milano e Chambery (Savoia) provengono il vitigno di Borgogna (Pinot Bianco?), il Bordeaux Noir (probabilmente Cabernet), il Borgougne Noir (Pinot Nero), l'Aleatico, il Malaga (uva da tavola?), il Teinturier (uva tintoria) e vari Chasselas (vari tipi di Gutedel). Il Riesling Bianco e l'Orléans Giallo provenivano da Rüdesheim am Rhein. In occasione dell'assemblea generale del 1840, la sezione di Bolzano parla degli esperimenti varietali effettuati su un terreno comunale appositamente preso in affitto. In questo giardino botanico sperimentale, dal 1842 trovò spazio una dozzina di vitigni tedeschi, a cui nel 1845 si aggiunsero altre varietà nazionali ed estere, mentre nella tenuta bolzanina di Anton von Ingram si effettuavano esperimenti anche con vitigni francesi. La ricerca si concentrò principalmente su varietà di vino rosso e uva da tavola a maturazione precoce e dal colore intenso.

Oltre a questi esperimenti furono messi a dimora anche nuovi vigneti, in modo molto più mirato ed efficace; per esempio Karl von Zallinger nel 1840 piantò Riesling, Traminer e Pinot Nero a San Giorgio presso Bolzano. Seguì, intorno al 1847, l'arciduca Giovanni d'Austria che, nella tenuta di San Valentino ad Appiano-Berg, piantò vigneti di Traminer e Pinot Grigio. Dopo le esperienze fatte in Stiria potrebbe anche aver messo a dimora Pinot Bianco, Riesling e Sylvaner. Nell'Oltradige, il termine "Stra(h)ler" veniva usato per descrivere proprio una combinazione di queste varietà. Il nome deriva da "Strarebe" (anche "Steckelerebe"), che all'epoca si riferiva a varietà per le quali era stata scelta la forma d'allevamento bassa, a paletto, diffusa in Renania. È probabile che dal 1852 l'arciduca si fosse affidato a queste varietà anche al Thurnerhof di Scena, in questo caso insieme all'Orléans Giallo. Altri pionieri a Bolzano furono Alois Bauer, l'arciduca Rainer (con il Riesling Italico) e Heinrich e Ignaz von Giovanelli. A Bressanone, invece, nel periodo 1850-1857, fu Franz von Guggenberg a effettuare tentativi con Riesling, Traminer, Pinot Bianco, Sylvaner, Mosler, Orléans, Sauvignon, Pinot Nero, Portugieser, Pinot Nero Precoce e addirittura Cabernet Franc, Kadarka e Wildbacher. A ottenere particolare attenzione fu poi il Riesling della tenuta Seeburg. A Castel Rametz, presso Merano, dal 1863

Friedrich Boscarolli apportò delle novità con i suoi impianti di Pinot Nero, Riesling e Traminer e successivamente di Cabernet. Fig.7 Tra le aziende vinicole pioniere nel meranese figurano anche Castel Lebenberg a Cermes e le tenute dei castelli di Vernaun, Goyen, Brandis e Trauttmansdorff. Dalle prime degustazioni di vino a Bolzano, inoltre, emergono altre figure di pionieri nell'Oltradige, a Nalles, Termeno e Settequerce. È possibile che alcuni di questi produttori di vino abbiano frequentato la "Scuola pratica di viticoltura e frutticoltura" biennale dopo l'apertura dell'istituto di Klosterneuburg con un vivaio nel 1860 e abbiano acquistato delle marze di Riesling, Traminer e Pinot Nero.

Uno sviluppo particolare lo ha vissuto la viticoltura in Valle Isarco. Dopo le ripetute gelate invernali del 1879/80, l'amministratore del comune di Bressanone si rivolse all'Istituto Agrario di San Michele all'Adige; il direttore Edmund Mach consigliò l'adozione di diverse varietà a maturazione sicura come Pinot Bianco, Pinot Grigio, Sylvaner, Riesling, Riesling Italico, Veltliner Rosso e Verde, Gutedel, Zierfahndler e le varietà di vino rosso Pinot Nero, Müllerrebe, St. Laurent, Gamay e Blaufränkisch. Il Portugieser era già conosciuto nella valle. A fornire le talee di viti fu direttamente San Michele all'Adige. Tra i primi a seguire il suggerimento di Mach e piantare queste varietà fu Johann Huber, "Völkl" di Elvas. Pioniere della vinificazione, professionista versatile e dallo spirito cooperativo, Huber ha poi diffuso le sue viti anche a Bressanone e dintorni. Da allora in Valle Isarco si coltivano i vitigni Sylvaner, Pinot Grigio e Veltliner e la coltivazione del vino bianco ha preso il posto di quella del vino rosso. Ulteriori raccomandazioni dell'istituto di ricerca riguardavano le zone più calde della Valle dell'Adige, per le quali vennero consigliate le varietà bordolesi (Cabernet, Merlot, Petit Verdot). Sempre su segnalazione dell'istituto, nel 1886 si diffuse nella Valle dell'Adige (a Terlano) anche il Sauvignon Bianco. È possibile che anche il Rosenmuskateller (Moscato Rosa) provenga dai vigneti dello stesso istituto, perché ai mercati vinicoli primaverili di Bolzano dal 1905 in poi, questo vitigno continuò per anni ad essere fornito solo da San Michele all'Adige.

L'odierno assortimento dei vini altoatesini risale, quindi, a circa 150-170 anni fa. Ma non si trattò di uno sviluppo lineare, perché alla fine del XIX secolo mancava ancora la volontà e la necessità economica di cambiare la gamma di prodotti. La richiesta di vino rosso tirolese era ancora troppo alta, motivo per cui gli impianti delle nuove varietà scomparvero nuovamente intorno alla fine del secolo – non da ultimo anche a causa della ricostruzione avvenuta in seguito alla lotta contro la fillossera.

\\

Crisi, guerre e un cambio di paradigma

L'economia vinicola dal 1900 a oggi

// Nei primi decenni del XX secolo l'economia vinicola altoatesina ha vissuto un susseguirsi di eventi: un boom iniziale, una rivalutazione causata dalla fillossera, ma anche guerre e crisi. In questo contesto, l'obiettivo era solo uno: produrre di più. Fu proprio questo modo di pensare a far precipitare l'economia vinicola nella profonda crisi degli anni ottanta dalla quale c'era solo una via d'uscita: un cambio di paradigma e una decisa focalizzazione sulla qualità.

Eduard Bernhart

Analizzando lo sviluppo dell'economia vinicola altoatesina dal XX secolo in poi è possibile distinguere tre epoche. Innanzitutto, ci sono gli anni fino allo scoppio della Prima Guerra Mondiale, in cui la fillossera causò non poche difficoltà ai viticoltori altoatesini, ma li costrinse anche a una rivalutazione sotto molti punti di vista. Seguono poi i decenni fino agli anni ottanta, che – nonostante tutti gli sconvolgimenti politici e sociali vissuti dall'Alto Adige (e non solo) – sembrano essere caratterizzati dal tentativo di andare avanti come se nulla fosse. E con un unico obiettivo: produrre di più, di più e ancora di più.

La vera svolta avvenne solo con la crisi in cui l'economia del vino scivolò negli anni ottanta a causa di questa politica orientata alla quantità. Mentre le strade battute per decenni conducevano inesorabilmente verso questa crisi, alcuni coraggiosi pionieri cercarono di tracciare nuovi percorsi, sperando che potessero offrire una via d'uscita. E furono queste nuove strade, soprattutto la ricerca della qualità, a condurre gradualmente l'economia vinicola altoatesina non solo fuori dalla crisi, ma ai vertici del mondo.

Un cattivo inizio del nuovo secolo

Ma cominciamo, come si conviene a una retrospettiva, dall'inizio – ed è tutt'altro che roseo. Mentre il XIX secolo si è concluso con una crescita costante della viticoltura altoatesina, il XX iniziò con un evento drammatico. Nel 1901 in un vigneto di Merano fu segnalata un'infestazione da fillossera. Per quanto si trattasse di una notizia devastante, i viticoltori altoatesini la attendevano già da anni e, proprio per questo, avevano già pronte contromisure adeguate. Fin da allora era infatti operativa una fitta rete di monitoraggio ed erano già presenti portainnesti americani e quindi resistenti alla fillossera.

Anche le autorità della duplice monarchia erano preparate e fornirono aiuti generosi. Se, per esempio, un viticoltore avesse perso più di un quarto del suo raccolto a causa della fillossera, avrebbe potuto contare su una cancellazione totale dell'imposta sulla proprietà. La stessa tassa sarebbe stata sospesa addirittura per dieci anni se il viticoltore fosse stato costretto a reimpiantare il vigneto, ovviamente su portainnesti resistenti. E se tutto ciò ancora non fosse bastato a salvare il viticoltore dalla bancarotta, egli avrebbe potuto ancora accedere a un prestito ventennale: ovviamente senza interessi.

Mentre il XIX secolo si è concluso con una crescita costante della viticoltura altoatesina, il XX iniziò con un evento drammatico. Nel 1901 in un vigneto di Merano fu segnalata un'infestazione da fillossera.

Il rinnovamento dopo la fillossera

Mentre la fillossera stava mettendo a dura prova altre regioni vinicole, l'Alto Adige era ben preparato contro il parassita. L'infestazione, inoltre, non si diffuse in modo esplosivo, ma con una certa lentezza e a macchia di leopardo. È in questo modo che il sistema vitivinicolo altoatesino riuscì a resistere e, in una certa misura, anche a rinnovarsi. Ciò valse soprattutto per due ambiti: la scelta dei vitigni e le tecniche di coltivazione. Nel corso dell'Ottocento quest'ultime erano ancora caratterizzate da colture miste, il che significa che altri prodotti agricoli venivano coltivati accanto, sotto e tra le viti. Nel corso della riorganizzazione dovuta alla fillossera, queste superfici di colture variopinte, eterogenee e spesso caotiche scomparvero gradualmente e vennero sostituite da impianti di soli vigneti.

A questo si accompagnò anche una specializzazione dei contadini che smisero di essere in parte viticoltori e in parte coltivatori di ogni tipo di prodotto agricolo, ma si concentrarono solo sulla coltivazione della vite. Contemporaneamente, grazie a questo sviluppo la superficie vitata dell'Alto Adige crebbe costantemente. Durante gli oltre quarant'anni dal 1870 al 1913, la superficie vitata della provincia aumentò di quasi il 50 per cento arrivando a 10.500 ettari, e la quantità di vino prodotto salì a 340.000 ettolitri all'anno.

Il secondo importante cambiamento imposto dalla filossera interessò fortemente le logiche di scelta dei vitigni da piantare. All'inizio del XX secolo il vitigno simbolo dell'Alto Adige diventò la Schiava Grossa, che stava soppiantando sempre più le antiche varietà autoctone che avevano caratterizzato fino a quel momento il territorio.

Importante segnalare che, molto prima della crisi della filossera, in Alto Adige fu introdotta un'innovazione che avrebbe plasmato l'economia vinicola per i decenni successivi, fino ai giorni nostri. Nell'ultimo

All'inizio del XX secolo il vitigno simbolo dell'Alto Adige diventò la Schiava Grossa, che stava soppiantando sempre più le antiche varietà autoctone che avevano caratterizzato il territorio nei secoli precedenti.

decennio dell'Ottocento furono infatti fondate le prime cantine sociali, grazie alle quali, dopo tanti anni, i contadini altoatesini raggiunsero l'indipendenza nei confronti delle grandi cantine commerciali. Le prime cantine sociali a essere fondate furono Andriano, Terlano ed Egna e già nel 1914 – anno del fatale attentato a Sarajevo, che segnò l'inizio della Prima Guerra Mondiale – altri tredici comuni avevano compiuto la stessa scelta, costituendo altrettante cantine sociali, in grado di lavorare quasi un quinto della produzione di uva dell'Alto Adige.

Nuovo Stato, nuova epoca

Come per tutti i settori, in Alto Adige (e non solo) la Prima Guerra Mondiale segnò una svolta anche per la viticoltura locale. Mentre la viticoltura fu meno colpita dalla guerra e dalle sue conseguenze, la commercializzazione del vino dovette essere riorganizzata da zero. Per capire la portata di questa rivoluzione, è necessario considerare la distribuzione dei mercati di destinazione del vino altoatesino prima della Prima Guerra Mondiale. Più della metà dei vini altoatesini – soprattutto rossi – venivano venduti in Tirolo (soprattutto nello stesso Alto Adige), mentre un altro 30 per cento circa andava nelle altre province austriache, cioè a Vienna, Salisburgo, Stiria, Bassa Austria (uno dei pochi acquirenti di vino bianco) e Carinzia. Il restante 15 per cento veniva invece esportato in Svizzera e Germania.

Dopo il crollo della monarchia danubiana e l'annessione dell'Alto Adige all'Italia, i mercati di destinazione finirono per trovarsi tutti all'estero, a eccezione ovviamente del mercato locale, cioè quello altoatesino. Anche dopo la ripartenza in un nuovo Stato, il mercato dell'Alto Adige rimase lo sbocco più importante dell'economia vinicola assorbendo la metà circa dell'intera produzione. L'altra metà, invece, venne ridistribuita. Negli anni venti la Svizzera divenne un mercato di destinazione sempre più importante, ma tornarono a decollare anche le vendite verso la "madrepatria" – soprattutto in Tirolo, Vorarlberg e Salisburgo – anche se ora tali vendite dovevano essere registrate come "esportazioni".

Più ardua risultò invece l'apertura di nuovi mercati, in particolare del nuovo mercato interno in Italia. Qui la concorrenza era molto più agguerrita rispetto a quella del mercato austriaco e fu impossibile stabilire prezzi e condizioni. Ecco perché, almeno inizialmente, i produttori altoatesini dovettero accettare delle condizioni poco vantaggiose. Anche se le vendite ripresero rapidamente dopo la guerra e l'annessione, i ricavi rimasero comunque inferiori rispetto al periodo prebellico. A causa dell'aumento delle quote di esportazione, i dazi erano diventati ora più gravosi, bisognava conquistare i nuovi mercati con campagne promozionali molto impegnative e, una volta conquistati, la concorrenza e la pressione sui prezzi incisero negativamente sui ricavi.

I duri anni tra le due guerre

Il periodo tra le due guerre fu particolarmente difficile per la viticoltura altoatesina. Ai cali dei ricavi si aggiunsero gli ingenti danni causati dall'infestazione di fillossera. Poiché gli agricoltori avevano carenza di liquidità, non poterono rinnovare gli impianti, fatto che ebbe un impatto negativo sui raccolti. E come se tutto ciò non bastasse, l'autorità fascista complicò ulteriormente la vita dei viticoltori sopprimendo tutti gli enti di aiuto, sostegno e consulenza. Sebbene molte delle organizzazioni consolidate vennero sostituite da organizzazioni statali, queste ultime erano comunque meno efficienti e miravano sempre a obiettivi politici.

La crisi della viticoltura divenne particolarmente evidente negli anni trenta, anche perché ai contadini si presentò un'alternativa: per la prima volta i vigneti vennero sistematicamente estirpati e sostituiti con meleti. Alla fine del decennio le autorità fasciste registrarono una superficie vitata di appena 8.757 ettari, ovvero circa 1.800 ettari in meno rispetto all'inizio della Prima Guerra Mondiale.

Gli anni trenta, non di meno, portarono anche uno sviluppo positivo: il regio decreto sul vino del 1931 che, per la prima volta, introdusse il concetto di "vini tipici" che dovevano essere protetti dalla legge. In Alto Adige rientrarono sotto questa protezione giuridica i vini Santa Maddalena, Caldaro, Meranese, Terlano e Lagrein di Gries, le cui zone di origine vennero delimitate e reso punibile l'abuso della denominazione. Tuttavia, a differenza della normativa DOC, la delimitazione attuale della zona di origine era puramente geografica; la legge vitivinicola italiana non aveva infatti alcun peso sulla qualità del vino.

E ancora un nuovo inizio

Complessivamente, la situazione nel settore vitivinicolo altoatesino era già tesa prima che il mondo venisse trascinato in un'altra guerra. Il nuovo conflitto peggiorò ulteriormente la crisi di questo comparto, già provato dalla contingenza subìta durante i decenni tra le due guerre mondiali. Non c'è quindi da meravigliarsi che la superficie vitata in Alto Adige abbia continuato a diminuire anche a guerra terminata, con un calo del 10 per cento circa all'inizio degli anni cinquanta.

In questi anni divenne importante soprattutto rilanciare l'esportazione del vino, anche grazie alla stipula di accordi intergovernativi che facilitavano gli scambi transfrontalieri con la Svizzera, ma soprattutto con il Tirolo e il Vorarlberg. Nonostante si riuscisse a garantire le vendite, la pressione della frutticoltura rimaneva forte. Sempre più superfici furono riconvertite e, soprattutto nel Burgraviato, il paesaggio, originariamente dominato dalle pergole, si trasformò con i filari di meli. A seguito della vasta conversione colturale, nel 1970 la superficie vitata in Alto Adige si ridusse a soli 5.400 ettari, ovvero poco più della metà della superficie presente nel massimo storico dei primi anni del XX secolo.

Analizzando esclusivamente i dati degli anni cinquanta, sessanta e settanta, potrebbe sembrare quasi che si volesse compensare la perdita di superficie con un enorme aumento della resa per ettaro. Ma questa tendenza nascondeva molto altro. Se da un lato c'era il costante aumento

A seguito della vasta conversione colturale, nel 1970 la superficie vitata in Alto Adige si ridusse a soli 5.400 ettari, ovvero poco più della metà della superficie presente nel massimo storico dei primi anni del XX secolo.

del know-how nella coltivazione, dall'altro a far aumentare notevolmente le rese furono anche i progressi nella cura, nella difesa delle piante, nella fertilizzazione e nell'irrigazione. Questo si dovette anche alla ricostruzione degli enti di formazione, consulenza e sperimentazione, che tornarono ad assumere il loro ruolo fondamentale nel settore vitivinicolo dopo il declino fascista. Inoltre, in Alto Adige si completò la conversione varietale iniziata a inizio secolo e grazie alla quale Lagrein e Schiava (e quindi varietà potenzialmente ad alta resa) si affermarono come varietà dominanti. A questo proposito, fino agli anni settanta, le varietà bianche non ebbero solo un ruolo di secondo piano, ma nemmeno di quinto o sesto. A quel tempo, infatti, la loro quota sulla resa totale si aggirava intorno al 20 per cento.

I primi sforzi (normativi) verso la qualità

Per descrivere brevemente lo sviluppo dell'economia vitivinicola altoatesina dopo la fine della Seconda Guerra Mondiale e fino agli anni settanta, è sufficiente confrontare due dati relativi agli anni 1913 e 1970. Nel 1913 si producevano 340.000 ettolitri di vino su 10.500 ettari di superficie vitata. Nel 1970 si producevano 490.000 ettolitri su 5.400 ettari. In sessant'anni la resa per ettaro aumentò da circa 32 a quasi 91 ettolitri. Come è facilmente intuibile, rese così elevate hanno inevitabilmente compromesso la qualità del prodotto. Gli altoatesini, inoltre, non lavoravano solo come produttori di vino, ma anche e soprattutto come commercianti di vino. La quantità di vino esportato superava di oltre il doppio la produzione interna, grazie al sapiente sfruttamento dei buoni rapporti con Svizzera, Austria e Germania, che permettevano di commercializzare con profitto non solo vino locale, ma anche vino italiano. Inoltre, i vini altoatesini venivano tagliati con vini a basso prezzo provenienti da altre regioni, per aumentare la quantità e, di conseguenza, i profitti.

Appare curioso, se si considera la situazione attuale, che le cooperative vinicole, oggi protagoniste indiscusse dell'enologia altoatesina, siano cresciute e si siano consolidate per tutta la prima metà del XX secolo, pur rimanendo nell'ombra dei grandi commercianti di vino. Ancora nel 1966 le cantine commerciali trasformavano più della metà dell'uva prodotta in Alto Adige. Il predominio dei commercianti nei primi decenni del XX secolo appare ancor più evidente analizzando le esportazioni. Nel corso degli anni sessanta, infatti, quasi il 90 per cento delle esportazioni veniva gestito da aziende commerciali, anche perché oltre al vino altoatesino al di là del confine veniva venduto anche vino di provenienza estera.

A contrastare questa fatale tendenza verso quantità sempre maggiori fu inizialmente una fonte quasi inaspettata. Nel 1963, con l'obiettivo di attualizzare il regio decreto del 1931, lo Stato italiano emanò una legge sul vino che introdusse il concetto di vino di origine controllata (DOC). Il principio era simile a quello degli anni trenta; la novità introdotta fu di collegare l'origine controllata a caratteristiche qualitative supportate da analisi sensoriali e chimiche. L'esame sensoriale divenne un prerequisito per i vini DOC; per l'Alto Adige la commissione preposta trovò sede presso la Sezione Agricoltura della Camera di Commercio di Bolzano. La sigla DOC non doveva sottendere solo una delimitazione geografica, ma doveva anche assumere la funzione di marchio di qualità per il consumatore. Per ogni vino DOC venne introdotto un disciplinare di produzione stabilito con decreto ministeriale che stabiliva i requisiti relativi alla composizione varietale, alla superficie vitata, alla coltivazione, alla resa per ettaro e ai metodi di vinificazione delle uve. Solo i vini che avessero soddisfatto questi requisiti avrebbero potuto fregiarsi della rispettiva denominazione di origine geografica controllata a livello internazionale.

A contrastare questa fatale tendenza verso quantità sempre maggiori fu inizialmente una fonte quasi inaspettata. Nel 1963, con l'obiettivo di attualizzare il regio decreto del 1931, lo Stato italiano emanò una legge sul vino che introdusse il concetto di vino di origine controllata (DOC).

Tuttavia, ci vollero alcuni anni affinché questi disciplinari di produzione entrassero effettivamente in vigore. All'inizio degli anni settanta il Lago di Caldaro fu il primo vino altoatesino a fregiarsi della sigla DOC, seguito verso la metà del decennio da Santa Maddalena, Meranese, Valle Isarco e Terlano, ma soprattutto da DOC Alto Adige con la corrispondente denominazione varietale (1975). In Alto Adige questo disciplinare di produzione ebbe due conseguenze importanti, entrambe in grado di influire sulle quantità, sia quelle prodotte che quelle commercializzate. Dato che le miscele a basso costo non avrebbero più potuto essere vendute con marchi o denominazioni di origine controllata, i rivenditori dovettero riconsiderare totalmente il loro approccio al settore.

Per quanto riguarda le quantità prodotte, il disciplinare di produzione fissò per la prima volta una resa massima di uva per unità di superficie, con le relative conseguenze. Già a partire dalle prime vendemmie dopo l'entrata in vigore della nuova normativa DOC, per esempio, le quantità del Santa Maddalena diminuirono di quasi la metà e quelle del Lago di Caldaro di circa un quarto. Questo nonostante il fatto che, sempre dal punto di vista odierno, le quantità di raccolto nei disciplinari di produzione degli anni settanta fossero ancora relativamente elevate.

Prima la crisi, poi l'opportunità

Inizialmente fu quindi il settore pubblico a richiedere una maggiore qualità, almeno per quanto riguarda i prodotti tutelati dalla legge contro la contraffazione. Tuttavia, come già accennato, i paletti posti dalla legge erano ancora superabili, tanto che la normativa sul vino e i disciplinari di produzione non portarono, almeno inizialmente, a un sensibile miglioramento della qualità. Per ottenere questo risultato era necessario ciò che di solito occorre per innescare un significativo cambio di mentalità: una crisi, e anche grave.

Negli anni ottanta una grave crisi, inizialmente causata dal crollo dei prezzi, colpì la viticoltura altoatesina. Sul mercato all'ingrosso il vino veniva venduto a un prezzo inferiore del 40 per cento rispetto a qualche anno prima; un aspetto questo che colpiva i produttori/commercianti altoatesini, che vendevano il loro prodotto (solitamente abbinato a quello di altre regioni) non in bottiglie, ma direttamente in cisterne. All'inizio la categoria cercò di fronteggiare la tendenza con la vecchia formula: poiché i guadagni derivavano dal prezzo moltiplicato per la quantità – e i prezzi erano in calo – bisognava continuare ad aumentare la quantità. Negli anni "buoni" da soli 5.160 ettari di vigneti (per lo più Schiava) venivano spremuti 600.000 ettolitri di vino. La resa per ettaro era quindi salita a oltre 115 ettolitri.

La semplice logica di compensare il calo di prezzo con l'aumento delle

Con l'obiettivo di produrre vini di alta qualità è ora la cantina a dettare le regole, mentre la coltivazione ne segue le indicazioni.

quantità, non era più efficace: i prezzi continuavano a calare e la Schiava, immessa sul mercato in grandi quantità, perse rapidamente la sua reputazione (e quindi il suo valore). E poiché le varietà più pregiate, soprattutto Gewürztraminer e Pinot Nero, venivano costantemente vendute in bottiglie da un litro, anche queste sprofondarono sempre più nella crisi contribuendo a minare ulteriormente la fama del vino altoatesino. A tutto questo si aggiunse anche la riduzione delle superfici viticole nel fondovalle, e in parte anche sui pendii, dovuta al buon reddito derivante dalla frutticoltura. È solo negli ultimi decenni che le colline hanno potuto essere riconsegnate alla viticoltura per sfruttarne le grandi potenzialità.

Il cambio di paradigma

Che le cose non potessero continuare così, diventò evidente verso la metà degli anni ottanta. Tuttavia, furono pochi i coraggiosi che presero l'iniziativa e puntarono innanzitutto su nuovi vitigni – che in realtà erano le vecchie varietà dell'Alto Adige. Contemporaneamente si smise di considerare tutte le zone allo stesso modo e si cominciò ad abbinare con coerenza la varietà alla zona appropriata, così da ottenere risultati ottimali e nella consapevolezza di poter ottenere, per questi vini, prezzi più elevati. In Alto Adige questa presa di coscienza venne accompagnata da un passaggio dalla produzione di vino rosso alla produzione di vino bianco e da un drastico calo della Schiava, precedentemente predominante, dal 60 al 20 per cento. Ma c'è di più: poiché si era consapevoli dell'influenza della quantità del raccolto sulla qualità dell'uva, si puntò a ridurre le quantità in modo mirato, ben al di sotto delle rese per ettaro previste dal disciplinare di produzione: per la prima volta nella storia dell'economia vinicola altoatesina la vinificazione non si adegua più alla coltivazione. Al contrario: con l'obiettivo di produrre vini di alta qualità, è ora la cantina a dettare le regole, mentre la coltivazione ne segue le indicazioni. Quello vissuto dall'economia vitivinicola altoatesina nella seconda metà degli anni ottanta e nella prima metà degli anni novanta si può quindi definire un vero e proprio cambio di paradigma.

Questo cambio di paradigma divenne evidente a tutti i livelli. Nel 1994 la superficie vitata in Alto Adige raggiunse il suo minimo storico di quasi 4.700 ettari e da allora è in costante crescita. Ma oggi, a essere diversa rispetto agli anni ottanta, è la viticoltura nel suo complesso: i vigneti sono ricoperti di verde, vengono irrigati a goccia e la lotta contro le malattie della vite e dell'uva avviene in modo mirato sulla base di scoperte scientifiche. La concimazione viene effettuata con attenzione e l'azoto viene solitamente evitato del tutto. E al posto della tradizionale pergola, a predominare oggi è l'allevamento a spalliera. Cambiamenti simili si possono osservare anche in cantina, dove i mastri cantinieri altoatesini hanno raggiunto un elevato livello di qualità riconosciuto a livello internazionale.

Il risultato ottenuto dalla rivoluzione vinicola altoatesina è impressionante. I vini altoatesini sono oggi all'avanguardia a livello mondiale e, oltre ai classici mercati di destinazione, si sono aperti mercati del tutto nuovi. La diversificazione da un lato e, in particolare, la focalizzazione sulla qualità, danno stabilità all'economia del vino e l'hanno addirittura portata a superare la pandemia in gran parte indenne. La strada intrapresa a metà degli anni ottanta si è quindi rivelata ben più che vincente. Anche per questo motivo si continua a percorrerla con determinazione continuando anche a portare avanti la visione su cui si basa. Oggi l'economia del vino non si accontenta più solo della qualità del prodotto ma punta sempre di più anche sulla qualità della produzione. E ciò significa che l'economia vinicola altoatesina punta a una sostenibilità totale. Questa aspirazione rappresenta la prospettiva per il settore per i prossimi anni. Esattamente nello spirito dei pionieri. Totalmente nello spirito dei viticoltori. E completamente nello spirito della società.

\\

La diversificazione da un lato e, in particolare, la focalizzazione sulla qualità, danno stabilità all'economia del vino e l'hanno addirittura portata a superare la pandemia in gran parte indenne.

Buon vino proveniente dal sud

Le tenute sudtirolesi dei monasteri tedeschi più meridionali

// La proprietà terriera dei monasteri della Germania meridionale in Alto Adige risale probabilmente all'VIII secolo. Una parte considerevole di questa consisteva nei vigneti nella zona di Bolzano, nella Valle dell'Adige, nel meranese e in Val Venosta, destinati a fornire vino per la messa, per il mantenimento dei monasteri e per la vendita nelle osterie. Mentre le terre rimasero in possesso dei nostri vicini per quasi mille anni, l'organizzazione e la lavorazione cambiarono costantemente.

Josef Nössing

Quando Sant'Ulrico di Augusta volle fare un favore speciale al monastero di San Gallo, inviò ai monaci una grande botte di vino di Bolzano. Il carro, trainato da vari tiri di buoi, cadde in un burrone, ma il santo compì un miracolo e carrettieri e botte rimasero illesi. A prescindere dalla sua veridicità, la leggenda dimostra che il vino di Bolzano era già noto a nord delle Alpi durante la vita di Sant'Ulrico (923-973) e che Augusta aveva un legame speciale con i vigneti di Bolzano. Ben più antica di questa leggenda è infatti la prima notizia documentata di cantine bolzanine in mano a monasteri e istituzioni ecclesiastiche della Germania meridionale. Nell'anno 827 un certo Quarti(nus) donò al monastero di San Candido non solo numerosi possedimenti, distribuiti tra la Valle dell'Inn e la Valle dell'Adige, ma anche vigneti a Bolzano-San Maurizio. Il monastero di San Candido, originariamente indipendente, apparteneva già allora al vescovado di Frisinga.

Frisinga aveva acquistato così tanti possedimenti nell'area bolzanina da indurre il vescovo di Trento a intervenire. Nel relativo documento si può leggere come avesse infatti deciso di "occupare indebitamente le tenute del vescovo di Frisinga a Bolzano". La causa che ne scaturì davanti alla corte reale fu respinta per due volte, perché la diocesi di Frisinga fu in grado di dimostrare di possedere le tenute da più di trent'anni.

Gli inizi nel IX secolo

La proprietà delle tenute nei dintorni di Bolzano da parte di Frisinga risale almeno agli anni venti del IX secolo o addirittura all'VIII secolo, epoca della conquista bavarese. Intorno all'anno 830 l'Urbario della Rezia curinese elencava già tenute vinicole nella Valle dell'Adige, precisamente nel Burgraviato a Nalles e vicino a Morter nella media Val Venosta. Ciò significa che il campo d'azione delle istituzioni ecclesiastiche posseditrici di tenute vinicole in Alto Adige si estendeva a ovest oltre l'antica area bavarese e comprendeva anche l'area svevo-alemanna. Oltre al vescovo di Coira e ai monasteri della stessa diocesi, anche la diocesi di Augusta e, dal XII secolo, il monastero di Weingarten a nord del Lago di Costanza vi sono indicati quali importanti proprietari di tenute vinicole in Alto Adige.

A rappresentare un mistero è la diocesi di Augusta che fin dall'alto Medioevo risulta uno dei maggiori proprietari terrieri in Alto Adige e in Tirolo. Sebbene la leggenda di Sant'Ulrico risalga già al X secolo, è solo nella seconda metà dell'XI secolo che fu documentata per la prima volta la proprietà di un vigneto. Tra il 1063 e il 1067 il vescovo Embrico donò al capitolo del suo duomo una cantina a Nalles e quattro masi con servizio di trasporto del vino a Meltina. Poiché, verso la fine dell'XI secolo, il vescovo avrebbe donato delle tenute bolzanine al monastero dei Santi Ulrico e Afra ad Augusta, si può supporre che la diocesi di Augusta sia stata in possesso dei suoi possedimenti per un periodo di tempo simile a quella di Frisinga.

Già nel X secolo iniziò a divenire chiaro ciò che sarebbe divenuto poi evidente nei secoli XIII e XIV: la diocesi di Augusta diventò un importante e potente proprietario terriero a Bolzano e vi mantenne a lungo i propri amministratori fondiari, i cosiddetti Maier, che raggiunsero un elevato status sociale. Fino alla fine del Medioevo, il maso vescovile augustano si trovava nei pressi della torre di Castel Wendelstein, che intorno al 1600 fu inglobato nel convento dei cappuccini. La curtis di Augusta si trasferì quindi nei pressi della sede ufficiale del principe in via Bottai stabilendosi di fronte a essa nell'odierna locanda "Cavallino Bianco".

Nel 923 il vescovo Gotabert donò alla chiesa vescovile di Salisburgo possedimenti – tra cui anche tenute vinicole – a Meltina e Terlano. Tra il 930 e il 931 la "nobile consacrata" Himildrud, insieme ai possedimenti nella bassa valle dell'Inn, donò all'arcivescovo Odalberto di Salisburgo "ad Bauzanum hobam unam cum vineis", mentre tra il 996 e il 1000 un nobile di nome Gerolt donò al monastero di Sant'Emmerano a Ratisbona "vineam [...] in valle Pauzana". In questo modo è possibile delineare il quadro geografico dei monasteri con vigneti in Alto Adige. L'arco si estendeva da Ratisbona a est attraverso il Lago di Costanza a ovest fino alla Svizzera e raggiungeva il punto più settentrionale a Eichstätt.

Analoga a quella di Frisinga e Augusta era anche la situazione dei monasteri di Tegernsee e Benediktbeuern.

Oltre al vescovo di Coira e ai monasteri della stessa diocesi, anche la diocesi di Augusta e, dal XII secolo, il monastero di Weingarten a nord del Lago di Costanza vi sono indicati quali importanti proprietari di tenute vinicole in Alto Adige.

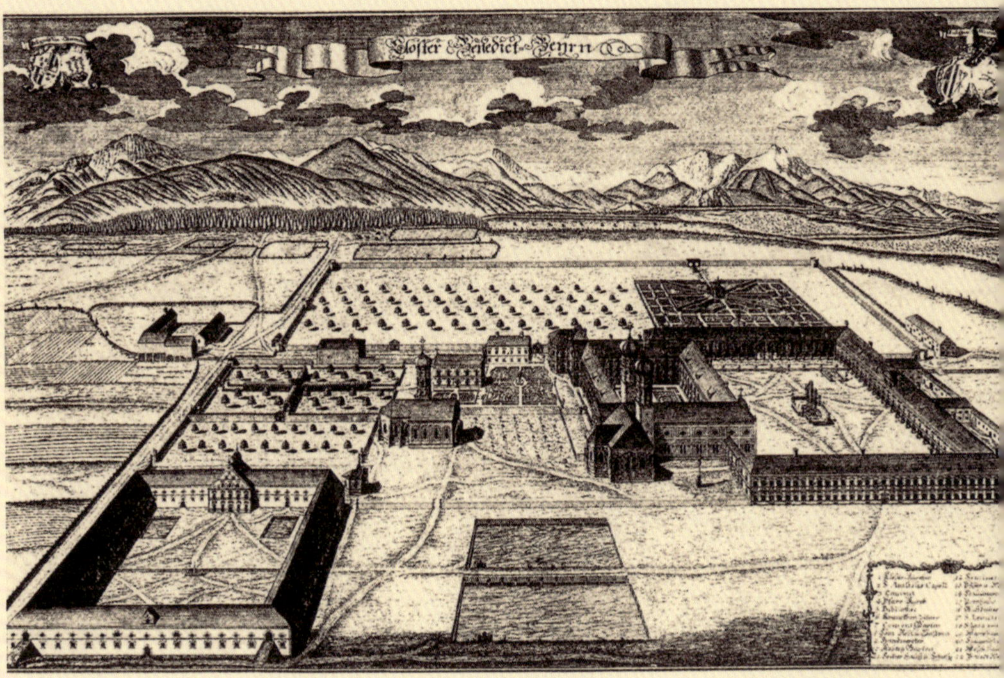

Già intorno all'anno mille il monastero di Benediktbeuern, nell'Alta Baviera, disponeva di superfici vitate in Alto Adige. A darne notizia è un documento che denuncia la perdita di "in Bozan preciosa vineta" – cioè di un vigneto di grande pregio a Bolzano.

Il Marklhof di Cornaiano passò di monastero in monastero (qui raffigurato in un'illustrazione di fine XIX secolo). Per tutto il XVIII secolo il "Paurecht" (diritto di decima) spettava all'abbazia premonstratense di Steingaden nella diocesi di Augusta, mentre il dominio feudale era esercitato dal monastero della Madonna della Porta Chiusa a Bolzano-Gries. Dal 1938 il Marklhof è di proprietà dell'Abbazia dei Canonici Agostiniani di Novacella.

La fondazione di entrambi i monasteri risale all'VIII secolo e probabilmente risale ad allora anche l'origine dei loro possedimenti terrieri. Le cronache di Benediktbeuern (intorno al 1055 e al 1115) riferiscono di donazioni di possedimenti da parte di nobili bavaresi al monastero e delle loro perdite. Tra queste donazioni figura anche "in Bozan preciosa vineta". Intorno al 1030 anche il monastero di Tegernsee lamentò la perdita di 40 carri, ovvero 240 ettolitri di vino di Bolzano, il che fa supporre la presenza di una vasta area coltivata a vigneti.

La Chiesa e la nobiltà della Germania meridionale

Come visto con l'esempio di Gerolt, furono molti i nobili che fecero donazioni all'ancora giovane chiesa bavarese. Esse nascevano in parte dal bisogno di assicurarsi la salvezza spirituale e in parte dal desiderio di conservare la memoria familiare o di mettere al sicuro il patrimonio familiare, poiché, in caso di pubblica disgrazia, i beni rischiavano di essere confiscati. Anche a causa delle numerose rivalità tra l'alta nobiltà, i possedimenti di famiglia erano spesso sottoposti a gravi rischi. Consegnandoli alla Chiesa, invece, almeno la generazione dei donatori era stata in grado di mantenere il proprio tenore di vita e di continuare a vivere sotto la protezione della Chiesa.

Come è noto, la vite prospera solo in zone climaticamente adatte, ma come bevanda di culto religioso il vino dovette essere disponibile ovunque dopo la cristianizzazione, anche se solo in piccole quantità. Inoltre, i monasteri e i capitoli cattedrali fornivano sempre vino come bevanda al proprio personale e soprattutto ai malati, mentre il vino in eccesso veniva venduto nelle osterie dei monasteri. In qualità di titolare del culto e di ristoratore esemplare, la Chiesa diede quindi un contributo significativo alla diffusione del vino nel primo e nell'alto Medioevo e fin dall'inizio ebbe grande interesse per i vigneti e una propria produzione di vino. La nobiltà tedesca venne incontro a questa esigenza ecclesiastica, anche perché per i nobili era certamente più facile separarsi dai possedimenti delle zone periferiche. E queste zone includevano anche i pregiati vigneti dell'Alto Adige.

Abbiamo già citato le più antiche, anche se incerte, donazioni aristocratiche: quelle dell'VIII secolo a Benediktbeuern e Tegernsee e nella prima metà del secolo successivo la donazione di Quarti(nus) a San Candido. Quest'ultimo era un aristocratico insediato e non un membro della nuova nobiltà bavarese, il che è testimonianza di una proprietà di lunga data e di tradizioni vitivinicole lungo il corso dell'Isarco. In ogni caso, pur diventando più modeste e rare, le donazioni continuarono per tutto il Medioevo senza mai interrompersi.

Entro l'anno 1200 le famiglie dell'alta nobiltà che potevano essere riconosciute come donatrici erano molto numerose. Tra tutte la più importante era la famiglia ducale dei Welfen, generosissima donatrice di vigneti situati tra la Val Venosta, il Burgraviato e i dintorni di Bolzano. Da menzionare sono anche i duchi di Andechs, le casate dei conti alto-bavaresi Ebersberg, Falkenstein, Scheyern e Valley, i conti di Moosburg della Bassa Baviera, i conti di Kelmünz della Media Franconia, i conti di Lechsgemünde della Svevia e i conti di Sulzbach dell'Alto Palatinato. Vanno infine inclusi anche i conti locali di Tirolo, Appiano, Morit-Greifenstein e i conti di Flavon, originari della Val di Non.

Un numero così elevato di donatori indica la presenza di un numero altrettanto elevato di destinatari ed effettivamente nei documenti scritti nel primo e nell'alto Medioevo, incontriamo un gran numero di beneficiari. Dall'esame dei documenti tirolesi fino all'anno 1253 risultano i seguenti monasteri, capitoli cattedrali e diocesi come proprietari di tenute vinicole o titolari di interessi sul vino e di decime

Secondo le cronache interne del monastero, la più antica proprietà viticola del monastero di Benediktbeuern a Bolzano risale all'epoca della sua fondazione, intorno all'anno 740.

sul vino: le diocesi o capitoli della cattedrale di Ratisbona, Frisinga, Salisburgo, Eichstätt, Augusta e Coira, i monasteri o capitoli di Sant'Emmerano a Ratisbona, Sant'Andrea e Neustift presso Frisinga, Au presso Wasserburg am Inn, San Kastulus a Moosburg, Attel, Rott am Inn, Herrenchiemsee, Tegernsee, Seeon, Baumburg, Weihenstephan, Bernried, Biburg, Dießen, Polling, Ebersberg, Habach, Kühbach, Schäftlarn, Steingaden, Scheyern, Wessobrunn, Weyarn, Irrsee, Rottenbuch, San Magnus a Füssen, Benediktbeuern, Ottobeuren, Santi Ulrico e Afra ad Augusta, Weingarten e San Giovanni a Müstair. Nel XIV e XV secolo si aggiunsero a questa lunga lista anche i monasteri di Beuerberg, Beyharting, Ettal e Andechs. I monasteri di St. Georgenberg, Wilten e Stams nella valle tirolese dell'Inn non sono invece ancora menzionati; sono inclusi anche l'abbazia di Marienberg in Alta Val Venosta, Castel Badia e San Candido in Val Pusteria nonché il monastero dei gesuiti costruito a Innsbruck nel XVI secolo, perché vicino a questi monasteri non cresceva vino e necessitavano quindi di reperirlo dai vigneti posti più a sud. Questo ci porta a sei diocesi o capitoli cattedrali e quarantatré monasteri che godettero dei vigneti in Alto Adige.

I pilastri bavaresi in Alto Adige

Parlare approfonditamente di tutti i proprietari di tenute vinicole in Alto Adige è impossibile. Ecco perché questo contributo prenderà a esempio i monasteri di Schäftlarn, Benediktbeuern e Tegernsee nonché Füssen e Weingarten. Il monastero di Schäftlarn nel circondario di Monaco, risalente all'VIII secolo, acquisì ricchi possedimenti a Bolzano e dintorni, nonché a Nalles, Missiano e Caldaro solo nel XII e XIII secolo. All'incremento dei possedimenti del monastero contribuirono soprattutto i conti von Valley e i loro ministeriali, il vescovo Ottone II di Frisinga e i ministeriali di Frisinga, i conti Morit-Greifenstein, i conti di Appiano e i loro ministeriali. L'inventario dei possedimenti venne ulteriormente ampliato mediante operazioni di arrotondamento fondiario, tanto che dai dati del registro del 1313, nella sola zona di Gries a Bolzano, dove si trovava il centro e la maggior parte dei vigneti, si ricava una stima prudente di 12 ettari di vigneti con un reddito proveniente dalla mezzadria che garantiva al monastero circa 90-150 ettolitri all'anno. Con l'acquisto di tutti i possedimenti del monastero di Neustift presso Freising, nel 1337 l'ammontare delle proprietà intorno a Bolzano venne raddoppiato. Il monastero non solo ha potuto mantenere queste immense proprietà fino alla secolarizzazione, ma riuscì anche ad ampliarle ulteriormente. Il catasto del 1780 riporta infatti una superficie complessiva di 26 ettari.

Secondo le cronache interne del monastero, la più antica proprietà viticola del monastero di Benediktbeuern a Bolzano risale all'epoca della sua fondazione, intorno all'anno 740. Il monastero riuscì a riprendersi dal declino vissuto tra il IX e l'XI secolo e nel XII secolo cercò di ampliare e completare i suoi possedimenti di vigneti, anche se meno a Bolzano (Bolzano Villa, a nord del centro, e Rencio) che nel meranese (Rifiano, Tirolo, Maia). Come risulta dal libro dei conti degli anni dal 1491 al 1500, durante il tardo Medioevo il Poschenhof a Maia Bassa divenne un importante centro economico:

- In questo maso viene ospitata e nutrita la compagnia, cavalli compresi, inviata da Benediktbeuern per controllare il raccolto in autunno.
- Quale regalo per l'ospitalità, il coltivatore del Poschenhof riceve un paio di "pauschuch" (scarpe adatte al lavoro nei campi), due sacchi, un cappello e un coltello.
- Nel meranese sono censiti sette masi e vigneti, di cui la maggioranza è affittata a mezzadria e la parte rimanente è tenuta a fornire una quantità stabilita di prodotti.
- I rendimenti annuali delle colture mostrano ampie fluttuazioni. Dal 1492 al 1508 gli ettolitri al Poschenhof ammontano a una quantità tra gli 1,57 e i 17,3, e in tutta Merano nel 1492 gli ettolitri ammontarono a 44.
- Per coprire il fabbisogno proprio del monastero, nel 1492 furono acquistati altri 64,4 ettolitri da commercianti di vino e contadini del meranese.

I vigneti del monastero di Tegernsee a Bolzano sono tra i più antichi possedimenti lontani dal monastero. Dopo aver concentrato i suoi interessi inizialmente su Bolzano (zone Bolzano Villa, Quirino, chiesa parrocchiale), il monastero spostò la sua attenzione verso la zona di Merano (Lana) e acquisì tenute vinicole anche ad Appiano (Pianizza) e Caldaro. Intorno al 1500 la proprietà del monastero di Tegernsee in Alto Adige comprendeva 27 ettari, di cui 18,2 coltivati a vite (Andreas Otto Weber).

Con i monasteri Weingarten e Füssen entriamo in territorio svevo-alemanno. Entrambi i monasteri devono il nucleo delle loro tenute vinicole in Alto Adige alla generosità della famiglia ducale dei Welfen, dei loro parenti e della clientela aristocratica. Inizialmente Füssen possedeva solo cinque masi vinicoli a Plars, presso Lagundo, ma nel tardo Medioevo e in epoca moderna fu generosamente sostenuto dai conti del Tirolo. Già dalla fine dell'XI secolo il monastero benedettino Weingarten possedeva vaste proprietà in Val Venosta, a Maia, Lana, Ultimo e Nalles. A metà del XVI secolo, tuttavia, il monastero scambiò i suoi possedimenti in Alto Adige con la parrocchia di Stams a Leutkirchen im Allgäu. Poiché questo scambio risultò insoddisfacente, tra i due monasteri ci furono lunghe controversie che si conclusero con la decisione di Weingarten di recedere dallo scambio e di negoziare invece con il monastero benedettino di Füssen (1693-1697). In un primo momento si trattò solo di un pegno, che però alla fine si trasformò in una vendita definitiva. Grazie a essa il monastero di Füssen riuscì a raddoppiare il suo patrimonio in Alto Adige. Con un ulteriore arrotondamento fondiario nel XVIII secolo, Füssen si collocò al vertice dei monasteri della Germania meridionale che possedevano vigneti in Alto Adige (Simon Terzer).

Possedimenti, privilegi e duro lavoro

Per oltre mille anni – e se la secolarizzazione non avesse comportato una cesura, probabilmente anche di più – numerosi vigneti in Alto Adige rimasero di proprietà di istituzioni ecclesiastiche della Germania meridionale. Queste, tuttavia, non mantennero per sempre tutti i vigneti acquisiti; ci furono anche spostamenti dei possedimenti, per esempio tramite vendite, perché il monastero titolare si veniva a trovare in difficoltà economiche, e anche perché la gestione era sempre difficile. Uno dei maggiori ostacoli economici era la distanza della merce dal suo proprietario. Il trasporto del vino dal luogo di produzione al proprietario oltre le Alpi non era solo costoso, ma anche pericoloso a causa delle condizioni delle strade. Non è da sottovalutare nemmeno il controllo sulla gestione aziendale e sulla gestione agricola delle amministrazioni fondiarie così lontane. Nonostante tutte le difficoltà, dieci monasteri prelatizi bavaresi conservarono ventiquattro tenute vinicole in Alto

Adige come proprietà dei loro vigneti fino alla secolarizzazione avvenuta intorno al 1800 (Dietmar Stutzer).

Un importante contributo in merito furono i privilegi doganali concessi fin dal XIII secolo sia dall'imperatore che dai principi del Tirolo e della Baviera. Grazie a tali privilegi, secondo l'elenco della dogana tirolese del 1383, attraverso i passi tirolesi transitarono 295 carri ovvero 1.327 ettolitri di vino monastico bavarese esenti da dazi. Oltre a queste già ingenti quantità, numerosi carichi superavano comunque i privilegi doganali e dovevano pertanto essere sdoganati. Durante gli anni di buon raccolto, alcuni monasteri arrivavano a esportare il doppio della quantità. E anche i monasteri e i capitoli cattedrali tirolesi – St. Georgenberg, Stams, Monte Sole, Marienberg – arrivarono a trasportare liberamente attraverso le dogane 52 carri carichi di vino ovvero 234 ettolitri. In tempi più moderni, questi incentivi divennero oggetto di crescenti critiche da parte degli amministratori; tuttavia, nonostante i numerosi tentativi di abolirli, alcuni monasteri riuscirono a mantenere i privilegi doganali concessi dai principi tirolesi fino al XVIII secolo. La loro abolizione avvenne solo con la nuova regolamentazione dei pedaggi a partire dalla metà di questo secolo.

Nei primi secoli le tenute erano gestite secondo le regole dell'istituzione ecclesiastica che le possedevano. Il lavoro nei vigneti veniva svolto da sudditi, per lo più servi che erano semplici braccianti o che avevano ricevuto un pezzo di terra in affitto temporaneo. Un Mair locale supervisionava e organizzava il lavoro nei vigneti, mentre in occasione della vendemmia autunnale il superiore dell'istituzione ecclesiastica, cioè un prevosto della cattedrale o un abate con diversi confratelli, si presentava per osservare il "Wimmet" (vendemmia) e registrare la consegna del mosto. La compagnia trovava vitto e alloggio presso il Mair. Allo stesso tempo, in occasione di una riunione di tutti i sudditi, veniva accertato lo stato dei possedimenti;

Il trasporto del vino attraverso le Alpi esigeva uno sforzo straordinario, con tiri di buoi e bestie da soma, con tragitti che arrivavano a ben 360 (Augusta) e anche 400 chilometri (Ratisbona).

l'abate dirimeva le controversie e risolveva i conflitti verso l'esterno. La delegazione organizzava quindi il trasporto del mosto/vino attraverso le Alpi.

Con il rafforzamento della sovranità tirolese e il relativo miglioramento dei diritti della popolazione contadina, anche le chiese e i monasteri stranieri dovettero attenersi alle consuetudini legali stabilite nell'ordinamento del Land Tirolo. Nei poderi monastici la schiavitù era già scomparsa da tempo e il diritto di affitto, solitamente la mezzadria nelle vigne, divenne ereditario. La delegazione per la vendemmia però, mantenne fino alla fine la consuetudine di presentarsi nella tenuta, anche perché si trattava di un compito molto gradito dai membri responsabili del monastero e spesso veniva considerato una gita di piacere. In tempi più recenti, al posto del Mair locale, a supervisionare il lavoro dei viticoltori durante tutto l'anno fu un monaco inviato dalle chiese e dai monasteri in possesso di grandi tenute vinicole. In aggiunta o in sostituzione del monaco, quali propri rappresentanti nella tenuta, i monasteri arrivarono in seguito ad assumere agenti locali che, tramite frequenti rapporti, informavano l'abate o il mastro cantiniere in merito allo stato dei possedimenti, alle prospettive del raccolto, ai mercati del vino e alle proprietà. A svolgere tali compiti sono stati per esempio diversi membri della grande famiglia di commercianti bolzanini Zallinger e i noti commercianti di vino dell'Oltradige Brigl.

Il trasporto del vino su lunghe distanze esigeva uno sforzo straordinario: dopotutto sono ben 360 i chilometri tra Augusta e Bolzano e 400 quelli tra Ratisbona e Bolzano. Di conseguenza, il trasporto richiedeva una conoscenza precisa della durata di conservazione delle merci e dell'organizzazione dei mezzi di trasporto durante il lungo viaggio. La più antica testimonianza di un simile trasporto attraverso le Alpi risale all'inizio del IX secolo e si trova in un registro dei possedimenti del monastero di Staffelsee, che probabilmente menziona il trasporto del vino da Bolzano ad Augusta. Come nel miracolo del vescovo Ulrico già menzionato, il vino viene trasportato in botti collocate su grandi carri trainati da numerosi tiri di buoi. Questa modalità di trasporto venne mantenuta a lungo e spesso venivano utilizzati animali da soma. Per il trasporto del vino venivano anche utilizzate tutte le possibili vie d'acqua navigabili. In ogni modo, il trasporto andava portato a termine: veniva effettuato dai masi dislocati lungo il percorso, che erano tenuti o a trasportare in proprio i carri carichi su un determinato percorso o a destinare a questo servizio un certo numero di animali da soma. Nei secoli XIV e XV questo servizio si trasformò in benefici in denaro e gli istituti ecclesiastici incaricavano del trasporto del vino imprenditori privati oppure lo organizzavano con mezzi e animali propri.

\\

Steckelebau, pergola e Guyot

Lo sviluppo dei sistemi di allevamento

// Per secoli la pergola ha dominato la scena dei vigneti dell'Alto Adige. Ciononostante, non è mai stata l'unica forma di allevamento. In Valle Isarco prevaleva la forma denominata "Steckelebau" e molti pionieri volevano che il sistema a spalliera si affermasse anche nel resto del territorio, all'inizio scontrandosi con resistenze, per molto tempo senza successo, ma alla fine vittoriosamente. Dagli anni novanta il sistema a spalliera ha infatti sostituito la classica pergola, anche perché si è data sempre più importanza alla qualità.

Paul Hafner

Le forme di allevamento per sostenere la pianta di vite sono talmente varie che quasi ogni territorio vinicolo ha le sue peculiarità. Per l'Alto Adige, la forma di allevamento caratteristica è la pergola che, negli ultimi secoli, ha fortemente caratterizzato il panorama vitivinicolo del territorio. Fa eccezione la Valle Isarco settentrionale in cui predominava il metodo di allevamento a "palo singolo", "paletto" o "astaria", chiamato localmente "Strarebe" e noto in altre zone della provincia come "Steckelebau". Nel XIX secolo furono compiuti i primi tentativi di introdurre il sistema "Steckelebau" in tutto l'Alto Adige. A metà del XX secolo, si sperimentarono anche altri nuovi sistemi di allevamento ma fu solo intorno al 1990 che venne avviato un deciso passaggio dalla pergola a sistemi a spalliera, il cui uso era già consolidato in tutto il mondo. Da allora, le superfici in cui sono presenti gli impianti a spalliera hanno ampiamente superato quelle in cui è ancora presente la pergola.

Un classico dell'Alto Adige: la pergola

Che in Alto Adige si coltivasse il vino già prima della nascita di Cristo è un fatto confermato. Non è però possibile stabilire con esattezza con quale sistema fosse allevata la vite in epoca precristiana. È probabile che, come in altre zone con sufficienti risorse di legname, anche nella nostra zona la vite venisse allevata ben presto con il sostegno di pali o di intelaiature in legno. La pergola, cioè l'allevamento su

Pergola semplice

Pergola con braccetto

Arco

Pergola doppia

Spazio per coltura interfilare

Pergole e archi sono forme di allevamento a tetto. Il sistema è costituito da pali inseriti verticalmente nel terreno. I collegamenti trasversali in legno e i collegamenti longitudinali in filo metallico (un tempo in legno) vengono installati a un'altezza tale da consentire il passaggio pedonale o carrabile al di sotto.

Illustrazioni sulla base degli schizzi di Irmgard Windegger

In Alto Adige la prima forma di allevamento a spalliera con cornice in legno viene menzionata per iscritto nel 1526, allora ancora con il termine "Glasuren". Questo tipo di allevamento prese in seguito il nome di "Lassier".

pergolato, esisteva probabilmente in Rezia e quindi anche in Alto Adige già in epoca romana. Alcuni agronomi romani, in particolare Comunella (I secolo d. C.), annotano nei loro scritti che nelle province romane, la vite veniva coltivata su "pergulae". La vite su pergola viene menzionata per la prima volta in Alto Adige in un documento del 1274 citato da Ladurner-Parthanes in cui si descrive un vigneto a Maia Bassa (Merano) composto da cinque arcate, *quinqe arcus*, che fu venduto al monastero di Stams da Altumnus di Scena. Il termine "Pergl" compare invece per la prima volta nel 1386 in un documento di concessione del maso "Pundleit in Velthurns".

Negli ultimi secoli la pergola, detta anche "Pataun" o "Punt", è stata la forma di allevamento predominante nella viticoltura dell'Alto Adige. Sui pendii si trattava quasi esclusivamente della pergola semplice, mentre nelle zone pianeggianti e in pianura predominavano le varianti a semiarco e ad arco. Fino a circa sessanta o settanta anni fa, in molti luoghi era adottata anche la variante detta "Ackerpergl", nella quale le viti erano piantate a grande distanza l'una dall'altra e allevate su una pergola doppia. Tra i filari era presente una zona libera intermedia, chiamata "Ackerpfinne" che veniva utilizzata per la coltivazione di varie colture o come pascolo. L'Ackerpergl è completamente scomparsa, a parte pochi resti.

Il contraltare alla pergola: Glasuren e Strabau

La prima menzione scritta di un allevamento a spalliera con una costruzione a telaio in legno, chiamata "Glasuren", risale al 1526. Michael Gaismayr lo raccomanda nella bozza del suo ordinamento del Land Tirolo per il risanamento delle paludi ripariali lungo l'Adige. Si dovrebbe, scrisse, "trasformare le vigne in spalliere e mettervi sopra il Lagrein rosso". Il termine "Glasuren" o anche "Lassier" è di origine retica e risale alla parola "tlesura", che veniva usata per descrivere un margine o un bordo verticale.

Il primo tentativo serio di diffondere l'allevamento di tipo "Steckelebau" al di fuori della Valle Isarco risale al 1830 circa. Sotto l'influenza dell'arciduca Giovanni d'Austria, nella zona di Merano furono creati sistemi a spalliera su cui coltivare nuove varietà francesi introdotte di recente, come il Pinot.

Una forma molto antica di allevamento, presente anche in Alto Adige, è quella che prevede un basso sistema a pali di 50-60 centimetri. Questo sistema, noto come "Strarebe", fu per lungo tempo predominante in Valle Isarco; il suo nome deriva dai legni che venivano utilizzati come parti lignee più sottili nella costruzione dei ponti. La vite veniva fissata a pali singoli e il legno fruttifero di un anno veniva potato a sperone o brevi tralci. In altre zone della regione questa forma veniva chiamata "Steckelebau", termine che fu poi adottato anche per indicare i classici metodi di allevamento a spalliera con telaio in legno o in filo metallico. I pali, in questo caso notevolmente più lunghi, venivano collegati lungo la fila con listelli in legno e successivamente con filo metallico. I tralci verdi della vite venivano fissati ai listelli o ai fili. Mentre "Lassier" è da tempo in disuso come nome originale dell'allevamento a spalliera, il termine "Steckelebau" viene utilizzato in parte ancora oggi dalla più antica generazione di viticoltori altoatesini.

Ha predominato in Alto Adige fino agli anni novanta: l'allevamento a pergola.

In molte località gli impianti a spalliera hanno sostituito la pergola. Qui un vigneto di Gewürztraminer con vista sulla chiesetta di San Giorgio a Bolzano.

Mentre nelle zone sui pendii si utilizzava la pergola semplice, a caratterizzare il territorio era l'allevamento con pergola ad arco (e in alcuni luoghi lo caratterizza ancora oggi).

Vitigno tradizionale, forma di allevamento tradizionale:
qui il Lagrein cresce su una pergola.

Un capolavoro: anche a Sant'Antonio/Bolzano negli anni trenta
veniva utilizzato ancora il classico arco con struttura in legno.

Qual è il migliore? Steckelebau contro pergola

Il primo tentativo serio di diffondere l'allevamento di tipo "Steckelebau" al di fuori della Valle Isarco risale al 1830 circa. Sotto l'influenza dell'arciduca Giovanni d'Austria, nella zona di Merano furono creati sistemi a spalliera su cui coltivare nuove varietà francesi, come il Pinot. Tra il 1860 e il 1865 erano già presenti precise raccomandazioni per il passaggio alla coltivazione a spalliera Steckelebau. La scuola di viticoltura di Klosterneuburg, vicino a Vienna, diretta dal barone von Babo, promosse una conversione dei vigneti anche per proteggere le riserve di legno nei "boschi già diradati" e per risparmiare sui costi. Nel 1872, nelle pagine della rivista specializzata di Klosterneuburg "Weinlaube" venne fatto un confronto dei costi tra pergola e paletto. All'epoca, mentre i costi per un giogo di legname (5.800 metri quadrati) per la costruzione dello Steckelebau ammontavano a 138-180 corone, per la costruzione di una pergola si dovevano prevedere 400-450 corone, cioè quasi tre volte di più.

I primi nuovi impianti dimostrarono che, sebbene fosse superiore alla pergola in termini di qualità, lo Steckelebau produceva una resa di uva significativamente inferiore. Anche per questo motivo, l'opinione generale era contraria alla nuova forma di allevamento. Tuttavia, i suoi vantaggi per le zone ad altitudini più elevate furono sottolineati in diverse relazioni, tra cui un articolo apparso sul "Volksblatt" del 5 marzo 1862: "Negli ultimi tempi è stato accolto con grande scetticismo in diversi paesi della Valle dell'Adige il nuovo trattamento delle viti, il cosiddetto Steckelebau. L'obiettivo è risparmiare legno e migliorare la qualità del vino. Questa forma di allevamento sembra essere particolarmente adatta e redditizia per le nuove piantumazioni a quote più elevate. Una prova evidente è data, tra l'altro, da un appezzamento di vigneto di questo impianto soprastante Castel Campan a Caldaro di proprietà dei conti Enzenberg. Chiunque conosca un po' la collocazione dei vigneti in quella zona sa quale vino acido e aspro si produca con l'attuale consueto metodo. [...] Negli ultimi due anni, al contrario, dal suo Steckelebau, il conte Enzenberg ha ottenuto un vino rosso e bianco di tale qualità da essere un degno compagno dei prodotti delle migliori località sul Lago di Caldaro e nei dintorni di Termeno. [...] Le obiezioni che vengono mosse contro lo Steckelebau sono di così poca importanza che non credo valga la pena di approfondirle qui. Dato un beneficio così evidente, si dovrebbe certamente rompere con il tradizionale trattamento della vite nel luogo appropriato e introdurre la coltivazione di tipo Steckelebau".

Già allora, quindi, c'erano dei visionari attenti alla qualità impegnati a sostenere l'allevamento a Steckelebau, come risulta da un articolo del giornale "Tiroler Stimme" del 1861, che si riferisce ai vigneti del conte Trauttmansdorff a Merano e sottolinea: "Il tentativo ha superato ogni aspettativa. Il prodotto ottenuto è un vino in bottiglia pregiato e focoso, perfetto per la vendita anche a distanza. [...] Se si vuole che il vino dell'Adige rimanga un prodotto commerciale, questo nuovo modo di coltivare il vino deve trovare vasta e generale diffusione". Nonostante questo entusiasmo, vi furono però anche opinioni contrastanti, soprattutto da

Negli anni settanta, in Alto Adige la pergola era ancora considerata il termine di paragone, anche perché particolarmente adatta a ottenere elevate quantità di raccolto, soprattutto di Schiava e Lagrein.

parte di coloro che non erano in grado di commercializzare vini di alta qualità. Ciò è dimostrato anche da una relazione apparsa su "Tiroler Stimme" del 17 ottobre 1865: "L'ostacolo principale che impedisce all'allevamento a Steckelebau di trovare sempre maggiore diffusione non è altro che la mancanza di un mercato adeguato a questi vini. Lo Steckelebau permette di produrre vini molto fini e pregiati; il problema è che per questi prodotti, a livello locale mancano sia gli acquirenti che i soldi. Le bevande popolari non potranno mai diventare vini pregiati, né essere esportate; lo spazio per questo tipo di allevamento è pertanto assai ridotto".

Alla fine del XIX secolo la questione legata ai sistemi di allevamento passò in secondo piano. La fillossera causava enormi problemi alla coltivazione e si credeva che le viti allevate a Steckelebau fossero più colpite dal parassita. Fortunatamente l'ipotesi poté essere chiaramente confutata. In seguito, a rallentare un ulteriore sviluppo del cambiamento nella forma dominante di allevamento furono le due guerre mondiali. Lo Steckelebau, quindi, non era nemmeno lontanamente riuscito a scalfire il predominio della pergola. Pergole e archi avrebbero infatti dominato il paesaggio altoatesino fino alla fine del millennio.

Un doppio ripensamento

Con l'introduzione dell'allevamento a spalliera costruito con il filo metallico e, più tardi, con i pali in cemento, il problema dell'altissimo fabbisogno di legname per i vigneti fu notevolmente ridotto. Già nel 1879 in alcuni comuni della Valle dell'Adige esistevano singoli impianti con spalliere a filo, in cui le traverse del tetto a pergola furono sostituite da fili metallici. Nel 1888/89, a Cortaccia, dopo che molti impianti tradizionali andarono distrutti a causa della forte pressione della neve, vennero ricostruiti proprio servendosi della spalliera a filo.

> I fattori decisivi di questo passaggio all'allevamento a spalliera sono stati gli obiettivi di rendimento più bassi e la necessità di raccolti molto sani, oltre alla facilità di lavorazione.

A partire dal 1900 in poi le traverse in legno furono sempre più rapidamente sostituite da fili di ferro. Il passo successivo fu quindi la sostituzione dei pali in legno con pali di cemento rinforzato con ferro. I primi tentativi vennero compiuti nel 1920. Tuttavia, la solidità dei nuovi pali lasciava ancora a desiderare. Solo intorno al 1960 fu possibile produrre pali di calcestruzzo sufficientemente stabili.

Come in passato, in Alto Adige la pergola era ancora considerata il termine di paragone, anche perché particolarmente adatta a ottenere elevate quantità di raccolto, soprattutto di Schiava e Lagrein. Con una diffusione di Schiava su oltre due terzi delle superfici vitate fino agli anni settanta e un obiettivo di rendimento generalmente ancora molto elevato, non sorprende che altri sistemi di allevamento abbiano suscitato uno scarso interesse. Tuttavia, dagli anni sessanta, anche per evitare la complessità della costruzione richiesta dalle pergole e ridurre di conseguenza le ore di lavoro manuale, si tentarono nuovi e più innovativi sistemi. Ciononostante, dei 5.450 ettari di vigneti dell'epoca, quelli a spalliera erano meno di 150.

All'inizio degli anni settanta furono costruite le prime strutture con il sistema Casarsa, una forma di allevamento proveniente dal Friuli e considerata estremamente interessante. Come struttura portante era sufficiente una spalliera con solo due fili. Un cordone di vite veniva tirato lungo il filo inferiore fino a circa 1,50 centimetri. Sul cordone venivano poi tagliati corti cannicci da frutto (barelle). Questa forma di allevamento sembrava particolarmente adatta alle pianure e ai lievi pendii. Negli anni successivi furono convertiti a questa forma di allevamento dai 40 ai 50 ettari. Tuttavia, il sistema non risultò adatto alla varietà principale della Schiava e l'espansione dell'allevamento Casarsa risultò quindi limitata.

All'inizio degli anni ottanta ci fu un ripensamento delle pratiche colturali, anche perché nello stesso periodo ebbe luogo un deciso crollo del mercato del vino, soprattutto della Schiava. Di conseguenza, quest'ultima varietà venne sempre più eliminata a vantaggio dei vitigni bianchi. In molte aziende si ridussero anche gli obiettivi quantitativi. Le realtà più pionieristiche costruirono i nuovi impianti a spalliera. Il passaggio su larga scala da pergola a spalliera avvenne a metà degli anni novanta. Restarono indietro solo le varietà Schiava e Lagrein; con la cantina convento Muri-Gries che risulta il primo dei grandi produttori di Lagrein a passare alla spalliera.

Negli ultimi venticinque anni, insomma, il paesaggio vitivinicolo è cambiato radicalmente. Oggi circa l'80 per cento dei vigneti è allevato a spalliera. I fattori decisivi di questo passaggio sono stati gli obiettivi di rendimento più bassi e la necessità di raccolti molto sani, oltre alla facilità di lavorazione. Il cambiamento è andato di pari passo con lo sviluppo positivo della viticoltura altoatesina e, soprattutto, della qualità del vino e il bilancio finale, nonostante alcuni guardino con una certa tristezza alla scomparsa del secolare metodo di allevamento a pergola, è quindi di gran lunga positivo.

Il passaggio su larga scala da pergola a spalliera avvenne a metà degli anni novanta. Restarono indietro solo le varietà Schiava e Lagrein.

Tedesco? Italiano? Oppure un po' di entrambi?

Le influenze sulla viticoltura e sull'enologia in una regione di confine

// "De bono vino theotonico et non latino", ossia buon vino tedesco, non vino italiano, fu quanto concordato nel 1293 come affitto per un terreno sopra Bolzano. La distinzione tra i due vini, come anche tra la vendemmia "tedesca" e quella "italiana", persiste in Alto Adige per secoli. Eppure, ciò che sembra una netta separazione, nella regione di confine del Tirolo è in realtà più un assorbimento di influssi dal nord e dal sud – ed è sempre stato così.

Ivo Maran, Stefan Morandell

Subito dopo la loro fondazione nel I millennio d. C. numerosi monasteri bavaresi vennero in possesso di vigneti in Alto Adige. Il monastero di Tegernsee possedeva vigneti anche a Bolzano e Lana e, nel 1183, ereditò un imponente maso vinicolo a Pianizza di Sopra, vicino a Caldaro. Nel 1479 l'abate di Tegernsee Konrad Ayrinschmalz, nel suo "Opusculum de plantationibus arborum", scrive precise istruzioni per la vinificazione che, in termini di contenuto enologico, risultano molto più progredite rispetto ad analoghi testi della stessa epoca. Nella sezione "Quomodo vina de terra tramenea amara fiunt clara" – in termini moderni – viene indicato l'utilizzo di albume d'uovo seguito da una chiarifica con la bentonite. L'uso del lievito secco è consigliato anche quando si fa fermentare uva marcia o spigolata, mentre per conservare il vino viene indicato di affumicare con zolfo le botti vuote prima di riempirle. Ciò impediva l'eccessiva solforazione. Grazie allo zolfo il vino mantiene l'aroma tipico del vitigno anche dopo la prima svinatura. Nel testo del Tegernsee si trova quindi una menzione molto precoce dei vitigni dell'Alto Adige e una classifica in base alla loro qualità.

Per fare un confronto, in Francia, intorno al 1600, la solforazione generale del vino non era ancora pratica comune.

Olivier de Serres sottolinea che in Germania i vini vengono solforati e hanno quindi una durata di trent'anni. In un manoscritto della cerchia di Ulrich von Lichtenstein, scoperto pochi anni fa nel Ferdinandeum di Innsbruck e scritto tra il 1497 e il 1518, non viene menzionata la solforazione del vino. Ulrich fu responsabile dei vini nella cantina del capitolo della cattedrale di Trento a Termeno nel 1479 e fu vescovo di Trento dal 1493 al 1505. La solforazione non viene menzionata nemmeno in un manoscritto collettaneo altoatesino redatto nel 1532 e che, secondo l'ex libris del 1572, era in possesso di Leopold von Trauttmansdorff. In un manoscritto del 1555, appartenuto a Christan Strasser e conservato in un archivio nobiliare di Caldaro, viene descritta anche la solforazione del vino. Ciò potrebbe indicare che le istruzioni interne del Tegernsee erano forse note anche a una ristretta cerchia attorno al monastero.

Che cosa è il vino tedesco? E cosa è invece il vino italiano?

L'ordinamento del Land Tirolo del 1532 fornisce una prima indicazione sulla differenza tra il vino tedesco e quello italiano. Nell'articolo che determina la vendemmia (Wymmat) si dice che "ci sono due tipi di Wymmat / come Gschlafen / che si chiama Welsch / che avviene piuttosto presto / e la Wymmat normale / che si chiama Lagreyn / o Teutsch / che avviene dopo". Si distinguono quindi due vendemmie, quella per il Gschlafen o italiano (Welsch) e quella successiva per il Lagrein o tedesco (Teutsch). Il termine Lagrein, senza un nome aggiuntivo specifico, veniva usato per descrivere un Lagrein Bianco allora molto diffuso ma ormai scomparso dalla coltivazione. Il mosto veniva pressato e se possibile, trasformato in vino dolce.

Il Gschlafene, un vitigno della famiglia "schiave", veniva originariamente fermentato sulle bucce secondo lo stile italiano. Questa distinzione tra "Teutscher" e "Welscher" scomparve intorno al 1600, quando dal Gschlafene si tentò di produrre un vino dolce mediante filtrazione del mosto. Verso la fine del XVI secolo i vitigni a bacca rossa sostituirono sempre più i vitigni a bacca bianca, precedentemente predominanti.

In un visionario ordinamento del Land Tirolo, Michael Gaismayr, il carismatico capo della rivolta contadina successivamente assassinato, propose nel 1526 che il Lagrein Rosso venisse coltivato in pianura e fermentato sulle bucce, come era consuetudine in Italia. Ma le indicazioni che provenivano da quest'ultima erano assai diverse. Nel 1564 venne infatti pubblicata la prima edizione de "Le dieci giornate della vera Agricoltura" di Agostino Gallo, in cui l'autore descrisse la conquista di Milano da parte del re francese Luigi XII e la conseguente diffusione della moda dei vini leggeri, i "vini clareti". Il tradizionale tempo di fermentazione dei vini è stato ridotto da venticinque-trenta giorni a tre-quattro giorni. Gallo consigliò anche di piantare le viti di Schiava Rossa: "Ancora sono buone per piantar le schiave nere grosse di grano: percioche abondano di uve, che fanno vino assai, benche sia debole, & fumoso; ma migliora accompagnandola co'l cropello". Gallo descrisse anche l'uso dello zolfo per conservare il vino e, per la prima volta, un filtro per il vino destinato a facilitare la faticosa produzione dei vini dolci.

> Si distinguono quindi due vendemmie, quella per il Gschlafene o italiano (Welsch) e quella successiva per il Lagrein o tedesco (Teutsch).

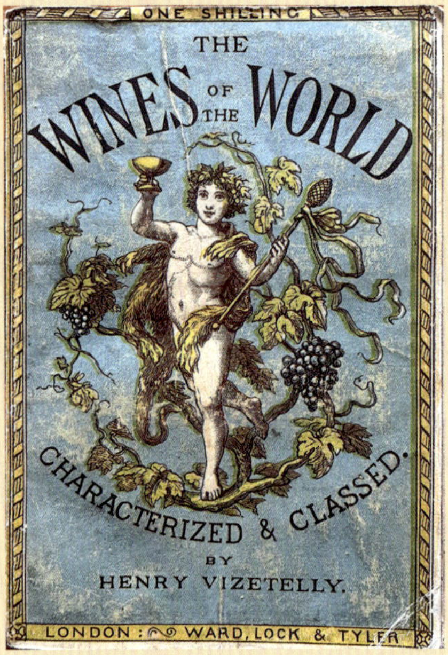
ONE SHILLING
THE
WINES OF THE WORLD
CHARACTERIZED & CLASSED.
BY
HENRY VIZETELLY.
LONDON: WARD, LOCK & TYLER.

In occasione dell'esposizione mondiale di Vienna del 1873, l'inglese Henry Vizetelly diede ai vini altoatesini una pessima valutazione. I rossi trentini sono di gran lunga superiori ai loro vicini settentrionali, scrive Vizetelly nel suo libro "The Wines of the World".

LE
DIECI GIORNATE
DELLA VERA AGRICOL-
TVRA, E PIACERI
DELLA
VILLA.
DI M. AGOSTIN GALLO,
IN DIALOGO.
CON PRIVILEGI.
In Brescia, appresso Gio. Battista
Bozzola. M D LXIIII.

Selezione varietale, solforazione, filtraggio del vino: nel suo libro "Le dieci giornate della vera Agricoltura", pubblicato nel 1564, Agostino Gallo descrive gli ultimi sviluppi del mondo del vino.

SECVRITAS PVBLICA
LE
THEATRE
D'AGRICVLTVRE
ET
MESNAGE DES CHAMPS
D'OLIVIER DE SERRES
SEIGNEVR DV PRADEL
Trois[me] Edition, reueuë
et augmentee par l'Auteur.
MAISON RVSTIQVE.
A PARIS.
M.DCV.

Mentre in Germania i vini venivano solforati, pare che in Francia questa non fosse ancora una pratica comune. Olivier de Serres richiama l'attenzione su questo aspetto nella sua opera apparsa all'inizio del XVII secolo.

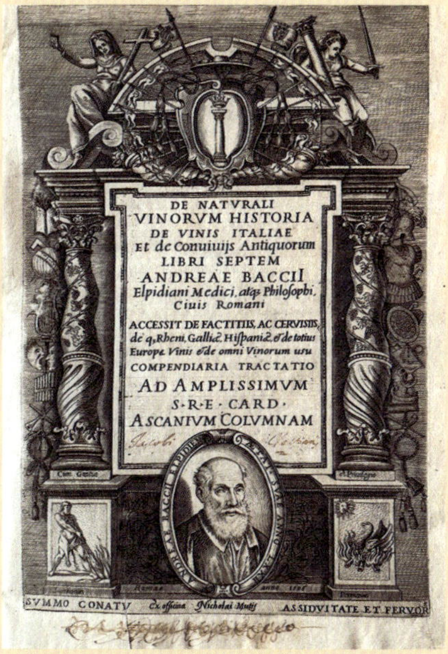

Nel 1596 Andrea Bacci scrive che attorno al Lago di Garda era diffusa la filtrazione del mosto. Grazie a essa i vini rimanevano dolci più a lungo e venivano esportati in Germania.

Già nell'ordinamento del Land Tirolo del 1526, un anno dopo la rivolta contadina di Michael Gaismayr, si distinguevano due vendemmie. Il Gschlafene o Welsche veniva prima raccolto e poi fatto fermentare sulle bucce. Il Lagrein Bianco o Teutsche veniva invece pigiato e vinificato come vino dolce.

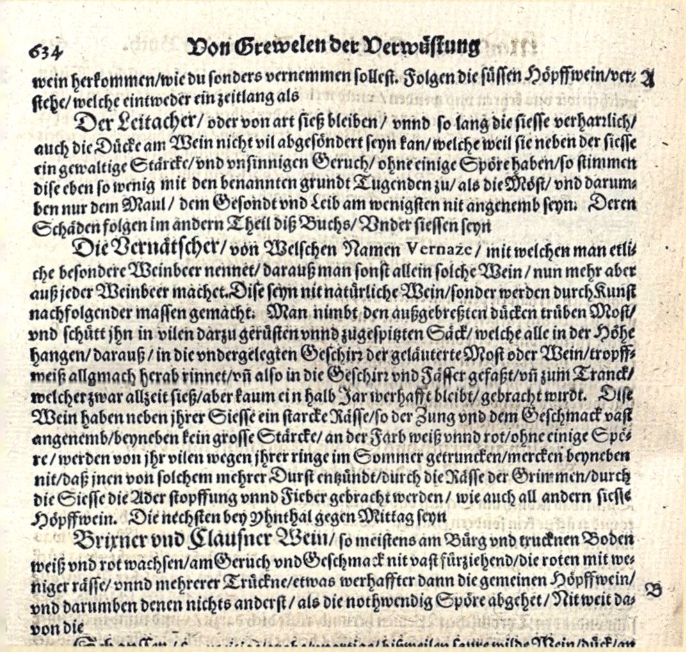

634 Von Grewelen der Verwüstung

wein herkommen/wie du sonders vernemmen sollest. Folgen die süssen Höpffwein/ver= stehe/welche eintweder ein zeitlang als

Der Leitacher/ oder von art sieß bleiben/ vnnd so lang die siesse verharlich/ auch die Dücke am Wein nicht vil abgesöndert seyn kan/ welche weil sie neben der siesse ein gewaltige Stärcke/vnd vnsinnigen Geruch/ ohne einige Spöre haben/so stimmen dise eben so wenig mit den benannten grundt Tugenden zu/ als die Möst/ vnd darum= ben nur dem Maul/ dem Gesondt vnd Leib am wenigsten nit angenemb seyn. Deren Schäden folgen im andern Theill diß Buchs/ Vnder siessen seyn

Die Vernätscher/ von Welschen Namen Vernaze/ mit welchen man etli= che besondere Weinbeer nennet/ darauß man sonst allein solche Wein/ nun mehr aber auß jeder Weinbeer machet. Dise seyn nit natürliche Wein/sonder werden durch Kunst nachfolgender massen gemacht. Man nimbt den außgebreßten dücken trüben Most/ vnd schütt jhn in vilen darzu gerüsten vnnd zugespitzten Säck/ welche alle in der Höhe hangen/ darauß/ in die vndergelegten Geschirr der geläuterte Most oder Wein/tropff= weiß allgmach herab rinnet/vñ also in die Geschirr vnd Fässer gefaßt/vñ zum Tranck/ welcher zwar allzeit sieß/aber kaum ein halb Jar werhafft bleibt/ gebracht wirdt. Dise Wein haben neben jhrer Siesse ein starcke Räsße/so der Zung vnd dem Geschmack vast angenemb/beyneben kein grosse Stärcke/ an der Farb weiß vnnd rot/ohne einige Spö= re/ werden von jhr vilen wegen jhrer ringe im Sommer getruncken/mercken beyneben nit/daß jnen von solchem mehrer Durst entzündt/durch die Räsße der Grimmen/durch die Siesse die Ader stopffung vnnd Fieber gebracht werden/ wie auch all andern siesse Höpffwein. Die nechsten bey Ynthal gegen Mittag seyn

Brixner vnd Clausner Wein/ so meistens am Bürg vnd trucknen Boden weiß vnd rot wachsen/am Geruch vnd Geschmack nit vast fürziehend/die roten mit we= niger räsße/ vnnd mehrerer Trückne/etwas werhaffter dann die gemeinen Höpffwein/ vnd darumben denen nichts anderst/ als die nothwendig Spöre abgehet/ Nit weit da= von die B

Nel 1610 Ippolito Guarinoni descrive come, mediante la filtrazione del mosto, venga prodotto il "Vernatscher" dolce a partire da diversi vitigni. Il nome, scrive, deriva dall'italiano "vernacce", un vitigno a bacca bianca con il quale, nel Medioevo, si produceva un famoso vino dolce.

L'adozione delle innovazioni italiane

> In Alto Adige solo grazie all'autorità dell'arciduca Giovanni d'Austria venne riconosciuto che l'ostacolo principale allo sviluppo della viticoltura fossero i vitigni allora predominanti.

L'influenza di Agostino Gallo venne confermata già nel 1596, come scrisse anche Andrea Bacci nella sua celebre opera dedicata ai vini di Brescia, patria del Gallo: "Dove producono delle ottime Vernacce, delicatissime di colore, odore e sapore che, emule dei Greci che si producono a Roma, [...] e sono trasportate a Milano e in Germania". E ancora: "Nella medesima estensione di colline vi sono i vini pregiati delle comunità Sclavi o Schiavi, emuli dei Chiaretti di Francia". Inoltre egli osserva che nel veronese erano in uso filtri per il vino che rendono superfluo il consueto appassimento delle uve sulla paglia per la produzione dei vini dolci.

Nel 1610 Ippolito Guarinoni descrisse l'uso di questi filtri per il vino in Alto Adige nella sua opera "Die Grewel der Verwüstung menschlichen Geschlechts", in cui raccontò che le "vernacce" precedentemente utilizzate per la produzione di vini dolci erano state sostituite da altri vitigni. Secondo Guarinoni questi vini, conosciuti in tedesco come "Vernatscher", avrebbero potuto essere prodotti artificialmente utilizzando un filtro per vino che descrisse allo stesso modo di Gallo e Bacci. Grazie al filtraggio del mosto o del vino in fermentazione, pare che la bevanda potesse conservarsi dolce per quasi sei mesi. Lo stesso Guarinoni, invece, promuoveva vini fermentati sulle vinacce che presentavano "Spöre", cioè tannini. A suo dire, questi ultimi – e solo questi – se bevuti con moderazione, sarebbero risultati benefici per la salute.

Progresso trattenuto

Le magnifiche residenze dell'Oltradige risalenti al XVII secolo lasciano ben immaginare il successo che questa zona deve aver avuto nel contesto del commercio del vino in Alto Adige nel suo complesso. A quanto pare, i "vini clareti", chiamati in Alto Adige "Vergerner", e i "Vernatscher" dolci si vendevano talmente bene negli importanti mercati a nord delle Alpi da non far sembrare necessario un ulteriore sviluppo enologico. In Francia e nel suo importante mercato, l'Inghilterra, tuttavia, il "nuovo chiaretto francese" fece scalpore intorno al 1700. Anche in Borgogna i tempi di fermentazione diventavano sempre più lunghi.

La conseguenza fu che i prezzi del vino a Beaune, a differenza di quelli di Bolzano e Stoccarda, cominciarono a salire. È interessante notare che, intorno al 1695, come descritto da Hugh Johnson, anche il re di Francia Luigi XIV sembra aver cessato, per motivi di salute, il suo grande consumo di vini di Champagne per tornare a consumare i vecchi Borgogna. Gli acquirenti dei vini tirolesi, invece, non premiarono gli sforzi per migliorarne la qualità. Augustin Nagele, prevosto del monastero di Gries a Bolzano e autore della prima monografia sulla viticoltura in Tirolo, scriveva nel 1808 che "i compratori pagano troppo poco la differenza tra un vino mediocre e uno eccellente, e insistono a pagare un prezzo quasi identico sia per l'uno che per l'altro, senza sapere che la preparazione di un vino particolarmente buono richiede molti più costi e lavoro".

Arretramento e (tardivo) recupero

A causa degli eventi bellici del 1809, l'opera di Nagele non venne mai stampata. Anche decenni dopo, sembrava non esserci alcun interesse per un miglioramento enologico nei circoli più importanti a livello locale e i tentativi di alcune menti progressiste in questo senso fallirono. Un altro saggio, nato da una discussione tra due produttori di vino, uno del Tirolo e uno della Franconia, fu invece scritto a Monaco di Baviera nel 1808 e stampato in italiano a Rovereto. Facendo riferimento all'opera allora attuale di Chaptal intitolata "Sur l'Art de faire le Vin", il testo descrive con un linguaggio semplice quali errori venissero commessi nella produzione vinicola dell'epoca e come si facesse molto meglio sul Reno e in Francia. Almeno in Trentino l'opera pare abbia dato i suoi frutti, perché alla grande degustazione di vini durante l'Esposizione Mondiale di Vienna del 1873, i vini rossi trentini risultarono di gran lunga superiori come qualità a quelli dell'Alto Adige, come notò l'inglese Henry Vizetelly nella sua descrizione dei vini presentati all'evento internazionale.

In Alto Adige solo grazie all'autorità di Giovanni d'Austria venne riconosciuto che l'ostacolo principale allo sviluppo della viticoltura fossero i vitigni allora predominanti. Intorno al 1844, l'arciduca iniziò a introdurre in Tirolo vitigni più nobili. Un altro ostacolo era la mancanza di tecnica di vinificazione. Nel 1873, quindi, la scuola di viticoltura di San Michele all'Adige diede al Tirolo un'istituzione riconosciuta a livello internazionale che, oltre alla ricerca di base, si concentrava anche sull'innalzamento del livello della viticoltura e della vinificazione. Negli anni ottanta del secolo scorso finalmente anche il mercato del vino iniziò a cambiare, consentendo da quel momento anche ai viticoltori altoatesini di ottenere prezzi adeguati per i prodotti di punta.

\\

Verkaufs-Bedingungen.

Die Preise verstehen sich ab Bozen per Kasse mit 2 % Skonto oder 3 Monate Ziel.

An mir unbekannte Auftraggeber erfolgt die Lieferung per Nachnahme.

Die Fässer stelle ich leihweise bei, doch steht es mir frei, selbe in Rechnung zu stellen, sobald sie nicht innerhalb 3 Monaten oder in schlechtem Zustande, frachtfrei zurückgesendet werden.

Zahlungen sind entweder durch die Postsparkasse, Konto Nr. 5205, oder an von mir bevollmächtigte Personen zu leisten.

Wein-Fässer sind **sofort** nach der Entleerung rein auszuwaschen, gut **austrocknen** zu lassen und dann mit einem **Schwefelschnittchen einzubrennen.** Wo solche nicht erhältlich sind, bin ich gerne bereit, dieselben per Post gratis zu senden.

Es wird dringend ersucht, die leeren Fässer nicht herumliegen zu lassen, sondern solche **sofort franko** zurückzusenden.

Gegründet 1845

Weingroßhandlung
Branntweinbrennerei und
Essigfabrik

Franz Innerebner

BOZEN (Südtirol)
Telegramme: Franz Innerebner
Telephon Nr. 11

Gegründet 1845

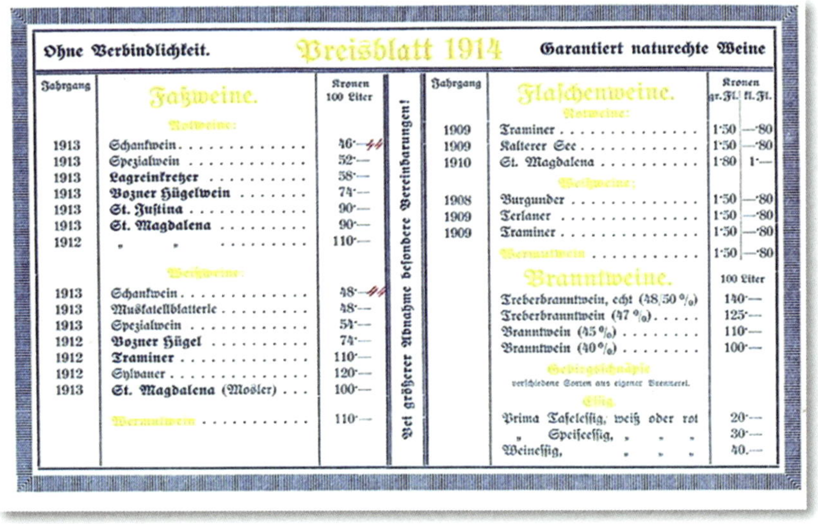

Ohne Verbindlichkeit. Preisblatt 1914 **Garantiert naturechte Weine**

Bei größerer Abnahme besondere Vereinbarungen!

Jahrgang	Faßweine.	Kronen 100 Liter
	[illegible]	
1913	Schankwein	46·— 44
1913	Spezialwein	52·—
1913	**Lagreinkretzer**	58·—
1913	**Bozner Hügelwein**	74·—
1913	**St. Justina**	90·—
1913	**St. Magdalena**	90·—
1912	" "	110·—
	[illegible]	
1913	Schankwein	48·— 44
1913	Muskatellblatterle	48·—
1913	Spezialwein	54·—
1912	**Bozner Hügel**	74·—
1912	**Traminer**	110·—
1912	Sylvaner	120·—
1913	**St. Magdalena (Mosler)**	100·—
	[illegible]	110·—

Jahrgang	Flaschenweine.	Kronen gr. Fl.	Kronen kl. Fl.
	[illegible]		
1909	Traminer	1·50	—·80
1909	Kalterer See	1·50	—·80
1910	St. Magdalena	1·80	1·—
	[illegible]		
1908	Burgunder	1·50	—·80
1909	Terlaner	1·50	—·80
1909	Traminer	1·50	—·80
	[illegible]	1·50	—·80

Branntweine.	100 Liter
Treberbranntwein, echt (48/50 %)	140·—
Treberbranntwein (47 %)	125·—
Branntwein (45 %)	110·—
Branntwein (40 %)	100·—
[illegible] verschiedene Sorten aus eigener Brennerei.	
[illegible]	
Prima Tafelessig, weiß oder rot	20·—
" Speiseessig, " " "	30·—
Weinessig, " " "	40.—

Santa Maddalena, Traminer, Lago di Caldaro: che si tratti dei classici della viticoltura altoatesina lo attesta anche questo listino prezzi del commerciante all'ingrosso di vini bolzanino Franz Innerebner risalente al 1914.

I fiori all'occhiello dell'Alto Adige

Le quattro etichette più famose

// È la varietà a caratterizzare la regione vinicola dell'Alto Adige in tutte le sue sfaccettature. Eppure, quattro vini sono riusciti a diventare i fiori all'occhiello della viticoltura altoatesina. Il fatto che tutti abbiano un pezzo di Alto Adige anche nel nome è ben più di una coincidenza. È il simbolo di quanto strettamente sia legata l'economia vitivinicola altoatesina a questi vini...

...o almeno di come lo sia stata. In fin dei conti uno dei vini, il Terlaner (bianco), è andato in gran parte perduto nel tempo, mentre gli altri tre vini caratterizzano ancora oggi il panorama vinicolo dell'Alto Adige: il Gewürztraminer, il Santa Maddalena e il Lago di Caldaro. I quattro capitoli che seguono mostrano come si siano sviluppati e la storia (e le storie) che si celano dietro di essi. E dimostrano anche che non tutto ciò che sembra ovvio a prima vista lo sia poi anche nella realtà dei fatti. \\

Un paese, due vini
Gewürztraminer e Lagrein Bianco

// Termeno è un paese vinicolo fin dal XII secolo. Alla base della sua storia non c'è – come molti credono – il Gewürztraminer, che ha fatto conoscere il nome del comune nel mondo, ma il Lagrein Bianco. Quindi rendiamo omaggio a questo antenato poco conosciuto e sfatiamo alcuni dei miti che circondano il suo successore di fama internazionale.

Roland Zwerger

La più antica testimonianza della viticoltura nel comprensorio di Termeno è l'aggiunta di un maso a Rungg al monastero agostiniano di San Michele all'Adige intorno all'anno 1144/45. Anche se il vino non viene menzionato, nel XIX secolo si pagavano ancora i censi. Le cantine menzionate nel contratto del 1214 per la costruzione del castello a Kastelaz non avrebbero senso senza la viticoltura. Il vino bianco di Termeno venne inviato al vescovo di Trento nel 1247, 1303 e 1307. Nel 1272 il conte Mainardo II del Tirolo rilevò il podere di Petragrossa e, con esso, tre parti del vino e delle altre decime ricevendone l'investitura dal vescovo. I libri contabili suoi e dei suoi successori documentano vent'anni di commercio del vino di Termeno. Tra il 1294 e il 1314 furono consegnati 222 carichi di vino di Termeno a Ratisbona, Augusta, Füssen, Passau e Ingolstadt e oltre, senza però menzionare il vitigno.

La prima testimonianza diretta del vitigno più importante di Termeno per almeno trecento anni, il Lagrein Bianco, si trova in un attestato di Bolzano del 1318. Il Lagrein viene menzionato anche in un testamento redatto a Termeno nel 1379. Secondo il registro del 1382 il nobile Friedrich von Greifenstein ottenne però un certo "Hawpt wein" proveniente dalla zona di Termeno. "Hauptwein" è anche uno dei punti contenuti nelle conferme dei privilegi a Termeno da parte dei principi vescovi nel 1516, 1541 e 1620. Infine, il "Regolamento delle etichette del vino" del 1535 per Termeno stabilisce che "da allora in poi [...] tutto il vino chiamato Tramynner Haubtwein, ad eccezione di quello spettante al sacerdozio e alla nobiltà, avrebbe dovuto essere identificato con l'apposito sigillo 'Tramyn' [...], in modo che altro vino non venga venduto per Tramynner Haubtwein". Si parla inoltre di "Zedl" (foglio). Nello stesso libro sono anche elencati i prezzi del "Tramynner" o

"Tramynner Wein" per gli anni 1598, 1599, dal 1621 al 1625 e dal 1629 al 1632, ma mai per il suddetto Hauptwein. Ulteriori documenti del 1513, 1530 e 1532 attestano invece che i signori nobili Langenmantel e Spaur dovevano pagare il canone dell'acqua con il "Weißen Lagrein Tramynner Wein". Questi esempi mostrano pertanto che, a Termeno, i termini "Traminer", "Traminer Hauptwein" e "Weißer Lagrein Traminer Wein" erano usati come sinonimi.

"Un buon Lagrein di Termeno"

La convinzione che il vino medievale di Termeno fosse composto principalmente da moscato si basa su un errore: l'umanista Giovanni Antonio Campano in una lettera del 1471 non si riferisce a Termeno, ma a Teramo in Abruzzo, dove era vescovo dal 1463. Anche l'opinione espressa in diverse vecchie enciclopedie sull'importanza del Marzemino per Termeno non trova conferma a un'analisi più approfondita.

I già citati fratelli Langenmantel, invece, acquistano più volte il Lagrein Bianco a Cornaiano, Caldaro, Pianizza di Sopra ed Egna, probabilmente non per uso proprio. In quanto aristocratici, non erano tenuti a etichettare il loro vino di Termeno, una delle prime forme di denominazione di origine controllata. Nel 1515 Lazarus Langenmantel e altri due residenti di Termeno pagarono una multa per aver introdotto vini stranieri in Tirolo. Particolarmente degno di nota è che, secondo il registro degli interessi vitivinicoli del principe tirolese del 1595, Caspar in der Maur delle tenute dietro lo Strelhof a Cortaccia così come J. Ph. in der Maur e G. Gauns Erben di Magrè dovevano pagare dei censi fondiari sotto forma di "buon Lagarein di Termeno" da conferire alla cantina dei principi del Tirolo a Termeno, in quel comune che, fino al 1779, faceva parte del principato vescovile di Trento.

Fonti primarie e letteratura documentano la presenza del Lagrein Bianco a Bolzano, Gries, Cardano, San Michele-Appiano, Cornaiano, Frangarto, Caldaro, al Lago di Caldaro, a Pianizza e Pianizza di Sopra, Laives, Montagna, Gleno, Egna, Salorno, Terlano, Scena, Marlengo e Novacella (lì indicato come "teutscher Wein"). Notevole, a questo riguardo, l'impegno formulato nel 1557 dai locatari dell'Hitthöfl di Laives di piantare 100 buoni alberelli di Traminer ogni anno.

Oltre ai singoli reperti, la fonte più produttiva è costituita dalle fatture della sede amministrativa dei principi del Tirolo presso palazzo Stetten a Termeno risalenti al XVI secolo. Identificano Bernhard Reichart e i quattro locandieri di Innsbruck Hans Senng, Mathias Spenesberger, Paul Gässler e Wolfgang Atlmair come acquirenti di 141 yhrn (circa 110 ettolitri) di vino per 600 fiorini nel 1550. Nello stesso anno, a Georg Widemann e Adam Reuter di Reichenhall vennero addebitati 344 fiorini. Hans Han di Salisburgo pagò 200 fiorini. Nel 1551 Frisinga, Wasserburg e Rosenheim nell'Alta Baviera furono destinazioni per le spedizioni di vino Traminer, mentre nel 1558 ci furono spedizioni verso Kundl, Kolsaß, Rattenberg e Söll. È interessante notare che nel 1573, al prezzo di gran lunga più alto di 35 fiorini per carro, a parte Hans Greyl di Miesbach che ne comprò dieci e li pagò 340 fiorini, la maggior parte delle persone comprò due o anche solo un carro. La transazione più grande fu effettuata nel 1593 (o 1579?) da Blasy Winckhler di Kössen che spese 459 fiorini. Tra l'altro si verificarono spesso errori di calcolo, soprattutto con i numeri romani. È noto dalla letteratura che il Traminer venisse commercializzato sul mercato del vino di Ulm e di Nördlingen. Purtroppo, l'autore di questo articolo non è a conoscenza di alcun dettaglio a tal proposito.

Nel 1894 Edmund Mach, direttore dell'Istituto Agrario di San Michele all'Adige, scriveva: "Nella zona di Merano e in Val Venosta troviamo ancora qua e là il Lagrein Bianco". Mach lo indica come base principale per la produzione del vino

Prima che l'arciduca Giovanni d'Austria lo introducesse a metà del XIX secolo, non esistono testimonianze della presenza del (Gewürz)Traminer in Alto Adige.

A causa della sua scarsa qualità, gli esperti del Centro di Sperimentazione Laimburg dubitano che l'uva denominata "Lagrein Bianco" corrisponda alla varietà originaria.

In Alto Adige, negli ultimi decenni, il Gewürztraminer ha vissuto uno sviluppo impressionante. Dall'inizio degli anni ottanta la sua superficie di coltivazione è più che quadruplicata.

bianco nei comuni di Lana, Marlengo e Montagna.

Purtroppo, né il Lagrein Bianco proveniente da sopra Lana né il Lagarino Bianco, iscritto nel Registro Nazionale delle Varietà di Vite nel 2007, posseggono le potenzialità per essere un buon vino. Il Lagarino Bianco viene coltivato in piccola parte nella Val di Cembra e nel Perginese. Il nome "Chegarèl" non è molto lusinghiero e, a causa dell'elevata acidità, viene utilizzato per la produzione di spumanti e grappe, nonché per l'assemblaggio di altre varietà, ma non in purezza. In entrambi i casi non dovrebbe comunque trattarsi del vecchio Lagrein Bianco, ma piuttosto di un equivoco.

Gli inizi del Gewürztraminer

In un documento del monastero di Bebenhausen presso Stoccarda del 4 agosto 1483 vengono menzionati espressamente "traminer stoeck" e non uno dei loro tanti sinonimi. Si tratta della più antica testimonianza certa della varietà Traminer conosciuta nell'area di lingua tedesca. Sebbene nel XVI secolo ne esistessero già alcune indicazioni, non è stata ancora trovata traccia del nome Gewürztraminer più antica di quella di Bassermann-Jordan del 1794 a Forst nel Reno-Palatinato. L'arciduca Giovanni d'Austria, che già nel 1822 nella sua tenuta a Pikern di Maribor aveva fatto esperienza con il vitigno, nel 1850, durante la sua visita a San Valentino di Appiano si rallegrò della prosperità di Traminer e Pinot Grigio. A sorprendere, quindi, è il fatto che, nonostante la località sia indicata nel nome, la coltivazione della varietà nell'odierno comune di Termeno possa essere documentata solo presso il Freisingerhof tra il 1867 e il 1869.

Nel 1890 Josef von Elzenbaum alla mostra di Vienna presentò il "Traminer W(eiß) 1887". Mentre, nei suoi vigneti, le gelate dell'inverno 1890/91 distrussero presumibilmente solo il 5 per cento delle viti di Traminer di età compresa tra i dieci e i vent'anni, a San Paolo e Maia Alta la percentuale arrivò all'80 per cento e a Termeno fu compresa fra il 40 e il 60 per cento dei vitigni rossi. Quando von Elzenbaum presentò un vino a San Pietroburgo nel 1894, si può presumere che si trattasse di (Gewürz)Traminer.

Una storia di successo

"All'inizio, con il Gewürztraminer abbiamo avuto dei momenti davvero difficili", ricorda l'ex mastro cantiniere della cantina sociale di Termeno Erich Kaufmann. Dalla fusione con Egna e Montagna risultarono 1.400 ettolitri di Gewürztraminer, cui fece seguito una certa diminuzione – "almeno fino al suo rinascimento all'inizio del nuovo millennio", dice Kaufmann che aggiunge: "Allora non avrei mai creduto che il Gewürztraminer avrebbe fatto così tanta strada". Se in Alto Adige, nel 1979, la superficie coltivata a Gewürztraminer era di soli 146,2 ettari – di cui 24,2 a Termeno e 26,2 a Egna – alla fine del 2022 ammontava a 627 ettari, con 122 ettari in più rispetto alla Schiava e solo 58 in meno rispetto al Pinot Grigio, al secondo posto assoluto.

Il Gewürztraminer si è affermato anche sul piano qualitativo e si è guadagnato un posto fisso tra i vini in grado di ottenere il massimo dei voti dalle guide enologiche nazionali e internazionali. Anche grazie a questi premi, il mercato italiano è stato conquistato dai vini bianchi altoatesini. Con il declino dell'ex varietà principale Schiava, la pergola sta in gran parte lasciando il posto al sistema Guyot. Nonostante le restrizioni sulla resa precedentemente inimmaginabili, i viticoltori riescono a ricavare guadagni più che buoni.

\\

Da prodotto di massa a vino di carattere

Il Lago di Caldaro

// Il vino del Lago di Caldaro viene menzionato per la prima volta già nel XIV secolo, ma è solo trecento anni dopo che si passò dalla coltivazione del vino bianco a quella del vino rosso. Da allora il vino chiamato Lago di Caldaro ha attirato sia elogi che critiche, passando da prodotto d'esportazione di successo a vino di massa di qualità scadente, rimanendo comunque a lungo un punto di riferimento nel mondo vinicolo altoatesino. Oggi il Lago di Caldaro cerca di ritagliarsi un nuovo spazio in un panorama vinicolo sempre più diversificato.

Ivo Maran, Stefan Morandell

Testimonianze scritte dei primi vigneti sul Lago di Caldaro risalgono al 1273, subito dopo la cessione della sponda occidentale ai conti del Tirolo, allorché il conte Mainardo costrinse il vescovo di Trento a cedere il territorio tra Termeno e Caldaro. Poiché il conte era sotto scomunica, fece affidare i diritti di compensazione alla moglie Elisabetta, vedova del re Corrado IV di Svevia. Nella zona si coltivavano uve bianche ed era evidente il tentativo di imitare il già noto vino di Termeno, prodotto dai vescovi di Trento per i mercati d'oltralpe e la cui produzione e vendita venivano severamente controllate.

Due eventi hanno contribuito a definire un profilo distintivo per il vino chiamato in origine semplicemente "vino del lago". Da un lato, la conquista di Milano da parte di Luigi XII nel XVI secolo estese dalla Francia all'Italia la preferenza del regnante per i vini rossi leggeri e secchi. In secondo luogo, subito dopo il 1600, la zona vitivinicola venne ampliata con tre nuovi grandi masi vinicoli sulla sponda nordoccidentale del Lago di Caldaro. Ciò accelerò la conversione della produzione dal vino bianco dolce al vino rosso secco. Il successo fu inevitabile: molte delle antiche residenze aristocratiche e borghesi di Caldaro risalgono appunto al XVII secolo e testimoniano il boom economico legato al commercio del vino.

La ricerca di un proprio carattere

I primi documenti scritti relativi ai vitigni tipici del Lago di Caldaro, con la

Cent'anni fa, un mondo completamente diverso: le zone di coltivazione del Lago di Caldaro negli anni venti.

> **Nelle degustazioni di vini del XIX secolo, il Lago di Caldaro veniva descritto come un vino leggero che mostrava i suoi pregi in giovane età.**

denominazione delle diverse varietà di Schiava, risalgono al 1800 circa. In quel periodo si cominciò a osservare più da vicino i vitigni e a riconoscerli come uno dei fattori essenziali per ottenere un vino di qualità. Nelle degustazioni di vini del XIX secolo, il Lago di Caldaro veniva descritto come un vino leggero che mostrava i suoi pregi in giovane età. Ma fu solo agli inizi degli anni venti che si parlò per la prima volta seriamente della tipicità del Lago di Caldaro. A scatenare il dibattito furono i reclami provenienti dal mercato svizzero, la cui importanza è dimostrata da uno studio del 1933, secondo il quale gli altoatesini vi detenevano una quota di mercato pari al 25 per cento. Le etichette più conosciute e anche relativamente costose erano il Santa Maddalena e il Lago di Caldaro.

Per proteggere la qualità del vino dalla concorrenza sleale proveniente dall'esterno, ma anche dall'interno dell'Alto Adige, si tentò quindi di tutelare le due etichette. Ciò trovò grande sostegno non solo da parte di Arnold Becke, l'ultimo ispettore imperialregio austriaco delle cantine dell'Alto Adige, ma anche da parte di Arturo Marescalchi, l'enologo italiano più noto dell'epoca, deputato e poi sottosegretario di Stato al Ministero dell'Agricoltura. A questo proposito, alcuni produttori di vino speravano di poter proteggere la denominazione generale "vino tirolese", sotto la quale avrebbero potuto fornire anche le maggiori quantità richieste dal mercato. Tuttavia, a causa degli eventi politici, questa soluzione divenne ben presto impraticabile. A metà degli anni venti, infatti, in Alto Adige venne vietato l'uso dei nomi tedeschi e, in particolare, del termine "Tirol".

Nel 1931, tramite decreto ministeriale, furono quindi delimitate le zone di produzione di "San Maddalena" e "Lago di Caldaro". Questa prima delimitazione della zona di produzione del Lago di Caldaro copriva 64 ettari, un'area che era rimasta praticamente invariata dal XVII secolo e che all'epoca produceva una quantità media complessiva di 3.600 ettolitri di vino, ovvero una resa di 56 ettolitri per ettaro.

La strada verso il prodotto di massa

Dagli anni cinquanta in poi, quando la domanda aumentò anche in Germania, queste quantità non furono più sufficienti. Per fronteggiare questa situazione, negli stessi anni la viticoltura altoatesina rispose con la produzione di massa. Anche i dati ufficiali sulle esportazioni di vino mostrano un forte aumento a partire dal 1955. Luis von Dellemann, mastro cantiniere della cantina sociale di Andriano dal 1958, ricorda che il contenuto alcolico naturale medio dei vini a quel tempo era dell'8,1 per cento, riconducibile al grande raccolto di Schiava di circa 300 quintali per ettaro. Per ottenere questo risultato si fece ricorso a un grande uso di fertilizzanti artificiali e all'irrigazione. I mosti vennero zuccherati e, dopo la fermentazione, migliorati con Lagrein e Montepulciano. Secondo von Dellemann i vini "non erano poi così male" e, grazie all'elevata domanda, venivano venduti senza problemi.

Lo stesso valeva per i vini di Caldaro. Nel 1958 il contenuto medio di zucchero del mosto di Schiava nella prima cantina sociale di Caldaro era di 14,5 °Babo. Anche se all'epoca molti vini venivano immessi sul mercato con nomi fantasiosi che ricordavano il Tirolo, la produzione di massa è ancora legata al Lago di Caldaro. Nel 1963, per esempio, furono esportati come Lago di Caldaro 267.780 ettolitri di vino, quasi la metà della produzione totale. Quantità simili non potevano certamente essere prodotte né nella zona di produzione secondo la legge sul vino del 1931 né nei comuni vicini, il che causava regolarmente controversie e aspre discussioni sulla definizione delle denominazioni di origine controllata "Caldaro" e "Lago di Caldaro". E, almeno finché non fosse esistita una protezione d'origine controllata per i vini, potevano essere immessi sul mercato estero come Lago di Caldaro anche i più economici vini spagnoli.

La disputa sulla zona di origine

La frode delle etichette dimostra anche quanto fosse popolare il Lago di Caldaro in Germania negli anni sessanta. Nel 1962 l'89 per cento dei vini da tavola acquistati in Italia dagli importatori tedeschi proveniva dall'Alto Adige, di cui circa il 45 per cento era costituito da Caldaro o Lago di Caldaro. Al contrario, la quota della vicina provincia di Trento sul totale delle esportazioni verso la Germania ammontava solo al 3 per cento. Quando, nel 1963, cominciò a essere introdotta in Italia la denominazione di origine controllata, ci furono anni di accese discussioni sulla determinazione della zona di produzione del Lago di Caldaro. L'Associazione di tutela di Caldaro voleva limitare la zona a Caldaro e ai comuni limitrofi di Appiano, Vadena, Termeno e Cortaccia, mentre una lobby guidata da commercianti di vino di Egna chiedeva l'ampliamento della zona di produzione anche ai comuni a sinistra del fiume Adige.

Una terza proposta provenne dal Trentino e prevedeva che si potesse produrre Lago di Caldaro anche in alcuni comuni trentini. In definitiva, non era certo possibile produrre nella sola zona storica di origine la quantità di vino venduta come Caldaro o Lago di Caldaro. E ai trentini non si poteva negare una certa "tradizione". Già nel 1922 l'ispettore di cantina Arnold Becke aveva affermato che il fatto che molti vini trentini finissero in Svizzera sotto i nomi illustri di etichette altoatesine, fosse in realtà un segreto di Pulcinella. Nemmeno in Trentino mancavano però voci critiche che non erano contente di affidarsi al "Caldaro" e che vedevano il futuro della viticoltura trentina nella costruzione di una propria etichetta. La controversia si trascinò per anni e fu infine risolta dalla Corte di Giustizia Europea nel 1989.

L'ampliamento della zona di produzione del Lago di Caldaro dalla zona originaria e dai comuni limitrofi al versante sinistro della Valle dell'Adige attorno a Egna e ad alcuni comuni del Trentino è dovuto anche al disaccordo tra gli ambienti vitivinicoli altoatesini. Ne sono convinti sia l'ex segretario della Camera di Commercio di Bolzano Jakob Lezuo che il mastro cantiniere Luis von Dellemann, all'epoca coinvolti nelle trattative. Entrambe le espansioni erano correlate; l'una non sarebbe stata possibile senza l'altra. Secondo von Dellemann questo è stato "il più grande errore del settore vitivinicolo altoatesino". Alla fine, a perdere sono stati i produttori che credevano in un vino certamente leggero, ma disponibile solo in quantità limitata, solido e con un proprio carattere. Hanno invece prevalso coloro

Nel 1962 l'89 per cento dei vini da tavola acquistati in Italia dagli importatori tedeschi proveniva dall'Alto Adige, di cui circa il 45 per cento era costituito da Caldaro o Lago di Caldaro.

"Il vero tedesco può non amare il Di Pauli, ma gli piace bere i suoi vini." Così, a inizio secolo, un avventore scriveva su una cartolina che mostrava la famosa enoteca del barone Josef Di Pauli nei pressi dell'Opera di Vienna. Di Pauli, proprietario di tenute vinicole e di una cantina a Caldaro, fu per un breve periodo anche ministro del commercio e, secondo Werner Walch, la personalità che rese famoso il Lago di Caldaro nella capitale dell'impero.

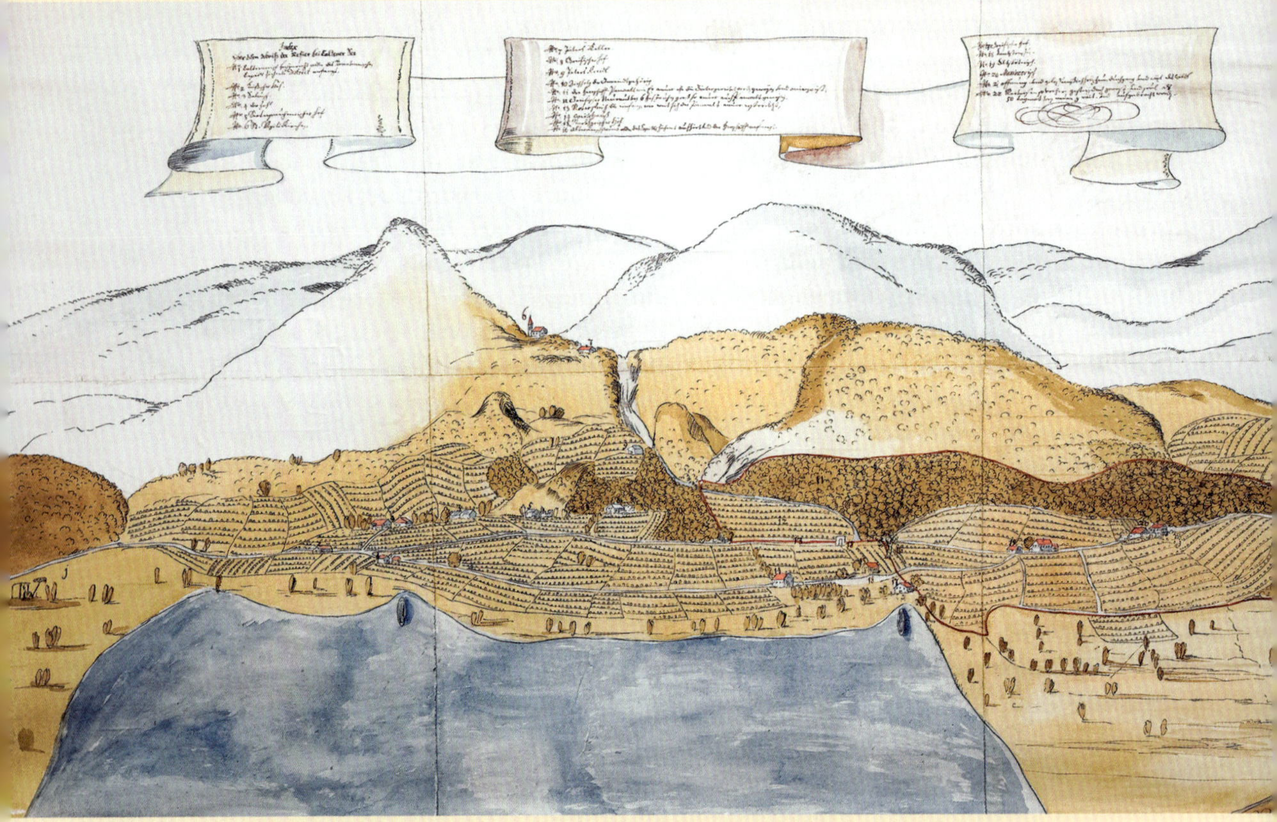

"Indice di questa illustrazione della zona presso il Lago di Caldaro" è il titolo di questo prospetto della parte della zona vinicola di Caldaro situata sul lago. L'illustrazione ha circa quattrocento anni ed è stata realizzata prima della costruzione di Castel Ringberg.

Copia dipinta dal Museo del Vino dell'Alto Adige a Caldaro, l'originale si trova al Ferdinandeum di Innsbruck

che volevano approfittare della domanda temporaneamente elevata di un vino di consumo economico con un buon nome, senza pensare all'immagine del vino altoatesino a lungo termine.

La via per uscire dalla crisi

All'inizio, tuttavia, numerose cantine private e cooperative altoatesine riuscirono ad avere un notevole successo economico grazie alla produzione di massa e all'acquisto di vini dal sud. Erano in grado di pagare ai loro fornitori prezzi più alti per le uve, causando una reazione a catena alla quale solo pochi produttori riuscirono a sottrarsi. L'espansione della zona di produzione del Lago di Caldaro in Trentino e la sua immagine di prodotto di massa non poterono più essere arrestate. Solo la crisi delle vendite degli anni ottanta fece capire a molti che il Lago di Caldaro, a lungo termine, avrebbe potuto creare un sufficiente valore aggiunto per i viticoltori altoatesini solo come prodotto di nicchia.

Negli ultimi decenni, anche se i vini ottenuti da uve Schiava, come il Lago di Caldaro, non riescono a tenere il passo con i classici vini rossi, produttori e mastri cantinieri particolarmente dediti alla causa hanno incrementato enormemente la qualità del vino, i primi riducendo le rese, i secondi attraverso sofisticate tecniche di vinificazione. Sono quindi vini da considerarsi a sé stanti, caratterizzati da una certa leggerezza e da una piacevole bevibilità. Se ci si sofferma ad assaggiarli, oltre a un meraviglioso bouquet floreale al naso, possono sorprendere per la loro profondità.

Solo la crisi delle vendite degli anni ottanta fece capire a molti che il Lago di Caldaro, a lungo termine, avrebbe potuto creare un sufficiente valore aggiunto per i viticoltori altoatesini solo come prodotto di nicchia.

Un bolzanino verace
Il Santa Maddalena

// Sebbene intorno a Bolzano esistano vigneti da più di mille anni, il nome "St. Magdalener" è apparso solo circa duecento anni fa. Da allora sono cambiate molte cose. Il vino sfuso degli anni cinquanta, sessanta e settanta, esportato fino al 90 per cento in Svizzera, negli ultimi quarant'anni è diventato un vino ricercato. Ciò che è rimasto immutato è l'immagine paesaggistica dei vigneti sulle colline intorno a Bolzano.

Helmuth Scartezzini

Le colline di Santa Maddalena erano abitate già in epoca preistorica e anche la viticoltura intorno a Bolzano ha radici molto antiche. Le sue prime testimonianze ufficiali risalgono all'855 e furono probabilmente i coloni provenienti dalla Baviera a trasformare in vigneti i pendii intorno alla conca di Bolzano. Questo è uno dei motivi per cui la maggior parte delle aziende vinicole qui ha nomi di origini tedesche.

Successivamente fu la chiesa a promuovere la viticoltura nell'area dell'odierna Santa Maddalena. Intorno al 1070 il vescovo Enrico I di Trento scambiò dei vigneti a "Placidelle" e sulle rive del Rio Rivellone (Rencio) con l'abbazia di Ebersberg. In cambio offrì un "messale bello e giusto, un lezionario e un antifonario". E nel XII secolo le cantine di "Placidelle" compaiono anche nella dotazione dell'abbazia di Weyarn e in una donazione al capitolo del duomo di Bressanone.

Dove si trova "Placidelle"?

La "Placidelle" romanica indica una piccola area pianeggiante. Come nome agricolo si sviluppò in Placedell, Plazöl e infine Prazöll. Nel XVI secolo si operò quindi una distinzione tra Plazol e Plazöl e, fino al XVIII, secolo tra Brazoll e Brazöll. A quel tempo Santa Giustina si chiamava Brazoll, Santa Maddalena si chiamava Brazöll e il vino si chiamava "Prazöller". Nel libro "Tirolo e Vorarlberg" del 1839, Johann Jakob Staffler sottolinea che i vini di Rencio, Santa Maddalena, Fago, Guncina e San Maurizio sono molto apprezzati. Nell'edizione del 1846 Staffler precisa che il vino di Prazöll viene venduto per lo più in bottiglia nella contrada di Santa Maddalena. È un vino nobile, focoso "che si presenta come bevanda di lusso".

Anche Bergmeister nella sua "Topografia della città di Bolzano" (1854) fa riferimento al vino delle colline di Rencio

Verlangen Sie stets ein Ursprungszeugnis unserer Genossenschaft!

mit vorzüglicher Hochachtung

St. Magdalena-Weinbauern-Genossenschaft
Reg. Gen. m. b. H., gegr. 1923
St. Magdalena bei Bozen

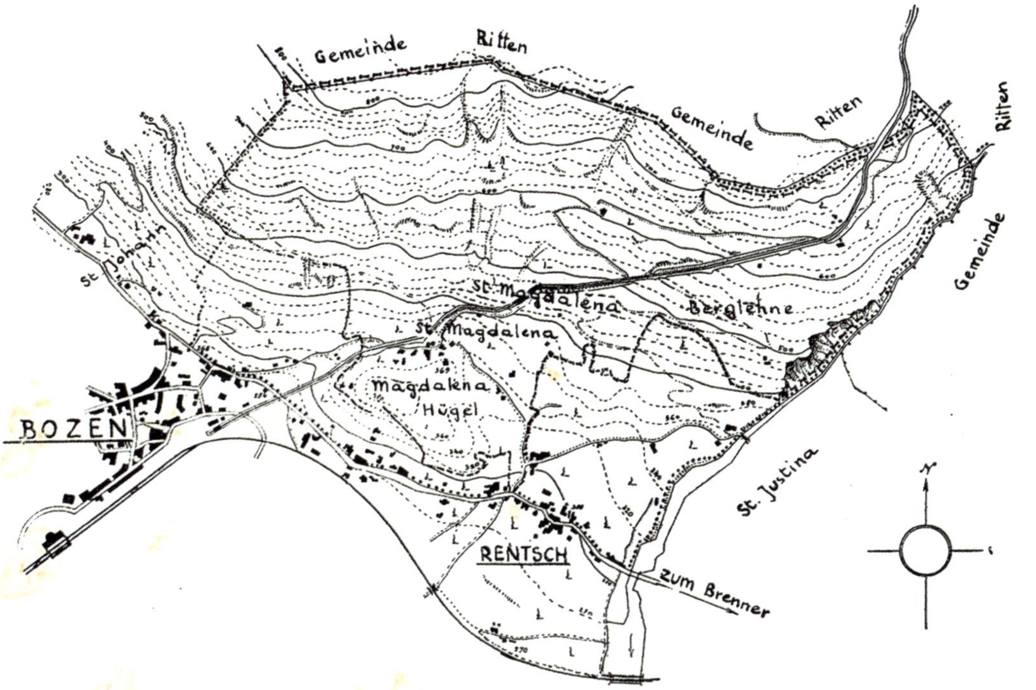

.... Grenzen der St. Magdalena-Weinbauern-Genossenschaft von 1923

Nel 1949, in risposta alle “richieste più volte espresse dai nostri stimati clienti”, la “Cooperativa Viticoltori Santa Maddalena” pubblica non solo un elenco delle aziende agricole che appartengono alla cooperativa stessa, ma anche uno schizzo della zona di coltivazione del “vero vino Santa Maddalena, che cresce solo nel nostro territorio cooperativo”.

Tre botti, un grappolo d'uva e il profilo del Catinaccio: l'ideatore del primo marchio del Santa Maddalena è stato niente meno che Albin Egger-Lienz.

L'ingresso alla Valle Isarco è chiuso dalle colline di Bolzano, i cui vigneti – qui in una foto del 1929 – producevano (e producono tuttora) uno dei vini più importanti dell'Alto Adige: il Santa Maddalena.

e Santa Maddalena, affermando che il "Prazöller" è il più gustoso. E nella sua raccolta "Produzione di vino in Austria" (1873), Joseph von Braitenberg scrive: "Per la zona di Bolzano, i migliori vini provenivano da Bolzano stessa, da Gries, Bolzano Villa, Santa Giustina, Santa Maddalena, Leitach, Rencio. Questi ultimi vengono venduti sotto il nome della località".

Il Santa Maddalena diventa un fiore all'occhiello

All'inizio del XX secolo, le favorevoli condizioni di vendita portarono a un aumento delle superfici viticole, anche nella zona di Prazöll. Due trattati del 1924 ("Viticoltura sul pendio di Prazöll" di Karl Felix Wolff e "Viticoltura sui pendii di Santa Maddalena, Santa Giustina e Leitach" di Josef Andreatta) forniscono una panoramica completa dei produttori. La zona di Santa Maddalena comprendeva trentasei aziende vinicole e produttori di uva con una quantità di mosto di 4.000 ettolitri, da cui producevano circa 3.000 ettolitri di vino. Il comprensorio di Santa Giustina era composto da ventitré aziende vinicole con 40 ettari e 2.000 ettolitri di mosto, Leitach aveva trentasei aziende vinicole (più tre nel comune di Renon) con 57 ettari e – a causa dei nuovi impianti – solo 2.900 ettolitri di mosto.

Gli articoli forniscono anche una panoramica degli acquirenti di mosto. I due più grandi, con 1.000 ettolitri ciascuno, erano i commercianti di vino H. Mumelter & Söhne e Alois Lageder. Seguono Matthias Wenter (Waldgries, 700 ettolitri), Heinrich Lun e Gruber-Wenzer (600 ettolitri ciascuno) e Friedrich von Ferrari (500 ettolitri). Erano presenti anche i commercianti Carli (Nalles) e Brigl (Cornaiano), nonché importatori svizzeri di vino e mosto con quantità significative (ben 4.000 ettolitri). In totale la zona aveva una potenzialità compresa tra 6.000 e 7.000 ettolitri di vino.

La necessità di tutela

Il primo riconoscimento ufficiale dello speciale status del Santa Maddalena avvenne nel 1941, nell'ambito della regolamentazione dei prezzi del vino. Collocato nella massima categoria "extra", il fiore all'occhiello di Bolzano era quindi considerato alla pari di Barolo e Barbaresco. Nella prima categoria, subito successiva, si trovava invece il Chianti, insieme ai vini rossi di Santa Giustina, San Pietro, Leitach, Guncina e Termeno.

Per molti anni a determinare lo sviluppo del Santa Maddalena fu il mercato svizzero e fino alla Prima Guerra Mondiale ci fu un vero e proprio boom delle esportazioni. Questo, però, ha avuto anche i suoi lati negativi, per esempio sotto forma di un allungamento del Santa Maddalena con altri vini altoatesini. Per contrastare questo abuso, nel 1923 i produttori di Santa Maddalena fondarono una cooperativa di tutela denominata "Cooperativa Viticoltori Santa Maddalena" e ne delimitarono la zona. L'organizzazione avrebbe dovuto garantire che solo il vino effettivamente proveniente dai vigneti delimitati fosse commercializzato con il nome di Santa Maddalena. Il nome geografico "Vino Santa Maddalena" venne tutelato dalla legge. Fu anche registrato un marchio disegnato da Albin Egger-Lienz che raffigura tre botti, un grappolo d'uva e, sullo sfondo, il profilo del Catinaccio.

Quella di Santa Maddalena è considerata la prima associazione di tutela in Italia e la sua tutela si rivelò efficace, con vendite e prezzi sviluppatisi in modo soddisfacente. Già nel 1930, nonostante l'opposizione della cooperativa di viticoltori, la legge sulla tutela dei "vini tipici" portò con sé un ampliamento del territorio di Santa Maddalena. Grazie a questa apertura giuridica, i vini di Santa Giustina, Leitach, San Pietro e parti di Rencio poterono essere immessi sul mercato con la denominazione aggiuntiva "Vino tipo Santa Maddalena". Solo l'effettiva zona di origine, però, poteva utilizzare la denominazione "classico".

La zona di origine, ora più vasta, e il mancato controllo del nome "Santa Maddalena" fecero sì che i volumi delle esportazioni aumentassero sempre più. Nel 1972 si raggiunse il picco di 79.000 ettolitri.

Quantità crescenti, esportazioni crescenti

Nel 1950 la quantità di Santa Maddalena prodotta ammontava a 15.000 ettolitri, mentre a quel tempo il Lago di Caldaro ne contava 25.000. Sotto la pressione di commercianti e importatori svizzeri, nel 1960 la cooperativa di tutela accettò di includere le zone limitrofe di San Pietro, Santa Giustina e Leitach, con la superficie di coltivazione che aumentò dai 82 ettari a Santa Maddalena ai 117 ettari nelle zone di coltivazione circostanti. Alcuni anni dopo furono inglobate nella zona di produzione anche Guncina, San Giorgio e Sand, per un totale di 102 ettari. I produttori delle nuove zone dovevano impegnarsi a rispettare il regolamento della cooperativa di tutela. Il marchio rimase però riservato ai produttori dello storico nucleo centrale di Santa Maddalena.

La zona di origine, ora più vasta, e il mancato controllo del nome "Santa Maddalena" fecero sì che i volumi delle esportazioni aumentassero sempre più. Nel 1972 si raggiunse il picco di 79.000 ettolitri, anche se tale cifra va considerata con cautela. In definitiva, a essere registrate sono state solo le informazioni relative alle società esportatrici. È comunque dubbio che alla generica dicitura Santa Maddalena, corrispondesse sempre un'effettiva presenza di Santa Maddalena.

Riconoscimento ufficiale

Nel 1971 fu quindi introdotta la denominazione di origine controllata "Santa Maddalena". La zona di produzione venne nuovamente ampliata a parti dei comuni di Terlano (34 ettari), San Genesio (1), Renon (47), Cornedo (45) e Bolzano (30) per un totale di 458 ettari. In occasione di questo riconoscimento, aumentò anche la zona d'origine "classica" che, da allora, oltre a Santa Maddalena, comprendeva anche San Pietro, Santa Giustina, Leitach e parti di Rencio. Il riconoscimento della denominazione d'origine andò di pari passo anche con un'offensiva di qualità. Il disciplinare di produzione della DOC limitò la resa di uva per ettaro a 12,5 tonnellate. Questa riduzione si tradusse in un raddoppio del prezzo che continuerà a salire negli anni successivi, anche grazie alla richiesta stabile. Dei 38.700 ettolitri totali prodotti, il 90 per cento veniva esportato ancora in Svizzera.

Nel 1973 la cooperativa di viticoltori si trasformò nel "Consorzio Volontario per la Tutela della Produzione del Vino Santa Maddalena", e da allora è entrato in vigore un nuovo marchio. Le sue iniziali attività di controllo (controlli del raccolto, controlli sensoriali per il marchio di tutela, controlli sensoriali casuali delle bottiglie sul mercato) si sono spostate verso le attività di valorizzazione dell'immagine, la pubblicità e le presentazioni.

La rivoluzione degli anni ottanta

Un riorientamento ebbe luogo negli anni ottanta. In quel periodo, le esportazioni verso la Svizzera diminuirono e le vendite di vino sfuso si arrestarono. Questi sviluppi costrinsero i produttori a passare all'imbottigliamento e a servire il mercato interno. Allo stesso tempo, la coltivazione della Schiava stava diminuendo drasticamente in tutta la provincia. Sebbene anche le zone più basse e soprattutto quelle più alte del comprensorio di Santa Maddalena venissero convertite ad altri vitigni, il Santa Maddalena stava diventando il vino di Schiava più presente nelle carte dei vini della provincia.

Sorprende quindi come le cantine più grandi, le cooperative e i rivenditori di vino abbiano continuato a imbottigliare il vino in bottiglie da un litro per molto tempo, una pratica abbandonata solo nel 2010 su insistenza del consorzio di tutela. Allo stesso tempo, i commercianti in proprio della zona centrale di coltivazione, si dedicarono a rivitalizzare l'immagine e a introdurre uno stile più forte ma succoso. E anche se negli ultimi anni la superficie coltivata a Schiava (e in subordine anche del Lagrein) per la produzione del Santa Maddalena si è ridotta a poco meno di 160 ettari con una produzione annua compresa tra 10.000 e 12.000 ettolitri, una cosa è rimasta immutata: il colpo d'occhio sul paesaggio vinicolo dei pendii intorno a Bolzano.

\\

Un riorientamento ebbe luogo negli anni ottanta. In quel periodo, le esportazioni verso la Svizzera diminuirono e le vendite di vino sfuso si arrestarono. Questi sviluppi costrinsero i produttori a passare all'imbottigliamento e a servire il mercato interno.

Un bianco nella terra dei rossi
Il Terlaner

// In Alto Adige, un tempo terra vocata ai vini rossi, il Terlaner costituisce un'eccezione. Fin dall'inizio fu uno dei fiori all'occhiello della produzione vinicola del paese, all'epoca come vino dolce. Oggi però dell'originale Weißterlaner si trovano solo tracce, mentre la denominazione "Terlano" rappresenta una cuvée di Chardonnay, Pinot Bianco e Sauvignon.

Helmuth Scartezzini

Sebbene i vini rossi vi abbiano dominato per secoli, la denominazione dell'area viticola "Terlaner" è diventata famosa grazie a un vino bianco, anche grazie al suo colore brillante e limpido. Secondo la leggenda era dovuto all'argento a cui le radici della vite arrivavano. Non sorprende quindi che nel 1927, nel suo libro "Sul vino nella Valle dell'Adige", Karl Felix Wolff affermi che i vecchi contadini della Valle dell'Inn chiamavano il vino di Terlano "vino d'argento".

Molto tempo prima, nel 1584, nell'elenco delle cantine della corte imperiale di Vienna si trova già un "Terlaner". Per l'anno 1619 esiste un nome collettivo di "tutti i tipi di Tiroller" con 17 ettolitri, che probabilmente comprendeva Terlaner, Schiava e Teroldego. E in Baviera, già nel Medioevo, al "Welschwein" furono date denominazioni di origine più precise, come Bozner, Terlaner, Königslaner (Königsberg vicino a San Michele?), Fernetscher o Vernatscher e Veltliner. Il rapporto tra la Baviera e Terlano non è un caso. In "Vigneti dei monasteri dei prelati bavaresi" (1980) Dietmar Stutzer descrive lo sviluppo dei possedimenti del monastero di Benediktbeuern a Terlano. Nel 1562 il monastero acquistò lo Staindlgut (poi Burgstallerhof), che rimase in suo possesso fino alla soppressione del monastero nel 1803. Grazie a ulteriori acquisizioni l'azienda arrivò a comprendere 3 ettari di vigneto, ma anche prati per l'allevamento del bestiame, che fornivano il fertilizzante necessario alla viticoltura. Resta aperta la questione se l'interesse del monastero per Terlano fosse dovuto alla specializzazione locale nel vino bianco – anche in contrapposizione alla produzione di vino rosso a Merano-Maia Bassa. Nel XVIII secolo l'azienda di Terlano produceva in media 53 ettolitri di vino bianco e 16 ettolitri di vino rosso.

Se si indaga sui vitigni bianchi, i primi indizi si trovano nei documenti del Freisingerhof di Rungg/Termeno. Dal 1685 viene menzionata più volte la parola "Weiß Terlinger". In "La città di Bolzano e dintorni" (1849), Beda Weber cita il "famoso vino di Terlano, per lo più bianco, un tempo chiamato anche Siebenaichner. Una volta imbottigliato si caratterizza per la sua particolare forza, pur essendo inizialmente dolce nelle annate buone". "In città lo si beve raramente perché è destinato al commercio e talvolta è di proprietà di altri e deve essere esportato", continua Weber. Altre fonti riportano anche il termine "Terlanerausbruch" o "un fresco 'Ausbruch' di vino Siebeneichner". A quel tempo, in Austria (Rust) e Ungheria (Tokay) i vini dolci provenienti da una selezione di uve molto mature (vendemmia tardiva o a bacche essiccate) venivano appunto chiamati "Ausbruch".

Una descrizione della varietà Weißterlaner è presente anche nel libro "Handbuch des Weinbaues und der Kellerwirtschaft" (A. v. Babo ed E. Mach, 1893): "Questa varietà ha una distribuzione solo locale, soprattutto nella zona intorno al paese di Terlano in Tirolo". Segue una descrizione ampelografica delle sue caratteristiche: "In Tirolo è spesso considerata un'uva da bouquet, ma non siamo riusciti a confermarlo. La maturazione è medio-precoce, a maturazione completa presenta una leggera muffa nobile. Probabilmente ha guadagnato la sua fama in Tirolo perché, a causa della fermentazione incompleta, i vini di Terlano vengono solitamente venduti dolci e frizzanti quando sono ancora giovani". Ciò dimostra che la reputazione di Terlano era basata sul vino dolce, in parte a causa della muffa nobile. Nella sua opera "Reben und Weinsorten" (1919), Anton Kofler spiega che ciò è legato alle caratteristiche varietali dei fiori femminili e quindi allo sviluppo imperfetto delle bacche (le cosiddette bacche vergini). Negli anni venti si diffusero sempre più notizie secondo cui, se miscelato con Pinot Bianco, Pinot Grigio e Riesling renano, dal Weißterlaner si potevano produrre vini più fini ma secchi. Tuttavia, a causa delle rese irregolari, la varietà Weißterlaner venne gradualmente eliminata dai vigneti. Oggi il classico Terlano è costituito da una miscela di Chardonnay, Pinot Bianco e Sauvignon. Lo storico Weißterlaner si trova invece solo in piccole quantità in loco.

\\

Sebbene i vini rossi abbiano dominato la provincia per secoli, la denominazione del vigneto "Terlaner" è diventata famosa grazie a un vino bianco, anche grazie al suo colore brillante e limpido.

Testardi, stravaganti e pionieri

Coltivazione biologica e biodinamica

// Alla fine degli anni settanta, nel pieno del boom della viticoltura, emerge un nuovo approccio produttivo basato sul rispetto dell'ambiente naturale. All'epoca la coltivazione biologica tardava a decollare, ma ricevette un nuovo slancio dal primo Regolamento biologico dell'UE nel 1991 che introduce un quadro normativo di riferimento. È grazie ad alcuni coraggiosi pionieri se la coltivazione biologica o biodinamica è diventata parte integrante del mondo vitivinicolo altoatesino.

Eduard Bernhart

Oggi in Alto Adige circa il 10 per cento dei vigneti viene coltivato con il metodo biologico, nonostante qui sia più difficile che altrove a causa delle abbondanti precipitazioni e della scarsa meccanizzazione legata ai pendii. Uno dei primi a intraprendere questa strada in Alto Adige fu Rainer Loacker che alla fine degli anni settanta lasciò l'azienda a conduzione familiare di wafer (di grande successo) per dedicarsi alla viticoltura e alla vinificazione presso lo Schwarhof a Santa Giustina, sopra Bolzano. Agli scettici e ai critici – e ce ne furono molti – Loacker prestò quasi il fianco, perché sembrava soddisfare tutti i luoghi comuni: non era un agricoltore, non era il rampollo di una famiglia di viticoltori, ma un neofita del mestiere, un autodidatta senza alcuna esperienza e senza alcuna rete di conoscenze nel mondo del vino locale. Uno stravagante, o – come pensò allora la concorrenza – uno strambo. Meno male che Rainer Loacker aveva la pelle dura e non sembrava preoccuparsi di ciò che gli altri pensavano di lui. Per lui si trattava di concretizzare la sua passione e la sua visione: produrre vino in armonia con la natura. L'approccio "continuiamo come si è sempre fatto", tanto diffuso in agricoltura, non valeva quindi per Loacker, ex produttore di wafer ed esportatore di dolciumi. Mancava totalmente di esperienza vinicola. Per questo motivo partì da zero, divorò letteratura specializzata, seguì corsi e condivise idee con persone che la pensavano allo stesso modo. E le trovò principalmente in Germania, poiché alla fine degli anni settanta l'idea dell'agricoltura biologica non aveva ancora messo radici a sud delle Alpi. Però il problema era che tra gli agricoltori biologici tedeschi di allora ce n'erano molti che coltivavano cereali e patate, ma quasi nessun viticoltore; quindi, ciò che Loacker riuscì a ricavare da questo confronto doveva ancora essere trasferito alla vite, all'uva e alla cantina.

Poiché il pioniere amava molto la natura, anche la natura parve ricambiarlo, almeno nel primo anno di lavoro. "Il 1979 è stato uno degli anni più generosi di sempre, un'annata molto soleggiata con così tante uve che la vendemmia è durata fino a novembre inoltrato", ricorda Hayo Loacker, figlio di Rainer, che ha raccolto l'eredità paterna in cantina. Soleggiato, caldo, asciutto: queste sono le condizioni ideali per un agricoltore biologico e, per Rainer Loacker, anche un motivo per diventare borioso. "'È facile', pensò allora mio padre, 'posso farcela'". Ma l'ottimismo si rivelò prematuro. Già il secondo anno la peronospora e l'oidio colpirono senza pietà e distrussero più della metà del raccolto di Loacker. "Quelli furono anni di duro apprendimento per mio padre", afferma Loacker jr. Guardando indietro, "anni di apprendistato che le generazioni di oggi possono risparmiarsi grazie alle conoscenze accumulate nel corso del tempo".

Una pioniera resiliente

Quando, nel 1980, venne fondato il Parco Naturale Monte Corno, nel sud dell'Alto Adige, ai suoi margini era già in corso da diversi anni una piccola rivoluzione biologica. Nel 1972, la bavarese Hilde Grübl Sessner acquistò il Crozzolhof a Pochi, sopra Salorno, e pose le basi per la coltivazione biologica, anche nella cantina annessa.
Se Grübl Sessner ha scelto questa strada non è dovuto solo alla sua convinzione, ma anche a una buona dose di coraggio, poiché la viticoltura biologica in Alto Adige era ancora agli inizi. Come agricoltore biologico venivi deriso. E, come agricoltrice biologica ancora di più. Grübl Sessner merita il titolo di "pioniera", anche perché gli sviluppi le hanno dato ragione. Ancora oggi, mezzo secolo dopo la sua fondazione, il Crozzolhof è gestito in modo biologico sotto l'egida della Fondazione Pro Paesaggio Alto Adige.

Oggi in Alto Adige circa il 10 per cento dei vigneti viene coltivato con il metodo biologico, nonostante qui sia più difficile che altrove a causa delle abbondanti precipitazioni e della scarsa meccanizzazione legata ai pendii.

Impulsi dall'esterno

La lezione che il pioniere imparò dalle gravi perdite (anche finanziarie) fu che la natura mette sempre l'agricoltore di fronte ai suoi limiti. O, come dice Hayo Loacker: "Una coltivazione cambia con le condizioni generali, con il tempo, con il corso dell'anno. Bisogna comprenderlo di anno in anno". Nonostante le amare battute d'arresto, Rainer Loacker divenne un modello in Alto Adige. "Da lui ho imparato molto", ricorda Rudolf Niedermayr dell'Hof Gandberg di Appiano, che negli anni ottanta iniziò anch'egli a sperimentare l'agricoltura biologica. A quel tempo era membro dell'"Associazione per l'ecologia", di cui facevano parte non solo agricoltori, ma anche biologi, chimici e tecnici. Lo scopo dell'associazione era creare le basi dell'agricoltura biologica in Alto Adige e quindi non solo valutare i risultati scientifici, ma anche organizzare viaggi didattici per accompagnare gli agricoltori biologici, dediti principalmente alla frutticoltura, soprattutto in Germania, dove il movimento biologico era molto più sviluppato. Ma anche in questo caso il problema era costituito dalla mancanza di scambio tra viticoltura e cantina.

Nonostante tutto, nessuno si arrese. Anzi. Nel 1989 l'"Associazione per l'ecologia" chiese al microbiologo austriaco Emil Joas di tenere una conferenza. Il titolo: "Produrre mele senza veleno". "Joas aveva il dono di ispirare le persone e di risvegliare la speranza che l'agricoltura biologica potesse essere altrettanto produttiva di quella convenzionale", ricorda Rudolf Niedermayr. Dopo la conferenza, attorno al microbiologo si riunì un gruppo di agricoltori intenzionati a convertire le proprie aziende all'agricoltura biologica. E poiché l'allora già esistente Associazione dei Coltivatori Alternativi sembrava troppo restrittiva nei confronti della coltivazione delle mele e della viticoltura, nel 1991 venne fondata Bioland Südtirol come diramazione di Bioland Germany. Nel corso degli anni Bioland Südtirol è diventato il più grande consorzio agricolo dell'Alto Adige e conta quasi mille iscritti.

L'Associazione per l'ecologia, il Gruppo Joas, l'Associazione dei Coltivatori Alternativi, Bioland Südtirol: nei primi anni, per portare avanti le proprie idee e condividerle con i propri simili, gli agricoltori biologici cercarono comprensibilmente la forza del gruppo. Alla fine degli anni ottanta, grazie alla grande rivoluzione nella frutticoltura e nella viticoltura, la tendenza a lavorare con e non contro la natura divenne un'idea sempre più condivisa socialmente. Questi cambiamenti, però, non furono sufficienti per i sostenitori dell'agricoltura biologica. "La nostra visione era una agricoltura molto piu olistica e un'economia circolare, in cui volevamo creare un ambiente sano e allo stesso tempo produrre prodotti agricoli sani e di alta qualità", afferma Niedermayr ripensando al passato.

Ristabilire l'equilibrio

Se si considera il percorso dei pionieri del biologico in Alto Adige una cosa è chiara: non esiste una unica via verso il "biologico" e il "biodinamico". C'è Rainer Loacker che resta saldo e talvolta ostinato sulla sua strada. C'è Rudolf Niedermayr, che cerca idee soprattutto per la frutticoltura, ma incontra dei limiti per la viticoltura. E c'è Alois Lageder, che di sé stesso dice: "Non abbiamo seguito questa strada in modo coerente fin dal primo momento". Lageder sottolinea che inizialmente nel vigneto si fece a meno di utilizzare erbicidi e fertilizzanti artificiali. In una seconda fase vennero ridotti i fitofarmaci chimico-sintetici. È solo nel 2004 che Lageder riuscì a convertire in maniera integrale la sua azienda vinicola a Magrè alla coltivazione biodinamica, ottenendo la certificazione Demeter nel 2007. "Penso di aver dovuto evolvere anche mentalmente", dice Lageder. "In definitiva, la biodinamica riguarda lo sviluppo umano; ciò richiede la necessaria maturità. Solo quando ho raggiunto questo obiettivo ho potuto portare in azienda il mio mondo, la mia vita, il mio pensiero."

La biodinamica è anche una sorta di ritorno ai metodi tradizionali. "È l'agricoltura che noi esseri umani pratichiamo da 10.000 anni", spiega Alois Lageder. "Un approccio che tenga conto e imbrigli le forze della natura, che rispetti le forze cosmiche e terrene, che si concentri sulla varietà e cerchi di migliorare la fertilità del suolo."

Anche Rainer Loacker scelse fin dall'inizio la strada naturale, ma nel corso del tempo, la sua pratica si evolse. Quindi prima fece esperienza in vigna con i rimedi classici, per esempio con lo zolfo o il rame. Da sempre affascinato dalla natura, a metà degli anni ottanta Loacker si imbatté nell'omeopatia, fino a farne ben presto il suo cavallo di battaglia. Loacker costruì una fiorente azienda attorno allo sviluppo di rimedi omeopatici e li introdusse anche nella viticoltura. Oltre ai rimedi classici, oggi si utilizzano anche gli integratori: quelli a base di polvere di pietra, alghe o estratti vegetali. Loacker sperimentò l'olio di finocchio e di anice, i decotti di ortica e di bosso. "Allora si cercava di avere la meglio sugli antagonisti con sostanze molto aromatiche", spiega Hayo Loacker, che aggiunge con un sorriso: "Ma quando pioveva tre o quattro giorni di seguito, non c'era nulla da fare, bisognava combattere con il rame".

Naturalmente resistente

Rudolf Niedermayr non ha mai compiuto il passo finale verso la biodinamica; tuttavia, dall'inizio degli anni novanta, la sua azienda è certificata biologica. Già i primi anni mostrano però al pioniere del biologico di Appiano i limiti di questo approccio. Niedermayr ricorda l'estate piovosa del 1992 e la conseguente forte proliferazione di funghi che l'accompagnò. Per combattere questo fenomeno la viticoltura biologica aveva a disposizione solo il rame e anche in quel caso il limite venne presto raggiunto. "A quel tempo ho subìto molti danni", ricorda Niedermayr. Ma per lui arrendersi era fuori discussione: "Al contrario: era solo uno stimolo a fare meglio", dice. "Ritornare ai metodi classici era escluso."

Per Niedermayr "fare meglio" significava cercare nuove opportunità. All'inizio degli anni novanta gli esperti del Centro di Sperimentazione Laimburg lo informarono sui vitigni resistenti ai funghi. E questi non lo abbandoneranno più. Thomas Niedermayr, figlio di Rudolf e successore nell'azienda agricola, guarda ora con affetto a questi tempi pionieristici: "Si è aperta una nuova via e la consapevolezza che ci siano viti naturalmente capaci di sopravvivere ha suscitato in noi un vero e proprio effetto wow", dice Niedermayr jr.

L'effetto wow funziona; all'inizio degli anni novanta, il padre di Thomas iniziò a cercare varietà resistenti ai funghi (PIWI). "All'inizio abbiamo viaggiato in tutta Europa e quella è stata la prima volta che abbiamo visto quanti allevatori PIWI ci fossero già allora", ricorda Rudolf Niedermayr, "soprattutto in Svizzera, perché lì la coltivazione delle varietà era regolamentata in modo molto più libero che qui". Niedermayr divenne un pioniere del PIWI in Alto Adige e nel 1994 – a proprie spese e a proprio rischio – mise a dimora le prime viti della varietà Regent. "A differenza delle varietà tradizionali, per i sistemi PIWI non esisteva alcun finanziamento statale", ricorda Rudolf Niedermayr.

Anche se Niedermayr ha potuto imparare molto dagli altri viticoltori all'estero, in viticoltura non è possibile fare un semplice copia-incolla. "La sfida della generazione di mio padre era trovare varietà PIWI che potessero adattarsi ai nostri siti e da cui si potessero produrre vini di alta qualità", sottolinea Thomas Niedermayr. Che la scommessa sia stata vinta e che l'azienda vinicola Thomas Niedermayr si affidi ora al cento per cento alle varietà PIWI, Niedermayr jr ne riconosce il merito a Niedermayr sr e agli altri pionieri "perché non si sono attenuti ostinatamente alle varietà, perché hanno maturato esperienza e perché oggi le viti sono semplicemente più vecchie", dice. E anche se suo padre gli ha ceduto l'azienda vinicola nel 2012, non ha ancora rinunciato alla sua passione per le varietà PIWI. Dal 2005 coltiva lui stesso varietà di uva resistenti ai funghi – "per hobby", come sottolinea Rudolf, "anche se sono felice quando riesco a ottenere piccoli successi".

La seconda generazione

I primi passi alla fine degli anni settanta, una fase di sperimentazione (a volte selvaggia) negli anni ottanta e il consolidamento negli anni novanta. La coltivazione biologica (e la relativa gestione della cantina) impiegò circa un quarto di secolo per diventare parte integrante del mondo vitivinicolo altoatesino. E, come testimoniato dai pionieri, la seconda generazione è già al lavoro. Non fa eccezione nemmeno Alois Lageder, visto che il figlio Clemens è entrato in azienda nel 2015. E anche lui prosegue sulla strada scelta e tracciata dal padre, sia sul lavoro che con i loro partner, da cui i Lageder acquistano le uve e che attualmente si stanno tutti convertendo all'agricoltura biologica.

Mentre questo cambiamento avviene dietro le quinte, lo sviluppo dell'azienda è evidente anche ai non addetti ai lavori, poiché da diversi anni tra i filari delle viti da ottobre ad aprile pascolano i buoi. Da un lato si tratta di un tentativo di portare più varietà nei vigneti, dall'altro i buoi forniscono semplicemente letame prezioso. I Lageder iniziarono l'esperimento con del "bestiame in prestito", ma oggi utilizzano animali propri. "Ci siamo resi conto che i buoi apportano un enorme valore aggiunto: per noi, per le viti, per il paesaggio e la vita in vigna", afferma Clemens Lageder.

E il vino biologico

Una visione così olistica è senza dubbio strettamente legata alla filosofia di vita dei viticoltori. In pratica, però, si pone la questione di come reagisca il mercato alle etichette "biologico" e "biodinamico". Può essere utile ripercorrere gli inizi e l'approccio di Rainer Loacker. Il suo obiettivo non era tanto quello di produrre vini commerciabili, ma piuttosto vini che avessero un effetto sulle persone, che suscitassero qualcosa in loro. Ecco perché i vini Loacker si distinguono da tutti gli altri. "Durante le degustazioni alla cieca alla Mostra Vini Bolzano, capitava che la gente finisse sempre per preferire i nostri vini", sorride Hayo Loacker.

Che il mercato abbia fatto fatica ad accettare questi vini è dimostrato dal fatto che la cantina Loacker inizialmente vendesse le sue bottiglie (tra cui il quasi leggendario "Marienkäferle") non a ristoranti o enoteche, ma ai primi negozi biologici e di prodotti naturali. Non c'è quindi da stupirsi che dal 90 al 95 per cento della produzione andasse all'estero, soprattutto in Germania. Anche Rudolf Niedermayr ha ricordi simili. "Nei primi anni l'interesse locale per i nostri vini era pari a zero; ne vendevamo il 90 per cento direttamente ai turisti tedeschi." La ristorazione locale, nei primi tempi, storceva il naso, anche perché i vini spesso non erano quelli che i consumatori si aspettavano. E spesso non erano quelli a cui erano abituati.

E oggi? I vini provenienti da viticoltura biologica o biodinamica hanno da tempo superato la nomea di vini per una minoranza green e alternativa. Le opinioni divergono invece sul fatto che l'etichetta biologica sia o meno un punto di forza. Anche all'interno delle famiglie. Alois Lageder, per esempio, è del parere che il mercato stia cambiando lentamente ma inesorabilmente, e che ora ci siano clienti che cercano specificamente vini biologici. Anche in questo caso la Germania funge da apripista. Anche suo figlio Clemens ritiene che la certificazione biologica stia diventando sempre più importante sia per molti sommelier che per i mercati, ma che non sia l'unica cosa importante, soprattutto nella ristorazione raffinata, nella quale, sebbene si presti certamente attenzione al rispetto di determinati standard, viene posta molta più enfasi sullo stile.

Anche Thomas Niedermayr è di questo avviso e a questo proposito sottolinea che ora ci sono molti vini biologici che hanno il gusto di quelli convenzionali. Se si vuole distinguersi dalla massa, si deve seguire la propria strada tramite l'agricoltura biologica. Quindi punta su vini in purezza, vini naturali. "Sul mercato", ne è convinto Thomas Niedermayr, "l'etichetta bio non è un vantaggio, anche perché le persone attente al biologico non sono necessariamente dei buongustai. Il vino, tuttavia, resta soprattutto un prodotto gourmet".

Uno sguardo al futuro

Il mercato è una cosa, lo sviluppo della società è un'altra. La questione, quindi, è: la viticoltura biologica e biodinamica in Alto Adige rimarrà quantitativamente allo stesso livello attuale o in futuro diventerà una tendenza dominante? Una cosa è certa: la viticoltura convenzionale punta sempre più alla sostenibilità, quindi esiste già una convergenza. "La mia visione, anche se a lungo termine, è che un giorno prevarrà il biologico", dice Hayo Loacker che però precisa: "Ma solo se ci sarà un ripensamento dei vitigni". La conclusione è semplice: la viticoltura sui ripidi pendii dell'Alto Adige richiede già molto lavoro manuale da parte degli agricoltori, sia convenzionali che biologici. Tuttavia, la quantità di lavoro richiesta nell'agricoltura biologica è ancora maggiore. Loacker è quindi convinto che questo ulteriore sforzo possa essere ammortizzato solo utilizzando le varietà PIWI.

Quando si tratta delle varietà PIWI, i Niedermayr sono un punto di riferimento. Thomas, spiegando perché, a suo avviso, i vini biologici diventeranno ancora più importanti in futuro, si spinge anche un po' oltre: "Il nostro è un prodotto voluttuario la cui realizzazione implica molti sforzi", afferma. Poiché un prodotto così di lusso non è effettivamente essenziale, l'obiettivo è minimizzarne l'impatto, ovvero produrlo nel modo più sostenibile possibile. "E questo modo è il biologico", afferma Niedermayr, che sostiene la tesi di Hayo Loacker secondo cui la coltivazione biologica comporta uno sforzo aggiuntivo. E anche la conclusione: "Le varietà PIWI non risolvono tutti i problemi, ma li minimizzano, compresi quelli ecologici. E questo è un argomento che sta diventando sempre più interessante anche nel marketing".

Clemens Lageder si spinge ancora più avanti, guardando nella sfera di cristallo. Per lui non è importante se la coltivazione sia convenzionale, biologica o biodinamica, conta solo un'agricoltura ecologicamente, economicamente e socialmente sana: "Questo tipo di agricoltura è difficile da gestire, è impegnativo, ma non dobbiamo scartarlo a priori", dice Lageder. Ciò di cui il mercato avrà ancora più bisogno in futuro è un prodotto entusiasmante e allo stesso tempo autentico. "Un sommelier che racconta la storia di un vino deve farlo a testa alta", afferma Lageder jr. "Deve esserne convinto: questo è qualcosa di buono per il mondo."

\\

Mirato, sostenibile, migliore

Gestione della coltura e tecniche di coltivazione in evoluzione

// Come ovunque, anche in Alto Adige inizialmente si combattevano i parassiti con l'arma del veleno e senza badare alle conseguenze. La situazione cambia soprattutto a partire dagli anni ottanta, quando l'attenzione si concentra sempre più su metodi su misura, delicati e sostenibili. E su interventi mirati – al principio piuttosto dolorosi – per aumentare la qualità della viticoltura.

Hansjörg Hafner

Dopo la Seconda Guerra Mondiale, la gamma dei pesticidi chimici per la viticoltura era ancora limitata. Per combattere l'oidio venivano usate formulazioni di zolfo e per combattere la peronospora e la botrite si usavano soprattutto preparati a base di rame. Per uccidere lombrichi e bruchi di falene, ragni rossi, cicale e altri insetti dannosi vennero fatti tentativi con arseniato di piombo, idrocarburi clorurati (DDT, DDD) ed esteri dell'acido fosforico. Ad avere un ampio impatto furono soprattutto i pesticidi utilizzati contro i parassiti animali che colpivano sia gli insetti dannosi che quelli utili. Questi prodotti erano anche molto dannosi per che li usava e per i consumatori. Nel corso del tempo vennero sviluppati preparati meno tossici che furono gradualmente utilizzati in viticoltura.

La tignola della vite: dal veleno alla biotecnologia

In Alto Adige sono presenti sia la tignola rigata che la tignola fasciata, quest'ultima però si trova quasi solo nelle zone vinicole più elevate della Valle Isarco o della Val Venosta. Un "Calendario di irrorazione per la viticoltura" del 1959 rende noto che per combatterla erano consigliati agenti a base di esteri dell'acido fosforico, anche se la precisazione "non si deve usare arseniato di piombo o di calce!" indica già un certo grado di responsabilità e consapevolezza ambientale. Gli insetticidi della prima ora, come Parathion, Phosdrin, Gusathion, Dipterex, Supracid rimasero in uso finché non arrivarono sul mercato composti di esteri dell'acido fosforico meno tossici e più rispettosi dell'ambiente,

Vedere ciò che un tempo veniva usato per la difesa delle piante in viticoltura potrebbe oggi far rizzare i capelli a più di una persona.

Ricchezza di colori: lo zolfo, il rame e la calce sono considerati i più antichi prodotti fitosanitari.

Più difese, più rese: nella pubblicità dei prodotti fitosanitari – ecco un poster del 1955 – l'aspetto sanitario non ha ancora importanza.

A metà degli anni settanta,
le innovazioni tecniche come il tosaerba
a corda hanno semplificato moltissimo
la manutenzione dell'inverdimento.

Un pennello da cipria aiuta
a nebulizzare lo zolfo.

Alla fine dell'Ottocento
l'applicazione delle
poltiglie veniva effettuata
mediante irroratori a spalla
e spruzzatori.

Con l'impiego di trappole a feromoni o con attrattivi sessuali, appese per la prima volta nel 1977 dal Centro di Consulenza per osservare il volo delle tignole, furono create le condizioni per la lotta mirata alla tignola della vite.

degli utenti e degli animali a sangue caldo. Un altro progresso nel controllo della tignola della vite è stato il monitoraggio del volo delle tignole. Mentre, fino ad allora, erano stati registrati solo gli infestanti e i relativi danni, nel 1972, nella zona del Lago di Caldaro, furono appesi per la prima volta dei barattoli di esche, con l'aiuto dei quali si poté osservare l'inizio, il picco e la fine del volo. Tuttavia, poiché anche altre specie di farfalle erano attirate dal liquido attrattivo a base di vino, aceto e zucchero, valutare i risultati della cattura era molto difficile.

In questo periodo ci fu anche un ripensamento della produzione di uva e vino in Alto Adige. Vennero sviluppate le prime soglie di danno economico per tignole, cicale e ragni rossi, con l'avvio della lotta ai parassiti che veniva consigliata solo una volta superate le suddette soglie. Nel 1976 il Centro di Consulenza stabilì anche che, con l'uso tempestivo di agenti esteri dell'acido fosforico della classe velenosa III, come l'acefato o lo zolone, si sarebbe potuto ottenere un controllo altrettanto buono di quello offerto dai mezzi a base di Parathion, molto più tossici.

Con l'impiego di trappole a feromoni o con attrattivi sessuali, appese per la prima volta nel 1977 dal Centro di Consulenza per monitorare il volo delle tignole, furono create le condizioni per la lotta mirata alla tignola della vite. Divenne infatti possibile registrare il comportamento del volo di entrambe le specie di tignole dell'uva e calcolare con precisione il momento dell'intervento. Ciò creò le basi per combattere i bruchi della tignola non più sulla base del calendario o dell'intuito, come avveniva in precedenza, ma piuttosto sull'utilizzo tempestivo di insetticidi mirati. Anche l'introduzione del metodo della confusione comportò una drastica innovazione. Le prime prove pratiche vennero effettuate nel 1998 presso la cantina Manincor del conte Enzenberg sul Lago di Caldaro. Oggi la tignola della vite viene combattuta su circa due terzi della superficie viticola dell'Alto Adige con il metodo ecologico della confusione.

Oidio e peronospora: monitorare, allertare, combattere

L'agente patogeno responsabile dell'oidio della vite, o mal bianco, è *l'Erysiphe necator* e proviene dal Nord America. È stato il primo fungo patogeno introdotto in Europa e ha fatto la sua comparsa in Alto Adige per la prima volta nel 1850. Molto è cambiato nel corso del tempo nella lotta contro questo particolare fungo. Fino alla registrazione dei nuovi pesticidi sintetici all'inizio degli anni ottanta, ai fini del controllo venivano usati soprattutto fungicidi a base di zolfo. Questi ultimi, comunque, svolgono ancora oggi un ruolo importante.

Anche la *Plasmopara viticola*, l'agente patogeno che causa la peronospora della vite, fu introdotta in Europa dal Nord America nel 1878. La prima infestazione è stata documentata in Alto Adige nel 1880. Qui viene anche definita colloquialmente "falso oidio" perché, come questo, forma depositi fungini bianchi. A differenza dell'oidio, però, la malattia non può essere combattuta con lo zolfo. Nel corso del tempo si sono verificati drastici cambiamenti anche nella lotta contro il fungo della peronospora. Mentre in origine venivano utilizzati prevalentemente preparati a base di rame, la scelta dei prodotti si è notevolmente arricchita con l'introduzione di fungicidi organici. Una svolta avvenne anche all'inizio degli anni ottanta con lo sviluppo dei fungicidi sintetici, che facilitarono il controllo grazie alla loro capacità di penetrare nella pianta permettendo di contrastare con successo il fungo fino a settantadue ore dopo l'inizio dell'infezione.

Dopo che, alla fine degli anni ottanta, in alcune aziende venne sperimentato con successo il controllo mirato della peronospora, nel 1991 il Centro di Consulenza per la fruttiviticoltura dell'Alto Adige introdusse anche il servizio di allerta peronospora. L'obiettivo era ridurre il numero annuale di trattamenti senza correre rischi eccessivi. Prima della fioritura si aspettava che sulle foglie della vite fossero visibili le prime cosiddette macchie d'olio e solo in seguito si consigliava il trattamento adeguato a seconda della situazione. I dati necessari per la consulenza venivano forniti da stazioni meteorologiche appositamente allestite, termoigrografi meccanici e registratori di foglie bagnate, e la consulenza stessa veniva fornita tramite un messaggio registrato sulla segreteria telefonica.

I preparati di rame continuano a svolgere un ruolo importante nella lotta al fungo. Per ridurre gli apporti di rame nel suolo, dal 1991 viene raccomandato di non superare la quantità di 2,5 chilogrammi di rame puro per ettaro all'anno. A partire dal 1993 sono stati osservati i primi segni di resistenza del fungo nocivo a determinati pesticidi, il che, dal 1997, ha portato a un cambiamento fondamentale nel concetto del servizio di allerta peronospora. Non venivano più fornite raccomandazioni mirate sull'irrorazione a ogni precipitazione, ma si fornivano informazioni sulla situazione dell'infestazione, raccomandazioni sui rimedi in base allo stadio della vegetazione e raccomandazioni sull'irrorazione in base alle condizioni meteorologiche.

Nel 2000 le informazioni aggiornate sulla lotta alla peronospora vennero trasmesse per la prima volta non solo tramite la segreteria telefonica ma anche via e-mail. Nello stesso anno, diverse infezioni primarie particolarmente aggressive portarono a gravi infestazioni nell'area di Bolzano e in alcune zone della pianura, per cui negli anni successivi il piano di lotta contro il fungo della peronospora venne nuovamente modificato. Per le zone ad alto rischio si decise quindi, ove necessario, di iniziare l'intervento preventivo anche prima dell'insorgere dell'infezione primaria.

Cura del terreno: da nudo a rinverdito

Dagli anni cinquanta la cura del suolo nella viticoltura altoatesina è cambiata radicalmente. A quel tempo, la lavorazione del terreno con aratri e tiri di buoi o cavalli su terreni ripidi richiedeva dal 30 al 50 per cento del carico di lavoro totale annuo. Per coltivare il terreno sui pendii più ripidi venivano impiegate dalle 600 alle 800 ore di lavoro. Gli albori del rinverdimento nella viticoltura altoatesina hanno origini antichissime. Inizialmente si seminavano solo singoli filari, oppure ci si affidava alla crescita spontanea. In molti casi il rinverdimento è stato piantato dove le viti erano già state sradicate. L'inverdimento permanente mirato è iniziato a metà degli anni cinquanta. A fornirne l'ispirazione fu una conferenza di Lenz Moser tenuta a Bolzano nel 1952. A quel tempo, c'erano già alcuni viticoltori coraggiosi, o semplicemente stanchi del faticoso compito di trasportare la terra di riporto, che provarono a rinverdire una parte del loro vigneto. Essi, però, non erano considerati pionieri ma venivano ridicolizzati o addirittura etichettati come

Fino alla metà degli anni cinquanta, la lavorazione del terreno era la norma per la cura del suolo.

Una gestione del rinverdimento che si adatti al luogo presenta numerosi vantaggi. Riduce il rischio di erosione, favorisce la formazione di humus – avendo così effetti positivi sull'equilibrio idrico e nutritivo – e promuove la biodiversità nel vigneto. Senza contare che il rinverdimento crea anche un bellissimo paesaggio.

Dagli inizi a oggi una cosa non è mai cambiata: la vendemmia è un lavoro manuale.

A prima vista potrebbe ricordare una famosa rivista tedesca: un numero di "obstbau-*weinbau" degli anni sessanta.

Anche graficamente è figlio del suo tempo: il magazine "obstbau-*weinbau" negli anni settanta.

Cosa, quando, come: in opuscoli realizzati appositamente, qui quello del 1967, il Centro di Consulenza offre suggerimenti su un uso ottimale dei prodotti fitosanitari.

Lezioni pratiche: fin dall'inizio, il Centro di Consulenza ha puntato molto sui sopralluoghi con gli agricoltori.

pigri, in quanto non lavorare la vigna in modo "pulito" e lasciare crescere le "erbacce" era considerato una negligenza. Quando nel 1957, durante un forte temporale nella zona di Bolzano, il terreno appena lavorato fu trascinato a valle mentre gli impianti rinverditi non subirono alcun danno, il rinverdimento si affermò rapidamente.

Negli anni successivi, gli esperti dimostrarono i vantaggi della pacciamatura durante conferenze e in articoli specialistici. Nel 1965 anche Hermann Mantinger, ex direttore del Centro di Sperimentazione Laimburg, si espresse in merito alla cura del suolo in un articolo sulla rivista specializzata "obstbau*weinbau". Le sue conclusioni: "Poiché gran parte [all'epoca circa due terzi della superficie, n. d. a.] della viticoltura altoatesina è già irrigata [...], c'è da chiedersi se il terreno debba continuare a essere mantenuto aperto, o se si possa utilizzare a pascolo. Da anni diversi viticoltori non lavorano il terreno della vite ma, analogamente a quanto avviene in frutticoltura, hanno falciato l'erba e l'hanno lasciata lì, ottenendo così una pacciamatura che ha portato molti vantaggi in termini di erosione, apporto di humus e salute dell'uva".

La grande conversione al rinverdimento avvenne negli anni settanta in Oltradige e in Bassa Atesina. Alla fine, circa l'80 per cento della superficie viticola altoatesina fu ricoperta di verde. Nel 1976 a Wädenswil, in Svizzera, si svolse il primo convegno internazionale dedicato al tema "L'ecologizzazione della viticoltura", in occasione del quale Leo Tinkhauser, del Centro di Consulenza per la frutticoltura dell'Alto Adige, intervenne sullo sviluppo del rinverdimento nella viticoltura altoatesina, sottolineandone in particolare gli insuccessi dovuti all'opinione diffusa tra i viticoltori secondo cui "rinverdire è come non fare nulla". Inizialmente, al momento di introdurre la vegetazione permanente, non si badava molto alla fertilizzazione e all'irrigazione aggiuntiva. Ma già al IV Colloquio Internazionale "Il rinverdimento in viticoltura" tenutosi a Caldaro nel 1982, Josef Sölva del Centro di Consulenza per la fruttiviticoltura dell'Alto Adige poté concludere che: "Sebbene ci sia ancora molto da migliorare in termini di rinverdimento, si può comunque affermare che il rinverdimento permanente nell'ambito della viticoltura in Alto Adige rappresenti la cura del suolo del futuro".

Negli anni ottanta, in relazione al rinverdimento, venne anche prestata maggiore attenzione agli insetti dannosi e a quelli utili, alla cura della pacciamatura e alla crescita della vite. Dall'inizio degli anni novanta, insieme all'apporto di acqua e azoto alla vite, il rinverdimento divenne oggetto di numerosi studi, affermandosi come pratica standard in Alto Adige la cui efficacia non venne più messa in discussione. La disponibilità di acqua e il sistema di irrigazione quasi completo rendono possibile il mantenimento del sistema di inverdimento permanente come un modo ecologicamente sensato di prendersi cura del suolo, e la discussione è arrivata anche ad affrontare la questione della rinuncia all'uso di erbicidi in viticoltura.

Il raccolto: dalla quantità alla qualità

La rimozione o il diradamento dell'uva è l'intervento principale per migliorare il rapporto foglie-frutti e quindi garantire, ovvero migliorare, la qualità. Di questo metodo si discuteva già negli anni settanta. Al XIII Congresso vitivinicolo altoatesino tenutosi nel 1975 a Caldaro, Andreas Weiss della Ripartizione provinciale Agricoltura tenne una conferenza sul tema "Regolazione della resa e qualità". Oltre a diverse misure per migliorare la qualità, vennero presentati per la prima volta i risultati degli esperimenti di diradamento della Schiava effettuati ad Appiano, Santa Maddalena e Nalles. Un confronto dei ricavi dimostrò però che il guadagno aggiuntivo era minimo a causa della scarsa considerazione attribuita all'epoca all'aspetto qualitativo. Il relatore concluse quindi: sì alla produzione di qualità, ma solo se adeguatamente ricompensata.

Nello stesso anno fu anche emanata una circolare del comitato tecnico per la viticoltura della Ripartizione provinciale Agricoltura che affrontava la difficile situazione del mercato del vino legata alle eccedenze produttive e al calo dei prezzi. Come soluzione, si proponevano un pagamento più differenziato in termini di varietà, ubicazione e qualità e uno sconto considerevole per le uve consegnate al di sotto della gradazione minima prevista. Le cantine, inoltre, non avrebbero più dovuto accettare i lotti con meno di 13 °KMW o Babo (zucchero contenuto secondo la scala del mostimetro Klosterneuburg).

Ciononostante, ci volle tempo affinché il diradamento prendesse piede. Come sottolineato dal viticoltore Ivo Hechensteiner di San Paolo in occasione del XIX Congresso vitivinicolo altoatesino nel 1981, "se si osserva lo sviluppo della viticoltura altoatesina negli ultimi cinque-sei anni non si nota alcun comportamento attento alla qualità né da parte del produttore né da parte del commerciante".

In occasione del medesimo congresso, Leo Tinkhauser del Centro di Sperimentazione Laimburg tenne una conferenza sul diradamento presentando i risultati delle prove sperimentali effettuate nel 1980. Per motivi qualitativi, all'epoca si consigliava un diradamento immediatamente dopo la fioritura. Si tenne conto anche della componente emotiva, ovvero della riluttanza dei viticoltori a sacrificare parte del loro raccolto quando le uve erano già mature. Ancora nel 1984 il manuale per la cura dei frutteti e dei vigneti del Centro di Consulenza per la fruttiviticoltura dell'Alto Adige si occupava di diradamento solo brevemente e in termini molto generali, mentre negli anni successivi si cominciò a trattare dettagliatamente, tra l'altro, del momento migliore per farlo a seconda della crescita e dell'età delle piante.

Allo stesso tempo, a partire dalla metà degli anni ottanta si cominciò a prestare maggiore attenzione anche alle misure volte a migliorare la qualità nella viticoltura. L'introduzione nelle cantine di linee di selezione ha fatto sì che, in numerose aziende, si formassero dei cosiddetti gruppi di qualità o di selezione e la riduzione della resa diventasse un fattore sempre più importante, soprattutto nella produzione di vini di alta gamma. Dalla metà degli anni novanta nelle aziende vinicole sono state introdotte sempre più restrizioni sulla resa, le quantità massime consentite di DOC sono state ridotte del 10-30 per cento a seconda della varietà, fissando queste quantità come obiettivo per tutti i membri e i fornitori di un'azienda. In questo modo il diradamento si è finalmente affermato come misura per migliorare la qualità nella gestione delle colture nella viticoltura altoatesina.

\\

Storia del vino in Alto Adige in sintesi

12.000 anni, un obiettivo: il vino migliore

10 000 a. C.

La **vite selvatica** si diffonde in Europa dopo l'ultima glaciazione; nell'arco alpino si trova soprattutto come pianta rampicante nei boschi ripariali.

5 500 a. C.

Nel primo Neolitico l'uva faceva già parte dell'alimentazione. Lo dimostra il ritrovamento di vinaccioli selvatici nei resti di un insediamento a Villandro, considerati la **più antica testimonianza della vite in Alto Adige**.

500 a. C.

Per la prima volta in Alto Adige viene coltivata l'uva. A Stufles/Bressanone si rinvengono semi di uva coltivata della prima età del Ferro, a Laives roncole in ferro e un vigneto dell'età del Ferro.

300 a. C.

Durante il periodo dei **Reti** il vino ha un ruolo importante. È bevanda sia conviviale che cerimoniale.

15 a. C.

I **Romani** conquistano l'attuale Alto Adige. Il fatto che numerosi termini dialettali legati alla viticoltura risalgano al latino volgare dimostra che con i Romani la viticoltura sta vivendo una fase di ripresa.

400

Un pezzo di legno di vite conservato nel Museo Provinciale del Vino a Caldaro testimonia che, sebbene non ne esistano testimonianze scritte, la viticoltura **era di casa in Alto Adige** già nel I millennio d. C.

740

Il monastero bavarese Benediktbeuern possiede anche vigneti a Bolzano. In generale i **monasteri della Germania meridionale** cominciano a soddisfare il loro fabbisogno di vini da messa e da tavola grazie all'Alto Adige.

1273

Egno, vescovo di Trento, affida a Elisabetta, moglie di Mainardo II conte del Tirolo, i terreni tra Termeno e Caldaro allo scopo di **piantarvi dei vigneti**.

1350

Nei secoli XIV e XV, negli urbari, i libri contabili della nobiltà e del clero, compaiono **sempre più spesso masi vinicoli e vigneti**.

1490

In una fattura del monastero di Tegernsee vengono citati **vitigni dell'Adige** tra cui "Muskateller, Vernetzer e Lagreiner".

1558

Nel suo "Der Fürstlichen Grafschafft Tyrol Landtreim", Georg Rösch von Geroldshausen elenca una serie di **toponimi di parcelle a vigneto**.

1600

Marx Sittich von Wolkenstein-Trostburg elogia il vino del Tirolo, che **viene anche esportato** per la sua qualità e la sua "soavità nel bersi".

1770

L'imperatrice Maria Teresa d'Austria pone fine alla frammentazione delle proprietà agricole. I poderi possono essere ereditati **solo indivisi**.

intorno al 1830
Johann Jakob Staffler fa il punto sulla quantità di vino nel Tirolo storico. Ammonta a **451.000 ettolitri**, le quantità maggiori vengono prodotte nei comuni di Bolzano (79.100 ettolitri), Caldaro (62.150) e Merano (38.400).

1838
L'imperialregia Società Agricola del Tirolo e del Vorarlberg viene fondata per fornire agli agricoltori l'accesso alle più recenti conoscenze su **fertilizzazione, controllo dei parassiti, aumento dei raccolti** e migliori metodi di coltivazione.

intorno al 1840
Nelle sue tenute in Alto Adige **l'arciduca Giovanni d'Austria** sperimenta nuovi vigneti e nuovi vitigni (tra cui Sylvaner, Pinot Nero, Pinot Bianco, Pinot Grigio e Riesling) e l'allora innovativa forma di allevamento più bassa.

1848
I viticoltori diventano liberi e decade la dipendenza dai proprietari terrieri; non devono più pagare interessi e possono rilevare le loro aziende agricole.

1850
L'oidio è la **prima seria malattia fungina** rilevata in Alto Adige in un'azienda vitivinicola a Bolzano. Ludwig von Comini-Sonnenburg consiglia di combatterlo con lo zolfo.

1870
Un'indagine statistica dell'imperialregio Ministero dell'Agricoltura di Vienna rileva **6.303 ettari di superficie vitata in Alto Adige**.

1874
A San Michele all'Adige nasce **il primo istituto agrario** nonché centro sperimentale. Il suo primo direttore è Edmund Mach, che dà anche nuovo slancio alla viticoltura altoatesina.

1880
Per la prima volta le aziende vinicole private dell'Alto Adige si riuniscono in un **"Club dei commercianti di vino"**, divenuto poi "Associazione dei commercianti e produttori di vino" intorno al 1890.

1893
Il 25 aprile 1893 venne fondata **ad Andriano la prima cantina sociale del Tirolo.** Nello stesso anno si aggiungono quelle di Terlano ed Egna-Montagna.

1900
Appena sette anni dopo la fondazione della prima cantina sociale, sette di esse si riuniscono nell'**Associazione delle cantine sociali del Tirolo tedesco**, il cui scopo è coordinare i prezzi e presentarsi uniti verso l'esterno.

1901
Nonostante le misure restrittive, a Merano si registra la **prima infestazione di fillossera in Alto Adige**. Ma poiché la fillossera infuria in Europa sin dal 1870, ci si è ben preparati.

1910
La riorganizzazione della viticoltura altoatesina causata dalla fillossera mette fine alle culture miste fino ad allora diffuse; **la Schiava Grossa soppianta le varietà locali** e diventa il principale vitigno dell'Alto Adige.

1914
Scoppia la **Prima Guerra Mondiale**, la viticoltura vive una crisi.

1919
L'Alto Adige viene annesso all'Italia, le principali aree di vendita del settore vinicolo (soprattutto il Tirolo, ma anche gli altri stati federali austriaci) sono ora estere. **È necessario conquistare un nuovo mercato.**

intorno al 1930

L'autorità fascista rende la vita difficile ai viticoltori. Sopprime tutte le organizzazioni di aiuto, sostegno e consulenza. Per la prima volta i vigneti vengono sistematicamente eliminati e sostituiti con i meleti.

1931

La legge italiana sul vino prevede i "vini tipici" e per la prima volta tutela anche Santa Maddalena, Caldaro, Meranese, Terlano e Lagrein di Gries.

1939

Le **opzioni e la Seconda Guerra Mondiale** comportano una nuova crisi; i vigneti in Alto Adige continuano a ridursi.

1946

Ci si rimette in piedi. Nel 1946 viene rifondata l'**Associazione delle cantine sociali,** le aziende vinicole private si uniscono nell'**Associazione dei grossisti di vino** e nel 1947 torna a tenersi la Mostra Vini di Bolzano, che si era svolta per la prima volta nel 1896.

1949

Il 12 maggio 1949, a Roma, viene firmato il cosiddetto "Accordino", che facilita lo **scambio di merci tra Italia e Austria.** Per l'economia vinicola altoatesina si apre un nuovo (vecchio) mercato di vendita assolutamente vitale.

1957

Viene fondato il **Centro di Consulenza per la fruttiviticoltura dell'Alto Adige.** I coltivatori possono contare su un ente che li assiste nel loro lavoro.

intorno al 1960

L'economia vinicola altoatesina punta sempre più sulla **quantità invece che sulla qualità**; l'immagine dei vini altoatesini risente del costante aumento delle rese e i ricavi diminuiscono rapidamente.

1963

La nuova legge italiana sul vino introduce la categoria DOC, ovvero i **vini di origine controllata.** Per la prima volta la delimitazione geografica della zona di origine è legata a requisiti di qualità.

1970

La **crisi della viticoltura** porta a un sempre maggiore passaggio alla frutticoltura; la superficie vitata è di appena 5.400 ettari, ma la quantità di vino prodotto è di 490.000 ettolitri. Per un confronto: nel 1913 su 10.500 ettari si producevano 340.000 ettolitri di vino.

1970

Il **Lago di Caldaro** è il primo vino altoatesino a fregiarsi del **marchio DOC.** A metà anni settanta seguirono Santa Maddalena, Meranese, Valle Isarco, Alto Adige con denominazione varietale e Terlano.

1971

I commercianti di vino si riuniscono nell'**Associazione Vini Alto Adige.**

1975

Viene fondato il **Centro di Sperimentazione Laimburg** che funge da centro di ricerca agricola per l'Alto Adige. Fin dall'inizio uno degli obiettivi principali è il settore del vino.

1978

I produttori di vino altoatesini diventano **sempre più commercianti di vino.** La quantità di vino esportato è più del doppio della produzione.

1980

I prezzi all'ingrosso del vino crollano, le perdite ammontano al 40 per cento, la crisi **vitivinicola in Alto Adige** si aggrava esponenzialmente. Per affrontarla ci si affida inizialmente a una formula ben nota: più quantità.

1984

Sette cantine sociali fondano l'**Associazione viticoltori dell'Alto Adige**. L'obiettivo è promuovere la congiunzione di imbottigliamento e commercializzazione. L'associazione verrà sciolta nel 2018.

1985

Proseguire con la vecchia filosofia aggrava la crisi e spinge i primi viticoltori e le prime cantine sociali a riorganizzarsi. Vengono piantati nuovi vitigni, inizia la **transizione dai vini rossi ai bianchi** e vengono introdotti severi criteri di qualità. Il motto ora è: qualità al posto di quantità.

1990

Nasce l'**Associazione Produttori Spumante Alto Adige Metodo Classico**, che rilancia la produzione di Spumanti Metodo Classico in Alto Adige e preannuncia una fase di sviluppo completamente nuova.

1994

La rivoluzione della qualità si attesta con lentezza; il mercato deve prima essere preparato. Nel 1994 la superficie vitata in Alto Adige ha raggiunto **il suo minimo storico** di circa 4.700 ettari.

1999

L'11 maggio 1999 dodici viticoltori si riuniscono nell'**Associazione Vignaioli dell'Alto Adige** per rappresentare gli interessi dei viticoltori che producono e commercializzano i propri vini.

2003

Il 18 dicembre 2003 ventidue viticoltori altoatesini fondano l'associazione **PIWI Alto Adige**, impegnata a diffondere varietà di uva resistenti ai funghi e a rappresentare gli interessi degli agricoltori PIWI.

2004

L'Associazione Vini Alto Adige diventa l'**Associazione Tenute dell'Alto Adige** che, insieme alle cantine sociali e ai vignaioli, è uno dei pilastri del settore vitivinicolo altoatesino.

2007

Viene fondato il **Consorzio Vini Alto Adige** come ente di riferimento di tutti gli attori del settore vitivinicolo altoatesino. Oggi il consorzio è, tra l'altro, responsabile del marketing del marchio vinicolo altoatesino.

2012

Alla fine di ottobre un decreto dell'assessore provinciale all'agricoltura crea le basi per la registrazione delle superfici che possono esibire **la menzione "Vigna – Weingarten"**; un ulteriore passo in avanti per sottolineare il concetto di terroir in Alto Adige.

2020

Nasce l'**Agenda 2030** del Consorzio Vini Alto Adige, la tabella di marcia verso un futuro completamente sostenibile per la viticoltura altoatesina.

2024

Grazie alla **classificazione delle singole zone (ufficialmente: Unità Geografiche Aggiuntive, UGA)** e alla definizione dei vitigni associati, in futuro sarà possibile una localizzazione più precisa dei vini altoatesini

Che cosa rende speciale il vino dell'Alto Adige?
La risposta a questa domanda non può certo essere racchiusa in un libro, ma alcuni indizi ci vengono comunque forniti dalle peculiarità storiche, da uno sguardo dettagliato sui luoghi dove cresce l'uva in Alto Adige e da come viene coltivata e lavorata da secoli, anche con il più semplice degli strumenti come questa spina da botte.

3.

Il lungo cammino dal vigneto al bicchiere

Produzione e consumo

Tra virtù e pestilenza
Antiche considerazioni mediche sul vino dell'Alto Adige

// Cosa influisce sulla nostra salute? Cosa la migliora e cosa la danneggia? A queste domande, all'inizio del XVII secolo, il medico Ippolito Guarinoni dedicò un'opera monumentale, nella quale parla anche dei vini della Valle dell'Adige, dei loro pregi, ma anche delle "pestilenze" che provocano. Non da ultimo, Guarinoni analizza con occhio (medico) le diverse tecniche di produzione.

Elmar Locher

Nel 1610 Andreas Angermayr pubblicò a Ingolstadt la monumentale opera "Die Grewel der Verwüstung Menschlichen Geschlechts" (Gli abomini della devastazione del genere umano). L'autore di quest'opera, da lui stesso definita "libercolo", è Ippolito Guarinoni, nato a Trento il 18 novembre 1571, figlio illegittimo di Bartolomeo Guarinoni e Catharina Pellegrini. Nel 1580 suo padre, che prestava servizio come medico personale imperiale a Vienna, gli permise di raggiungerlo nella capitale. Dal 1582 Guarinoni visse a Praga, poi, nel 1592 iniziò gli studi di medicina a Padova, completandoli nel 1597 con un doppio dottorato in *medicina et artibus*.

Dopo aver esercitato l'attività di medico a Trento e in Val di Fiemme, Guarinoni accettò l'incarico di medico curante presso il convento imperiale di Hall. E dal 1607 fu anche medico personale delle arciduchesse Eleonore e Christina, che risiedevano nel monastero. Guarinoni ottenne grandi meriti in campo medico durante la peste che imperversò in Tirolo nel 1611 e 1612 ma non va omesso di sottolineare l'antisemitismo che permea la sua opera. Nel "Grewel" si trovano infatti numerose invettive contro gli ebrei. Guarinoni fu anche il fondatore del culto di Anderl von Rinn, basato sul mito del presunto assassinio rituale di Anderl da parte degli ebrei e che rimase in vigore fino al XX secolo.

I "Grewel", suddivisi in sette libri, sono considerati la prima parte di un'opera di filosofia medica sanitaria attentamente pianificata. La seconda parte, tuttavia, è disponibile solo in forma di manoscritto e ne sopravvivono solo il secondo e terzo libro (datati 1652). Nei "Grewel",

Die Grewelder
Verwüstung Menschlichen Geschlechts.
In sieben unterschiedliche Bücher und unmeidenliche Hauptstucken/ sampt einem lustigen Vortrab/ abgetheilt.
Neben vor: mit: und nachgehenden/ so wol Natürlichen/ als Christlich: und Politischen/ darwider streittbaren Mittlen.
Allen/ so wol Geist: als Weltlichen/ Gelehrt: und Ungelehrten/ hoch und nidern Stands Personen/ überauß nutz und sehr notwendig/ wie auch gar kurtzweilig zu lesen.
Zu sondern Nutz/ Glück/ Heil/ Wolfahrt/ langen Gesondt/ Zeitlich: und ewigen Leben/ gantz Hochlöblicher Teutscher Nation/ newlich ist gestellt
Durch
Hippolytum Guarinonium, Art. & Med. Doctorem, deß Königlichen Stiffts Hall im Ynthal/ und daselbst F. F. Durchl. Durchl. Ertzhertzoginen zu Oesterreich/ rc. Steyr/ Cärnten/ rc. Leib/ und gemainer Statt bestellten Physicum.
MATTHAEI XXIIII. Wann jr den Grewel der Verwüstung sehen werdet/ rc.

Mit Röm. Keys. Mayt. Freyheit/ Getruckt bey Andreas Angermayr/ im 1610. Jar.
Sum ex libris Joannis Georgij Rodten Ao. 1617.

L’analisi che il medico Ippolito Guarinoni fa del vino nel 1610 spazia dall’enotecnica al piacere di degustarlo. Scrive: più il vino invecchia, più è aspro.

Guarinoni passa con grande disinvoltura dalla scrittura espositiva del trattato a passaggi narrativi, mescola sezioni romanzesche con inserti poetici, si rivolge direttamente al lettore in uno stile colloquiale e spesso scioglie il discorso argomentativo in una conversazione divertente.

Una didattica medica completa di ordine divino

Nella loro struttura i "Grewel" seguono le *sex res non naturales* (cibo e bevande, sonno e veglia, pienezza e svuotamento del corpo, movimento e riposo, aria, affetti e loro effetti fisiologici), che Guarinoni definisce non naturali. Esse sono precedute da Dio quale settima ragione non naturale e autorità di controllo totale. La categoria fondatrice è il termine *Gesondt* (salubre), che risulta dalle prime lettere delle sette res:

G ott (Dio)
E ssen vnd trincken (bere e mangiare)
S chlaffen vnd wachen (dormire e vegliare)
O ede oder Ringerung deß Vberfluß (replezione e deplezione)
N utzung oder Vbung deß Leibs (movimento e riposo)
D auglich Lufft (aria)
T rost des Gemühts. (affetti) (G, 110)

Nel loro complesso e nelle loro interrelazioni, le *res non naturales* regolano gli ambiti della vita umana. Dall'acrostico *Gesondt*, evidenziando una successione di lettere non lineare, si può ricavare il nome di Dio (*Gott* in tedesco) quale settimo fattore non naturale. Per raggiungere questo risultato, a un primo livello Guarinoni opera servendosi della grafica di stampa: vengono evidenziati i tre grafemi sui quali deve cadere l'attenzione del lettore. A un secondo livello, quindi, la lettera centrale O, che non ha inizio né fine, viene riferita a Dio stesso. La G iniziale rappresenta lo Spirito Santo (*Heiliger Geist*). Il grafema finale T, inteso come croce, e che già di per sé costituisce una *litera mystica*, diventa per Guarinoni il simbolo del trionfo di Cristo.

Sebbene Guarinoni nei "Grewel" non affronti esplicitamente le sette *res naturales*, esse, insieme alle *sex res non naturales*, determinano il concetto fondamentale di *Gesondt*. Se le *res non naturales* operano dall'esterno, le *res naturales*, nelle loro diverse interconnessioni e rapporti di mescolanza, determinano la natura dell'uomo stesso. Questi sette elementi possono essere definiti come:

- i quattro elementi fuoco, aria, acqua e terra e le qualità a loro associate caldo, freddo, umido e secco;
- i diversi rapporti di miscelazione degli elementi e delle qualità;
- i quattro umori del corpo nella loro interazione: sangue, muco, bile gialla e bile nera;
- gli organi del corpo umano;
- le forze che agiscono nel corpo – *virtus animalis*, *virtus spiritualis*, *virtus naturalis*;
- le funzioni fisiche espletate grazie alle *virtutes* menzionate (p. e. digestione, escrezione);
- *spiritus* che, come sostanza fine e simile al respiro agisce come forza mediatrice e determina le forze e le funzioni del corpo. Questo *spiritus* si divide a sua volta secondo un triplice schema: lo *spiritus naturalis* ha sede nel fegato e si muove nelle vene, lo *spiritus vitalis* ha sede nel cuore e si muove nelle arterie e lo *spiritus animalis* ha sede nel cervello e si sposta lungo i nervi.

Perché dovremmo bere vino? E quale?

Sebbene si occupi del mangiare e del bere solo nel quarto libro, le affermazioni di

Per certi aspetti, però, il vino è superiore all'acqua: favorisce la digestione, distribuisce meglio il cibo in tutto l'organismo, aumenta il flusso sanguigno e aiuta l'urina a muoversi meglio.

Ippolito Guarinoni sul vino possono essere comprese solo nel contesto delle *res non naturales* esplicitamente nominate e delle *res naturales* implicitamente premesse. Di questo quarto volume, i primi diciassette capitoli riguardano l'alimentazione, mentre i capitoli dal XVIII in poi riguardano la natura e le caratteristiche delle bevande umane (*Von Natur unnd Eygenschafft Menschlichen Trancks*). Nella questione della classificazione del valore nutritivo delle bevande, Guarinoni segue le qualità già menzionate umido-secco, caldo-freddo. Secondo Guarinoni tutti i cibi sono di tre nature: alcuni hanno il vantaggio dell'umidità, come il latte; altri si caratterizzano per la loro secchezza, come il pane o la carne di manzo. E la terza natura trae il suo vantaggio dal fatto che sta nel mezzo, come molte specie di frutti. Quindi, se un cibo ha maggiore umidità, non necessita di essere accompagnato da bevande. Se invece è di natura secca, allora ha maggior bisogno di bevande.

Attraverso dialoghi fatti di botta e risposta, si scambiano argomenti per stabilire se l'acqua sia più o meno nutriente del vino; in alcuni casi, gli argomenti favoriscono l'acqua, mentre in altri il vino. Per certi aspetti, però, il vino è superiore all'acqua: favorisce la digestione, distribuisce meglio il cibo in tutto l'organismo, aumenta il flusso sanguigno e aiuta l'urina a muoversi meglio (G, 601). In questa sezione riguardante il vino Guarinoni affronta diverse questioni. Nel capitolo XXIII, per esempio, affronta la questione di quali segni permettano di distinguere il vino buono da quello cattivo, quello sano da quello malsano, quello salutare da quello dannoso. Anche in questa questione la misura intermedia è il fattore determinante. Così come l'infanzia e l'estrema vecchiaia non sono considerate del tutto adatte all'uomo, lo stesso vale per il vino: più il vino invecchia, più è aspro e acquisisce un'acidità tale da rischiare che diventi aceto. Il gusto è quindi il segno più importante per riconoscere la qualità del vino.

Alla domanda se sia preferibile il vino forte a quello leggero, Guarinoni opta per quello più leggero, perché è l'uomo che deve restare padrone del vino e non il contrario. Per inciso, è sempre preferibile diluire il vino eccessivamente forte con acqua così da ottenere una bevanda più equilibrata. Nella terza parte del quarto libro Guarinoni tratta quindi delle varie "pestilenze" (danni, menomazioni) causate dal vino.

Sul vino Höpffwein e sul vino Fürgorner

Il capitolo XXVI è di particolare interesse per il nostro contesto. Da un lato perché si distingue tra vino "Höpffwein" (fermentato senza la presenza di bucce) e "Fürgorner" (fermentato con la presenza di bucce), dall'altro perché in questo capitolo troviamo elencate le singole regioni vinicole della bassa e dell'alta Valle dell'Adige, con Trento a segnare il confine. Il vino che risulta essere il più nobile, il migliore, il più sano e il più "virtuoso" è "di bell'odore e di gusto / ricco di spöre (asprezza, secchezza, n. d. a.) / colore rosso o giallo / molto trasparente". Così nel capitolo XXVII Guarinoni tratta poi dell'ignota "eccellenza, virtù e maestà" del "nobile

Il vino che risulta essere il più nobile, il migliore, il più sano e il più "virtuoso" è "di bell'odore e di gusto / ricco di spöre (asprezza, secchezza, n. d. a.) / colore rosso o giallo / molto trasparente".

Fürgörner", ossia del vino fermentato. E fornisce anche la spiegazione di questa definizione che, ancora una volta, va ricercata nell'equilibrato rapporto di tensione tra le già citate qualità di caldo e freddo, umidità e secchezza.

Guarinoni nomina le seguenti regioni vinicole e i loro vini: il Leitacher, il Vernatscher "dal nome italiano Vernaze" (G, 638), il vino Brixner e Clausner, i vini Botzner, Grieser, Aurer, Neumarcker, Salurner, Curtiner, poi ancora il Mataner prodotto "in alto verso il castello e su terreni aridi", il Sanct Michaeler, il Teutschmötzer, il Margareutter, l'Eichhöltzer, il Traminer, il Curtätscher (tutti passati dagli osti come Traminer), l'Epaner, il Planitzer, il Calterer Seewein, il Meroner Wein, il Khüberger, Rosengartner e Nalser, il Missianer. Annota anche: "Avevo quasi dimenticato i Missianer, che tra noi sono considerati i migliori / insieme ai Leitacher e ai Traminer / e simili" (G, 635). Le qualità già menzionate sono importanti nella classificazione di queste regioni viticole. I vini che crescono su terreni asciutti e in altitudine sono caratterizzati da una qualità più elevata. Allo stesso modo, nel capitolo XXXVII Guarinoni tratta anche l'abominio pestilenziale del "comune Höpffwein nuovo e vecchio coltivato su terreni profondi e soffici", condannando l'aggiunta di acqua ai terreni asciutti come una misura del tutto dannosa, perché è vero che ci si possono aspettare bacche più grandi, ma allo stesso tempo l'umidità supera il livello accettabile.

Per il nostro autore, la distinzione tra Höpffwein e Fürgörner (o Frügörner/Vergörner) sta da un lato nella lavorazione dell'uva e dall'altro nella distinzione della qualità dei vini Höpffwein. Se il vino Fürgorner è il più nobile perché nella sua lavorazione è presente un triplo "Scheidwerck" (lavorazione di separazione), che non è presente nel vino Höpffwein e consiste nel fatto che l'uva "non viene subito / né totalmente scolata / ma l'uva pigiata / insieme al suo succo e agli acini viene versata contemporaneamente in recipienti molto grandi / alti / larghi e appositamente studiati [...]" (G, 637). Questi recipienti sono aperti nella parte superiore e in circa tre giorni le vinacce e gli acini si riscaldano così tanto che gli acini non pigiati si aprono. In secondo luogo, quelli acerbi diventano maturi e, in terzo luogo, il vino perde l'umidità residua e dannosa.

È proprio durante questo processo di fermentazione che avviene il citato triplo "Scheidwerck". Il primo passaggio è il processo di separazione dal calcare e da tutti i parassiti. Il secondo "Scheidwerck" consiste nella separazione del vino dalle bucce "che galleggiano in alto" e il terzo è la separazione del vino dal deposito, che resta sul fondo. Si ottiene così un "vino in mezzo bello / puro / limpido / perfetto entro tre settimane / e solo nell'odore / così bello e gradevole / che piace e ristora il cuore» (G, 637). Questa particolare lavorazione non avviene per i vini Höpffwein che vengono elaborati in questo modo: "Si prende il mosto esausto e torbido / e lo si versa in molti telai e sacchi affusolati / che pendono tutti in alto / da essi il mosto o il vino cola lentamente / nei recipienti e nelle botti apparecchiati sotto di essi [...]" (G, 643). In linea di principio, tuttavia, vale quanto segue:

"Esamina il vino con grande attenzione / Se è di età media / nuovo o giovane / Naturale o miscelato / corposo o sottile / morbido o duro / forte o debole / Quale odore / quale gusto / quale colore / La sua crescita e il suo terreno / se buono o cattivo" (G, 617).

\\

"Esamina il vino con grande attenzione /
Se è di età media / nuovo o giovane /
Naturale o miscelato / corposo o sottile /
morbido o duro / forte o debole /
Quale odore / quale gusto / quale colore /
La sua crescita e il suo terreno
/ se buono o cattivo."

“Dare lustro al vino della Valle dell’Adige”

La prima monografia sulla viticoltura dell’Alto Adige

// Come si coltiva la vite? Quali fattori climatici vanno considerati? Quali lavori bisogna fare nel vigneto e quali in cantina? Come si contrasta la presenza di parassiti? E come si correggono gli errori? Fu il prevosto di Gries Augustin Nagele a mettere per iscritto nel 1808 tutte le conoscenze sul “vino della Valle dell’Adige”. È la prima monografia sulla viticoltura in Alto Adige e un tesoro storico per chi è interessato al vino.

Plazidus-Karl Hungerbühler

Valle dell’Adige, sui tuoi campi
nasce in grande abbondanza,
ciò che sazia la nostra fame lancinante,
ma in più ci dai anche dei doni
che addolciscono la
nostra vita amara.

È con questa poesia che il prevosto Augustin Nagele intesta il suo manoscritto “La viticoltura in terra atesina con un’appendice sull’uso delle vinacce per vini pressati, vini piccoli, distillati di vino e per l’alimentazione del bestiame, sulla produzione dell’aceto e sul commercio del vino. In due parti con commenti critici di A. P. z. G. 1808”.

“A. P. z. G.”, Augustin, prevosto di Gries, aveva progettato di far stampare la sua opera. La fece pertanto leggere e correggere da un “professore stimatissimo e di buona famiglia” di Innsbruck, di cui non viene menzionato il nome, e negoziò con lo stampatore Schiffner una tiratura di trecento copie.

Perduto, dimenticato e riscoperto

Nel marzo 1809, viste le confuse vicende politiche, scrisse: “Mi sembra… non consigliabile consegnare l’opera allo stampatore: in ogni caso non può essere dedicata al dio della guerra, perché non si sa per quale parte propenderà e se i due fiumi Adige e Isarco verranno o meno restituiti ai loro antichi abitanti”.

Dopo la soppressione del monastero da parte del governo bavarese nel 1807,

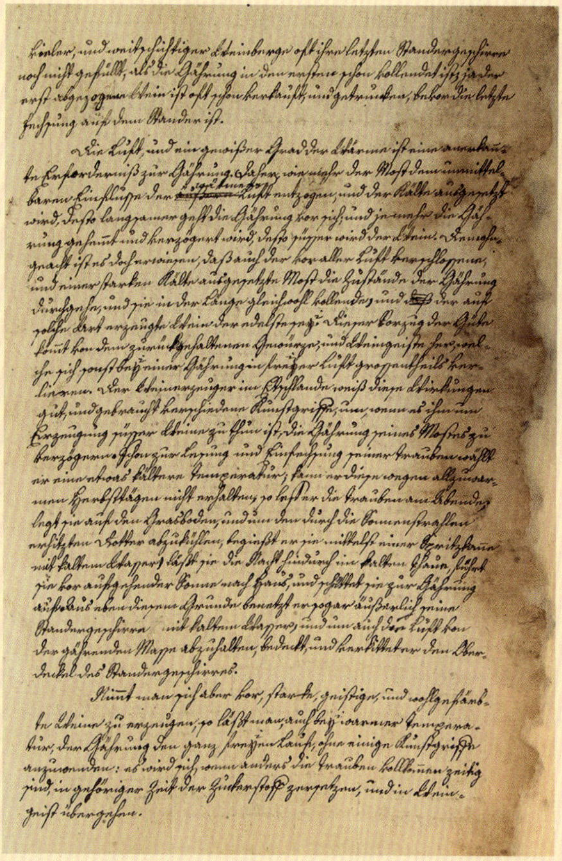

La forma rispecchia il contenuto: la pagina del manoscritto originale mostra con quanta meticolosità Augustin Nagele abbia trattato il tema del vino.

Ecclesiastico con interessi secolari: il prevosto di Gries Augustin Nagele è l'autore della prima monografia sulla viticoltura altoatesina.

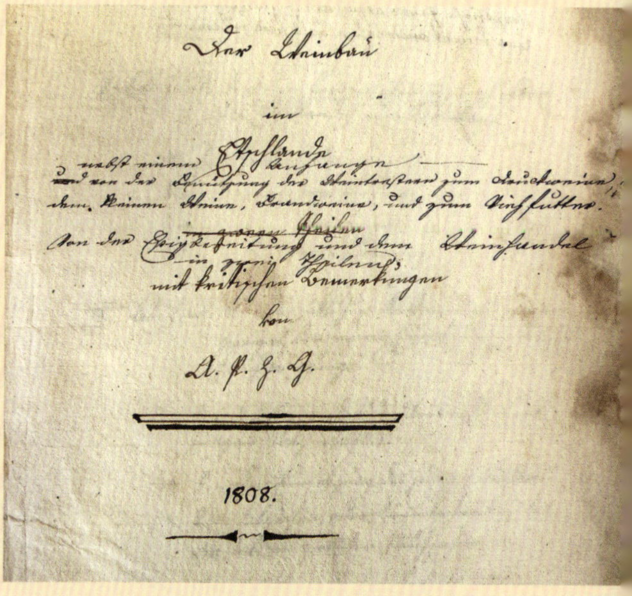
Der Weinbau

im

Etschlande

mit kritischen Bemerkungen

von

A. P. z. G.

1808.

L'autore si firma con un monogramma: "A. P. z. G." che sta per Augustin prevosto di Gries.

il prevosto Nagele prestò servizio solo come "affittuario" e, insieme al suo "amministratore regio provvisorio" Josef Lofferer poté gestire i possedimenti del monastero illegalmente espropriati, avendo anche modo, nel corso degli anni successivi, di scrivere le sue esperienze e intuizioni. Augustin Nagele morì solo e dimenticato il 24 luglio 1815.

Il manoscritto originale fu parzialmente copiato e stampato come supplemento nel "Bozner Wochenblatt" nel 1853. Scomparve e rimase disperso finché non venne rinvenuto nella collezione storica del Museo dell'arsenale di Innsbruck. Nel 2012 venne infine restaurato, identificato e trascritto.

Un primo sguardo al terroir

Augustin Nagele mette a disposizione del lettore la sua trentennale esperienza come produttore di vino e, con le sue annotazioni critiche, intende "aiutare i suoi confratelli e dare ancora più fama al vino della Valle dell'Adige. Se questo scopo verrà raggiunto, allora sarò sufficientemente ricompensato". Quando parla della zona dell'Adige ha in mente la valle da Merano a Trento, mentre considera la Valle Isarco solo marginalmente.

Nella prima parte, Nagele scrive su come la vite debba essere piantata e curata in considerazione di fattori quali clima, suolo, posizione e precipitazioni. Per la zona atesina sarebbe auspicabile che non nevicasse prima di Natale; se l'inverno ha ben coperto di neve i vigneti, può protrarsi, anche con forte freddo, fino alla metà del mese di marzo; da quel momento, i venti del sud e dell'ovest, misti a pioggia, possono sciogliere lentamente la neve, fornendo alla vite l'umidità di cui ha bisogno. Maggio non dovrebbe avere giornate troppo calde, ma luminose, che non siano associate a brina o gelate notturne; l'uva fiorisce a giugno; in quel periodo "il produttore di vino teme ogni nebbia, vento e pioggia"; questi ultimi fenomeni sono nuovamente desiderati non appena la sua vigna sarà completamente fiorita. Nei mesi di luglio e agosto il caldo dovrebbe continuare giorno e notte, interrotto solo poche volte da temporanee piogge calde per rinfrescare con l'umidità le radici che giacciono in superficie. Se all'inizio di settembre la pioggia cade per più giorni (ma deve essere l'ultima fino alla fine della vendemmia e l'atmosfera deve rimanere piena di aria serena e di sole fino a metà ottobre), "allora il vignaiolo può continuare il suo lavorare, sudare e ripagarsi ampiamente delle spese".

Talee e pergole

Per la propagazione della pianta della vite in terra atesina viene utilizzata una talea chiamata "Rasel", ossia una porzione di tralcio fruttifero di alcuni anni. La scelta di questa talea richiede molta esperienza e conoscenza.

Prima di piantare le talee bisogna stabilire se il vigneto produrrà solo una o più varietà di uva; con condizioni climatiche mutevoli e maturazione non uniforme, entrambe le soluzioni presentano vantaggi e svantaggi. Augustin Nagele consiglia di scegliere tre o quattro delle migliori varietà, senza però mescolarle, bensì piantando ogni varietà in una fila separata per agevolare l'esecuzione dei lavori che richiedono tempi e luoghi diversi. Una volta selezionate e tagliate le talee dopo

Per la propagazione della pianta della vite in terra atesina viene utilizzata una talea chiamata "Rasel", ossia una porzione di tralcio fruttifero di alcuni anni.

la potatura delle viti, queste vanno prima avvolte in piccoli fasci e quindi piantate in buona terra nell'aprile o maggio successivi. La talea utilizzata deve essere curata e tagliata nei due-cinque anni seguenti in base alla sua crescita; nella lingua popolare della provincia, questa potatura si chiama "abziehen" (tirare via).

Affinché la vite possa continuare a crescere e a dare frutti, è necessario erigere una struttura in cosiddetto "legname da vigna". Questo lavoro viene chiamato anche "aufbergeln" o "Pergl-Aufrichten" (costruzione della pergola). Il modo in cui vengono piantate le giovani viti nella zona dell'Adige è difficile da spiegare a chi non ha mai visto questo tipo di strutture. Basti sapere che questa struttura in legno è eretta in modo che i grappoli non si abbassino verso il suolo, ma siano tenuti al riparo dai raggi del sole e sostenuti nel loro peso crescente. In questo modo, la vite e i suoi giovani tralci vengono mantenuti sempre nella stessa posizione ed esposizione, indipendentemente da pioggia o venti impetuosi.

Fertilizzare, sfrondare e diradare

La cura della vite prevede l'aratura del terreno ogni anno in primavera, estate e tardo autunno. Il produttore di vino in terra atesina sa che, senza concimare le sue vigne, otterrebbe una qualità di vino di gran lunga superiore; tuttavia, ritiene anche che, senza concime, la quantità si ridurrebbe quasi della metà. Ma come e quanto il concime influisca effettivamente sulla vite è sconosciuto alla maggior parte dei produttori di vino, anche a quelli più preparati. Detto questo, non si deve concludere che il concime debba essere completamente eliminato dai vigneti, perché, con il tempo, anche il terreno migliore si consuma, e da esso non si può continuamente ottenere frutti senza fornirgli di tanto in tanto una nuova fonte di nutrimento.

Tra i viticoltori della Valle dell'Adige, espressioni quali "Ausbrocken" (sfrondare) e "Schabigen" (diradare) sono di uso comune e si riferiscono all'eliminazione e al diradamento di tralci e foglie delle viti. Ciò significa che i tralci superflui vanno tagliati o strappati e le gemme ascellari che non presentino frutti vengono tagliate con la roncola. Quando le uve sono in fioritura e quando inizia la vendemmia bisogna inoltre evitare l'irrigazione dei vigneti.

E cosa può andare storto?

Nell'ultima sezione della prima parte, Nagele descrive gli "incidenti" che possono causare danni alla vite e ai grappoli. Essi possono essere causati da lavorazioni e vangature del terreno compiute senza cura ma anche da eccessive concimazioni e irrigazioni del vigneto. La stagione e il clima "disordinati" sono ulteriori cause di danni come gelate (gelo), rovesci (grandine), "Jausch" (un alternarsi di pioggia fine e raggi di sole che bruciacchiano i giovani germogli), caduta degli acini e morte della vite.

Anche gli insetti possono causare gravi danni, per esempio il maggiolino, il sigaraio della vite, la tignola (tignola dell'uva o tignola del vino, chiamata popolarmente "Gosse"). Nagele identifica quindi i mezzi "con cui la malattia può, se non completamente eliminata, almeno essere ridotta".

Dal vigneto alla cantina

Nella seconda parte del suo trattato, Nagele passa quindi a descrivere il processo di produzione del vino in maniera molto dettagliata. Si tratta di "imparare come procurarsi al meglio i macchinari e i tini per accogliere l'uva che arriva dalla vigna; come preparare nel modo più vantaggioso gli utensili destinati alla preparazione del vino e alla sua conservazione e come deve essere progettato il luogo dove si fa il vino e dove viene conservato il vino a fermentazione ultimata, in modo da evitare i danni che possono nascere anche dalla minima disattenzione".

Quando si costruiscono i recipienti è necessario prestare attenzione alla selezione del legno e assicurarsi che siano mantenuti puliti durante l'uso. Lo stesso vale per le botti di vino. Nagele si occupa quindi della migliore progettazione della volta dell'ambiente nel quale sono collocati i tini per la fermentazione e dove si trova anche il "Torkl" (torchio). In modo molto pratico si pone le seguenti domande: 1) Che effetto ha una cantina scadente sul vino? 2) Come dovrebbe essere una buona cantina? 3) Quali sono i modi per migliorare una cantina scadente?

Nella seconda sezione l'autore descrive il raccolto o vendemmia, che i viticoltori chiamano localmente anche "Einfechsung", ossia "portare nel fienile". Per ottenere vini migliori, i produttori più capaci vendemmiano il più tardi possibile. Questo calcolo è corretto se il tempo è bello e asciutto; ma a causa dell'instabilità climatica presente lungo l'Adige, sono molti i produttori che vedono le proprie speranze distrutte da una pioggia particolarmente persistente.

Per riconoscere il momento migliore possibile bisogna considerare 1) il colore degli acini, 2) la secchezza dei vinaccioli negli acini e 3) il colore e la secchezza dei peduncoli e dei raspi (che compongono la struttura del grappolo).

All'epoca di Augustin Nagele, l'uva veniva raccolta così: una fila di persone, "per lo più donne", sta tra i filari delle viti; una o due persone precedono il resto del gruppo e tagliano solo l'uva marcia gettandola nei recipienti per i rifiuti; le donne dietro tagliano l'uva tenendola con delicatezza in mano, la depongono nello "Zummenträger" (Zumme = recipiente da trasporto, una sorta di gerla) che portano sulla schiena e poi nel cassone del vicino carro. Quando quest'ultimo è pieno, il carrettiere fa ritorno a casa.

Uno sguardo oltre i confini

Nella lavorazione delle uve importate emerge la grande differenza tra la "produzione di vino" della terra atesina e quella della maggior parte delle regioni vinicole di Germania, Ungheria e Francia. In quei paesi l'uva viene portata direttamente dalla vigna al torchio e lì pigiata; il mosto che ne fuoriesce viene versato nei tini e "lasciato fermentare da solo". Nella zona dell'Adige questi vini vengono chiamati "Hefe-Weine" (vini di lievito). Questo tipo di lavorazione fa sì che debbano passare almeno dai due ai tre anni "prima della vendita o del proprio consumo", con tutto ciò che questo comporta in termini di una maggiore disponibilità di tini, cantine e depositi. Queste conseguenze del tutto prevedibili "hanno probabilmente spinto i nostri antenati a preferire l'attuale consuetudine della manipolazione del vino, in cui un mese dopo la vendemmia il vino è già totalmente bevibile e spesso offerto in vendita dietro pagamento in contanti. Forse la ragione per cui i nostri antenati non volevano attendere anni prima di consumare i vini prodotti risiede nella loro maggiore voglia di berli".

Preparare il vino e – quando serve – "guarirlo"

La vinificazione in terra atesina consiste nel raccogliere le uve del vigneto in un tino aperto ("Pottich"), pigiarle lì insieme ai raspi con il mosto, schiacciando gli acini e "rendendoli liquidi".

Se si tratta di vini bianchi, dopo la trasformazione in mosto bisogna subito trasferirli nei recipienti, poiché se rimane a lungo nel tino aperto, il liquido assume uno sgradevole colore giallo scuro. Se invece è rosso, deve rimanere nel tino aperto per tre-quattro giorni, in modo che il liquido assorba sempre più il colore delle bucce degli acini spremuti. Poiché il succo rimane sul fondo, ma le bucce e i pedicelli salgono sempre in superficie, durante questi giorni bisogna effettuare più volte l'operazione chiamata "Niedermostung" (follatura), ossia bisogna immergere ripetutamente le bucce nel liquido.

Il passo successivo è la svinatura del vino, ossia l'operazione nella quale il vino viene "separato dalle vinacce" e che va compiuta al momento giusto, ma che può essere anche "anticipata" o "ritardata". Qui viene anche affrontata la questione della miscelazione di diversi tipi di vino, così come la chiarificazione e la solforazione del vino.

Nelle ultime due sezioni, Nagele dà consigli pratici sui rimedi per affrontare le "malattie del vino" che può diventare "duro e grasso", "acido" (sapore di aceto), "Kanight" (ammuffire), "torbido" o "Töbel" (sviluppare odore marcio di muffa).

Dalle vinacce (residui solidi fermentati dell'uva dopo la pressatura) si può ottenere il cosiddetto vino di torchio, il "vino piccolo" (detto anche "Leps") e l'acquavite. Le vinacce vengono utilizzate anche come mangime per animali. Un capitolo a parte riguarda la produzione dell'aceto di vino.

Nelle ultime dieci pagine Nagele dà uno sguardo al commercio del vino. Vengono discusse le importazioni straniere dal sud e dal nord, il mercato nero e le tariffe doganali, le diverse valute monetarie, i diversi rendimenti annuali e i prezzi. Conclude infine il suo lavoro con parole di apprezzamento per l'attenzione dei precedenti principi per i loro cittadini e con uno sguardo critico ai compiti successivi del governo tirolese riguardo al commercio e alla prosperità della gente e del territorio.

Se questo manoscritto fosse stato stampato allora, probabilmente sarebbe diventato un utile manuale per la viticoltura in terra atesina – oggi, invece, offre al lettore moderno la possibilità di conoscere da vicino la viticoltura di duecento anni fa.

\\

"Forse la ragione per cui i nostri antenati non volevano attendere anni prima di consumare i vini prodotti risiede nella loro maggiore voglia di berli."

Il commercio come motore dello sviluppo

Le storiche case del commercio vinicolo

// La secolarizzazione dei monasteri avvenuta all'inizio del XIX secolo aprì la strada al commercio del vino che, alimentato dagli eventi storici e dal progresso, alla fine del XIX secolo conquistò nuovi mercati. Si deve quindi all'abilità imprenditoriale dei commercianti di vino, se la vendita del vino acquisì quella base professionale da cui trasse vantaggio lo sviluppo dell'intero settore vitivinicolo.

Alexandra Cembran

Il commercio professionale del vino si sviluppò in Alto Adige solo nel XIX secolo, ma già trecento anni prima tra i "signori del vino" esistevano dei precursori. Questi signori del vino erano produttori di lunga data dell'Oltradige, di Bolzano e della Bassa Atesina che acquistavano il mosto dai contadini e lo trasformavano in vino. I loro clienti erano soprattutto osti della loro zona, della Valle dell'Inn, della Valle Isarco e della Val Pusteria. Questi signori del vino ebbero un ruolo centrale, soprattutto dopo l'abolizione degli ordini e dei monasteri (1782–1787) durante il regno di Giuseppe II e l'abolizione dei principati ecclesiastici in epoca napoleonica, dopo la quale i contadini continuarono a lavorare i vigneti, ma da quel momento per conto proprio. I signori del vino, invece, si occuparono della vinificazione e della vendita del vino, prelevando il mosto dai contadini, trasformandolo in vino e vendendolo. Questo sviluppo contribuì anche a cambiare il mercato. Inizialmente, i signori del vino si occuparono direttamente della vinificazione, ma con il tempo questo aspetto divenne meno importante rispetto al commercio. A poco a poco i signori del vino si trasformarono infatti in commercianti di vino, anche con l'appoggio di altri imprenditori che videro nel mercato del vino un'opportunità di guardagno.

Dal punto di vista storico, in questo periodo iniziò l'ascesa del commercio "secolare" e moderno. Intorno al 1800, nell'Oltradige sorsero importanti case del commercio vinicolo, come quelle di Leonhard von Schasser (poi passata alla famiglia del barone Di Pauli), Jakob Ambach, Johann Niedermayr, Josef Weger e Josef Brigl. Lo sviluppo di quest'ultima è particolarmente sorprendente, dato che la tenuta Josef Brigl ad Appiano è gestita ormai dalla trentaduesima (!) generazione. Fondata nel 1309, la tenuta è una delle più antiche aziende vinicole private della provincia. Nel 1964 assunse la gestione dell'azienda Ignaz Brigl, che la (co)gestì fino alla sua morte nel 2013 e che fu una delle personalità che contribuirono a plasmare lo sviluppo del vino dell'Alto Adige nel XX secolo.

Rispetto all'Oltradige, la situazione a Bolzano è un po' diversa: nel capoluogo, infatti, almeno nei primi decenni dell'Ottocento il commercio del vino era ancora in gran parte assente. Intorno al 1840, la prima e unica attività commerciale vinicola era quella di Mathias Simon Mumelter, rilevata dopo la sua morte da Alois Johann Lun. Lun non era solo il genero di Mumelter, ma anche un esperto commerciante di vini con sede a Termeno, per cui la più antica casa di commercio di vino di Bolzano passò rapidamente nelle mani di imprenditori della Bassa Atesina. Fino alla metà del XIX secolo, nell'odierno capoluogo provinciale avevano sede solo le aziende dei fratelli Innerhofer e di Alois Lageder. Con Josef Anton Mayr dell'Unterganznerhof, entrò nel commercio di vino anche un abitante di Cardano. Il ruolo di Mayr era però più simile a quello di un signore del vino, poiché pur essendo egli stesso un produttore, acquistava comunque il mosto da altri contadini e, intorno al 1840, riforniva una clientela di ventidue osti.

> Le prime aziende commerciali di vino vendevano ancora in quantità gestibili e in un contesto geografico altrettanto gestibile, per lo più limitato al Tirolo.

Il salto oltre i confini

Le prime aziende del commercio vinicolo vendevano ancora in quantità gestibili e in un contesto geografico altrettanto gestibile, per lo più limitato al Tirolo. Tuttavia, attorno al commercio del vino si svilupparono (ulteriormente) numerose professioni. I bottai, per esempio, erano sempre impegnatissimi, anche perché spesso dovevano fungere da misuratori ufficiali e calibrare i recipienti. Anche lo status dei carrettieri specializzati nel trasporto del vino, ai quali i commercianti affidavano principalmente i trasporti a lunga distanza, conobbe uno sviluppo particolare. Tali trasporti, effettivamente, erano tutt'altro che facili. I viaggi dovevano essere effettuati necessariamente nella stagione fredda e si può certamente immaginare che il viaggio invernale attraverso il Passo del Brennero o il Passo Resia a bordo di un carro a pieno carico fosse un'impresa avventurosa.

Alle insidie dell'inverno si aggiunsero gli eventi politici che complicarono ulteriormente gli affari. Durante il dominio napoleonico, per esempio, si dovette fare i conti con i nuovi confini nazionali e con i relativi – e ingenti – dazi doganali che rendevano difficile la vendita del vino in Carinzia, Austria, Baviera e Svevia. Tuttavia, i commercianti di vino non si lasciarono scoraggiare da queste nuove complicazioni; nella seconda metà del XIX secolo, con grande tenacia, consolidarono la commercializzazione professionale dei vini altoatesini e conquistarono sistematicamente nuovi mercati. Ad aiutarli fu soprattutto la costruzione delle grandi linee ferroviarie del Brennero (1867) e della Val Pusteria (1871), che non solo facilitarono il trasporto di grandi carichi, ma lo resero anche possibile in molti altri mercati. Per esempio quando la Francia subì gravi perdite della produzione a causa della filossera e non poté più rifornire il mercato interno e la Svizzera orientale, il vino altoatesino prese prontamente il suo posto in questi mercati. Dall'Alto Adige venivano infine riforniti anche Vorarlberg e Carinzia.

Il fatto che le vendite del vino altoatesino aumentassero notevolmente nei paesi dell'impero fu dovuto anche agli eventi storici. Curiosamente, la storia di questo successo inizia con una perdita – quella dei territori controllati dall'Austria in Italia fino al 1866. Poiché, da quel momento, le zone vinicole più meridionali, un tempo austriache, si trovavano ora all'estero, l'Alto Adige e il "Welschtirol", ossia il Trentino, assunsero il ruolo di principali fornitori di vino rosso della monarchia di Vienna.

Lo sviluppo del commercio del vino in Alto Adige nella seconda metà del XIX secolo può essere chiaramente esemplificato sulla base di quanto avvenne a Bolzano. Mentre nel 1841 esisteva un solo noto commerciante di vino, all'inizio del secolo il numero salì a ventidue.

Tipi speciali, vini speciali

Tra questi rossi occupano un posto speciale soprattutto il Santa Maddalena e il Lago di Caldaro che, grazie al fatto che riportavano la propria origine nel nome, divennero nel XIX secolo i fiori all'occhiello dell'Alto Adige. Il fatto che questa denominazione d'origine non fosse ancora protetta è dimostrato dalle ripetute denunce di "false denominazioni" risalenti all'epoca. Sotto le etichette "Lago di Caldaro" e "Santa Maddalena" si celavano anche vini provenienti da regioni di coltivazione completamente diverse, il che sottolinea anche il prestigio di cui godevano questi vini sul mercato. Dopotutto, vengono contraffatte solo le etichette che hanno un buon successo commerciale.

Per quanto riguarda il Lago di Caldaro, in occasione della sua commercializzazione intorno alla fine del XIX secolo ricorre spesso un nome, quello del barone Josef Di Pauli. Non solo fu produttore e commerciante di vino egli stesso, ma fece anche parte del gotha della politica austriaca dagli anni settanta dell'Ottocento in poi: prima come membro del Consiglio dell'Impero, poi come ministro del commercio. Della sua fama e della sua vasta rete di conoscenze beneficiarono anche le varie osterie che Di Pauli gestiva a Vienna (e anche a Monaco) in cui il Lago di Caldaro ebbe sempre un posto di rilievo.

Crescita ma con logica

Lo sviluppo del commercio vinicolo in Alto Adige nella seconda metà del XIX secolo può essere chiaramente esemplificato sulla base di quanto avvenne a Bolzano. Mentre nel 1841 esisteva un solo noto commerciante di vino, all'inizio del secolo il numero salì a ventidue. Si aggiunsero nomi noti come Andrä Kirchebner, Franz Innerebner, Franz Tschurtschenthaler, Johann Pardatscher, Fritz Kuppelwieser e Alois Wolf. Se si sommano tutti i commercianti di vino e liquori dell'Alto Adige, nel 1880 il totale era di ben novantaquattro. Questo rapido aumento fece dei commercianti di vino anche un simbolo del moderno sviluppo economico del Tirolo, portato avanti in modo significativo da abili imprenditori. E anche in un altro aspetto, i commercianti di vino si rivelano figli del loro tempo. Per rafforzare la propria posizione sul mercato e bilanciare il potere contrattuale tra acquirenti e fornitori, nel 1880 fondarono il "Club dei commercianti di vino", che dieci anni dopo si trasformò in "Associazione dei commercianti e produttori di vino".

Sono stati (anche) i commercianti di vino a influenzare in modo significativo lo sviluppo dell'economia vinicola in Alto Adige a partire dalla metà del XIX secolo. Fu infatti grazie a loro che il mercato dei vini altoatesini venne ampliato gradualmente, e in modo sempre più rilevante, attirando così anche l'interesse internazionale sulla produzione vinicola dell'Alto Adige. Poiché i clienti ne seguivano con attenzione l'attività, vennero effettuati investimenti in miglioramenti nella viticoltura e nella vinificazione. Allo stesso tempo, si mirava a innalzare il livello qualitativo, sia dei prodotti che della cultura enologica dei consumatori. Proprio a questo scopo venne utilizzato lo strumento promozionale delle degustazioni di vino. Le mostre dedicate ai prodotti e ai confronti tra etichette conobbero il periodo del loro massimo splendore e avevano l'obiettivo, da un lato, di incentivare i produttori a immettere sul mercato prodotti più pregiati e, dall'altro, di innalzare il livello della cultura enologica dei consumatori di vino.

Fu in questo periodo che si svilupparono le prime mostre del vino, come quello di Bolzano, che si tenne per la prima volta nel 1896. Le mostre non erano solo un'occasione per vendere vino, ma favorivano anche i contatti tra commercianti di vino, clienti, importatori e ristoratori, sia locali che stranieri. Il settore del vino ricevette (e riceve tuttora) un notevole sostegno anche dalla Camera di Commercio di Bolzano, che già all'inizio del secolo si era posta l'obiettivo di far conoscere i vini altoatesini anche ben oltre i confini provinciali.

Improvvisamente è tutto nuovo

Per l'economia vinicola dell'Alto Adige, la fine della prima guerra mondiale segnò una svolta. Non potendo più contare su un mercato di vendita "naturale", come lo era stato l'impero austro-ungarico a causa della sua storica carenza di vini rossi, dovette trovare la sua collocazione anche in un nuovo contesto nazionale. In Italia, uno dei paesi produttori di vino più importanti d'Europa, l'Alto Adige dovette innanzitutto lottare per farsi conoscere e conquistare una propria fetta di mercato.

Anche in questo frangente furono i commercianti di vino a prendere in mano la situazione, soprattutto quelli che si erano già affermati prima della guerra. L'azienda vinicola Walch, per esempio, venne fondata nel Vorarlberg nel 1869 e si trasferì a Termeno nel 1889. Lì Wilhelm Walch la trasformò in un'azienda di commercio vinicolo che si concentrava, più di molti altri, sui mercati al di fuori dell'Alto Adige: sulla provincia d'origine del Vorarlberg, ma anche sulla Baviera e soprattutto sulla Svizzera. Essendo uno dei pionieri, coltivò con successo il mercato elvetico e lo riconquistò dopo la cessione dell'Alto Adige all'Italia. Altri produttori e commercianti di vino a cui si possono attribuire risultati altrettanto pionieristici furono Antonio Cembran, Josef Brigl e Rudolf Carli. Quest'ultimo aveva trasformato la Schwanburg di Nalles, una delle più antiche aziende vinicole private dell'Alto Adige, in un influente attore sul mercato del vino. Successivamente anche Dieter Rudolph approfittò di questa posizione e trasformò lo Schwanburg in un pezzo di Francia in Alto Adige: con tanto di allevamento a Guyot, invecchiamento a temperatura controllata in vasche d'acciaio e maturazione in botti di barrique.

I pionieri non solo aprirono nuove aree di vendita, ma cercarono anche di continuare a rifornire quelle tradizionali, in particolare Germania e Austria. In questi mercati si specializzarono aziende come H. Mumelter, Gutmann, Morandell,

Kössler e Widmann, alcune delle quali non solo mantennero le loro filiali in questi Paesi anche dopo la fine della guerra, ma le ampliarono ulteriormente. In questo contesto va citato come esempio il nome Lageder, che riflette perfettamente lo sviluppo delle ex case del commercio vinicolo. Fondata nel 1832 a Bolzano come tradizionale cantina commerciale, sotto il marchio "Alois Lageder" si sviluppò fino a diventare un'azienda vinicola autonoma; negli anni trenta si stabilì a Magrè e, dagli anni settanta, è un'azienda antesignana e pionieristica nell'ambito della viticultura e in particolare di quella biodinamica.

Lo stesso vale per la cantina Kettmeir, fondata a Bolzano prima della Grande Guerra, affermatasi a Caldaro negli anni trenta e in grado di contribuire a determinare molti sviluppi del settore. Il nome Kettmeir figura anche tra quelli che negli anni sessanta lanciarono la rinascita dello Spumante Metodo Classico in Alto Adige. Nello stesso periodo si affermò come cantina commerciale innovativa anche la Schlosskellerei Turmhof di Niclara che, soprattutto sotto la guida di Herbert Tiefenbrunner, compì decisi passi verso l'innovazione: dall'abbandono posticipato della vendita di vino sfuso ai vigneti ad altitudini fino ad allora sconosciute.

Anche la cantina J. Hofstätter a Termeno affonda le sue radici nel commercio del vino, che Josef Hofstätter gestì con grande abilità nel periodo tra le due guerre – anche sotto forma di "Traminer Weinstuben" a Innsbruck, Graz e Villach. Anche in questo caso i suoi successori – tipico dello sviluppo delle grandi case del commercio vinicolo – si affidarono sempre più alle uve dei propri vigneti e non ebbero paura di intraprendere nuove strade. L'azienda vinicola J. Hofstätter è infatti considerata una delle pioniere della coltivazione del Pinot Nero in provincia.

> Poiché i clienti ne seguivano con attenzione l'attività, vennero effettuati investimenti per migliorare la viticoltura e la vinificazione. Allo stesso tempo, si mirava a innalzare il livello qualitativo, sia dei prodotti che della cultura enologica dei consumatori.

E ancora una nuova ripartenza

Dopo che l'economia vitivinicola altoatesina e il commercio del vino si erano faticosamente ripresi negli anni successivi alla prima guerra mondiale, un'altra svolta decisiva avvenne con la seconda guerra mondiale. Nei primi anni del secondo dopoguerra fu importante difendere e ampliare ulteriormente la posizione che era stata conquistata sul mercato nel periodo tra le due guerre. I produttori e i commercianti beneficiarono particolarmente dell'accordo preferenziale del 12 maggio 1949, il cosiddetto Accordino, che diede nuovo slancio e permise la ripresa dei rapporti commerciali con i vecchi partner all'estero.

Una nuova conversione delle aziende commerciali avvenne in seguito alla decisione di sviluppare la viticoltura altoatesina verso una produzione di qualità. La produzione in proprio è stata rilanciata e messa al centro dell'attività, portando a una commercializzazione sempre maggiore dei propri vini. Tra il 1970 e il 1990 il numero delle cantine commerciali, quelle cioè che acquistavano uva all'esterno, diminuì notevolmente. Rispetto al XIX secolo oggi sono circa un terzo, ma le cantine restanti continuano comunque a ricoprire un ruolo importante nel panorama vitivinicolo altoatesino. Da commercianti di vino si sono trasformate in aziende vinicole raggruppate sotto l'egida delle "Tenute dell'Alto Adige" e producono vini propri con uve proprie e acquistate, rappresentando in totale quasi un quarto della produzione altoatesina.

Analizzando la storia e gli sviluppi delle cantine commerciali oggi trasformate in tenute, si può notare come, grazie alla flessibilità e alla lungimiranza, siano state in grado di mantenere il loro ruolo di promotrici dell'economia vinicola locale. Le tenute dell'Alto Adige continuano a generare viticoltori dalla forte personalità. Va ricordato in particolare che le aziende vinicole private sono state, sono e resteranno realtà in cui si tramanda la tradizione delle grandi famiglie vitivinicole.

\\

Prima si mesce, poi si paga
Il commercio di vino e il prezzo di San Giacomo

// Ciò che oggi sembra impensabile, nel Tirolo del XIX secolo era una pratica comune. Gli osti prendevano il vino dai mercanti senza concordarne il prezzo, che veniva stabilito solo intorno a Jakobi, ossia la ricorrenza di San Giacomo Apostolo, il 25 luglio dell'anno successivo. Né l'oste, né il commerciante, né il viticoltore potevano stimare in anticipo quali costi o ricavi ne sarebbero derivati. Era quindi necessaria una grande fiducia, da parte di tutti.

Ivo Maran, Stefan Morandell

In una dissertazione giuridica del 1833, Joseph von Zallinger esamina il tipo di commercio del vino allora diffuso in Tirolo definendolo "commercio del vino basato sul prezzo di San Giacomo". Il commerciante consegnava il vino ai suoi clienti, soprattutto osti e locandieri del Tirolo e del Vorarlberg, senza indicarne il prezzo esatto. Questo veniva concordato solo nella ricorrenza di San Giacomo Apostolo (25 luglio) dell'anno seguente. A questo punto l'oste aveva già venduto gran parte del vino consegnato e il commerciante di vino poteva già valutare come sarebbe stata la nuova vendemmia. Il viticoltore, in qualità di produttore, dava a sua volta l'uva al commerciante di vino in cambio di un anticipo, senza sapere quanto denaro alla fine avrebbe ricevuto per essa. Nel mese di luglio i commercianti di vino altoatesini intraprendevano un "Weinritt" ("giroconto del vino") per regolare i conti del vino consegnato agli osti. La parola "Ritt" deriva da "Raitung", ossia "Rechnung" (fattura). Alla fine delle operazioni, di norma, il produttore di uva riceveva i due terzi circa del prezzo del vino.

La fiducia alla base di tutto

Sebbene questo tipo di commercio del vino richiedesse grande fiducia da parte di tutti e tre gli attori coinvolti, presentava sicuramente dei vantaggi. L'oste sostanzialmente beneficiava di una dilazione di pagamento molto lunga e aveva quindi la possibilità di acquistare quantità maggiori. Entro il mese di luglio dell'anno successivo, aveva anche già venduto la maggior parte del vino. Il viticoltore, d'altro canto, non sempre aveva la possibilità di lavorare le uve e poi anche di occuparsi di commercializzarle. Queste operazioni venivano affidate al commerciante di vino, che pigiava l'uva, pagava un anticipo al produttore, si prendeva cura dei clienti e, soprattutto, assicurava il recupero dei debiti.

Tuttavia, il commercio del vino basato sul prezzo di San Giacomo presentava anche notevoli svantaggi, soprattutto per i piccoli produttori che erano alla mercé del commerciante di vino. I produttori più grandi, invece, per lo più famiglie nobiliari, avevano una maggiore influenza sui commercianti di vino e concordavano in anticipo un prezzo fisso o minimo che li tutelava da eventuali perdite.

> Il commerciante consegnava il vino ai suoi clienti, soprattutto osti e locandieri del Tirolo e del Vorarlberg, senza indicarne il prezzo esatto. Questo veniva concordato solo nella ricorrenza di San Giacomo Apostolo (25 luglio) dell'anno seguente.

Mancanza di prezzi di riferimento, possibilità limitate

Joseph von Zallinger cita due ragioni principali che hanno portato al commercio del vino basato sul prezzo di San Giacomo. Da un lato non esistevano prezzi ufficiali di riferimento per il commercio del vino, dall'altro a incoraggiare questo tipo di scambi erano le stesse "condizioni economiche nazionali del Tirolo". Per secoli, in Tirolo, sono esistiti prezzi ufficiali per il commercio del vino definiti da una commissione chiamata "Deputazione del vino". Essa fissava prezzi indicativi annuali per tre categorie di vini, non vincolanti per il commercio, ma ai quali le parti in causa potevano ricorrere in caso di disaccordo. La farraginosa e assai impegnativa "Deputazione del vino" fu sciolta nel 1789 per ragioni di costi. L'anno successivo, tuttavia, furono ufficialmente reintrodotti i prezzi standard del vino, che resisterono ancora sotto al dominio bavarese fino al 1807. Fu solo nel 1808 che si interruppe definitivamente la definizione ufficiale dei prezzi.

A differenza del Trentino, dove si allevavano anche i bachi da seta, in Alto Adige, per l'agricoltura su piccola scala, a parte la viticoltura, non c'erano altre alternative. Inoltre, secondo von Zallinger, la durata di conservazione dei vini era generalmente inferiore a due anni. Le fluttuazioni del raccolto non potevano quindi essere compensate con le annate precedenti. Evidentemente, i clienti non volevano né potevano pagare di più per avere in cambio vini buoni e durevoli. La mancanza di capitali limitava quindi la possibilità di ulteriori investimenti nel miglioramento della vinificazione. E anche il mercato di vendita era limitato. A quel tempo, oltre che in Alto Adige, i vini tirolesi potevano essere venduti solo nel Tirolo settentrionale e nel Vorarlberg, mentre la Baviera meridionale e la Svizzera non erano accessibili al commercio vinicolo tirolese a causa dei dazi elevati.

Portafogli vuoti, vino cattivo

La situazione cambiò dopo la crisi dovuta all'oidio, crisi che, negli anni cinquanta dell'Ottocento, paralizzò la viticoltura per quasi un decennio. A quel tempo, seguendo l'esempio dell'arciduca Giovanni d'Austria, alcuni pionieri iniziarono a rinnovare la viticoltura piantando nuovi vitigni "internazionali". Allo stesso tempo, l'emergente turismo di lusso a Merano e la nuova ferrovia del Brennero potrebbero spiegare perché Friedrich

Tra la vendemmia e il pagamento del prezzo di vendita passava quasi un anno intero. La ricorrenza di San Giacomo cade il 25 luglio.

Prima il lavoro, poi l'incertezza e il pagamento solo mesi dopo: in Alto Adige, per decenni, le famiglie contadine dovevano offrire una prestazione anticipata.

Prima di essere pagati per il loro lavoro, nel luglio dell'anno successivo, i contadini dovevano anticipare anche i costi dell'intera logistica.

Una volta terminata la vendemmia, si poteva brindare. Tuttavia bisognava aspettare mesi per sapere quanto avrebbe fruttato la vendita del vino e se tutto l'impegno sarebbe stato ricompensato.

Ciò che è sopravvissuto dell'epoca del commercio del vino basato sul prezzo di San Giacomo è la vendita "sull'onore". In questo caso il viticoltore cede la vendemmia a un commerciante o anche a una cooperativa e i conti vengono poi eseguiti in base al prezzo raggiunto.

Boscarolli, negli anni sessanta dell'Ottocento, decise di costruirvi una delle aziende vinicole più moderne della monarchia austro-ungarica secondo quanto teorizzato da Hermann Goethe.

Tuttavia, questi progressi non influirono sulla qualità generale del vino mesciuto nelle osterie, fatto legato anche alle modalità di commercio del vino dell'epoca. Nel 1875 il "Tiroler Boten" dedicò ampio spazio a questo argomento. Scriveva in agosto un lettore della Val Pusteria: "I commercianti di vino delle valli dell'Adige e dell'Isarco, che da circa un mese stavano infestando la nostra zona, finalmente se ne sono andati di nuovo, lasciando i nostri osti con i portafogli vuoti e il vino cattivo". Lo scrivente si chiedeva anche: "Quando finirà l'assurdità di regolare i conti con il cosiddetto prezzo di San Giacomo? E quando smetterà, l'oste della Val Pusteria, di essere il devoto servitore dei signori del vino?"

La replica non si fece attendere e un lettore dell'Oltradige, probabilmente un commerciante di vini, scrisse: "[...] fatturare secondo il prezzo di San Giacomo [è] solo che vantaggioso per gli osti. L'oste non è mai o molto raramente in grado di poter pagare subito la sua merce. Il signore del vino, dal canto suo, per poter recuperare il capitale investito, deve aspettare oltre sei mesi". Riguardo alla qualità del vino, lo scrivente concluse così la lettera: "L'oste potrà certamente soddisfare i suoi ospiti se si rivolgerà a un'azienda solida e servirà il vino così come gli è stato consegnato. È infatti pressoché certo che, nella stragrande maggioranza dei casi, la colpa di una cattiva bevanda sia proprio dell'oste".

La fine dello speciale percorso dell'Alto Adige

Verso la fine del XIX secolo, però, l'era del commercio del vino basato sul prezzo di San Giacomo volse lentamente al termine, tanto che la stessa redazione del "Tiroler Boten", in risposta alla lettera di cui sopra, si sentì in dovere di dichiarare che "non vogliamo essere visti come i difensori della particolarità più strana nel paese delle particolarità, vale a dire il prezzo di San Giacomo".

La fine del commercio del vino basato sul prezzo di San Giacomo va di pari passo con il cambiamento delle condizioni economiche. La fillossera, introdotta dall'America, cominciò dapprima a distruggere vaste superfici di vigneti in Francia, come dimostrano i dati sulle esportazioni di vino. Dal 1870 in poi, le importazioni francesi di vino aumentarono sempre più e negli anni ottanta dell'Ottocento le importazioni superarono di gran lunga le esportazioni. Questa situazione aprì anche nuove opportunità di vendita per i vini del Tirolo. Allo stesso tempo, in Alto Adige, questo periodo vide la nascita di numerose nuove aziende vinicole e nel 1891, con il sostegno attivo di Edmund Mach, direttore dell'Istituto Agrario di San Michele all'Adige, nasce ad Andriano anche la prima delle numerose cooperative vitivinicole fondate in Alto Adige.

Ciò che è sopravvissuto, dell'epoca del commercio del vino basato sul prezzo di San Giacomo, è la vendita "sull'onore". In questo caso il viticoltore cede la vendemmia a un commerciante o anche a una cooperativa e i conti vengono poi eseguiti in base al prezzo raggiunto. Per ragioni di liquidità le cooperative altoatesine si sono abituate a pagare in tre o quattro rate. La cantina sociale di Caldaro, per esempio, versa ancora ai suoi soci un acconto a Georgi (San Giorgio, 23 aprile) e Jakobi (San Giacomo Apostolo, 25 luglio) dell'anno successivo alla vendemmia e, dopo aver redatto il bilancio in agosto, regola definitivamente i conti a Martini (San Martino, 11 novembre). L'annata viticola si conclude poi definitivamente con il versamento dell'ultima rata a Lichtmess (Candelora, 2 febbraio) del secondo anno dopo la vendemmia.

\\

Che gusto ha il progresso?
Le prime degustazioni di vino nel XIX secolo

// Le degustazioni di vino, soprattutto quelle comparative, sono un'invenzione del XIX secolo. Rappresentano un importante indicatore dei progressi nella viticoltura e nella vinificazione. Per questo motivo, a partire dagli anni sessanta dell'Ottocento, si diffusero anche in Alto Adige, sebbene i risultati non sempre corrispondessero alle aspettative dei viticoltori altoatesini. In ogni caso, è certo che le degustazioni di vino abbiano contribuito in modo significativo all'innovazione e all'apertura verso nuovi mercati.

Ivo Maran, Stefan Morandell

Una degustazione di un vino dell'Alto Adige venne segnalata per la prima volta nel 1852. Il 14 aprile sul "Bote für Tirol und Vorarlberg" apparve un articolo dal titolo "Sull'affinamento dei vini tirolesi", nel quale un Riesling altoatesino dell'annata 1846 veniva confrontato con due Riesling del Rheingau della stessa annata, un Rüdesheimer e uno Steinbrunner (che in realtà si chiamava Steinberger, n. d. a.). Il Riesling altoatesino proveniva da Seeburg vicino a Bressanone. Venivano confrontati il contenuto di alcol, gli zuccheri residui e l'acidità totale, che avevano tutti valori simili. Si diceva che il vino altoatesino "unisse il profumo del vino del Reno con l'aroma peculiare del vino del sud". L'autore dell'articolo, evidentemente un esperto, lo utilizzò come chiaro esempio di come anche da "colline un tempo senza nome" (la regione vinicola intorno a Bressanone non era ancora nota per i vini bianchi di buona qualità), in Tirolo si potessero produrre vini pregiati: utilizzando un nobile vitigno, una vinificazione razionale e un affinamento in cantina per diversi anni.

Tuttavia, se si prendono in considerazione i vini convenzionali, il successo fu minore. Nel 1853, a Karlsruhe, in occasione dell'Assemblea dei produttori tedeschi di vino e frutta, K. Pardatscher sottopose al giudizio dei partecipanti due "vini rossi tirolesi" e un "vino dolce tirolese". Mentre almeno un vino risultò "meritare ogni riconoscimento", gli altri due vennero giudicati "vini liquorosi". Dopo questi primi tentativi di confrontare i vini tirolesi con altri vini, a partire dal 1860 le degustazioni di vino divennero più frequenti. Il "Bozner

Zeitung" del 14 marzo 1860 riportava una degustazione di vini presso l'osteria Zur Rose a Innsbruck.

Il giudizio degli "esperti nella degustazione del vino"

I degustatori o, come li definisce il giornale, gli "esperti di lunga data nella degustazione del vino", assegnarono il primo premio tra "innumerevoli bottiglie accuratamente numerate" a un Riesling di tre anni del Pfeffersberg vicino a Bressanone. Il secondo posto andò a un Borgogna rosso di quattro anni di Scezze, nei pressi di Bressanone, chiamato "sacre Tschötsch sur Eisak", mentre il terzo posto andò a una cuvée Clevner-Traminer di Ludwig von Comini di Bolzano.

Ludwig von Comini è noto in Alto Adige come "l'apostolo dello zolfo" perché raccomandava l'uso dello zolfo per combattere l'oidio che comparve in Alto Adige a partire dal 1851 causando diversi cattivi raccolti. Si può presumere che anche questa circostanza fece aumentare la disponibilità dei produttori meglio dotati sul piano finanziario a sperimentare nuovi vitigni. I nuovi vigneti vennero inoltre allestiti su pali bassi, e non a pergola come in precedenza. Ciononostante, i vitigni spesso non erano in purezza. Anche Comini aveva miscelato il Pinot Nero (Clevner) con il Traminer e con questo abbinamento, probabilmente nuovo per i degustatori, ebbe successo.

Ciò che è degno di nota della degustazione di Innsbruck del 1860 è anche il primo assaggio di uno spumante nello stile della regione di Champagne. Il produttore del vino chiamato "La Perle, Schalon sur Marne" era von Perkhammer di San Paolo. Il suo spumante riuscì a convincere la giuria soprattutto per il suo prezzo contenuto rispetto ai normali champagne importati e per le sue "altre buone qualità".

Il "Bozner Zeitung" del 12 febbraio 1864 riportò la prima degustazione pubblica di vino in Alto Adige, avvenuta nel ristorante della stazione ferroviaria di Bolzano. Diciotto produttori accettarono l'invito di Karl von Zallinger, uno dei primi a coltivare Riesling e Pinot Nero al Kreuzbichlerhof, sopra Bolzano. I vini degustati in tre giorni furono complessivamente novantotto. Lo scopo dell'evento era promuovere uno scambio di esperienze riguardo al nuovo metodo di coltivazione e, allo stesso tempo, conoscere i vini ottenuti da vitigni esteri. Presidente della giuria fu il conte von Ingelheim che possedeva proprietà nel Rheingau e produceva egli stesso vini Riesling.

1864 prima edizione della Mostra Vini dell'Alto Adige a Bolzano

Il primo giorno vennero degustati vini bianchi, tra cui un Pinot Bianco e un Riesling di Jakob Thaler, un uvaggio (gemischter Satz) di Alois Bauer, un Riesling Kreuzbichler di Karl von Zallinger, un uvaggio dell'amministratore dell'ospedale J. Mayr, un Riesling e un Traminer di Leonhard Hölzl, un Riesling del Dr. Streiter, un uvaggio di San Valentino del conte Franz von Meran e un Riesling della cantina arciducale. Poi venne il turno dei rossi

> "I vini bianchi sono generalmente più fini e più adatti all'esportazione rispetto a quelli rossi. I vini rossi sono più adatti al consumo rispetto ai vini bianchi perché l'esperienza ci insegna che la richiesta di vini bianchi sta diventando sempre più rara."

di Borgogna. Il secondo giorno seguirono quindi i vini più vecchi prodotti da vitigni stranieri e il terzo giorno i vini da varietà locali.

Sulla prima mostra pubblica di vini in Alto Adige, il "Bozner Zeitung" affermò tra l'altro: "I vini bianchi sono generalmente più fini e più adatti all'esportazione rispetto a quelli rossi. I vini rossi sono più adatti al consumo locale rispetto ai vini bianchi perché l'esperienza ci insegna che la richiesta di vini bianchi sta diventando sempre più rara. I nostri vini rossi locali sono più apprezzati del Pinot Nero e il gusto del grande pubblico è più abituato alla Schiava e al Lagrein che al Pinot Nero, che qui difficilmente riuscirà a farsi strada". Il conte von Ingelheim raccomandò inoltre che i vitigni venissero pressati separatamente per preservare il bouquet unico nonché, probabilmente influenzato dalla sua esperienza nel Rheingau, di piantare soprattutto il Riesling e solo in luoghi molto caldi, prestando la massima attenzione al momento della vendemmia.

L'opposizione di Vienna

Per i vini tirolesi, la successiva prova del progresso nel campo della viticoltura fu la Mostra dell'agricoltura di Vienna del 1866. Sul "Bozner Zeitung" del 29 marzo 1867 si trova un estratto del rapporto dell'imperialregia Società Agricola dedicata alla degustazione dei vini, dalla quale risulta che vennero degustati 1.340 vini di 485 espositori. L'Alto Adige inviò alla degustazione diversi Pinot Nero, tra i quali anche quelli di Friedrich Boscarolli, che per la prima volta compare tra i partecipanti. Boscarolli nel 1864 aveva iniziato a sperimentare nuovi vitigni a Castel Rametz, vicino a Merano. Il conte Franz von Meran inviò invece alla degustazione un "St. Valentiner Hochgebirgswein" proveniente dal vigneto di Appiano-Berg che l'arciduca Giovanni d'Austria aveva piantato nel 1844 con viti del Rheingau e un sistema di allevamento a paletto.

"Il vitigno Clevner (Pinot Nero) introdotto in Alto Adige negli ultimi anni ha dato in generale un prodotto eccellente, un vino che può reggere il confronto con qualsiasi Pinot francese."

Degno di nota è il commento di August von Babo, direttore della Scuola di viticoltura di Klosterneuburg, anche perché contraddice completamente i risultati della degustazione di vino svoltasi a Bolzano nel 1864: "Il vitigno Clevner (Pinot Nero) introdotto in Alto Adige negli ultimi anni ha dato in generale un prodotto eccellente, un vino che può reggere il confronto con qualsiasi Pinot francese; se non ha ottenuto i numeri più alti nella classifica, ciò è dovuto principalmente alla circostanza già menzionata, che la giuria ha sempre creduto di dover premiare solo vini molto concentrati, densi e dolci", scrive von Babo. E ancora: "Il Pinot Nero è meno adatto a questo scopo, ma in Tirolo dà un vino rosso sottile, gustoso e gradevole che sul mercato del vino ha un valore maggiore rispetto ai vini da dessert che perdono sempre più valore a causa dell'imitazione artificiale. Per il Tirolo, il Pinot Nero o Clevner è una varietà d'uva che merita la massima attenzione e che dovrebbe essere propagata in ogni modo possibile".

Una cocente delusione: l'esposizione mondiale del 1873

Tali elogi, oltretutto provenienti da fonti qualificate, alimentarono grandi speranze per la degustazione di vini all'esposizione mondiale di Vienna del 1873.

Un esempio di come si potessero produrre "vini pregiati" anche in Tirolo: nel 1852 un vino altoatesino venne confrontato per la prima volta con concorrenti internazionali: un Rüdesheimer e uno Steinberger.

Durante l'evento vennero degustati circa 20.000 vini provenienti da tutto il mondo, ma il risultato per i vini tirolesi fu molto deludente. Sulla rivista "Die Weinlaube" del 1° dicembre 1873, von Babo scrisse: "Purtroppo il Sudtirolo tedesco è stato ben al di sotto delle aspettative che avevano fatto nascere i promettenti campioni dell'esposizione del 1866. I numerosi vini inviati da questa zona erano quasi tutti di media qualità, erano prodotti di serie ottenuti da uve ricche di acqua e povere di zuccheri; i vini tirolesi presentano anche una breve durata di conservazione e vengono quindi consumati in gran parte localmente, e in parte vengono esportati anche nel Vorarlberg, Salisburgo, Carinzia, Baviera e Svizzera. Sono stati esposti alcuni campioni di ottimi vini, ma a causa dell'esigua quantità rispetto alla produzione totale di una provincia, questi non sono sufficienti a definire oggi il vino di quella zona come esportabile a lungo termine".

Nell'anno dell'esposizione mondiale, sulla rivista "Die Weinlaube" apparve un articolo critico sull'Alto Adige, in grado forse di spiegare i timidi progressi della viticoltura. Il contributo è firmato solo con "E.", ma è probabilmente opera di Edmund Mach. Vi si spiega come il signore del vino debba aspettare fino a Jakobi (San Giacomo Apostolo, 25 luglio) per fatturare ai suoi clienti il vino consegnato. Se un ottimo vino costa più del solito, spesso il risultato è quello di perdere un cliente. In pratica: un vino migliore non veniva certo disprezzato, ma non era ammesso che costasse di più. Per questo motivo, sempre secondo l'autore, nel Tirolo settentrionale, che era il principale acquirente di vini tirolesi, si beve quasi ovunque lo stesso vino, forse un po' più aspro lì, forse un po' più acido là o con sentore di botte e lievito, ma in fondo lo stesso vino leggero e di colore rosso chiaro.

Sono stati esposti alcuni campioni di ottimi vini, ma a causa dell'esigua quantità rispetto alla produzione totale di una provincia, questi non sono sufficienti a definire oggi il vino di quella zona come esportabile a lungo termine.

Apertura invece di politica campanilistica

Sebbene si trovino non di rado piccole parcelle coltivate a vitigni nobili come Pinot o Riesling, solo in pochi casi il prodotto raggiunge una qualità superiore a quella del vino comune. L'autore dell'articolo raccontò di aver trovato "un prodotto davvero nobile da vitigni Riesling, Traminer e Pinot, che rappresenta un vero progresso per il Tirolo tedesco in questa direzione", solo nelle cantine della proprietà di Friedrich Boscarolli a Rametz, vicino a Merano. E infine "E." osserva: "Purtroppo non c'è luogo in cui la cooperazione comune, il sostegno reciproco e l'incoraggiamento manchino più che in Tirolo. Questo è dovuto più all'antagonismo tra città e città, villaggio e villaggio, a quello che è uno stranissimo patriotismo locale, piuttosto che alla profonda divisione tra i maggiori partiti del paese, liberali e clericali, tedeschi e italiani, nordtirolesi e sudtirolesi".

A portare finalmente una svolta fu il primo Mercato vinicolo primaverile a Bolzano nel 1896, con il quale prese il via una degustazione comparativa di vini altoatesini destinata a svolgersi regolarmente per decenni e in occasione della quale i clienti nazionali ed esteri e anche i semplici appassionati di vino potevano farsi un'idea complessiva del mondo del vino dell'Alto Adige.

Purtroppo, non
c'è luogo in cui la
cooperazione comune,
il sostegno reciproco
e l'incoraggiamento
mancano più che
in Tirolo.

Dalle Alpi al Mediterraneo
Le zone vitivinicole dell'Alto Adige

// Pur essendo una delle regioni viticole più piccole, l'Alto Adige vanta una varietà vitivinicola straordinaria. Ciò è dovuto alle differenze geografiche e morfologiche che in una regione montuosa sono quasi inevitabili e che hanno dato vita a sette regioni vitivinicole sostanzialmente diverse tra loro. E lo stesso vale per i vini di queste zone.

Helmuth Scartezzini, Monika Unterthurner

La Bassa Atesina bolzanina

Estensione e paesaggio vitivinicolo

La parte più meridionale della provincia comprende la Valle dell'Adige con le sue montagne periferiche tra la conca di Bolzano e il confine linguistico presso la Chiusa di Salorno. Dal punto di vista geografico ed economico comprende i comuni di Bronzolo, Ora, Montagna, Egna e Salorno sulla sponda sinistra dell'Adige e di Vadena, Termeno, Cortaccia, Magrè e Cortina sulla sponda destra. Il tratto della valle è lungo 28 chilometri e largo da 2 a 3 chilometri nel fondovalle. Qui scorre l'Adige, il fiume principale dell'Alto Adige.

La valle glaciale a forma di U si estende nella direzione longitudinale della zona di appiattimento alpino ed è accompagnata da terrazzamenti pendenti con depositi dell'era glaciale. A ovest si trovano quelli di Cortaccia con Corona e Penone nonché Favogna sopra Magrè. A est si trovano invece i terrazzamenti di Montagna, Mazzone (Egna) e Pochi (Salorno). Sul versante orientale della valle tutti i paesi sono adagiati sui conoidi alluvionali piatti dei torrenti laterali, a ovest solo Termeno e Magrè. Nella Bassa Atesina bolzanina si possono distinguere tre paesaggi vitivinicoli.

- Nel fondovalle (220 m), adagiate su sedimenti fluviali profondi e più sciolti, si trovano le zone vitate di Cortina, della parte occidentale di Salorno e della parte meridionale di Magrè.
- Sui conoidi pianeggianti del fondovalle (220–280 m) si trovano le zone vitivinicole di Bronzolo, Ora, Egna, Salorno, Termeno e Magrè, nonché piccole zone a Cortaccia (Niclara, Breitbach, Milla) e Cornedo presso Salorno.

- Con i pendii di entrambi i lati della valle, i terrazzamenti collinari di Montagna, Mazzone, Pochi (tutti intorno a 400 m) e Penone (600 m) costituiscono la zona più diversificata in termini di viticoltura. Vi rientrano le zone vinicole più in quota di Favogna (1.000 m), Aldino (800–1.100 m), Trodena (900 m) e Corona (700–900 m).

Un paesaggio vinicolo chiuso si estende lungo il versante destro della valle da Termeno a Magrè, passando da Cortaccia e, più in basso nel fondovalle, attraverso Cortina e la parte occidentale di Salorno, fino ai vigneti della vicina Roverè della Luna in Trentino. Particolarmente degno di nota è il comune vitivinicolo di Cortaccia, che esemplifica uno dei punti di forza della viticoltura altoatesina perché abbraccia tutte le zone termiche della viticoltura in un'unica verticale, dai piedi relativamente caldi del pendio di Breitbach attraverso il paesaggio collinare medio-alto, fino alle quote più fresche di Penone e Corona. Ciò significa che a Cortaccia si trovano tutti i vitigni più importanti dell'Alto Adige, con l'eccezione del Pinot Nero.

Caratteristiche vitivinicole e dati salienti

Nella Bassa Atesina bolzanina si trova il 32 per cento della superficie vitata dell'Alto Adige, il che ne fa la zona vinicola più estesa della provincia. La superficie è distribuita per il 45 per cento sui pendii, per il 25 per cento sui conoidi alluvionali e per il 30 per cento nel fondovalle. Il comune vitivinicolo più grande della zona è il comune di Salorno (480 ettari), che precede Termeno (356) e Cortaccia (307). Seguono Magrè (207 ettari), Montagna (165), Egna (155), Ora (62), Vadena (39), Bronzolo (25) e Aldino (20). Solo pochi ettari si trovano invece nei comuni di Anterivo e Trodena.

La regione vinicola della Bassa Atesina è caratterizzata dalla coltivazione

Nella Bassa Atesina bolzanina si trova il 32 per cento della superficie vitata dell'Alto Adige, il che ne fa la zona vinicola più estesa della provincia. La superficie è distribuita per il 45 per cento sui pendii, per il 25 per cento sui conoidi alluvionali e per il 30 per cento nel fondovalle.

di un gran numero di vitigni. Sorprendentemente, solo un terzo della zona è coltivato con varietà rosse. Nel fondovalle di Salorno, Magrè e Cortina dominano i vitigni bianchi Pinot Grigio (il 70 per cento della superficie provinciale si trova nella Bassa Atesina) e Chardonnay (56 per cento). Il Gewürztraminer (40 per cento) è concentrato a Termeno, con le sue località di punta Rungg e Söll, nonché a Cortaccia. Le medie altitudini di Mazzone (Egna), Montagna e Pochi sopra Salorno ospitano in maniera predominante il Pinot Nero (41 per cento). La Schiava (17 per cento) si è ritirata maggiormente su Termeno e Cortaccia. Sono infine considerati specialità i vitigni Müller-Thurgau di Cortaccia (Corona, Penone), Cabernet (50 per cento della superficie provinciale) ancora a Cortaccia, e Merlot (40 per cento) e Lagrein (30 per cento) a Termeno e Ora.

Nella Bassa Atesina, quarantuno cantine producono circa 100.000 ettolitri di vini a denominazione di origine controllata "Alto Adige" e "Lago di Caldaro", pari a circa 13 milioni di bottiglie da 0,75 litri. Aggiungendo i quasi 40.000 ettolitri con la denominazione di origine controllata

"Alto Adige" lavorati nei comuni limitrofi del Trentino, si ottiene una quota totale pari a circa il 38 per cento della produzione vinicola provinciale. Cinque aziende più grandi (da 5.000 a 15.000 ettolitri ciascuna), più precisamente due cantine sociali e tre tenute con produzione propria e conferitori d'uva, lavorano oltre la metà delle uve ricavate in Bassa Atesina. Seguono cinque tenute con un ordine di grandezza compreso tra i 1.000 e i 5.000 ettolitri di produzione annua e trenta aziende attive nella vendita in proprio che trasformano le loro uve in quantità comprese tra i 50 e i 500 ettolitri.

L'Oltradige

Estensione e paesaggio vitivinicolo

Fin dal Medioevo, Oltradige è la definizione paesaggistica che indica l'altopiano situato nella Valle dell'Adige, a circa 200 metri sopra il fondovalle. Il nome deriva forse dal punto di osservazione dalla città di Bolzano, ossia al di là o sopra l'Adige. L'Oltradige comprende i comuni di Appiano a nord e di Caldaro a sud. Dal punto di vista morfologico è compresa anche una piccola striscia del comune di Vadena prospiciente il Lago di Caldaro. L'area si estende a sud-ovest di Bolzano per una lunghezza di 13 chilometri in direzione nord-sud e comprende un paesaggio coltivato ampio da tre a quattro chilometri sotto la catena della Mendola. Il fascino particolare di quest'area risiede anche nella caratteristica della zona vinicola chiusa, che ha portato alla costruzione di oltre trenta castelli e residenze nobiliari. I frutteti si trovano invece nei solchi vallivi o alle altitudini più elevate climaticamente inadatte alla vite. La zona vinicola si estende a nord dal limite del fondovalle dell'Adige a Riva di Sotto e Frangarto (250 m) fino a un massimo di 650 metri ad Appiano Monte e Bellavista Caldaro, prima di digradare verso Caldaro e fino al lago omonimo a 215 metri. In media le zone vinicole intorno ai paesi di San Michele, San Paolo, Cornaiano e Caldaro si trovano a un'altitudine compresa tra i 400 e i 500 metri. Lontano dalla zona centrale della viticoltura si trovano le zone isolate di Monticolo e Castelvecchio. Grazie alla morfologia collinare sono presenti vigneti con tutte le esposizioni. Pendii particolarmente ripidi si trovano solo nei solchi vallivi.

Caratteristiche vitivinicole e dati salienti

La regione dell'Oltradige è formata dai due più estesi comuni vitivinicoli della provincia, Appiano (983 ettari) e Caldaro (762 ettari). Insieme alla piccola parte del comune di Vadena sul Lago di Caldaro, rappresentano il 31 per cento della superficie vitivinicola dell'Alto Adige, con l'Oltradige che, agli occhi di molti visitatori, rappresenta la varietà della viticoltura altoatesina. Un'opinione confermata anche dai confronti numerici.

> La regione dell'Oltradige è formata dai due più estesi comuni vitivinicoli della provincia, Appiano (983 ettari) e Caldaro (762 ettari). Insieme alla piccola parte del comune di Vadena sul Lago di Caldaro, rappresentano il 31 per cento della superficie a vigneto dell'Alto Adige.

La percentuale dei vitigni più importanti dell'Alto Adige presenti in Oltradige (circa il 30%) corrisponde all'incirca alla quota di superficie viticola che quest'area rappresenta rispetto a tutta la provincia. Questo vale per Schiava, Pinot Nero, Gewürztraminer, Chardonnay e Cabernet. Pinot Bianco e Sauvignon sono invece leggermente sopra la media (intorno al 40 per cento). Quasi la metà di tutti i vigneti di Moscato altoatesini (Moscato Giallo e Moscato Rosa) è coltivata in Oltradige. Le varietà Merlot, Lagrein e Pinot Grigio hanno una superficie coltivata leggermente inferiore alla media (del 20 per cento). Nella classifica varietale nei due comuni vitivinicoli, a Caldaro la Schiava precede il Gewürztraminer, seguito a sua volta dal Pinot Bianco e dallo Chardonnay, mentre ad Appiano il Pinot Bianco precede il Pinot Nero, seguito dal Gewürztraminer e dal Sauvignon. Il rapporto tra varietà di vino rosso e bianco (40:60 per cento) rispecchia anche quello presente in provincia. La denominazione del vino "Alto Adige" con le rispettive informazioni sul vitigno è l'etichettatura predominante delle bottiglie prodotte in Oltradige. Attualmente anche il "Lago di Caldaro", uno dei nomi protetti della varietà Schiava, proviene prevalentemente dall'Oltradige. Negli ultimi vent'anni la percentuale di Schiava si è più che dimezzata. Poiché le uve provengono soprattutto dalla Bassa Atesina, con il 38 per cento della produzione provinciale, la produzione vinicola delle cantine dell'Oltradige risulta superiore alla quota di superficie. Le forme societarie delle aziende vinicole rispecchiano quasi esattamente le condizioni delle strutture di trasformazione altoatesine: predominanza della forma della cantina sociale, seguita dalle tenute e infine dai rivenditori diretti. Delle quarantuno aziende di Appiano e Caldaro, l'84 per cento dell'uva viene lavorata nelle cinque cantine sociali, ciascuna delle quali ha una produzione annua compresa tra 13.000 e 42.000 ettolitri. Le tenute con fornitori di uve rappresentano il 10 per cento e hanno una dimensione compresa tra 200 e 4.600 ettolitri. La restante quota del 6 per cento spetta ai trenta rivenditori diretti che vinificano 1.500 ettolitri di vino all'anno.

La conca di Bolzano

Estensione e paesaggio vitivinicolo

La conca di Bolzano si trova sullo slargo della Valle dell'Adige e allo sbocco dell'Isarco e della Talvera provenienti dalla Val Sarentino. Il bacino è incorniciato su tre lati da ripide colline di porfido di media altezza. Solo a ovest la catena della Mendola, a una distanza maggiore, si staglia all'orizzonte al tramonto. Dal punto di vista della viticoltura, la regione viticola di Bolzano è collegata alla Bassa Atesina a sud, all'Oltradige a ovest, alla media Valle dell'Adige a nord-ovest e alla Valle Isarco a est. Nella zona residenziale del capoluogo provinciale il fondovalle è largo da due a quattro chilometri. Le valli dell'Isarco e della Talvera si restringono verso la città formando strette gole di porfido. La zona viticola esposta a sud si estende per otto chilometri in direzione est-ovest. Sulla sinistra orografica dell'Isarco e dell'Adige le superfici viticole sono disposte a macchie. La delimitazione territoriale della conca di Bolzano dal punto di vista vitivinicolo comprende l'intero territorio comunale delle città di Bolzano e Laives nonché le quote più basse dei comuni d'alta quota di San Genesio, Renon e Cornedo.

Una particolarità del paesaggio è rappresentata dalle colline vinicole intorno alla città con le loro chiesette collocate su ciascuna cima. Santa Maddalena, Santa Giustina, San Giorgio, San Pietro, San Giacomo e Cornedo si ergono su uno strato di ghiaia fluviale interglaciale spesso fino a 200 metri. La regione vitivinicola racchiude quindi due diverse realtà: nel fondovalle (250 metri) i vigneti giacciono sui terreni alluvionali della Talvera e dell'Isarco. Anche i conoidi alluvionali più piccoli formati dai torrenti laterali (a Rencio, Fagen, San Maurizio) modellano i bordi del bacino vallivo e presentano caratteristiche del terreno favorevoli alla vite. A ciò si contrappongono invece i vigneti relativamente ripidi sui pendii delle montagne, costruiti su terrazzamenti trasversali che definiscono il paesaggio. La vite raggiunge generalmente un'altitudine di 800 metri e, recentemente, almeno nelle località meridionali, si è spinta anche oltre i 900 metri. Nell'esposizione a nord è invece limitata a un'altezza di 500 metri. Nel fondovalle la vite si trova solo su sedimenti soffici e ghiaiosi, perché con l'aumentare della presenza di sabbia fluviale, e l'innalzarsi del livello delle acque di falda che rende il sottosuolo leggermente paludoso, prevalgono i meleti.

Caratteristiche vitivinicole e dati salienti

Con 703 ettari di superficie vitata, la conca di Bolzano si colloca al terzo posto tra le regioni vitivinicole dell'Alto Adige (13 per cento della superficie totale), ma si differenzia comunque dalle restanti. Della superficie totale del territorio, solo un terzo si trova nel fondovalle; la maggior parte si trova ai margini del bacino vallivo. La superficie più ampia si trova nel comune di Bolzano (510 ettari), seguito dalla parte del comune del Renon rivolta verso la città di Bolzano (87 ettari). I comuni di Laives (42 ettari), Cornedo (30) e San Genesio (34) hanno superfici più modeste.

Dal punto di vista climatico, durante l'estate la conca di Bolzano è la zona vinicola più calda della provincia. Non sorprende quindi che l'area sia coltivata per il 73 per cento con varietà rosse. La maggior parte (85 per cento) è costituita dalle due varietà autoctone Schiava (165 ettari) e Lagrein (219 ettari); la Schiava è originaria dei pendii più bassi della montagna mentre il Lagrein del fondovalle. Cabernet, Pinot Nero e Merlot rivestono solo ruoli marginali. Relativamente alla superficie provinciale, un terzo della coltivazione della Schiava e il 42 per cento del Lagrein si trovano in questa regione vinicola. Al di sopra dei 500 metri di altitudine si preferiscono le varietà bianche, ovvero Gewürztraminer, Sauvignon e Chardonnay nella media altitudine collinare. Qui sopra si trovano a loro agio i vitigni Pinot Bianco e Müller-Thurgau. I vini Schiava vengono imbottigliati quasi esclusivamente con la denominazione della località "Santa Maddalena" (dal nome del colle di Santa Maddalena a est della città di Bolzano). Le altitudini comprese tra 300 e 500 metri soddisfano al meglio le esigenze varietali della Schiava Grossa. I caldi terreni alluvionali dei quartieri cittadini di Gries e Rencio producono invece un Lagrein nella sua tipica forma di vino rosso forte e corposo.

L'unica cantina sociale produce il 58 per cento del vino della conca di Bolzano (24.000 ettolitri). Quattro tenute con una produzione annua compresa tra 700 e 5.000 ettolitri lavorano il 28 per cento delle uve. I ventiquattro rivenditori diretti (dimensione aziendale 80–600 ettolitri) sono qui tradizionalmente più forti che in altre zone dell'Alto Adige e hanno una quota del 14 per cento. Si concentrano nella zona vitivinicola delle colline di Santa Maddalena, Santa Giustina e Rencio.

La Valle Isarco

Estensione e paesaggio vitivinicolo

L'Isarco nasce al Passo del Brennero e dà il nome alla valle fino alla conca di Bolzano. La viticoltura è limitata alla parte bassa e media della valle su una lunghezza di 40 chilometri tra il capoluogo della provincia di Bolzano e la città vescovile di Bressanone. Provenendo da nord, subito dopo Fortezza, la gola della Valle Isarco si apre nella conca di Bressanone, dove la valle si unisce alla Val Pusteria raggiungendo un'ampiezza di quattro chilometri. Già poco sotto Bressanone, però, la valle torna a stringersi notevolmente. Nella zona intorno a Bressanone ha luogo la viticoltura più settentrionale dell'Alto Adige, e quindi di tutta Italia. A sud della cittadina di Chiusa la valle si restringe nuovamente in una gola e, dopo un percorso verso sud-ovest, si fonde nella conca di Bolzano quattro chilometri prima delle porte di Bolzano.

Al suo confine settentrionale, tra Varna e Sciaves, la regione vinicola è limitata a una stretta fascia tra le montagne. A ovest le valli laterali si innalzano fino alle vette dolomitiche, mentre a est le Alpi Sarentine circondano la valle con le loro creste piatte. Il tratto sud-occidentale della valle collega la viticoltura ai pendii collocati sui suoi versanti orografici. Sul lato sinistro la vite prospera solo sui pendii esposti a sud, in particolare presso i solchi vallivi degli affluenti dell'Isarco. La valle è caratterizzata da una grande varietà di elementi paesaggistici e le piccole zone coltivate contribuiscono in modo significativo. Lungo i pendii, le singole aziende agricole sono intersecate da aree boschive alte e basse. Le superfici vitate, insieme ai meleti, rappresentano le colture agricole più importanti tra i 400 e i 900 metri. Oltre questa quota si fondono gradualmente con i prati permanenti degli allevamenti, che arrivano fino a 1.700 metri.

Caratteristiche vitivinicole e dati salienti

Come impone il clima, le varietà della Valle Isarco centrale provengono tutte dalle più fresche regioni vinicole settentrionali dell'Austria e della Germania. La Valle Isarco è stata la prima regione dell'Alto Adige a posizionarsi nettamente come produttrice di vino bianco, limitando la propria offerta a sei o sette varietà. Le condizioni climatiche si riflettono in vini bianchi fruttati, succosi e freschi. Nei vini locali, il periodo vegetativo più lungo registrato nel corso degli ultimi decenni si è anche tradotto in una maggiore pienezza.

La Valle Isarco è stata la prima regione dell'Alto Adige a posizionarsi nettamente come produttrice di vino bianco, limitando la propria offerta a sei o sette varietà. Le condizioni climatiche si riflettono in vini bianchi fruttati, succosi e freschi.

La valle conta 485 ettari di vigneti, in costante aumento dopo la rinascita della viticoltura nel 1960. L'area maggiormente interessata è la parte centrale della valle con i comuni di Bressanone (106 ettari), Varna (61), Velturno (56), Chiusa (48), Villandro (45), Naz-Sciaves (17) e Funes (15), nonché piccole zone a Rodengo, Rio di Pusteria e Luson. La parte inferiore della valle comprende anche le zone del comune di Renon che digradano verso l'Isarco (59 ettari), nonché Fiè (50), Barbiano (27), Laion (9) e Castelrotto (6), dove la scelta dei vitigni è più vicina a quella delle regioni vinicole meridionali. Oltre a Müller-Thurgau e Gewürztraminer, vi si coltivano Sauvignon, Pinot Nero, Pinot Bianco, Pinot Grigio, Chardonnay e Zweigelt. La gamma tipica della Valle Isarco comprende Kerner (20 per cento), Gewürztraminer (14), Müller-Thurgau e Sylvaner (13 ciascuno), Riesling (9) e Grüner Veltliner (5), con Sauvignon e Pinot Grigio a completare la gamma. Questa è l'unica zona dell'Alto Adige in cui si coltivano Sylvaner, varietà simbolo della Valle Isarco, e Grüner Veltliner. Come varietà rosse sono presenti solo Zweigelt e, in misura minore, Blauer Portugieser, che vengono venduti principalmente nelle aziende agrituristiche dette Buschenschank, qui presenti in grande quantità.

Le aziende producono i loro vini prevalentemente con varietà in purezza, poiché il disciplinare di produzione della denominazione di origine controllata "Alto Adige Valle Isarco" lo prevede espressamente per le varietà di vino bianco. Nella parte bassa della valle le aziende commercializzano i vini con la semplice denominazione d'origine "Alto Adige" abbinata all'indicazione del vitigno. I circa 22.000 ettolitri di vino sono prodotti da ventidue cantine locali. Una parte minore dell'uva viene rilevata in due aziende a Bolzano e in Bassa Atesina. Il 70 per cento delle uve viene comunque lavorato da due cantine sociali. Negli ultimi trent'anni hanno anche fatto la loro comparsa venti rivenditori diretti ciascuno dei quali ha una produzione annua compresa tra 40 e 700 ettolitri.

La conca di Merano

Estensione e paesaggio vitivinicolo

Geograficamente, la conca valliva di Merano fa parte della Valle dell'Adige. Il conoide alluvionale della Fossa di Tel crea un dislivello che separa la Val Venosta dalla conca di Merano. A determinare il paesaggio sono anche lo sbocco della Val Passiria con la dorsale del Tirolo e quello della Val d'Ultimo. La cresta principale delle Alpi orientali si eleva dal fondovalle a 350 metri fino a oltre 3.000 metri di altitudine e forma una barriera climatica a nord. Il bacino si estende per 14 chilometri lungo l'Adige ed è largo dai quattro ai cinque chilometri. La zona è chiamata anche Burgraviato, in quanto storica zona di residenza dei burgravi del Tirolo. Il Burgraviato, tuttavia, non coincide completamente con la zona vitivinicola della conca di Merano, che sul lato a est e a partire da sud comprende i comuni di Postal, Merano, Scena, Tirolo e Lagundo. Sul lato ovest si trovano Lana, la parte più esterna di San Pancrazio, Cermes e Marlengo. I piccoli comuni vitivinicoli di Caines e Rifiano appartengono invece geograficamente alla Val Passiria esterna.

Oltre all'area di insediamento urbano, il fondovalle è interamente occupato dalla frutticoltura sui conoidi alluvionali, come quelli del Rio Nova, il pianoro del Rio Valsura a Lana e quelli più piccoli a Cermes, Quarazze e Lagundo, ma anche quelli della Fossa di Tel. I vigneti si elevano da 340 a un massimo di 750 metri di altezza e sul lato a est arrivano solo a 600 metri. La costruzione di piccoli canali d'irrigazione lungo i pendii della montagna, i tradizionali Waale (rogge), ha permesso di irrigare i vigneti fin dall'antichità. L'attrattiva paesaggistica della zona risiede nel variegato paesaggio culturale in contrasto con i ripidi fianchi montuosi del Gruppo di Tessa a nord. Anche l'alternanza di boschi, vallette, colline e aree coltivate con singole aziende agricole dà luogo a una notevole varietà.

Caratteristiche vitivinicole e dati salienti

Con gli attuali 430 ettari di superficie vitata, l'antica importanza della conca di Merano come regione vinicola è notevolmente cambiata. Oggi i vini della zona vengono venduti principalmente nel contesto del fiorente settore turistico del Burgraviato. La zona di coltivazione principale è quella dei comuni di Merano (121 ettari), Tirolo (75 ettari) e Lagundo (42 ettari). Sui pendii esposti a est si trovano i vigneti di Lana (60 ettari), Cermes (36), Marlengo (34) e San Pancrazio (8) che, da questo lato della valle, sfruttano la leggera esposizione a sud. All'uscita della Val Passiria si trovano invece i vigneti di Scena (35 ettari) con Riffiano (5) e Caines (2). I vigneti del comune di Postal (13 ettari) si trovano sul versante montuoso esposto a ovest della Valle dell'Adige e chiudono a sud la zona vinicola.

Le varietà di vino rosso costituiscono il 60 per cento della superficie coltivata. Predomina la Schiava (34 per cento), seguita da Pinot Nero (11) e Merlot (7). Per quanto riguarda le varietà bianche, il Pinot Bianco (10 per cento) è in testa, davanti a Sauvignon (9) e Gewürztraminer (7). Nella conca di Merano si trovano comunque tutte le varietà della gamma dei vini altoatesini. Si distingue solo la zona della Schiava, che rappresenta il 16 per cento della distribuzione provinciale. La zona vinicola di Merano è probabilmente la patria del vitigno Schiava Grossa. I vini Schiava vengono venduti con la denominazione di origine controllata "Meranese". Altri nomi ammessi come "Meranese Burgraviato" o "Meranese di Collina" non sono invece riusciti ad affermarsi.

Le diciotto cantine della zona producono circa 18.000 ettolitri di vino. L'attualmente unica cantina sociale ne lavora l'80 per cento. Le venti imprese di rivendita diretta, la maggior parte delle quali di recente comparsa, hanno dimensioni aziendali comprese tra i 30 e i 300 ettolitri di produzione annua. Ciò che colpisce è la quantità di vino tutto sommato ridotta rispetto alla zona. In una cantina sociale nella media Valle dell'Adige vengono lavorati ben 2.000 ettolitri, una quantità non registrata si perde per l'uso proprio dei produttori di uva, mentre una piccola parte della Schiava, durante l'autunno, finisce nei negozi di frutta per il consumo immediato con la denominazione di "uva curativa di Merano".

La media Valle dell'Adige

Estensione e paesaggio vitivinicolo

La zona vitivinicola confina a sud con la conca di Bolzano e a nord con la conca di Merano. La valle si estende su una lunghezza di 12 chilometri e una larghezza uniforme di due chilometri in direzione sud-est, con solo una leggera pendenza dell'Adige. A est la spalla della valle forma l'altopiano del Monzoccolo di Meltina e San Genesio (1.200 m), mentre sul versante occidentale la catena della Mendola (1.700 m) troneggia sul fondovalle fino a Passo Palade, con l'interruzione del basso terrazzamento montuoso di Tesimo. Tutti i paesi della valle giacciono sui conoidi alluvionali formati dai torrenti laterali dell'Adige. Come zona vinicola, la media Valle dell'Adige comprende i comuni di Tesimo, Nalles e Andriano sulla sponda destra e Gargazzone, parti di Meltina e Terlano su quella sinistra.

La zona è caratterizzata dal corso sud-orientale dell'Adige che percorre il centro della valle. In questo tratto sono presenti conoidi alluvionali generati dai torrenti laterali che incidono profondamente la roccia. Sotto l'altopiano orientale del Monzoccolo, invece, i fianchi della valle sono più ripidi che sul versante occidentale, maggiormente scalinato. Nel fondovalle vero e proprio, comunque, si coltiva esclusivamente frutta. I vigneti si estendono dai 250 metri del bordo inferiore dei conoidi alluvionali ai 900 metri sulla spalla della valle in direzione est. A Tesimo, sul versante opposto, singoli piccoli appezzamenti raggiungono i 760 metri di altitudine.

Caratteristiche vitivinicole e dati salienti

La superficie vitata, che ammonta a 292 ettari totali, si trova nei comuni di Terlano (186 ettari), Andriano (54), Nalles (27), Tesimo (18), Meltina (5) e Gargazzone (1). La scelta dei vitigni è tradizionalmente determinata dai vitigni bianchi che rappresentano attualmente il 70 per cento della superficie vitata. Le uve per i vini rossi si trovano sempre più spesso sui conoidi alluvionali intorno a Settequerce (Terlano). Il vitigno bianco Sauvignon, che in Alto Adige, almeno fino al 1970, si trovava solo in piccolissime aree a Terlano, si è trasformato oggi nel vitigno più importante della zona con una quota del 28 per cento. Al secondo posto si colloca il Pinot Bianco con il 19 per cento. Tra le varietà bianche meritano una menzione anche lo Chardonnay (14 per cento) e il Gewürztraminer (7). Tra i rossi il Lagrein (8 per cento) precede il Merlot con il 7 per cento. La denominazione di origine controllata "Alto Adige Terlano" può essere utilizzata per una cuvée di Pinot Bianco con Chardonnay e altri vitigni bianchi, come il Sauvignon, oppure, se sviluppata come monovitigno, abbinata alla menzione dei rispettivi vitigni individuali.

Sette cantine della zona producono 24.000 ettolitri di vino. Due cantine sociali (produzione annua di 8.500 e 14.000 ettolitri) fanno la parte del leone con oltre il 95 per cento. In entrambe le cooperative, le uve destinate a produrre quasi 10.000 ettolitri di vino provengono dai soci delle circostanti zone vitivinicole della conca di Merano e della conca di Bolzano, nonché dalla Bassa Atesina.

La Val Venosta

Estensione e paesaggio vitivinicolo

A partire dalla sorgente dell'Adige a Resia, la Val Venosta si estende come valle trasversale dall'imponente cono alluvionale della Muta di Malles verso est fino a Tel, dove un ripido gradino la separa dalla conca di Merano. Le Alpi Venoste a nord e il gruppo dell'Ortles con la cresta della Val d'Ultimo a sud circondano i 71 chilometri di strada stretta tra ripidi pendii culminanti in vette oltre i tremila metri. La viticoltura è tradizionalmente limitata agli assolati pendii della Bassa Val Venosta. Partendo da Tel in direzione ovest i paesi del vino spaziano dal comune di Parcines a 500 metri e toccano Naturno, Castelbello-Ciardes e Laces, Vezzano, per arrivare a Silandro. Qui, nei pressi di Corzes, a circa 800 metri, il conoide alluvionale di Gadria ne rappresenta la chiusura. Con l'avanzare del riscaldamento globale è possibile

L'andamento est-ovest di questa valle trasversale rende la Val Venosta un'isola climatica nel cuore delle Alpi. Le alte catene montuose che la fiancheggiano impediscono le precipitazioni e rendono la Val Venosta una delle valli più aride dell'arco alpino.

trovare piccole parcelle vinicole anche più a ovest. I comuni vinicoli più importanti per estensione sono Castelbello e Naturno, con 28 ettari di vigneti ciascuno.

L'andamento est-ovest di questa valle trasversale rende la Val Venosta un'isola climatica nel cuore delle Alpi. Le alte catene montuose che la fiancheggiano impediscono le precipitazioni e rendono la Val Venosta una delle valli più aride dell'arco alpino. A intensificare ulteriormente la siccità contribuiscono anche il forte irraggiamento solare e la continua ventilazione causata sia dal forte vento che scende in valle da nord-ovest sia dal vento più persistente che risale dalla Valle dell'Adige. Con temperature medie di 11 gradi Celsius a Naturno e Silandro, la Val Venosta è relativamente calda. A contribuire alla qualità delle uve sono anche le notevoli escursioni termiche tra il giorno e la notte.

Il fondovalle della Val Venosta è in gran parte ricoperto da depositi detritici del periodo postglaciale sui quali predomina la coltivazione delle mele. La viticoltura, salvo poche eccezioni a Parcines e Ciardes, è limitata ai pendii più ripidi costantemente esposti a sud e sui quali la vite viene coltivata fino a un'altitudine di circa 900 metri – in alcune zone i nuovi impianti raggiungono addirittura i 1.300 metri. I versanti laterali si innalzano ripidi dal fondovalle. Per contrastare l'erosione e la forte pendenza, attraverso un lavoro minuzioso, furono costruiti innumerevoli terrazzamenti con lunghi muretti a secco, alcuni risalenti al Medioevo. Queste strutture, chiamate localmente "Steilen", offrono un'ottima esposizione solare.

Caratteristiche vitivinicole e dati salienti

Con soli 83 ettari di vigneti, la Val Venosta è la più piccola zona di produzione dell'Alto Adige. Qui si trova solo l'1,5 per cento della superficie vitata dell'Alto Adige, in gran parte gestita da piccolissime aziende che tradizionalmente producono il vino per il proprio consumo o per la vendita nella propria locanda o agriturismo. Alcuni agricoltori conferiscono le loro uve a una cantina sociale nel meranese. È significativo che la sola associazione dei viticoltori della Val Venosta conti quasi trecento soci. A vinificare per la vendita diretta sono solo una dozzina di aziende, nessuna delle quali produce più di circa 700 ettolitri.

La gamma delle varietà è rimasta pressoché invariata fino agli anni novanta. All'epoca, nella parte bassa della valle fino a Castelbello, si trovava prevalentemente vino rosso misto, mentre più a ovest erano sempre più numerose le piante di vino bianco. In molti casi si trattava di Fraueler o Heunisch, ma anche di Sylvaner. Da allora, sono successe molte cose. La Schiava (14 ettari), precedentemente predominante, è stata sostituita dal Pinot Nero (22 ettari) come varietà rossa più importante. Accanto a esso troviamo circa 8 ettari di Zweigelt. Inoltre, i vini bianchi sono sempre più coltivati. Come varietà bianche più importanti hanno prevalso il Riesling (17 per cento) e il Pinot Bianco (14 per cento). La denominazione di origine controllata "Alto Adige Val Venosta DOC" introdotta nel 1995 comprende anche Müller-Thurgau, Kerner, Sauvignon Blanc, Pinot Grigio e Chardonnay. Recentemente sono state piantate anche varietà bianche più resistenti. Ancora oggi, possiamo comunque trovare i tradizionali Heunisch e Fraueler in piccole quantità.

\\

Grafico 7

I pesi massimi del sud: le superfici vitate per comune

Uno sguardo alla cartina dell'Alto Adige mostra che i comuni più vocati alla viticoltura si trovano nel sud della provincia, soprattutto a Bolzano e dintorni, nell'Oltradige e in Bassa Atesina. In queste zone è concentrata la maggior parte della superficie vitata della regione – e con essa la maggior parte della produzione. Proprio perché la regione vinicola dell'Alto Adige si distingue grazie alla sua varietà e ai suoi contrasti, anche le aree vitivinicole più piccole sono di grande importanza, poiché a volte presentano condizioni di coltivazione radicalmente diverse rispetto alle aree più meridionali della provincia – e producono quindi anche vini altrettanto diversi.

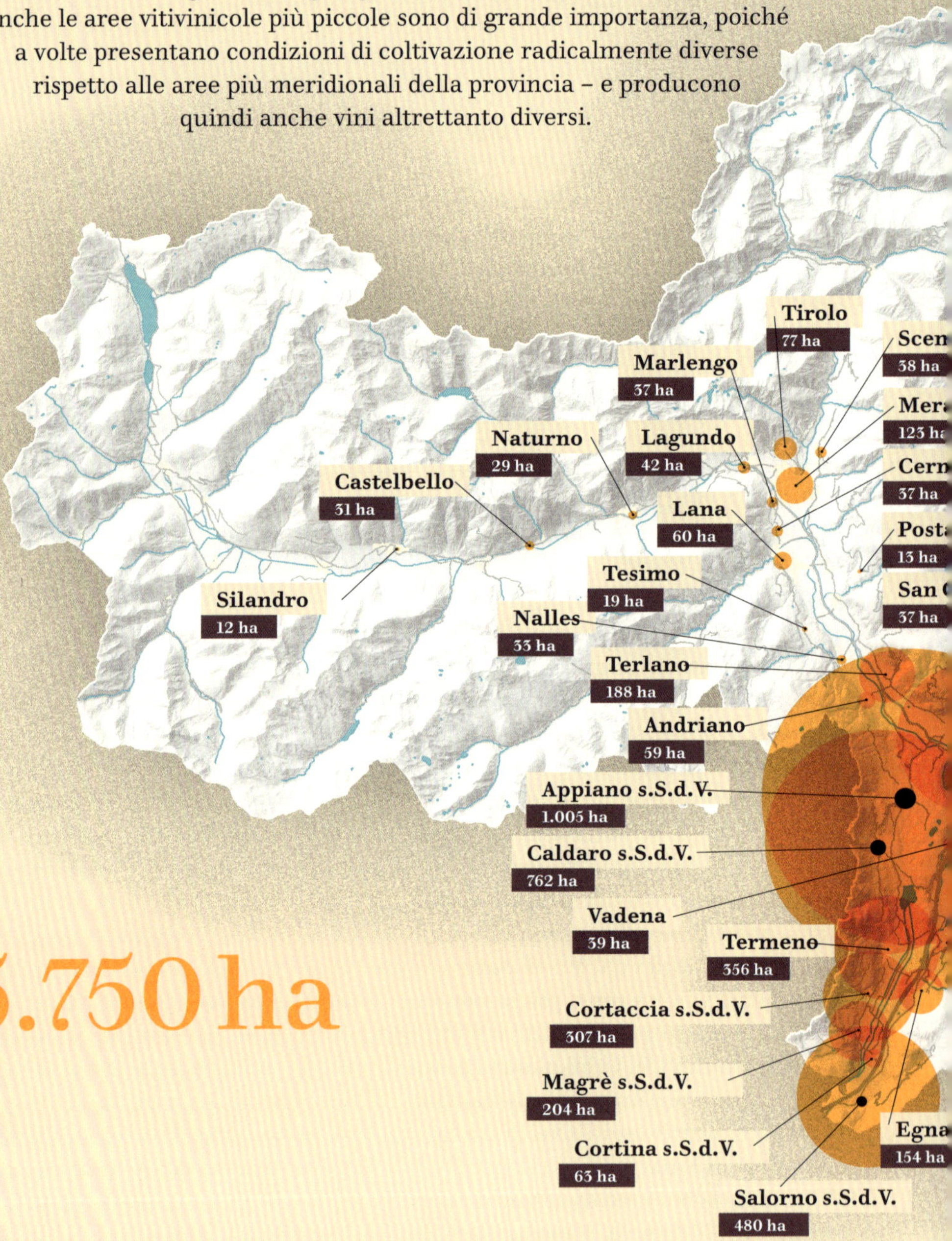

5.750 ha

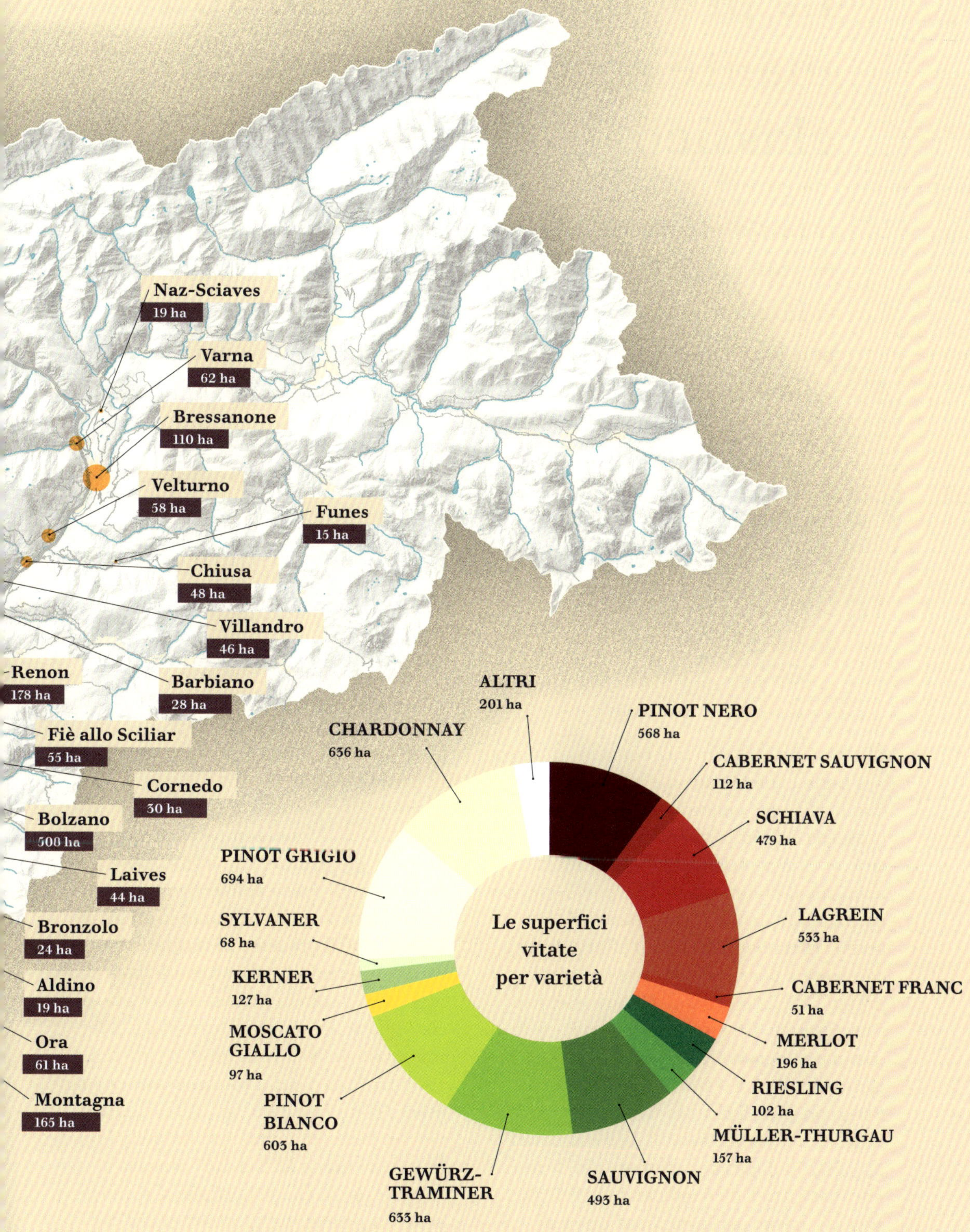

Grafico 7 – I pesi massimi del sud: le superfici vitate per comune

Effervescenza unica

La produzione di vino spumante secondo il metodo classico in Alto Adige

// Inizialmente gli spumanti erano una specialità francese; fu solo a cavallo tra il XIX e il XX secolo che in Alto Adige si iniziò a produrre vini spumanti. Le piccole cantine di produzione che sorsero all'epoca scomparvero però nuovamente negli anni trenta. La produzione di vino spumante secondo il metodo classico in Alto Adige ha vissuto una prima rinascita negli anni sessanta e una seconda negli anni novanta. Da allora il "Metodo Classico Alto Adige DOC" è una presenza consolidata e distintiva.

Josef Reiterer

Che cosa è nato prima: la bottiglia, il tappo o le tante coincidenze che hanno portato a quello che oggi chiamiamo vino spumante, prosecco o champagne? Sappiamo che il vino era già conosciuto seimila anni fa, e poco più di duemila anni fa il poeta Virgilio menzionava anche i "vini spumosi". Tuttavia, i riferimenti scritti all'effervescenza compaiono per la prima volta nel 1531, presso l'abbazia di Saint-Hilaire, vicino a Carcassonne. Un altro secolo dopo – sempre in un'abbazia francese, questa volta a Hautville-Marne – entra in scena Pierre Pérignon. Qui, il famoso "Dom Pérignon" è il "cellarius", ossia l'economo, e migliora i processi enologici per ottenere vini fermi più adatti, tra l'altro indicando di utilizzare solo uve intere per la vinificazione e di pressare leggermente solo le uve rosse per non ottenere un "vin gris".

Uno sviluppo più sistematico iniziò dopo il 1720. A quel tempo l'uva veniva lavorata in autunno in cantine fuori terra, dove il succo dell'uva cominciava a fermentare da solo. Durante la stagione fredda, poi, il processo di fermentazione veniva interrotto naturalmente dal freddo invernale e solo in primavera la "vita" si risvegliava nel vino per terminare la fermentazione. Nel frattempo, il vino era stato travasato nelle bottiglie che, dopo essere state riempite, venivano sigillate con un pezzo di legno avvolto nella iuta. In questo modo lo "spirito" riusciva a fuggire senza che le bottiglie si rompessero. La situazione cambiò ancora con i Patres di Hauteville, che portarono la corteccia di sughero dalla loro residenza estiva a Campostella (Catalogna), la intagliarono formando tappi e la fissarono al collo della bottiglia con lo spago. Questa operazione creò un recipiente ermeticamente chiuso dal quale lo "spirito" non poteva fuoriuscire. Questo sviluppo tecnico segnò la nascita dello champagne, anche se non senza complicazioni e difficoltà. Poiché veniva imbottigliato in inverno, per esempio, il vino aveva ancora molto zucchero da fermentare, il che creava un'enorme pressione nelle bottiglie sigillate ermeticamente dal tappo di sughero. I documenti mostrano che oltre il 50 per cento delle bottiglie soffiate a bocca non era all'altezza del compito di trattenere lo "spirito".

A quel tempo l'uva veniva lavorata in autunno in cantine fuori terra, dove il succo dell'uva cominciava a fermentare da solo. Durante la stagione fredda, poi, il processo di fermentazione veniva interrotto naturalmente dal freddo invernale e solo in primavera la "vita" si risvegliava nel vino per terminare la fermentazione.

Intorno al 1800, presso la ditta Ponsardin, il tedesco Anton von Müller sviluppò una rastrelliera nella quale le bottiglie venivano inserite con il collo rivolto verso il basso e girate ogni giorno di qualche grado. Le parti di lievito venivano così trasferite nel collo della bottiglia, da dove potevano poi essere rimosse. Da quel momento furono disponibili per la prima volta gli spumanti chiari, sebbene ancora con una bassa pressione di gas. Grazie agli enormi progressi della scienza, che gradualmente permisero di comprendere a fondo la fermentazione e di misurare la quantità di zucchero, nel XIX secolo la produzione nella regione vinicola Champagne fiorì definitivamente, e vennero fondate numerose case di produzione di champagne. Lo spumante prese a scorrere in gran quantità nelle case regnanti francesi e fino all'impero zarista.

In Alto Adige si inizia in piccolo

Alla fine del XIX secolo lo spumante visse un vero e proprio boom. Sul piano tecnico ci si era ormai aggiornati con bottiglie più robuste, e grandi passi in avanti erano stati anche compiuti nella rimozione manuale del lievito dalla bottiglia grazie al processo Walfard, che utilizzava le macchine per la produzione a freddo, di marca Linde, per congelare brevemente il lievito nel collo della bottiglia e realizzare così per la prima volta la "sboccatura a freddo". Geograficamente, la produzione di spumanti fece il salto oltre i confini francesi, per esempio in Germania e anche in Alto Adige. Nel 1899 il viennese W. Burk si stabilì ad Appiano e nella villa di Wickenburg fondò la "Überetscher Champagner Kellerei" (Cantina Champagne dell'Oltradige), con lo scopo di rifornire gli ospiti viennesi e la società aristocratica con lo "champagne" locale. Uno di questi fu creato nel 1911 in occasione del XV Mercato Vini di Bolzano con il nome "Riesling Gold". Nel 1923, presso la cantina Lun, Edmund Fischbach imbottigliò un "Carte d'Or" con il Pinot Bianco, ma c'era anche un "Carte d'Blanche" con il Riesling. E nel 1927, sempre nella stessa cantina, venivano già prodotte cinquemila bottiglie di "Terlaner Gold", mentre, allo stesso tempo, anche l'azienda "H. Martha Korn", tramite la "Tiroler Champagnerkellerei" di Ponte d'Adige, vendeva i suoi spumanti con l'etichetta "Kron Champagne".

Successivamente lo spumante scomparve in gran parte dal panorama vitivinicolo altoatesino; fu solo negli anni sessanta che venne riscoperto. E il merito è di Sebastian Stocker, il talentuoso mastro cantiniere della cantina sociale di Terlano. Ci volle molta pazienza per domare lo spirito nella bottiglia e Stocker raccontava di aver sacrificato molte bottiglie sulle pareti della sua piccola cantina perché non venivano come voleva. Ma la sua tenacia gli assicurò il successo e il riconoscimento come pioniere. Da un lato, quindi, è grazie al "Wastl" che alcuni giovani viticoltori hanno voluto correre il rischio di dedicarsi alla fermentazione in bottiglia. D'altro canto, però, una parte non trascurabile della produzione altoatesina di Chardonnay e Pinot Bianco finiva nelle cantine di spumante del Nord Italia. E allora perché non provarci in prima persona?

Il rinascimento a metà anni sessanta

Nel 1965 fu la cantina Kettmeir a Caldaro a dare il via producendo il "Kettmeir's Brut", tuttora prodotto utilizzando il processo di rifermentazione in autoclave, da Pinot Grigio, Pinot Bianco e Riesling renano. Il metodo di rifermentazione in autoclave consente di controllare tecnicamente la fermentazione e produrre vino spumante di alta qualità in soli sei mesi. A Kettmeir, nel 1977, fece seguito Luis Ochsenreiter, che a Pochi (Salorno) fondò la prima azienda vinicola e spumantistica dell'Alto Adige in grado di trasformare le proprie uve in vino base per spumanti. I vini base risultanti dal lavoro di Ochsenreiter sono stati il modello per il Metodo Classico Haderburg. E tra il 1976 e il 1979, a Meltina, furono anche gettate le basi della casa Metodo Classico Arunda, nella quale venivano lavorate sia le uve acquistate da viticoltori selezionati, sia i vini base acquistati dalle cantine locali.

Sempre alla fine degli anni settanta Helmut Winkler imbottigliò le sue prime annate conservandole presso Leonhard Brigl a Cornaiano. Dopo un'interruzione della produzione negli anni novanta, fu il figlio di Helmut, Michael, a riprendere l'attività nel 2021. Anche l'azienda Kledona è stata fondata nel 1979 da Hans Kleon, Hansjörg Donà e Hans Ebner. Il loro vino spumante venne sviluppato e conservato nel bunker di San Paolo e immesso sul mercato con il nome "Praeclarus". Successivamente Kledona divenne l'azienda Praeclarus di Hans Ebner che, dopo un passaggio temporaneo presso la cantina Kössler, passò infine alla cantina sociale di San Paolo. Insieme a Stefan Bonatti, un secondo fondatore di Kledona, Hans Kleon, fondò a Settequerce l'azienda "von Braunbach", gestita ora da suo figlio Hannes.

Nel 1981, sotto la guida del direttore di cantina Hans Terzer, anche la cantina sociale di San Michele-Appiano si avventurò nella produzione dello spumante. Terzer iniziò con il metodo di rifermentazione in autoclave e il prodotto fu venduto con il nome "St. Valentin". Per motivi tecnici legati alle vendite, tuttavia, la produzione non venne proseguita.

La seconda ondata negli anni novanta

Nel 1995 un altro esperto direttore di cantina, Lorenz Martini di Cornaiano, ebbe il coraggio di creare un prodotto di altissima qualità. A questo scopo fondò la cantina "Comitissa", in parte usando uve dei propri vigneti e in parte acquistando vini base per il Metodo Classico da fornitori di aziende vinicole d'alta quota della zona. Sempre

Nella pubblicità del 1909 il “politicamente corretto” non era ancora un criterio da rispettare. Tuttavia, il poster che Ludwig Hohlwein realizzò per la “Überetscher Champagne Kellerei” di Appiano, è certamente d’effetto.

Soprattutto nell’Oltradige, il Metodo Classico locale fece ben presto la sua comparsa nelle occasioni di festa. Nel 1902, per esempio, si brindò al battesimo della “Cima arciduca Eugenio” – con l’“Überetscher Gold”.

Il primo requisito riguarda i vitigni utilizzabili, ovvero Chardonnay, Pinot Bianco e Pinot Nero. Ovunque, in Alto Adige, si coltivino queste varietà si può produrre anche il "Metodo Classico Alto Adige DOC".

A Marlengo attualmente ben quattro aziende sono impegnate nella produzione di spumanti. I produttori più importanti sono la cantina sociale di Merano con sede a Marlengo, il Plonerhof con i classici vitigni Pinot Bianco e Pinot Nero, Erwin Eccli, che utilizza un vino base Moscato Giallo per lo spumante fermentato in bottiglia, e Bernhard Geier, che si dedica alle varietà PIWI lavorate utilizzando il processo di fermentazione in vasca. In alcuni paesi vinicoli si può anche trovare una serie di esordienti che sviluppano il loro "vino spumante della casa" in piccole quantità e che, in caso di successo, lo includono nella produzione regolare. Nell'ambito della coltivazione biologica e anche con l'utilizzo delle varietà PIWI, inoltre, si delinea una via d'accesso più facile per domare lo "spirito" sotto forma di bollicine.

negli anni novanta la cantina sociale Valle Isarco fu la prima, al di fuori della Valle dell'Adige, ad avviare una propria linea di pregiati prodotti tramite fermentazione in bottiglia. Naturalmente, come vino base venne utilizzato il Sylvaner, a partire dal quale venne creato "Isarius". Nonostante il tempo e l'impegno che il mastro cantiniere Franz Dorfmann dedicò al progetto, il successo delle vendite rimase circoscritto alla Valle Isarco, motivo per cui il progetto non sopravvisse.

Oltre che in Valle Isarco, i primi tentativi vennero fatti anche nella nascente regione vinicola della Val Venosta. Fu così che, in collaborazione con Arunda, presso la cantina Oswald Schuster a Vezzano, a vedere la luce fu il progetto "Sällent" con vini base propri come Riesling e Fraueler. A gestire il progetto è oggi Magdalena, la figlia del fondatore. E a Parcines la cantina Kripp ha completato il suo programma di vendita con lo "Stachelburg Sekt". I vini base dell'azienda, Chardonnay e Pinot Nero, vengono trasformati in proprio in spumante rifermentato in bottiglia.

Che cosa è il "Metodo Classico Alto Adige DOC"?

A fronte di tutta questa varietà, che cosa è allora il "Metodo Classico Alto Adige DOC"? Il primo requisito riguarda i vitigni utilizzabili, ovvero Chardonnay, Pinot Bianco e Pinot Nero. Ovunque, in Alto Adige, si coltivino queste varietà si può produrre anche il "Metodo Classico Alto Adige DOC". Nel caso di Spumanti Metodo Classico, il vino base deve obbligatoriamente affinare sui lieviti per almeno quindici mesi. Se l'affinamento supera i trentasei mesi, il vino può fregiarsi della denominazione aggiuntiva "Riserva", unitamente all'indicazione dell'annata di vendemmia. La normativa della DOC stabilisce inoltre che può essere denominata solo "Extra Brut", "Pas Dosé" o "Brut". Il Metodo Classico dell'Alto Adige che viene fermentato in bottiglia riporta il nome del produttore e la dicitura "VSQ Metodo Classico". La sigla VSQ sta per "Vino Spumante di Qualità". Va inoltre indicato il tenore zuccherino (Extra Brut, Pas Dosé, Brut). Vinificando il Pinot Nero a contatto con le bucce, si produce un rosé.

Il residuo zuccherino del "Metodo Classico Alto Adige DOC"

Pas Dosé, Brut Nature	sotto 3 g/l
Extra Brut	6 g/l
Brut	15 g/l

In Alto Adige la fermentazione in bottiglia viene gestita come nella regione vinicola Champagne. Alla miscela del vino base (cuvée) viene aggiunta una piccola quantità di zucchero. Affinché quest'ultimo venga convertito, è necessario il lievito, che trasforma lo zucchero in etanolo e anidride carbonica, ossia in acido carbonico. Dopo almeno quindici mesi di fermentazione, le bottiglie vengono poste sulle rastrelliere in posizione verticale e ruotate di un ottavo o un quarto di giro ogni giorno per quattro o cinque settimane. Trascorso questo tempo il lievito può essere eliminato dalla bottiglia. Quello che segue è il "dosage", il tocco finale (ogni azienda ha la propria ricetta). Complessivamente, prima che venga tappata, dotata di gabbietta, capsula ed etichetta e finalmente messa in commercio, una bottiglia richiede ben tre anni di impegno. Oltre alla fermentazione in bottiglia, esiste anche il processo di fermentazione in autoclave (Martinotti-Charmat). Anche gli spumanti così prodotti, qualora vengano utilizzati Chardonnay, Pinot Bianco, Pinot Nero e Pinot Grigio, possono fregiarsi della denominazione "Metodo Classico Alto Adige DOC" integrata dal nome del vitigno.

Il fatto che l'Alto Adige, in quanto regione vinicola, sia anche un produttore predestinato dei vini base sopraccitati, è probabilmente dovuto al fatto che il terreno qui è quasi sempre misto a minerali calcarei. Durante la fase di maturazione delle uve è molto importante anche la grande escursione termica tra il giorno e la notte. Nelle notti fredde la vite riduce la naturale degradazione acida dell'uva e per questo motivo le annate con fioritura tardiva, e quindi maturazione altrettanto tardiva, sono più adatte alla produzione di vino base per spumanti. La vendemmia cade poi nella prima decade di settembre, periodo successivo al cambio della stagione, che alle nostre latitudini avviene solitamente a fine agosto.

Complessivamente, prima che venga tappata, dotata di gabbietta, capsula ed etichetta e finalmente messa in commercio, una bottiglia racchiude ben tre anni di lavoro.

A tutela del vino e dei consumatori

Diritto e vino

// Da quando l'uva viene trasformata in vino, esistono regole e normative – sia per la viticoltura sia per la lavorazione del vino. Uno sguardo agli sviluppi in merito mostra che, nel corso dei secoli, il fulcro del diritto vitivinicolo si è spostato: dai divieti relativi al prodotto vino alle normative sulla situazione economica fino alla tutela dei consumatori, alla legislazione alimentare, alla sostenibilità e alla sicurezza.

Christof Pichler

Il vino è un caso particolare. Mentre per le altre bevande siamo poco interessati all'origine, quando si tratta del vino ciò che ci interessa è invece soprattutto l'origine. Anche la varietà è secondaria. La maggior parte dei consumatori accetta il vino come prodotto solo se la sua origine è chiaramente definita e garantita. Questo comportamento non è una strana peculiarità dei consumatori, ma si basa su secoli di esperienza. In definitiva, il vino nasce dall'interazione tra suolo, clima, vitigno e persone. E i primi due dipendono direttamente dalla zona di coltivazione.

Dalla Mesopotamia alla zona del Chianti

Le norme più antiche a noi note risalgono forse al III millennio a. C., ovvero alla civiltà della Mesopotamia, e riguardano i riti religiosi in cui veniva utilizzato il vino. Anche in Egitto, nelle tombe dei faraoni costruite già nel II millennio a. C., si sono conservate immagini su piramidi e anfore di terracotta che ricordano l'uso sacro del vino. Su alcuni vasi di terracotta, oltre ai sigilli dei faraoni, si può riconoscere il nome del viticoltore e del vigneto. La provenienza delle uve ha sempre giocato un ruolo importante.

Questo ruolo fu rafforzato nel tardo Medioevo. La Repubblica di Firenze istituì il territorio del Chianti già nel XIII secolo, mentre Cosimo III de' Medici fece delimitare la zona di coltivazione del Chianti nel 1716, creando così la prima denominazione d'origine moderna. In Francia e Spagna le prime norme moderne a tutela del vino risalgono al XIX secolo. In Italia fu emanata una normativa contro l'adulterazione dei vini e, nel 1896, fu determinata la zona di produzione del Barolo. Seguì una serie di leggi, regolamenti legislativi e ministeriali che regolamentarono la produzione e il commercio del vino e combatterono le frodi.

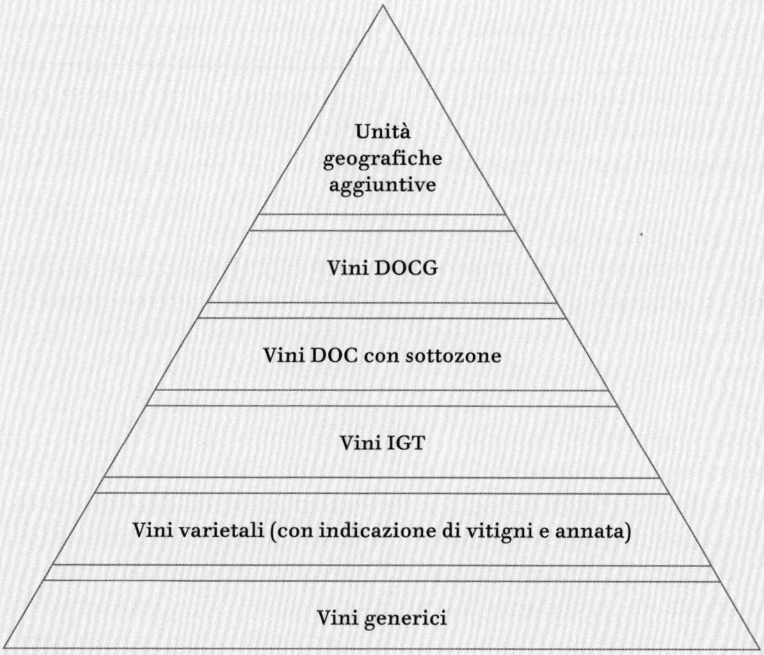

Figura 1

Tanto più un vino si colloca in alto nella piramide, tanto più rigide sono le norme relative alla sua produzione.

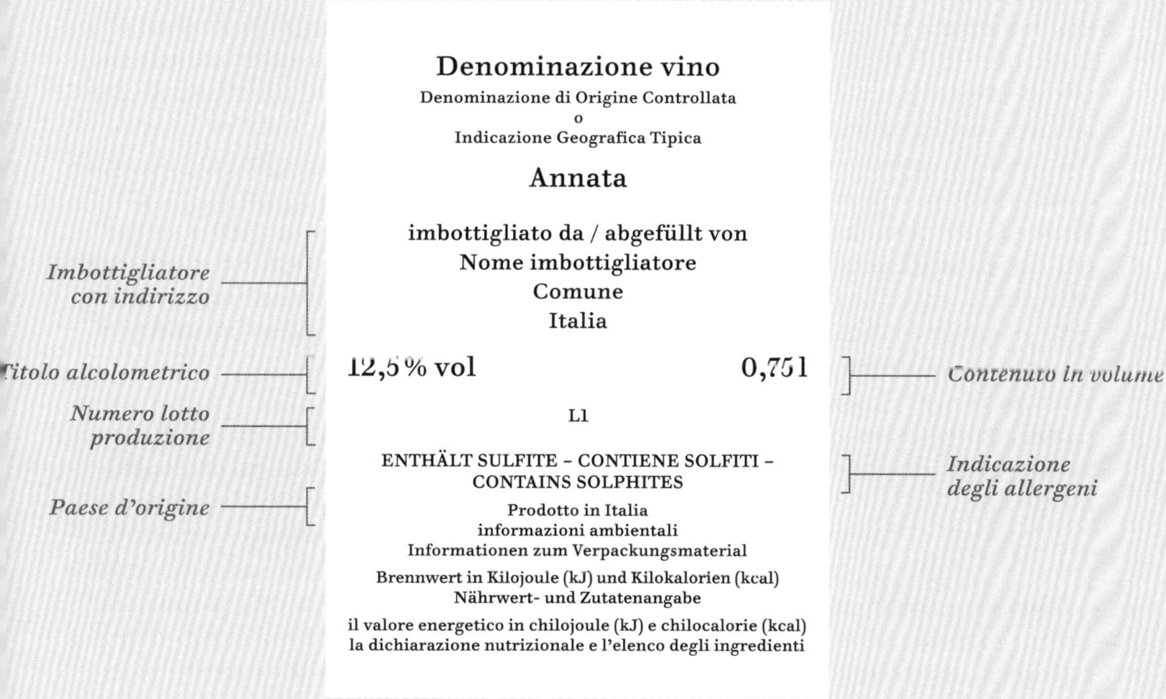

Figura 2

In Italia, ciò che può (e soprattutto ciò che non può) comparire sull'etichetta di un vino è severamente regolamentato dalla legge.

L'Alto Adige come pioniere, l'Europa come forza trainante

Contemporaneamente compaiono le prime norme per tutelare i vini tipici. Alcune di esse sono di carattere generale, mentre altre sono più specifiche, tra cui il decreto del 1931 che protegge il Marsala, rendendolo il primo vino codificato in Italia. Seguono le norme per la tutela dei vini altoatesini: Lago di Caldaro, Santa Maddalena, Terlano, Meranese. Ma ciò che ancora mancava in Italia è una legge unitaria sul vino. Il decreto n. 930, che contiene le prime norme generali per la produzione e la commercializzazione dei vini a denominazione di origine, venne emanato solo nel 1963. Esso definisce tre categorie di vini: vini da tavola semplici, vini DOC (Denominazione di Origine Controllata) e vini DOCG (Denominazione di Origine Controllata e Garantita).

A poco a poco, però, questa regolamentazione non soddisfaceva più le esigenze della moderna economia vinicola, anche perché nel 1970 viene emanato il Regolamento europeo per il mercato del vino, e la relativa legge italiana vi entrava sempre più apertamente in conflitto. Ecco perché, all'inizio degli anni ottanta, il settore del vino ha sollecitato con crescente insistenza una revisione completa della legge. Tuttavia, dopo anni di dure trattative, solo nel 1992 è stata approvata la legge n. 164, considerata una delle più moderne per regolamentare le denominazioni d'origine in Europa. La norma era relativamente ben strutturata e teneva conto delle preoccupazioni dell'economia vinicola. La realizzazione pratica, tuttavia, lasciava molto a desiderare.

Qualità a forma di piramide

La legge n. 164 del 1992 ("Nuova Disciplina delle Denominazioni d'Origine dei Vini"), distingue in Italia quattro tipologie di vini:

Vini da tavola: nella loro produzione devono essere rispettate solo le norme generali di vinificazione. Esiste un solo vino da tavola rosso e uno bianco; è vietato specificare il vitigno e l'origine. Questo vino può anche essere una miscela di diverse varietà provenienti da diverse zone.

Vini IGT (Indicazione Geografica Tipica): si tratta di una nuova tipologia di vino. Nei Paesi di lingua tedesca, i vini IGT vengono definiti "Landweine". Sono in realtà vini da tavola, ma la loro origine è controllata e garantita. È consentita l'indicazione dell'origine e della varietà, ma il nome geografico non deve generare confusione con i vini DOC. Attualmente in Italia sono presenti 119 vini IGT.

Vini DOC (vini di qualità provenienti da precise zone di coltivazione): questi vini hanno una denominazione di origine geografica controllata a livello internazionale. La zona di provenienza, la coltivazione della vite, le quantità raccolte, la qualità del mosto, le modalità di pressatura e le indicazioni geografiche che possono essere riportate in etichetta sono definite per ciascun vino DOC tramite un decreto del Ministero dell'Agricoltura, il cosiddetto disciplinare di produzione. Appositi organi di controllo vigilano sul rispetto di queste norme. Prima di essere commercializzato, ogni vino DOC deve inoltre superare un esame chimico e organolettico. Attualmente in Italia sono presenti 333 denominazioni DOC.

Vini DOCG: in Italia ci sono vini di lunga tradizione e conosciuti ben oltre la loro regione di coltivazione. Queste denominazioni d'origine sono particolarmente esposte al rischio di uso improprio, motivo per cui il legislatore può porle sotto una protezione speciale. I vini DOCG sono vini DOC la cui produzione e commercializzazione sono regolamentate e controllate in modo particolarmente severo e che devono riportare sul collo della bottiglia la fascetta statale. Attualmente in Italia

Ma ciò che ancora mancava in Italia è una legge uniforme sul vino. Il decreto n. 930, che contiene le prime norme generali per la produzione e la commercializzazione dei vini a denominazione di origine, venne emanato solo nel 1963.

sono presenti 77 denominazioni DOCG, le più conosciute sono Barolo, Barbaresco, Brunello di Montalcino e Chianti.

Un'importante innovazione della legge è stata la classificazione grafica delle tipologie di vino su una piramide di qualità. FIG.1 I vini da tavola costituiscono la base di questa piramide, i vini IGT la parte centrale, i vini DOC e DOCG il vertice. I vini con l'indicazione della singola località dovrebbero in definitiva rappresentare la massima qualità della produzione vitivinicola italiana. Quanto più in alto si posiziona il vino nella piramide, tanto più severi diventano i disciplinari di produzione.

Nuovi tentativi, nuova regolamentazione

La legge n. 61/2010 ("Tutela delle denominazioni di origine e delle indicazioni geografiche dei vini") ha tentato di adattare le norme alla situazione del settore vitivinicolo, anche aggiornando i requisiti per gli organismi di controllo che verificano i processi produttivi dalla vigna alla bottiglia.

Con la legge n. 238/2016 ("Disciplina organica della coltivazione della vite e della produzione e del commercio del vino"), annunciata come un grande successo, si è tentato ancora una volta di riunire tutte le normative statali in un'unica legge. Purtroppo, ciò è riuscito solo in parte e quindi, nonostante gli sforzi, alcune disposizioni legali sono rimaste al di fuori della legge sul vino ancora oggi in vigore. Tuttavia, anche i vini senza denominazioni DOC e IGT, ma con informazioni su varietà e annata, sono stati meglio regolamentati. Questa norma rende inoltre più semplice per le piccole imprese effettuare la contabilità digitale del magazzino (gestione del registro).

Un vino, un regolamento

Parte essenziale della legislazione vitivinicola sono i disciplinari di produzione. Per l'Alto Adige il primo disciplinare per il vino DOC Lago di Caldaro risale già al 1970. Seguirono nel 1971 quelli dei vini DOC Santa Maddalena, Meranese, Valle Isarco, Alto Adige con informazioni varietali nonché quelli dei vini DOC Terlano, Colli di Bolzano e Valdadige. Nel 1995, infine, è stata la volta del vino DOC Val Venosta e del vino IGT Mitterberg, e nel 1997 del vino IGT Vigneti delle Dolomiti. E già nel 1993 l'economia vinicola altoatesina era riuscita a riunire la maggior parte dei disciplinari di produzione come sottozone della denominazione "DOC Alto Adige".

Il disciplinare di produzione stabilisce le specifiche relative alla composizione varietale, alla delimitazione delle zone di coltivazione, alla quantità massima di uva per ettaro e alle tecniche di lavorazione – vino fermo, spumante, passito, vendemmia tardiva, Riserva, etc. Per il vino, invece, specifica il grado alcolico, l'acidità totale, il contenuto zuccherino residuo e altro.
In Alto Adige sono presenti le seguenti denominazioni vinicole:

- DOC Alto Adige o dell'Alto Adige (Südtirol o Südtiroler)
  - › Santa Maddalena (St. Magdalener)
  - › Meranese o Meranese di Collina (Meraner o Meraner Hügel)
  - › Terlano (Terlaner)
  - › Valle Isarco (Eisacktaler)
  - › Colli di Bolzano (Bozner Leiten)
  - › Valle Venosta (Vinschgau)
- DOC Lago di Caldaro o Caldaro (Kalterersee o Kalterer)
- DOC Valdadige (Etschtaler)
- IGT Mitterberg
- IGT Vigneti delle Dolomiti (Weinberg Dolomiten)

I disciplinari di produzione dei vini DOC e IGT dell'Alto Adige

D.P.R. 23.03.1970 DOC Kalterersee o Kalterer (Lago di Caldaro o Caldaro)
D.P.R. 13.04.1971 DOC Meraner o Meraner Hügel (Meranese o Meranese di Collina)
D.P.R. 11.08.1971 DOC St. Magdalener (Santa Maddalena)
D.P.R. 26.06.1974 DOC Eisacktaler (Valle Isarco)
D.P.R. 25.02.1975 DOC Terlaner (Terlano)
D.P.R. 24.03.1975 DOC Etschtaler (Valdadige)
D.P.R. 14.04.1975 DOC Südtirol o Südtiroler (Alto Adige o dell'Alto Adige)
D.P.R. 04.06.1975 DOC Bozner Leiten (Colli di Bolzano)
DM 08.09.1995 Vinschgau (Valle Venosta)
DM 03.11.1995 IGT Mitterberg
DM 26.11.1997 IGT Weinberg Dolomiten (Vigneti delle Dolomiti)

Uno sguardo rigoroso sulla qualità dei vini

Con il 1° agosto 2009 ha iniziato la sua attività l'Organismo di controllo dei vini della Camera di Commercio di Bolzano, autorizzato dal Ministero dell'Agricoltura a monitorare i vini DOC Alto Adige, DOC Lago di Caldaro e IGT Mitterberg, a garanzia della qualità e della tracciabilità dei vini altoatesini e a protezione dell'economia vinicola altoatesina dalla concorrenza sleale e dall'uso improprio delle denominazioni dei vini. Ogni anno oltre duemila campioni di vino vengono sottoposti a test di qualità e vengono controllati oltre 250 ettari di vigneti, e la relativa produzione di uva, nonché oltre sessanta aziende.

L'esame di qualità dei vini era già stato introdotto con il Regolamento CEE 2236/1973, ma in Italia ha trovato applicazione solo dal 1990. Da allora, tali certificazioni sono state effettuate dalla Camera di Commercio di Bolzano, presso la quale si trova anche l'elenco dei degustatori iscritti all'albo che effettuano le analisi organolettiche.

Fino alla fondazione del Consorzio Vini Alto Adige avvenuta nel 2007, tutte le questioni di politica vitivinicola venivano trattate dal "Comitato vitivinicolo" della Camera di Commercio di Bolzano. Ora questa competenza è giustamente collocata presso il Consorzio Vini Alto Adige. Lo schedario viticolo, contenente le informazioni su parcelle, aree di coltivazione, vitigni e molto altro ancora, è stato trasferito dalla Camera di Commercio all'Ufficio provinciale Frutti e Viticoltura.

L'ombrello europeo e la norma sulle etichette

Nel 1970 l'UE ha adottato un'organizzazione comune del mercato del vino, rivedendola da allora numerose volte. La regolamentazione del mercato attualmente in vigore risale al 2013 (n. 1308) e comprende norme per lo sviluppo del potenziale viticolo, pratiche e trattamenti enologici, prezzi e regolamentazione dei prezzi, interventi e altre misure di risanamento del mercato, commercio con Paesi terzi e mercato del vino in generale. Oltre all'organizzazione generale del mercato, l'UE emana ogni anno un gran numero di normative che interessano i diversi ambiti del settore. A essere gestite da Bruxelles sono soprattutto la tutela dei consumatori e dell'ambiente, e l'etichettatura del vino.

Una parte essenziale della legislazione vitivinicola è la presentazione dei vini e in particolare l'etichetta del vino. Dopotutto, ogni consumatore ha il diritto di essere adeguatamente informato sul vino. Al fine di tutelare i consumatori da informazioni ingannevoli, il legislatore ha quindi emanato norme molto precise riguardo alle informazioni consentite sulle etichette dei vini. Fig.2 Tutte le informazioni devono essere veritiere e tracciabili.

Le informazioni obbligatorie più importanti includono il nome e la categoria del vino, il nome dell'imbottigliatore e l'indirizzo, la gradazione alcolica in percentuale sul volume, il volume nominale, il numero di lotto, il riferimento agli allergeni e ai materiali di imballaggio nonché il loro corretto smaltimento. Le informazioni facoltative più importanti includono il nome proprio o il marchio del vino e le informazioni generali per i consumatori. Per i vini IGT e DOC alcune di queste informazioni facoltative possono anche essere rese obbligatorie nei rispettivi disciplinari di produzione, come l'indicazione dell'annata e dei vitigni.

Se si ripercorre lo sviluppo della legislazione sul vino, si nota che le prime normative sulla vinificazione erano principalmente divieti riguardanti sempre solo il prodotto vino. L'ulteriore sviluppo del diritto enologico nelle varie epoche storiche si è basato generalmente sulla situazione economica. Nel corso del tempo, la legislazione sul vino si è allineata sempre più alla tutela generale del consumatore, alla legislazione alimentare, alla tutela dell'ambiente e agli obiettivi generali della società come la sostenibilità e la sicurezza.

Grafico 8

Garanzia di origine: le zone DOC in Alto Adige

I vini con il marchio DOC (Denominazione di Origine Controllata) possono essere prodotti su oltre il 98 per cento della superficie vitata dell'Alto Adige. Questo marchio garantisce non solo l'origine dei vini, ma anche la loro qualità, poiché i viticoltori devono attenersi a regole molto severe. Oggi, in provincia, esistono due denominazioni DOC: "Alto Adige" e "Lago di Caldaro". Alla denominazione "Alto Adige" (o "dell'Alto Adige") possono essere aggiunte diverse sottozone o vitigni autorizzati.

Grafico 8 – Garanzia di origine: le zone DOC in Alto Adige

La svolta epocale per il vino dell'Alto Adige

La rivoluzione nel vigneto e in cantina a partire dagli anni settanta

// Negli ultimi cinquant'anni il settore vitivinicolo altoatesino ha vissuto cambiamenti epocali. Niente è rimasto com'era stato, spesso, per secoli. I cambiamenti sono evidenti nel vigneto, nella vita dei viticoltori, in cantina e nella commercializzazione.

Ignaz Niedrist

Per comprendere i cambiamenti avvenuti nella viticoltura altoatesina dagli anni settanta, è necessario guardare al passato, perché le loro cause scatenanti risalgono alla separazione dell'Alto Adige dall'Austria nel 1919 e ai successivi, difficili anni venti e trenta. Il confine del Brennero complicò la commercializzazione del vino verso il nord, in alcuni casi bloccandola completamente. Molti dei viticoltori che vendevano in proprio chiusero le loro cantine e conferirono le loro uve alle cantine sociali o ai commercianti di vino. Dopo la seconda guerra mondiale le condizioni di esportazione migliorarono progressivamente e negli anni sessanta e settanta le esportazioni aumentarono notevolmente. Le quantità richieste, soprattutto di vini≈rossi come il Lago di Caldaro e il Santa Maddalena, non poterono più essere prodotte nella sola provincia e furono compensate con acquisti dal sud. Con l'introduzione dei disciplinari di produzione per il Lago di Caldaro nel 1970 e per il Santa Maddalena nel 1971, per la prima volta furono stabilite zone di produzione e quantità massime, ponendo fine alle discutibili pratiche precedenti. Negli anni ottanta, le nuove normative ebbero un profondo impatto sulla produzione, sulle vendite e sulla viticoltura.

Fino al XX secolo, tradizionalmente la viticoltura veniva praticata in forma mista. Tra le pergole c'erano strisce di erba per il bestiame, il grano, le patate, le rape e altri beni necessari all'autosufficienza. Buoi e cavalli venivano utilizzati come animali da tiro e il loro letame fungeva da concime. I rami dei salici, tagliati dalle piante messe a dimora nei luoghi umidi del maso, o acquistati ai mercati, venivano utilizzati come materiale di legatura. Come sostegni venivano utilizzati pali di acacia e castagno. Nel complesso, si trattava di un'economia circolare ben calibrata e senza sprechi. La domanda di manodopera necessaria poteva ancora essere soddisfatta all'interno delle stesse aziende agricole. Ma i cambiamenti erano già all'orizzonte.

Più rumore e più verde: meccanizzazione e rinverdimento

La vita tra i filari divenne più rumorosa. Piccoli trattori dei marchi Eicher e Fiat sostituirono buoi e cavalli e ridussero le ore di lavoro manuale. Allo stesso modo, negli anni settanta non fu più necessario il faticoso ammostamento delle uve nel vigneto, poiché, con il miglioramento della produzione di vino rosso, solo le uve intatte venivano portate in cantina e solo lì si iniziava la lavorazione. Le vasche ribaltabili in ferro, necessarie al lavoro, sostituirono presto le "Kastlet" in legno, le botti da 10 a 12 ettolitri con una grande apertura utilizzate per il trasporto del pigiato. Le vasche rosse ribaltabili, oggi molto diffuse, nacquero da un brevetto del commerciante di vini dell'Oltradige Ignaz Brigl realizzato dai fratelli Meraner a Cornaiano. Ma allo stesso tempo anche la viticoltura visse cambiamenti significativi. Fino agli anni settanta la norma era la doppia lavorazione di tutto il terreno per mezzo dell'aratro. All'aratura primaverile, seguiva la "battitura", con la quale si livellava il terreno rimanente tra le viti, mentre a fine estate veniva effettuata una seconda aratura per proteggere i ceppi dal gelo invernale.

Sull'esempio di Svizzera, Alsazia e delle regioni vinicole della Germania, alcune grandi aziende cominciarono a ridurre la lavorazione del suolo e a introdurre l'inerbimento permanente. Il cambiamento, che inizialmente avvenne sui pendii di Santa Maddalena, coinvolse ben presto tutta la zona vitivinicola dell'Alto Adige. Gli effetti positivi di questo cambiamento furono una minore erosione dopo i temporali, una migliore percorribilità e un notevole risparmio di ore lavorative. La ridotta vigoria delle viti venne compensata dall'irrigazione intensiva e dalla maggiore concimazione con azoto sintetico.

> Con l'introduzione dei disciplinari di produzione per il Lago di Caldaro nel 1970 e per il Santa Maddalena nel 1971, per la prima volta furono stabilite zone di produzione e quantità massime, ponendo fine alle discutibili pratiche precedenti.

Via libera alla scienza: difesa delle piante e cloni

Fino agli anni settanta il trattamento fitosanitario delle viti si effettuava esclusivamente con irroratori a tubo. Su terreni pianeggianti si passò quindi all'utilizzo di irroratrici trainate, inizialmente senza e successivamente con l'ausilio di aria, mentre sui pendii ripidi si continuò per necessità con i trattamenti manuali. Intorno alla metà degli anni settanta, diverse aziende cominciarono a utilizzare l'irrigazione a pioggia, per lo più alternativamente all'irrigazione tramite tubo. Solo all'inizio degli anni novanta gli spruzzatori cingolati manuali o semoventi sostituirono i tubi di spruzzatura. Nel settore fitosanitario, a migliorare non fu solo la tecnologia, ma anche la scelta dei prodotti. Se il brodo di zolfo e rame-calce (poltiglia bordolese) venne utilizzato per decenni per combattere le due più importanti malattie fungine della vite, oidio

Per molti anni il lavoro dei viticoltori non è cambiato quasi per nulla. Fino agli anni sessanta, il lavoro pesante veniva svolto da coppie di buoi, invece che dai trattori.

La primavera tra le pergole prevedeva anche la legatura delle viti – e si trattava, come qui a Cornaiano all'inizio degli anni cinquanta, di un lavoro di famiglia.

L'uva veniva pigiata nel vigneto. Dagli anni settanta, invece, le cantine hanno iniziato a richiedere che venissero conferiti solo grappoli integri.

e peronospora, in Alto Adige, a partire dalla fine degli anni sessanta le opzioni si ampliarono rapidamente con una serie di fungicidi organici. Aspor, Antracol blue e Rame-Caffaro come agente rameico di nuova formulazione sono nomi commerciali ben noti ai viticoltori più anziani.

Nella conca di Bolzano, per limitare i crescenti danni causati dai fumi di scarico della locale zona industriale venne aggiunta anche calce applicata a spruzzo. Dal 1975 la viticoltura locale assistette all'introduzione degli erbicidi che venivano utilizzati soprattutto tra i pali e nelle zone marginali improduttive, mentre raramente venivano utilizzati su tutta l'area. In quest'era di progresso, a pensare alle conseguenze ecologiche dell'utilizzo di sostanze chimiche erano ancora in pochi; a prevalere era la soddisfazione per i vantaggi ottenuti.

Altrettanto sensibile fu l'incremento delle rese che si poté registrare dal 1960 alla metà degli anni ottanta nonostante la stagnazione delle superfici vitate, soprattutto per il vitigno principale, la Schiava. Le ragioni di ciò sono diverse. Oltre a una difesa più efficace delle piante, all'aumento delle superfici irrigate e all'intensificazione della concimazione chimica, va menzionato anche l'inizio della selezione di cloni. Quest'ultimo, unito alla relativa regolamentazione della produzione di barbatelle basata su un Regolamento CE del 1969, portò a viti giovani più sane e vitali e a un miglioramento tecnico del sistema di allevamento della vite. All'epoca, nessuno avrebbe potuto pensare che il notevole aumento delle rese, soprattutto della Schiava, sarebbe stato anche uno dei motivi della crisi vinicola altoatesina degli anni ottanta.

I cambiamenti in cantina

Rispetto a quelli avvenuti in viticoltura, i cambiamenti in cantina possono sembrare meno evidenti, ma non furono meno importanti. Fino agli anni settanta, l'attrezzatura delle cantine era molto semplice, destinata soprattutto a rendere efficiente la produzione del vino rosso. La fermentazione avveniva in recipienti di legno di quercia, castagno e larice oppure in cisterne di cemento di varie dimensioni, senza controllo della temperatura e senza aggiunta di lieviti, ma con una pronunciata solforazione. Negli autunni caldi, se non si fosse lavorato velocemente il pigiato dopo la vendemmia, il surriscaldamento delle botti di cemento avrebbe potuto causare errori o blocchi della fermentazione. Le conseguenze erano un aumento dei livelli di zucchero residuo, una presenza significativa di acidità volatile e note impure che compromettevano la qualità dei vini giovani.

Il maggiore utilizzo di recipienti in acciaio inossidabile nella fermentazione dei vini rossi e le relative opzioni per il controllo della temperatura portarono a una significativa riduzione degli arresti di fermentazione e alla produzione di vini più fruttati. Ciò che si rivelò una benedizione per la vinificazione dei rossi, segnò una vera e propria rivoluzione per i vini bianchi. Grazie alla fermentazione controllata, iniziata a temperature comprese tra i 20 e i 23 gradi Celsius, e all'utilizzo di lieviti selezionati, la qualità dei bianchi aumentò considerevolmente. Anche nella pressatura si cominciò ad aumentare la qualità. Nel 1976 le prime due presse pneumatiche Willmes furono utilizzate da Alois Lageder a Magrè e nella cantina sociale di Cornaiano. I vantaggi (pressatura rapida, minore ossidazione, trattamento più delicato del

Fino agli anni settanta, l'attrezzatura delle cantine era molto semplice, destinata soprattutto a rendere efficiente la produzione del vino rosso.

mosto e possibilità di macerazione) furono subito evidenti e incoraggiarono altre aziende a investirvi del denaro. Piuttosto sorprendente, se si considera che all'inizio degli anni ottanta la percentuale di vino bianco era ancora inferiore al 20 per cento.

In questo periodo molti giovani mastri cantinieri entrarono in contatto con le nuove conoscenze tecniche presso i rispettivi luoghi di studio in Germania (Geisenheim, Weinsberg, Veitshöchheim), a Klosterneuburg vicino a Vienna e a Wädenswil vicino a Zurigo, e condivisero le loro esperienze con i colleghi che avevano frequentato le scuole a San Michele e Conegliano. Anche lo sviluppo enologico del Friuli, allora la principale regione italiana produttrice di vini bianchi, funse da stimolo e accelerò lo sviluppo delle cantine altoatesine, così come la produzione di spumanti in Franciacorta e Piemonte. Il vino base per spumanti altoatesino divenne sempre più richiesto e apprezzato per la sua qualità. I presupposti per la produzione di questi nuovi vini erano il progresso tecnologico descritto e l'ampliamento della zona di Pinot Bianco, Chardonnay e Pinot Grigio negli anni ottanta con la concessione dello status DOC a queste varietà.

Crisi, cambiamento, ripartenza

Lo sviluppo della viticoltura altoatesina negli anni novanta è il risultato di un riorientamento globale causato dalla profonda crisi del 1985. L'esportazione del vino sfuso, che in passato aveva riscosso molto successo soprattutto attraverso i consolidati canali di vendita delle cantine commerciali, diminuì di anno in anno. I clienti più giovani nei mercati di Svizzera, Germania e Austria bevevano meno vino e cercavano maggiore qualità. Questo cambiamento apparve subito evidente in occasione della Mostra Vini di Bolzano, dove le giornate tradizionali dedicate al commercio del vino svizzero e tedesco risultarono poco frequentate e la qualità dei vini sfusi venne aspramente criticata. A fronte del calo dei consumi, inoltre, le annate ad alto rendimento causarono un aumento delle giacenze di vino.

La siccità invernale del 1980/81, che causò la morte delle viti, venne seguita da un inizio precoce dell'inverno che si abbatté, a fine ottobre 1981, sulle pergole ancora piene di foglie. In molti casi le impalcature non resistettero alla pressione della neve e dovettero essere smontate e ricostruite. Sebbene in misura minore, questi eventi climatici estremi si ripeterono anche nel 1986, aumentando i dubbi sulla forma di allevamento a pergola. La viticoltura dovette anche competere con la crescente coltivazione delle mele. L'ampliamento e il miglioramento dei sistemi di irrigazione resero possibile la coltivazione di frutta nelle zone vinicole storiche e, grazie ai moderni impianti fitti, il rendimento della coltivazione delle mele aumentò enormemente, permettendo ai ricavi della frutticoltura di raggiungere e di superare quelli della viticoltura. Il punto più basso di questo travagliato periodo fu sottolineato da un articolo apparso sulla rivista enologica "Vinum" del luglio 1987. Accanto all'immagine di un bicchiere di vino rosso rovesciato il titolo recitava: "Alto Adige: caduto in disgrazia"; nel testo l'autore Rudolf Knoll puntava il dito sui tracolli subìti dal vino altoatesino.

Indipendentemente dalle critiche esterne, in Alto Adige si stava riflettendo sui miglioramenti da introdurre. Lo faceva Luis Raifer, che dopo gli studi di agraria divenne uno dei grossi nomi della politica vitivinicola, sia come presidente della cantina sociale di Colterenzio dal 1978 che, successivamente, come presidente delle cantine sociali dell'Alto Adige. Preoccupato per il futuro economico e per l'immagine della viticoltura altoatesina, Raifer cercò soluzioni compiendo diversi viaggi nelle regioni vinicole di successo di tutto il mondo. Questi viaggi, spesso in compagnia di Peter Dipoli, lo condussero in Savoia, Piemonte, Friuli e Toscana, ma

Un lavoro di grande fatica e precisione: i grappoli pigiati venivano scaricati nei "Kastlet" in legno ancora nel vigneto.

La tradizione incontra la modernità: negli anni settanta i "Kastlet" in legno vengono sostituiti dalle vasche rosse ribaltabili in metallo. Sono un brevetto del commerciante di vini Ignaz Brigl e vengono prodotte a Cornaiano.

Nelle zone pianeggianti, l'allevamento ad arco è rimasto lo standard fino agli anni novanta.

anche nel nuovo mondo del vino della California. Raifer cominciò così a compiere decisi passi verso un cambiamento radicale e un'offensiva globale di qualità anche nella sua cantina. Il pagamento basato sulla qualità, l'eliminazione degli impianti mediocri di Schiava e il reimpianto con varietà internazionali come Cabernet, Merlot, Chardonnay e Sauvignon furono i primi interventi concreti. Inoltre si stavano formando diversi gruppi orientati alla qualità, specialmente tra i giovani viticoltori.

Ciò che Luis Raifer è stato per le cantine sociali, Luis Lageder lo è stato per i commercianti di vino. Egli fu forse il primo a rendersi conto del vicolo cieco in cui si trovava l'economia vinicola altoatesina e a riflettere sulle possibili soluzioni. Seguendo il consiglio dell'amico Robert Mondavi, fu tra i primi a utilizzare le barrique nel 1982. Il cognato di Lageder, l'esperto mastro cantiniere Luis von Dellemann, acquisì rapidamente una straordinaria abilità nell'invecchiamento del vino bianco in piccole botti di rovere e nel 1984 portò sul mercato le prime bottiglie di Chardonnay e Cabernet Löwengang. A riscuotere grandi consensi a livello internazionale fu soprattutto lo Chardonnay della vendemmia 1985, considerato per molti anni il perfetto esempio di questa nuova direzione della viticoltura altoatesina, infondendo uno spirito di ottimismo. Lo stesso avvenne per il Pinot Nero altoatesino del 1988 di Franziskus Haas di Montagna, che seppe imporsi con successo sulla concorrenza internazionale ottenendo nel 1990 il secondo posto in una degustazione condotta dalla rivista "Vinum". Segno che anche per questa varietà c'erano margini di miglioramento.

Anche Hans Terzer, della cantina sociale di San Michele-Appiano, ricoprì un ruolo decisivo nel riorientamento della viticoltura altoatesina. Dopo aver assunto l'incarico di direttore di cantina nel 1977 si trovò presto a fronteggiare le crescenti preoccupazioni in termini di vendite. Parallelamente agli sviluppi di Lageder e a Colterenzio, Terzer aprì con successo nuove strade, soprattutto nella vinificazione in bianco. Nel 1982 imbottigliò il suo primo Pinot Bianco "Schulthaus" in una bottiglia da 0,75 litri. Nel 1983 seguì il primo Chardonnay in purezza, a cui nel 1986 si aggiunse il primo imbottigliamento della linea St. Valentin (Pinot Grigio, Gewürztraminer, Chardonnay). L'offensiva di qualità di questo periodo, condotta dalle aziende sopraccitate, venne presto sostenuta dalla stragrande maggioranza delle cantine. Fondamentale risultò anche il supporto scientifico del Centro di Sperimentazione Laimburg e del Centro per la Consulenza per la fruttiviticoltura dell'Alto Adige. Va segnalato infine anche un numero significativo di viticoltori che aprirono le porte al futuro con nuovi impianti. I primi segni visibili furono lo sgombero delle pergole di Schiava nell'Oltradige e nella Bassa Atesina. Le nuove piante furono messe fittamente a dimora (6.000–7.000 ceppi per ettaro) su spalliere; pali di cemento e di metallo sostituirono il castagno e il larice.

Nuove strade, nuove sfide

Grazie alle ottime annate 1988, 1989 e 1990 i primi nuovi impianti andarono nella direzione del "nuovo, grande vino rosso", con Merlot, Cabernet Franc e Cabernet Sauvignon in cima alla lista. Le giovani viti piantate, molte delle quali importate dai vivai francesi, cominciarono ben presto a produrre qualità convincenti. Con il sistema di allevamento a spalliera, il carico sulle singole viti diminuì notevolmente e, allo stesso tempo, la luce solare diretta e una migliore illuminazione comportarono un aumento dei profumi e dei sapori degli acini. Il miglioramento degli interventi sulle zone fogliari e produttive consentì anche una protezione mirata delle piante e una riduzione delle dosi di applicazione dei preparati. La sfogliatura della zona del grappolo, ormai ampiamente praticata, si rivelò subito

Nonostante tutti i progressi, il palato del mastro cantiniere rimane ancora oggi lo strumento di valutazione più importante nella vinificazione.

L'orgoglio dei bottai: le botti più grandi venivano costruite al di fuori della cantina, ma poi dovevano essere smontate e rimontate all'interno della cantina.

Per secoli, la vinificazione è stata una questione d'istinto. La scienza (e le relative misurazioni) ha fatto il suo ingresso in cantina solo relativamente tardi.

una pietra miliare nella moderna lavorazione della vite. La nuova forma di allevamento consentì una migliore ventilazione favorendo la salute degli acini. Lo sviluppo in verticale dell'allevamento a Guyot permise anche di effettuare la sfogliatura meccanica della zona dei grappoli e la potatura meccanica delle foglie.

Le ore di lavoro manuale nel vigneto diminuirono, ma divennero più impegnative dal punto di vista tecnico. Per via dei minori obiettivi di resa richiesti, sulla vite venivano lasciati meno tralci e i grappoli rimanenti venivano diradati al livello desiderato prima della maturazione e del viraggio (vendemmia verde). Anche l'eliminazione di parte dei grappoli rientra tra le misure di miglioramento della qualità. Oggi si utilizza principalmente per ridurre la resa nelle varietà di Schiava, Lagrein, Merlot e Pinot Bianco e per ridurre il marciume acetico nelle varietà ad acino compatto come Pinot Grigio e Pinot Nero.

Non tutti i vitigni rossi coltivati negli anni novanta ebbero successo; molti di essi, soprattutto quelli in luoghi freschi, vennero sostituiti da vitigni bianchi già dopo dieci anni. Una tendenza tipica dei primi anni 2000, quando l'Alto Adige si trasformò da terra di vini rossi a terra di vini bianchi. A causa della crescente domanda sul mercato italiano, la superficie coltivata a Pinot Grigio, Sauvignon e Gewürztraminer aumentò notevolmente, così come quella a Chardonnay, Riesling e Müller-Thurgau.

In questo periodo, a vivere uno sviluppo straordinario fu la Valle Isarco, dove, soprattutto intorno a Bressanone, un gruppo di esperti viticoltori diede prestigio e fama alla zona. A prevalere furono le varietà Kerner e Riesling, seguite da Gewürztraminer. L'antico Sylvaner, invece, ebbe difficoltà a mantenere il suo posto. Allo stesso tempo, grazie al lavoro di alcune aziende leader, in Bassa Val Venosta riuscirono a conquistare spazio nelle carte dei vini anche il Riesling, il Pinot Bianco e il Pinot Nero (introduzione della DOC Val Venosta nel 1995). Anche il tradizionale vitigno autoctono Lagrein visse una rinascita. Nelle zone storiche intorno a Bolzano (Gries, Bolzano Villa e Rencio), molte pergole di Lagrein vennero sostituite da spalliere. Con il successivo affinamento in rovere francese, questi "nuovi" Lagrein guadagnarono espressività, longevità e popolarità. Aumentarono anche le superfici coltivate a Lagrein attorno a Ora ed Egna e nelle zone calde intorno al Lago di Caldaro. Nelle pregiate località intorno a Bolzano si dovette però accettare una leggera diminuzione della superficie produttiva a causa dell'intensa attività edilizia legata all'espansione della città.

Dal 1990 in poi il Pinot Nero ha avuto un ruolo importante nei cambiamenti fondamentali della viticoltura altoatesina. Nel 1970, con circa 200 ettari, rappresentava ancora solo il 3,6 per cento della superficie coltivata, soprattutto a Montagna ed Egna nonché nella zona occidentale di Cornaiano. Località storiche si trovavano anche ad Appiano (Stroblhof), a Merano (Castel Rametz) e in Val Venosta (Castelbello). Per via dei cambiamenti nell'Oltradige (Appiano, Caldaro) e in Bassa Atesina (Gleno), nel 2010 questa superficie è cresciuta fino a circa 350 ettari. Grazie alla diffusione della varietà in località più elevate (Doladizza, Aldino) e in località nuove per la varietà (Appiano-Berg, Val Venosta, Valle Isarco), a partire dal 2010 questa tendenza è stata notevolmente rafforzata e supportata da un mercato sempre più ricettivo.

Nuovo vino in nuove botti

Le crescenti esigenze di qualità hanno cambiato la viticoltura e con essa la produzione del vino. Le rese ridotte richiedevano recipienti più piccoli e tecnologici. Per i mastri cantinieri, l'attività di analisi divenne fondamentale per determinare il momento della vendemmia, monitorare microbiologicamente la fermentazione e la conservazione e prepararsi all'imbottigliamento. L'uva cominciò a essere trasportata con la massima cura possibile in cassette piccole e grandi. I nastri trasportatori sostituirono le pompe per il pigiato, mentre l'uso di presse pneumatiche e il controllo della temperatura durante la lavorazione divennero uno standard. Attraverso la fermentazione e l'invecchiamento in rovere nuovo (barrique da 225 a 500 litri), Chardonnay e Pinot Grigio riuscirono ben presto ad accedere al mercato nazionale e internazionale. Un successo che di lì a poco arrise anche alle varietà Merlot, Cabernet e Lagrein tra i rossi. Nella lavorazione del Pinot Nero, la macerazione a freddo prefermentativa per diversi giorni comportò un aumento della resa aromatica e cromatica. La fermentazione sui raspi legnosi smise di essere un tabù e divenne un espediente stilistico ben accetto. La maggior parte dei pregiati vini Pinot Nero venne invecchiata in barrique per un periodo che va dagli otto ai dodici mesi.

Molte vecchie botti in legno scomparirono dalle cantine per lasciare il posto a nuove botti in rovere francese o austriaco in cui produrre vini Schiava e Lagrein di grande intensità. Anche Pinot Bianco, Riesling e Gewürztraminer iniziarono a essere fermentati in grandi botti in legno e affinati su lieviti fini per un lungo periodo di tempo, un metodo di lavorazione già anticipato negli anni settanta da Sebastian Stocker, mastro cantiniere di Terlano.

Negli ultimi quarant'anni, quindi, la viticoltura altoatesina è cambiata più che nei secoli precedenti. Questo risultato è da considerarsi frutto di un lavoro collettivo di molti. Ma è un risultato solo provvisorio, perché l'impegno per la sostenibilità e il crescente cambiamento climatico richiederanno molta flessibilità e dedizione anche da parte della prossima generazione di viticoltori altoatesini.

\\

Una vetrina da sempre
La Mostra Vini di Bolzano

// Chi non vuole comprare a scatola chiusa, deve assaggiare i vini. In Alto Adige la prima occasione per farlo fu nel 1896 al "1. Bozner Frühjahrsweinmarkt" (primo mercato primaverile del vino di Bolzano), da cui nacque in seguito la Mostra Vini di Bolzano; per decenni è stata la vetrina più importante dei vini dell'Alto Adige e un evento mondano a cui nessuno voleva mancare.

Christof Pichler

Alla fine del XIX secolo i produttori di vino dell'Alto Adige si trovarono di fronte a un problema. Nel febbraio del 1896, l'Associazione delle cooperative distrettuali agricole del Sudtirolo tedesco comunicò al pubblico quanto segue: "Ciò che viene presentato come 'vino tirolese', soprattutto nelle locande fuori Tirolo, generalmente non dà a chi lo beve la minima idea del carattere del buon vino tirolese. Ciò che viene servito [...] è in molti casi una miscela che non contiene una goccia di sangue dell'uva del Tirolo tedesco". Evidentemente, all'epoca, nei Paesi della duplice monarchia, il vino altoatesino godeva di una reputazione tanto buona da attirare l'interesse dei contraffattori. Eppure, allo stesso tempo, i vini altoatesini sembravano ancora troppo poco conosciuti sui mercati più importanti per potersi difendere efficacemente dai falsificatori. Nella stessa comunicazione con cui le cooperative distrettuali segnalarono questi problemi, ne proposero però anche la soluzione: "tramite l'organizzazione di un mercato del vino a Bolzano, creare l'opportunità di permettere a chiunque sia interessato ai vini tirolesi di farsi un quadro chiaro della produzione del territorio e della tipologia molto particolare dei suoi vini [...]".

"Ciò che viene presentato come 'vino tirolese', soprattutto nelle locande fuori Tirolo, generalmente non dà a chi lo beve la minima idea del carattere del buon vino tirolese."

Tre decenni e mezzo di mercato del vino

L'annuncio fu solo l'inizio: già dal 12 al 22 marzo 1896, presso il locale in stile tirolese di proprietà dell'associazione, ebbe luogo il primo mercato primaverile dei vini di Bolzano, in occasione del quale vennero presentati oltre 160 vini: vini bianchi di un anno conservati in botte e suddivisi nelle categorie "Vini bianchi da tavola", "Vini bianchi da tavola migliori (vini speciali)" e "Vini da pasto", vini bianchi in botte di maggiore età, vini rossi in botte di un anno e più, vini bianchi e rossi in bottiglia, nonché aceto di vino, vini da dessert, vermut e distillati. Già alla sua prima edizione, il mercato primaverile del vino fu quello che si proponeva di essere: un preciso ritratto della produzione vinicola altoatesina e, allo stesso tempo, un'opportunità per produttori locali e acquirenti provenienti da tutto l'impero, con i primi che finalmente poterono presentarsi in una cornice adeguata e i secondi in grado di degustare i vini dell'Alto Adige, di confrontarsi con i produttori e di effettuare i loro acquisti. O, come dissero gli organizzatori: "Con l'organizzazione del mercato del vino ci si prefigge innanzitutto di fare uno sforzo serio per correggere il giudizio sbagliato che esiste in molti ambienti sulla qualità del vino tirolese e, in secondo luogo, di mettere in risalto i buoni vini del Tirolo tedesco anche relativamente ai grandi progressi compiuti nella loro lavorazione".

L'idea di un mercato del vino non fu un'idea genuinamente bolzanina. A Trento, infatti, un anno prima di quello tenutosi nel capoluogo altoatesino, si era già svolto un analogo mercato del vino. Dato il successo ottenuto dall'evento, è probabile che i bolzanini non volessero restare indietro. La copia, comunque, ebbe ben presto più successo dell'originale. Nel primo anno si contarono oltre duemila visitatori in un totale di sei giorni di esposizione, motivo per cui il secondo anno ci si dovette trasferire in uno spazio più grande. A cavallo del XX secolo, il mercato primaverile del vino di Bolzano si trasformò in uno degli eventi più importanti dell'economia vinicola dell'Alto Adige. Era un appuntamento fisso nel calendario del vino ben oltre i confini nazionali e tale rimase – con un'interruzione dovuta alla guerra – fino al 1932. Alla fine, il mercato del vino fu costretto a chiudere i battenti a causa degli avvenimenti degli anni venti, particolarmente traumatici per l'Alto Adige, nei quali gli sconvolgimenti politici, culturali e – di conseguenza – economici, colpirono la città di Bolzano mettendone a rischio la reputazione di città votata al commercio, compreso quello del vino.

"Con l'organizzazione del mercato del vino ci si prefigge innanzitutto di fare uno sforzo serio per correggere il giudizio sbagliato che esiste in molti ambienti sulla qualità del vino tirolese."

Il ritorno come Mostra Vini

Non fu quindi un caso che, appena due anni dopo la fine della seconda guerra mondiale (e con essa l'orrore delle due dittature), venne ideato il successore del mercato primaverile del vino di Bolzano: la Mostra Vini di Bolzano. La prima edizione dell'evento si svolse all'Hotel Post nel 1947, ma già nel 1949 si trasferì all'Hotel Laurin, dove rimase per trentasei anni. Rispetto al mercato del vino, la Mostra Vini di Bolzano, inizialmente denominata "Mostra provinciale dei vini dell'Alto Adige", rappresentò una rivoluzione su più fronti. La rassegna venne infatti organizzata dalla Camera di Commercio, Industria,

Un sorriso per il fotografo: a caratterizzare i primi anni della Mostra Vini di Bolzano (la foto è del 1955) era un certo clima da osteria ma né al personale di servizio né ai visitatori sembrava importare più di tanto.

Tutti in fila: alla Mostra Vini di Bolzano del 1962 era possibile degustare una parte considerevole dell'offerta vinicola altoatesina.

Massima concentrazione: il pubblico specializzato ha partecipato con grande spirito di dedizione alla Mostra Vini di Bolzano del 1962 presso l'Hotel Laurin.

Per la Mostra Vini di Bolzano del 1977, il pubblico – piuttosto numeroso, come mostra la fotografia – si è riunito sotto un cielo di (finti) grappoli dell'Alto Adige.

Il catalogo del Mercato vinicolo primaverile di Bolzano del 1929 presenta il fascio littorio in copertina. Sarà una delle ultime edizioni dell'evento.

A essere nuovi non erano però solo i promotori, ma anche il suo formato. La Mostra Vini di Bolzano non doveva essere semplicemente un mercato ma piuttosto un evento in cui presentare a un vasto pubblico i vini altoatesini di qualità.

Artigianato e Agricoltura di Bolzano, che poté contare anche sul sostegno dell'Associazione delle cantine sociali e dell'Associazione Vino dell'Alto Adige. A essere nuovi non erano però solo i promotori, ma anche il suo formato. La Mostra Vini di Bolzano non doveva essere semplicemente un mercato ma piuttosto un evento in cui presentare a un vasto pubblico i vini altoatesini di qualità. Sebbene l'attenzione rimanesse rivolta alla degustazione dei vini locali, la Mostra Vini si arricchì gradualmente di un programma collaterale rivolto in particolare al pubblico specializzato dei principali mercati – soprattutto di lingua tedesca – ovvero Svizzera, Germania e Austria.

Questo sviluppo rifletté anche i diversi gruppi target ai quali la Camera di Commercio di Bolzano, in qualità di promotrice, volle rivolgersi con la propria manifestazione. Da un lato c'era il pubblico bolzanino, per il quale la Mostra Vini diventò negli anni un evento mondano di grande importanza. Ci si faceva conoscere, si potevano stringere contatti davanti a un buon bicchiere e discutere di vino con gli esperti. Allo stesso tempo, alla Mostra Vini dovevano potersi sentire a loro agio anche le persone in grado di fare il bello e il cattivo tempo nel mercato del vino. Per molti anni la Mostra Vini di Bolzano è stata una sorta di barometro dell'interesse del mercato internazionale nei confronti del vino altoatesino. Gli appassionati attendevano quindi la Mostra Vini con grande trepidazione, anche perché, per scoprire lo sviluppo dei rossi e dei bianchi dell'ultima annata, bisognava aspettare questo particolare evento. Se il pubblico specializzato più autorevole – oggi probabilmente li chiameremmo "influencer" – fosse tornato a casa soddisfatto, promotori e produttori avrebbero potuto essere certi che si sarebbe prospettato un buon anno di vendite.

Anche questo dimostra che la Mostra Vini di Bolzano ha sempre cercato di riflettere l'evoluzione del vino in Alto Adige. La rivoluzione della qualità, che è stata senza dubbio la più importante a partire dalla metà degli anni ottanta, è evidente nei cataloghi di degustazione dei vini e nella scelta della sede. Salvo poche eccezioni, fin dalla sua settantatreesima edizione del 1995, la Mostra Vini di Bolzano si svolge a Castel Mareccio. Allo stesso tempo, stanno cambiando anche le aspettative nei confronti della Mostra Vini; non è più né un evento per vendere vino – le guide enologiche l'hanno superata nel campo della valutazione del vino – né il principale palcoscenico per la presentazione dei vini dell'Alto Adige – l'hanno sostituita le grandi fiere, in particolare la

Per molti anni la Mostra Vini di Bolzano è stata una sorta di barometro dell'interesse del mercato internazionale nei confronti del vino altoatesino.

Vinitaly di Verona e la Prowein di Düsseldorf. Negli ultimi anni la Mostra Vini di Bolzano si è quindi trasformata in un evento prevalentemente turistico, ora patrocinato dall'Azienda di Soggiorno della Città di Bolzano. Guardando oltre i confini provinciali, la manifestazione si rivolge oggi meno al pubblico del commercio internazionale e più ai turisti che vogliono avere una panoramica dell'offerta vinicola dell'Alto Adige. Nel contempo, però, non è venuta meno l'attenzione verso i bolzanini. Il focus è sempre sul vino dell'Alto Adige, anche grazie a tutta una serie di eventi satellite nei quartieri della città, una scelta che sottolinea anche come la Mostra Vini attiri più di prima il pubblico italiano – ospiti e bolzanini in egual misura.

\\

Grafico 9

Il vino dell'Alto Adige a colpo d'occhio

Tante cifre, tanti fatti, una conclusione: un'analisi dei dati del settore vitivinicolo altoatesino mostra che, in presenza di condizioni climatiche ottimali, piccole aziende producono principalmente vini bianchi e rossi che vengono bevuti in tutto il mondo.

La viticoltura in cifre

5.750 ha
Superfici vitate

4.800
Aziende vinicole

⌀ 1 ha
Superfici vitate per azienda

10.000
Occupati nel settore vinicolo

250
Produttori di vino

40.000.000 di bottiglie all'anno

65% vino bianco

35% vino rosso

450.000 bottiglie di Metodo Classico all'anno

Quali condizioni rendono possibile la viticoltura in Alto Adige?

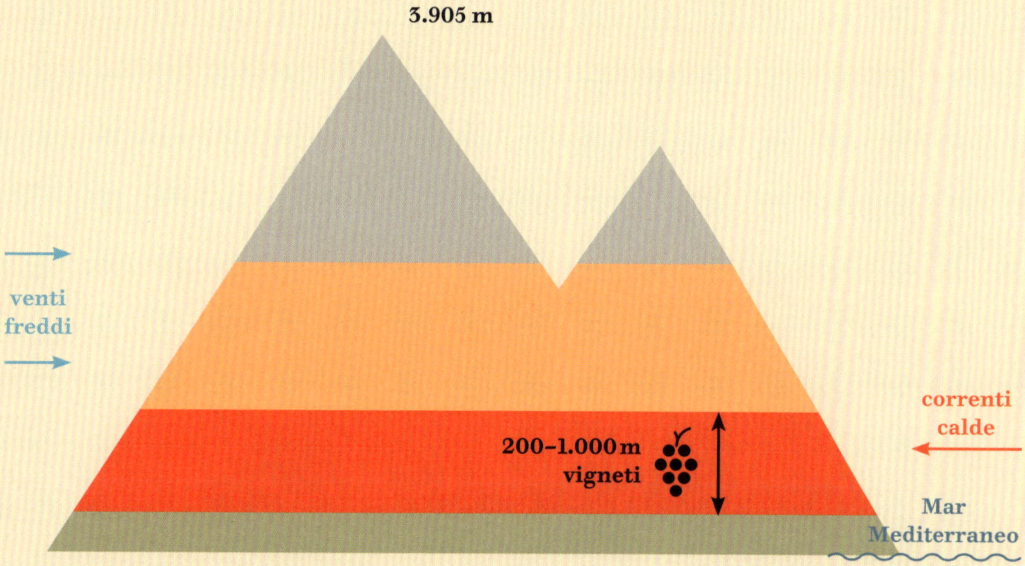

Da **500 a 800 mm** di precipitazioni all'anno

Grande escursione termica tra giorno e notte

Il **98 %** della produzione è costituito da vini DOC

Varietà di terreni, dal porfido al quarzo fino a calcare e pietra dolomitica

Grafico 9 – Il vino dell'Alto Adige a colpo d'occhio

Senza dubbio, il vino lascia il segno
Non si tratta solo di una curiosità legata alla figura del Saltner, con la sua corona di piume, ma di una realtà che caratterizza un intero territorio. Un semplice sguardo al paesaggio, all'architettura, alle tradizioni, all'arte e, soprattutto, alla società dimostra come questa terra (con)vive da secoli in simbiosi con il vino.

4.

Persone e vino

Il vino nell'arte, nella cultura e nella società

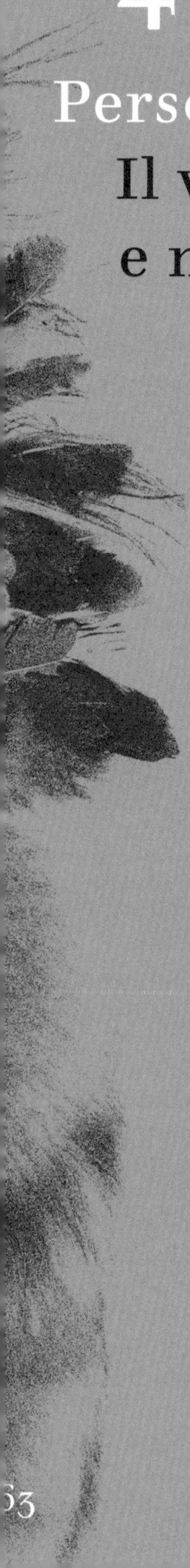

Le Madonne dell'uva, santi del vino e libagioni

Il vino nell'arte dell'Alto Adige

// L'immagine dell'uva, della vite e del vino è una delle più ricorrenti già nella Bibbia. Non c'è da stupirsi, quindi, che abbia trovato spazio anche nell'arte sacra. Nelle chiese e nelle cappelle dell'Alto Adige il vino è ovunque: sia sotto forma di motivi decorativi di foglie e viti, sia nelle rappresentazioni di santi del vino e Madonne dell'uva. Al di fuori dei luoghi di culto, il vino e la viticoltura decorano numerosi stemmi araldici. E le libagioni sono un soggetto molto popolare nelle scene di genere.

Leo Andergassen

L'uva, la vite e il vino sono un motivo ricorrente in tutta l'arte occidentale, non solo per via dei riferimenti biblici ma anche per il profondo significato simbolico. La vite, considerata un fecondo albero della vita, assume un significato simbolico di primaria importanza. Il più antico motivo medievale di una vite si trova sulla parete dell'altare di San Benedetto a Malles e risale ai primi anni del IX secolo. Nel periodo gotico, il motivo stilizzato della vite ornava il retro delle pale d'altare a portelle. Successivamente, gli arredi ecclesiastici come calici, ostensori, ampolline liturgiche per acqua e vino e carteglora furono spesso corredati dei doni eucaristici del pane e del vino, cioè spighe e uva. Dall'epoca barocca in poi, il motivo dell'uva compare sui portelli dei tabernacoli e sui paramenti liturgici, sui paliotti e sui baldacchini di sostegno. Sull'altare maggiore della chiesa del Calvario a Caldaro, grappoli d'uva bianca e rossa sono incastonati nelle cornici di acanto e, su alcuni altari barocchi, le colonne dell'altare sono talvolta circondate da ghirlande di uva. La pala d'altare di Paul Troger, una delle sue poche opere giovanili del 1722, rappresenta la scena in cui a Cristo in croce viene offerto l'aceto di vino con una spugna. Anche la croce processionale della Confraternita del Santo Sepolcro è interamente decorata con foglie di vite e grappoli d'uva.

Questa Madonna dell'uva è stata realizzata da Claus Maler intorno al 1490. La tavola è esposta oggi presso il Museo Diocesano nell'Hofburg di Bressanone.

A Scezze, presso Bressanone, ci si imbatte nei grappoli d'uva anche andando in chiesa. Accolgono i fedeli intagliati nei banchi di legno della chiesa del XVIII secolo.

Un motivo a grappoli d'uva, risalente al 1130/1140, decora il portale della cappella di Castel Tirolo.

Il vino come bevanda di gioia

Il vino come gioiosa bevanda baccanale è raffigurato negli affreschi delle sale di ritrovo nelle case comitali di Termeno. Ecco Giano, coronato di pampini, che tiene in mano grappoli d'uva. Il pittore Bartlmä Dill Riemenschneider ha unito l'ideale divino dell'antichità al vivace trambusto di una compagnia dedita al bere, sottolineando così la (non) virtù del bere come programma anti "clericale" in un'epoca di conflitti religiosi. Non è una coincidenza che all'inizio della Controriforma, si fossero costituite numerose società di bevitori, mentre nel 1550 a Bolzano il pellegrino di Gerusalemme Giacomo VI Trapp aderì a una confraternita che vietava di brindare in qualsiasi forma, pena una multa di due fiorini.

Sono giunti fino a noi diversi spazi adibiti a taverne, le cosiddette Trinkstuben del XVI secolo. Una grande sala nel castello Freudenstein ad Appiano è decorata con tralci di foglie di vite e i brindisi riportati sulle pareti testimoniano l'antica destinazione d'uso della stanza. Numerosi ospiti, sicuramente allegri, hanno inoltre scritto i loro nomi sui graffiti. Nel 1526, nella Trinkstube di Brunico (oggi diventata una farmacia), Ulrich Springenklee dipinse scene simboliche sul vino e sulla vita virtuosa. Le scritte moralistiche sulle pareti lasciano supporre che l'allegra compagnia dei bevitori fosse costituita da un gruppo di nobili locali molto interessati alla cultura, con un'educazione umanistica e ispirati dalla Riforma. La vite decora una stanza anche di Castel Moos ad Appiano. La volta della loggia rinascimentale della residenza Freienfeld a Cortaccia, affrescata nel 1547, mostra tralci di vite e le scene mitologiche tratte dalle "Metamorfosi" di Ovidio mostrano la gioia di vivere mondana.

Il motivo iconografico della libagione compare invece solo a partire dal periodo barocco. Nel XVI secolo il lanzichenecco che regge una coppa a Oris non è un caso isolato. Motivi simili si trovavano un tempo all'interno della residenza Lanserhaus di San Michele-Appiano. La pittura di genere del XVII secolo introdusse le libagioni nella sua gamma tematica. Nei suoi dipinti di "Wein, Weib und Gesang" (vino, donne e canto) il pittore barocco di Appiano Johann Georg Plazer ha realizzato numerose scene di baldorie e baccanali, mentre a Bolzano Ulrich Glantschnigg dipinse scene rurali di libagioni e cantine.

Tra le molte rappresentazioni di eventi biblici, non è solo l'Ultima Cena di Gesù a includere il calice e il vino. Alle nozze di Cana, del resto, avviene una tardiva, e festosamente accolta, trasformazione dell'acqua in vino. Tra le varie opere a mostrare questa scena, considerata il primo miracolo pubblico di Cristo, ci sono anche gli affreschi nella cappella del castello di Hocheppan del 1200.

Le prime raffigurazioni comprendono simboli di casate e stemmi contadini, che rappresentano, in chiave araldica, viti o attrezzi da lavoro. Le regioni vinicole sono particolarmente ricche di tali simboli.

Uva e attrezzi da lavoro in araldica

Le prime raffigurazioni comprendono simboli di casate e stemmi contadini, che rappresentano, in chiave araldica, viti o attrezzi da lavoro. Le regioni vinicole sono particolarmente ricche di tali simboli. L'uva compare più volte nell'araldica dell'Oltradige. Nella chiesa di San Vigilio a Castelvecchio, sulle chiavi di volta c'è

A Castel Tirolo ci si imbatte in motivi a grappoli d'uva, anche questi risalenti intorno al 1140, anche nella Sala dei Cavalieri.

In un manoscritto del 1440 circa, conservato nel Museo Diocesano di Bressanone, la pigiatura dell'uva è il tema della raffigurazione del mese di ottobre.

La potatura e la legatura delle viti raffigurano il mese di aprile, con la stessa calligrafia dell'immagine in alto a sinistra.

Chi dice che l'arte debba sempre essere seria? Nel 1547 Bartlmä Dill-Riemenschneider immortalò un canto da osteria sul muro dell'ex stube di una delle case comitali di Termeno. Il testo: "O alle folle, alle foll / Kennen leer" (o tutti pieni, tutti pieni / brocche vuote).

Nel 1547 Bartlmä Dill-Riemenschneider ha posto un grappolo d'uva e una coppa di vino nelle mani del suo Giano bifronte, il dio romano dell'inizio e della fine (Case comitali, Termeno).

A Castel Velturno la vendemmia è il simbolo dell'autunno. La scena realizzata nel 1582 dimostra che tra la vite e il bicchiere c'è molto lavoro manuale.

La Madonna che porge un grappolo d'uva al bambino è stata realizzata da Michael Pacher per la chiesa parrocchiale di San Lorenzo di Sebato intorno al 1465.

Sant'Urbano è uno dei santi patroni della viticoltura e le statue che lo raffigurano – qui quella del XVIII secolo della chiesa parrocchiale di Ciardes – venivano pertanto anche portate in processione.

Molto comune è il legame tra la metafora del vino e Maria, il tralcio di vite di Cristo. La corona della Vergine può essere decorata con foglie di vite, il suo scettro talvolta assume la forma di un tralcio, Maria può tenere la vite nel suo grembo o essere rappresentata come giardiniera della vite.

un riferimento ai viticoltori. A Pozzo, una casa accanto alla chiesa di San Rocco ha uno stemma in pietra con un vomere e una roncola. Nella navata della chiesa gotica di Santa Caterina a Villa di Mezzo c'è un grappolo che adorna una mensola in pietra. Lo stesso si ritrova nel coro di Sant'Antonio, dove nell'apice destro del coro compaiono un grappolo d'uva e pampini di vite. In generale, così come gli animali di fronte a essi, si riferiscono probabilmente ai contadini, costruttori dell'imponente chiesa.

Il motivo dell'uva e degli attrezzi per la viticoltura si ritrova anche in campagna, nelle zone in cui un tempo la viticoltura era sempre più praticata, come ad esempio al Tschutscherhof a Laion o su un pilone votivo a Novale di Laion. L'architrave dell'Unterbuchfelder a Novale di Laion, realizzato nel 1503, mostra bellissimi attrezzi agricoli: lo stemma raffigura due zappe incrociate sopra una roncola, e da entrambi i lati si estende un grappolo d'uva. Due roncole incrociate adornano l'architrave della porta di Merann a Umes/Fiè e una si trova sullo stipite della porta dello Schmalzhof a Cologna di Sotto, realizzata nel 1542. Gli emblemi araldici dei bottai hanno ovviamente a che fare con botti, ganci angolari e martelli di legno. Negli stemmi di famiglia, l'uva appare naturalmente più volte: ad esempio in quelli delle famiglie nobili Dorffner zu Angerheim, Kugstatscher von Treuensinn, Mayrhauser von Spermannsfeld, Mersi, Neuner von Breiteneck, Schrentewein, Sutori, Tanvini, von Weinberg, Weinhart von Thierburg e Vollandseck così come Werthwein. Il grappolo d'uva è solitamente sorretto da un leone o da un orso. Nel loro stemma, gli Jenner di Chiusa hanno un orso che mangia un grappolo d'uva.

Le Madonne dell'uva

Come simboli, l'uva e il vino non si limitano al contesto vinicolo. Le implicazioni religiose dell'uva rendevano il frutto degno di essere dipinto, soprattutto nelle zone in cui veniva prodotto il vino. Il dipinto su tavola raffigurante la Madonna dell'uva conservato nel Museo Diocesano di Bressanone proviene da Tiles in Valle Isarco. Il pannello, realizzato nella cerchia di Pacher, pone in mano alla Madonna un grappolo di uva bianca e sul parapetto in primo piano si trovano altri due acini d'uva. Il frutto della vite può essere interpretato come simbolo trinitario, mentre le ciliegie rosse rimandano alla Passione di Cristo, così come la coppa colma di vino.

Molto comune è il legame tra la metafora del vino e Maria, il tralcio di vite di Cristo. La corona della Vergine può essere decorata con foglie di vite, il suo scettro talvolta assume la forma di un tralcio, Maria può tenere la vite nel suo grembo o essere rappresentata come giardiniera della vite. Anche il grappolo d'uva nella mano di Maria è un motivo popolare, soprattutto nell'arte gotica. Nella "Cattedrale di campagna", la chiesa parrocchiale di San Paolo, su un pilastro della chiesa è raffigurata Maria che porge un grappolo d'uva al Bambino Gesù. Sull'altare maggiore di San Lorenzo di Sebato il Bambino Gesù di Michael Pacher afferra il grappolo d'uva che Maria tiene in mano, così come la Madonna della vecchia chiesa parrocchiale di Gries, realizzata nella bottega di Pacher. Il gesto del bambino di afferrare il frutto simboleggia l'accettazione della sofferenza e della passione. Il succo rosso del frutto, nella sua funzione liturgica, rappresenta la concretezza del sangue di Cristo.

Figure particolari: i santi del vino

Ogni anno freddo, gelo, siccità e pioggia mettono a dura prova le vigne. Per questo motivo, ogni antica regione vinicola ha il proprio santo patrono. In totale sono circa settanta i santi che includono tra i loro patrocini anche il settore vitivinicolo. In Alto Adige tra i patroni della viticoltura figurano papa Urbano I, l'arcimartire Lorenzo e il santo contadino madrileno Isidoro. A Caldaro l'agricoltore Isidoro di Madrid è il patrono della confraternita dei contadini fondata nel 1632 e composta principalmente da viticoltori. Anche il ferkulum (figura portante), scolpito da Jakob Poder, aggiunge grappoli d'uva agli ornamenti del contadino.

A papa Urbano sono dedicati solo pochi altari e, in ambito ecclesiastico, la sua immagine compare piuttosto raramente. Urbano è il santo patrono solo della chiesa di Vandoies di Sotto, una zona dove oggi non si coltiva il vino. Il dipinto sul soffitto di Joseph Anton Zeiller (1763) sopra la tribuna dell'organo raffigura il santo papa con l'uva nera. Oltre che nella chiesa parrocchiale di Bolzano, a Urbano è intitolato l'altare anche a Cornedo, dove è raffigurato insieme a Silvestro sull'altare laterale realizzato da Franz von Teutenhofen nel 1669, e a Santa Maddalena a Rencio, dove lo stesso pittore unì il santo a San Giuseppe. Nel 1937 Albert Stolz dipinse il santo dei contadini sul soffitto della chiesa della Santa Croce a Colterenzio, che conserva anche una piccola statuetta del periodo barocco. A Urbano è intitolato l'altare laterale della chiesa di San Maurizio a Sella, che ospita anche una statua di Urbano risalente al tardo Gotico. La più antica immagine di Urbano è conservata nella chiesa di Santa Giustina a Prazöll, presso Bolzano. Qui si trova una scultura del 1440 circa, che raffigura Urbano come vescovo (non è da escludere una successiva riconversione). Esiste anche un altare dedicato a Urbano nella chiesa di San Pietro a Lana; la pala raffigura il santo con mazza e spada, strumenti del suo martirio.

Quasi del tutto assente è invece la sua raffigurazione nelle vesti di papa. Poiché la venerazione del santo era spesso legata alle confraternite, la sua immagine compare soprattutto sugli oggetti da processione. Le raffigurazioni contemporanee mostrano quasi sempre Urbano come vescovo, con la mitra come copricapo. A essere rappresentato, in questo caso, è Sant'Urbano, vescovo di Langres, venerato in Francia come locale patrono del vino. Secondo il racconto leggendario, il vescovo miracoloso è in grado di far piovere o di far cessare la pioggia. Si può comunque ipotizzare che il patrocinio del vino del vescovo di Langres sia in realtà mutuato

Ogni anno freddo, gelo, siccità e pioggia mettono a dura prova le vigne. Per questo motivo, ogni antica regione vinicola ha il proprio santo patrono. In totale sono circa settanta i santi che includono tra i loro patrocini anche il settore vitivinicolo.

Sant'Urbano, papa dal 221 al 230, deve il suo patrocinio del vino al decreto che stabilì che le ampolle liturgiche dovessero essere realizzate con metalli preziosi. La sua festa cadeva nel giorno che, secondo l'antico calendario tedesco, sanciva la proprietà del raccolto del vigneto coltivato.

da quello dell'omonimo papa. Una delle raffigurazioni più antiche di papa Urbano è un dipinto su una vetrata della chiesa parrocchiale di Lana di Sotto. L'immagine è datata 1496 e come stemma del donatore è inclusa l'araldica di un contadino con un grappolo d'uva e una falce. Il santo appare anche in un dipinto murale dell'inizio del XVI secolo sulla cosiddetta Porticina del vino del Duomo di Bolzano, dove sotto una vite sono scolpite due figure in pietra nelle vesti di un vignaiolo (con un tralcio di vite) e di sua moglie (con una piccola botte di legno).

Sant'Urbano, papa dal 221 al 230, deve il suo patrocinio del vino al decreto che stabilì che le ampolle liturgiche dovessero essere realizzate con metalli preziosi. La sua festa cadeva nel giorno che, secondo l'antico calendario tedesco, sanciva la proprietà del raccolto del vigneto coltivato. La venerazione per il vino come sangue di Cristo lo ha reso il patrono del vino, della viticoltura, dei viticoltori e dei mastri cantinieri. Nel Burgraviato si trovano ancora numerose statue di Sant'Urbano che vengono portate in processione, ad esempio a Marlengo, Rifiano, Quarazze, Lagundo, Tirolo, Caines e Scena. Non sono rari gli episodi in cui, dalla sua "visita in cantina", il santo sia stato riportato in chiesa a testa in giù. La prima uva matura viene appesa attorno alla statua processionale di Lana in occasione della processione della Natività di Maria.

In Alto Adige San Lorenzo e Giovanni evangelista (che hanno una coppa di vino come attributo) sono invece meno celebrati come patroni del vino. Santa Maddalena è venerata come santa del vino a Prazöll, presso Rencio a Bolzano, e a Quarazze. Il motivo del suo patrocinio del vino risiede probabilmente nella forma del suo attributo, il vaso per gli unguenti. Al diacono spagnolo Vincenzo di Saragozza, venerato in Francia come santo del vino, è invece dedicata una cappella nella residenza Grießenstein a Lana. In un busto ligneo tardogotico ospitato dal Museo Diocesano di Bressanone, il vescovo Ingenuin von Säben porta un grappolo dorato su un libro. Essendo venerato come santo anche nell'ambito della meteorologia, è patrono anche della coltivazione dell'uva bianca nella Valle Isarco centrale. Il vescovo Corbiniano di Frisinga è venerato come santo del vino nel Burgraviato.

Il lavoro nei vigneti

È solo nel corso del XIX secolo che cominciano ad aumentare le rappresentazioni che ritraggono il lavoro nei vigneti. Un esempio del tardo Medioevo si trova negli affreschi di Torre Aquila di Trento, datati intorno al 1400, che mostrano la lavorazione delle vigne e la vendemmia. L'opera si concentra molto sui dettagli: raffigura la raccolta dell'uva bianca e nera, il trasporto del frutto nelle gerle, lo svuotamento in grandi tini, la pigiatura degli acini, l'assaggio del mosto e il trasporto del succo dell'uva in piccole botti di legno che vengono trasportate sulla schiena. Nell'immagine di ottobre è raffigurato anche il lavoro al torchio, la cui vite di legno viene azionata da due uomini. Intorno al 1460, sulla facciata della chiesa di Santo Stefano a Pinzano c'è anche la raffigurazione di un viticoltore che torna a casa dal lavoro con la zappa in spalla. Un'interessante immagine votiva si trova sulla facciata sud della chiesa di San Nicola a Monte di Mezzo sul Renon: servendosi di un tiro di buoi, un carrettiere trasporta le botti di vino oltre il passo. In quanto protettore dei carrettieri, San Nicola potrebbe aver influenzato favorevolmente l'arduo trasporto del vino.

Le rappresentazioni dei mesi e delle stagioni del XVII secolo mostrano una certa predilezione per la coltivazione del vino e per la vendemmia, come nei cicli di Leandro Bassano, più volte copiati da Stephan Kessler e dalla sua bottega. Anche il dipinto stagionale estivo realizzato nel 1584 a Castel Velturno è incentrato sulla vendemmia. Tra i cortei trionfali mensili nella stanza del conte Giacomo a Castel Coira, realizzata nel 1572, il mese di settembre mostra la personificazione di DVLCEDO, la dolce, che tiene in mano una coppa di vino. Nel mese di ottobre, invece, viene rappresentata la PINCERNA, la festa delle libagioni, accompagnata, tra l'altro, anche da CRAPVLA, la sbornia. Ulrich Glantschnigg, pittore del "chiaroscuro" di epoca barocca, documenta il lavoro sulle botti di vino. Nel suo ciclo pittorico di Toggenburg ci sono diverse scene ambientate proprio in cantina, tra cui allegre baldorie in un ambiente rurale. Quando si tratta di rappresentare gli effetti "positivi" del consumo di vino, da cui nascono socievolezza e gioia di vivere, viticoltura, godimento del vino e arte si fondono sempre in grande armonia.

\\

Vino e arte: Chi arricchisce chi?

// Il vino è sempre stato una bevanda speciale. E in Alto Adige non è diverso: già presso i Reti il vino aveva un'importante funzione cerimoniale, per poi integrarsi nella cultura e nella società. Anche gli artisti di tutte le epoche utilizzano il vino in un duplice ruolo: come soggetto e fonte d'ispirazione per la loro creatività.

In questo senso, nel corso dei secoli poco è cambiato. Anzi: il vino continua ancora oggi a ispirare l'arte, come dimostrano in modo evidente le pagine che seguono. In fin dei conti, per quanto riguarda l'aspetto visuale, l'economia del vino in Alto Adige non punta solo su edifici architettonici innovativi e di forte impatto visivo, ma offre anche agli artisti lo spazio per creare qualcosa di duraturo.

La stretta relazione tra vino e arte in Alto Adige non si esaurisce con le Madonne dell'uva e il Cristo nel torchio, ma continua ancora oggi: con nuove tecniche, nuovi approcci e nuove forme di rappresentazione, ma sempre con vino e arte nello stesso ruolo – quello di ispirarsi reciprocamente. \\

AML 3Y

Antiche volte, nuovi accenti: l'artista Manfred Alois Mayr, residente a Merano, utilizza il verde zolfo (come riferimento alla sostanza utilizzata da secoli in vigna) e il motivo del collo della bottiglia nel passaggio dalla barricaia alla sala degustazione della cantina sociale di San Michele-Appiano.

"Wine Tube 350 Lt." questo è il nome che Manfred Alois Mayr ha dato alla sua opera sul soffitto della zona di conferimento delle uve della cantina sociale di San Michele-Appiano. L'artista trasforma così uno spazio puramente funzionale in un'esperienza visiva.

Un laccio in acciaio rosso, quasi un marchio di fabbrica dello scultore Eduard Habicher, nato a Malles e residente a Merano, accoglie i visitatori della cantina sociale di San Michele-Appiano.

La coppia di artisti austriaci Lois e Franziska Weinberger mette in luce il rapporto tra arte e natura. Per la Tenuta J. Hofstätter di Termeno sono stati realizzati ventiquattro pannelli che si riferiscono a piante selvatiche – in astratto e a parole.

Innsbruck e Berlino sono la casa dell'artista Lies Bielowski che ha realizzato l'ingresso dell'enoteca della Tenuta J. Hofstätter a Termeno. La natura è qui rappresentata due volte: con il prodotto naturale vino e con le immagini di foglie di grande formato.

Pareti dotate di vita propria: per quelle della reception della Tenuta Manincor a Caldaro Manfred Alois Mayr utilizza vetriolo di rame, il cui colore cambia nel tempo. Ai viticoltori il blu è sicuramente familiare, poiché si trova soprattutto sul legno delle vecchie pergole: è il residuo dell'uso del rame nella vigna.

Poiché la pergola sta diventando sempre più rara nel paesaggio vinicolo altoatesino, l'artista Erik Steinbrecher, nato a Basilea e residente a Berlino, ne ha creato una nuova, molto personale, per la Tenuta Manincor di Caldaro: in metallo.

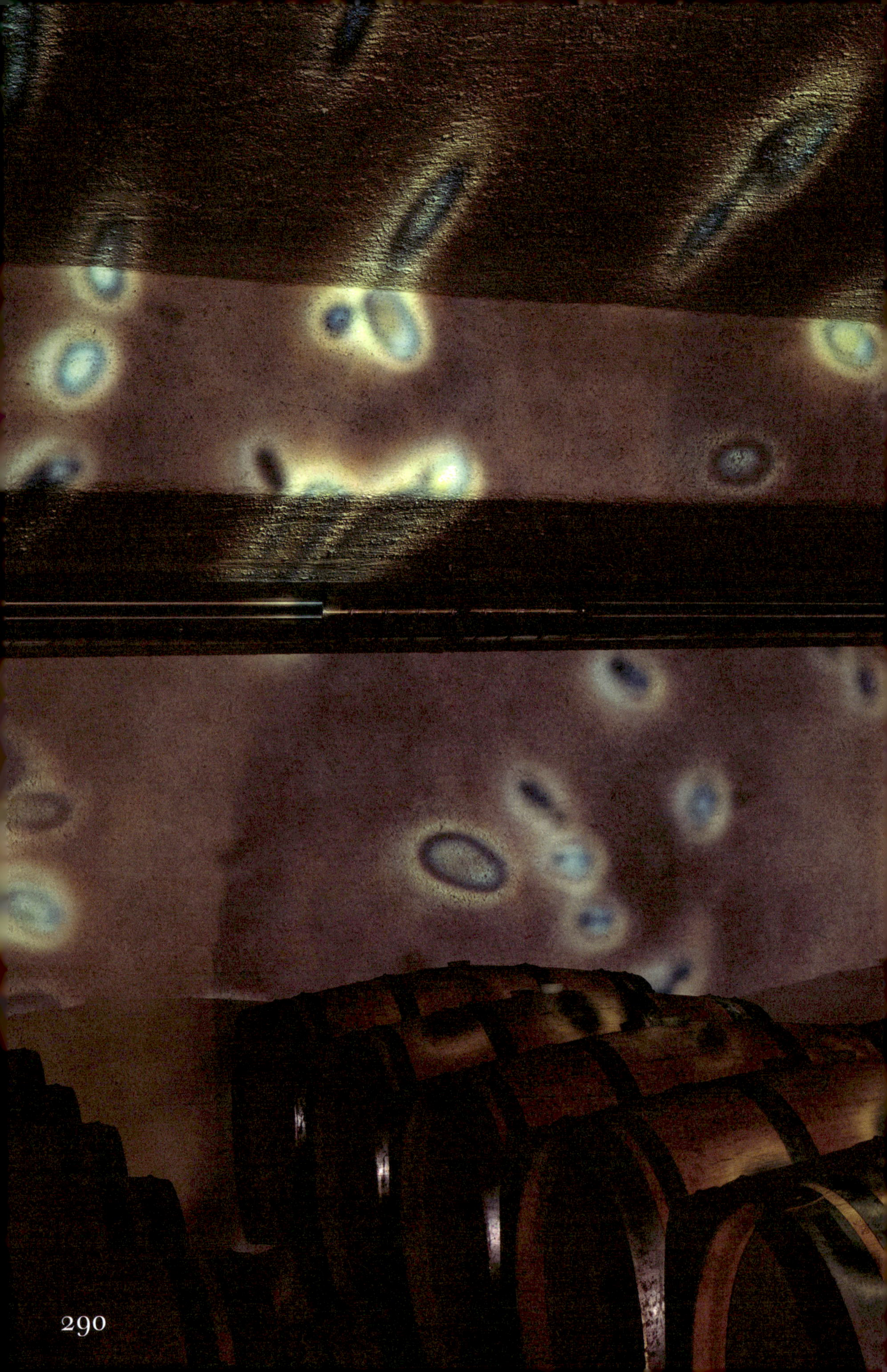

Nella residenza Löwengang della Tenuta Alois Lageder a Magrè, l'arte coinvolge tutti i sensi: dall'opera "Del desiderio di vivere in armonia con la natura" dello svizzero Christian Philipp Müller alle "Mappe astrali" di Matt Mullican fino all'installazione sonora "Ninna-nanna per barriques e archi" di Mario Airò.

Unire il bello all'utile: Carsten Höller e Rosemarie Trockel hanno creato queste arnie per le api presso la Tenuta Alois Lageder a Magrè.

Le mode passano, lo stile resta

Riflessioni sull'aspetto esteriore del vino

// Vino vecchio in bottiglie nuove: quello che con il tempo è diventato un modo di dire, per alcuni vini è (purtroppo) diventato una realtà, perché capita a volte che si punti su un aspetto esteriore che non rende giustizia al contenuto. Etichette, forme delle bottiglie, spessori del vetro, tappature: tutto ciò deve contribuire a un'esperienza enologica coerente e soddisfare anche i requisiti in termini di conservazione, trasporto e sostenibilità. Ed è anche importante creare un'immagine che sia il più possibile senza tempo.

Manfred Alois Mayr

Quando i vini si degustano alla cieca, cioè senza lasciarsi influenzare da quanto scritto sulle etichette e dal design del packaging, l'unica cosa che conta è il contenuto, la "materia prima". E quando i profumi del vino si diffondono, si imprimono nella memoria e nella fantasia, come immagini. Quando non si viene influenzati dalla reputazione della cantina e dall'aspetto visivo – ossia dall'etichetta – si percepiscono tutte le sfumature e le caratteristiche del vino. Quasi come un tempo si sapevano leggere i sentieri e i segni della natura senza usare il navigatore satellitare...

Solo alla fine si passa ad analizzare la forma della bottiglia e i dati riportati sull'etichetta. Le mie papille gustative hanno avuto ragione, i miei ragionamenti erano corretti? Anche l'aspetto esteriore, visivo, è coerente in termini di contenuto e forma? Trasmette il carattere e la filosofia del vignaiolo? L'etichetta si inserisce nel contesto della tradizione e della cultura dell'azienda?

La maggior parte dei degustatori conosce l'etichetta, ma l'aspetto esteriore non rivela nulla. Considerato in modo critico, si può dire che sia intercambiabile. La bottiglia ha una veste impersonale, legata alle mode; non mi rivela il collegamento con un vino di alta qualità. L'etichetta non corrisponde minimamente al contenuto reale. Il vero contenuto, il vino, viene percepito "migliore" dall'etichetta. In questo senso, per una comunicazione adeguata del prodotto, la "qualità percepita" deve quindi valere anche per l'aspetto, ovvero il confezionamento di una bottiglia di vino.

Nuove possibilità, design esuberante

In passato, le limitate opzioni tecnologiche di stampa si traducevano in un linguaggio visivo semplice delle etichette. Oggi le moderne tecniche di stampa – dalle fustellature personalizzate alla stampa a caldo, dalla verniciatura in rilievo allo stampaggio 3D delle bottiglie – portano di solito a un smisurato ed esuberante anelito creativo. Invece di condurli verso un'eleganza senza tempo, tutte le possibili e innovative applicazioni e l'ampia scelta di carte e forme di bottiglia sembrano condurre molti designer, vignaioli e produttori di vino in direzioni inappropriate, proprio perché intercambiabili. Il linguaggio del design del packaging dipende anche da un'applicazione equilibrata e da un'accurata lavorazione dei materiali. Nella maggioranza dei casi, sarebbe auspicabile una riduzione, perché le etichette dei vini non dovrebbero diventare un terreno di gioco per i consulenti di marketing.

Succede invece che, quando cambiano i dirigenti o le circostanze economiche, spesso si tenda a mostrare questo cambiamento in modo vistoso attraverso un restyling, sacrificando così in molte cantine etichette leggendarie che i consumatori avevano già memorizzato. Dimostrare rispetto e apprezzamento verso un'etichetta già ben posizionata, significa elaborare una transizione senza soluzione di continuità dalla "etichetta madre" alla tendenza odierna tramite una riprogettazione o l'adattamento delle qualità grafiche originarie. In questo modo, senza seguire le mode, si possono esplorare nuove strade e costruire un ponte tra tradizione e trend del momento. In definitiva, l'obiettivo deve essere quello di prolungare la vita di un'etichetta già inconfondibile e impressa nella memoria. Tuttavia, in un'epoca di consumismo frenetico, di solito accade il contrario.

Dimostrare rispetto e apprezzamento verso un'etichetta già ben posizionata, significa elaborare una transizione senza soluzione di continuità dalla "etichetta madre" alla tendenza odierna tramite una riprogettazione o l'adattamento di qualità grafiche originarie.

Vino leggero in bottiglie pesanti

Considerazioni analoghe a quelle fatte per l'etichetta valgono anche per forma e peso delle bottiglie. Non dovrebbero essere coerenti anch'essi? La forma e lo spessore del vetro di una bottiglia di spumante derivano dal processo di lavorazione e dall'enorme pressione cui deve resistere. Ma perché, soprattutto al giorno d'oggi in cui anche la sostenibilità e il peso del trasporto sono un problema, alcuni vini leggeri vengono travasati in bottiglie pesanti per ragioni puramente pratiche o formali e alla moda?

Sono decisioni sensate? La sensazione tattile che si percepisce quando si stappa e si mesce un vino non fa forse parte della percezione del tipo e della qualità del vino? Il rito dell'apertura di una bottiglia di vino, con il caratteristico suono del "pop", non ha forse anche una valenza emotiva? E cosa fare quando considerazioni visive e tattili entrano in conflitto con quelle relative alla conservazione e alla sostenibilità, ad esempio nella scelta tra un tappo di sughero e un tappo a vite?

Etichette ricche di storia

Anche se la questione della sostenibilità può essere nuova, la questione del giusto "imballaggio" è antica quanto il commercio del vino. Nell'antichità, agli albori del commercio a lunga distanza, le anfore da trasporto egiziane, greche o romane venivano contrassegnate con sigilli o timbri appositi, considerati principalmente un marchio del produttore del recipiente e non un'indicazione del prodotto. La marcatura veniva solitamente effettuata mediante incisioni, targhette in argilla, legno o carta. Inoltre, le anfore in argilla cotta utilizzate per il trasporto erano solitamente contenitori usa e getta ma a volte potevano anche essere utilizzati per altri scopi. I Greci realizzavano anfore, brocche da vino e recipienti da cui bere di alta qualità e li decoravano con motivi a tema e pitture a figure nere o rosse.

Fu solo con l'introduzione della bottiglia di vetro che si cominciò a incollarvi etichette di carta, spesso semplici note scritte a mano, per identificare il contenuto o il prodotto. Questi pezzi di carta segnano la nascita dell'etichetta del vino, in grado di fornire informazioni su elementi essenziali come produttore, varietà e regione di coltivazione.

Allo stesso tempo, però, la maggior parte della produzione vinicola – in Alto Adige fino agli anni sessanta – veniva consegnata alle osterie e alle locande in botti di vino o grandi damigiane oppure venduta in bottiglie o caraffe aperte. Seguirono le bottiglie da un litro o due litri, corredate di semplici etichette di collo o di fondo, solitamente selezionate da cataloghi di campioni quasi sempre stampati solo con una decorazione del bordo e motivi di pergole o uva. Tuttavia, su richiesta del produttore di vino, era possibile anche integrarle con immagini, informazioni e denominazioni individuali. Come chiusura ermetica si usava per lo più un tappo a corona standard. Solo quando si è voluto mettere in risalto la qualità dei vini bianchi o rossi, si iniziò a utilizzare bottiglie da 0,75 litri nella forma appropriata. I motivi più comuni delle etichette erano stemmi, certificati, mappe di localizzazione, edifici di aziende vinicole o anche motivi sacri, come Sant'Urbano, patrono del vino.

Solo quando si è voluto mettere in risalto la qualità dei vini bianchi o rossi, si iniziò a utilizzare bottiglie da 0,75 litri nella forma appropriata. I motivi più comuni delle etichette erano stemmi, certificati, mappe di localizzazione, edifici di aziende vinicole o anche motivi sacri, come Sant'Urbano, patrono del vino.

Linee guida più severe, design più libero

È solo in seguito all'introduzione dei controlli di qualità regionali, delle linee guida grafiche di base e degli standard UE che i produttori di vino sono stati obbligati a inserire sull'etichetta informazioni come la denominazione, l'imbottigliatore, la gradazione alcolica, il volume e il numero di controllo ufficiale. Dai piccoli viticoltori ai grandi produttori di vino, il corpo della bottiglia viene ora utilizzato come spazio pubblicitario per il proprio marchio o come biglietto da visita, oltre a dati leggibili elettronicamente come codici a barre o codici QR sulla retroetichetta. Anche sul tappo di sughero viene stampato un

Solo lo stretto necessario: cosa c'è nella bottiglia e da dove proviene? Queste erano le informazioni che le etichette dovevano riportare nei primi tempi.

Sulle sue etichette il barone Giuseppe Di Pauli utilizzava i vigneti di Caldaro come biglietto da visita.

Ancora oggi sull'etichetta delle bottiglie di Schulthauser della cantina di San Michele-Appiano viene utilizzata una tradizionale litografia su pietra.

Un'etichetta rimasta a lungo tipica in Alto Adige: rappresentazione idilliaca del paesaggio e uso di una tipografia tradizionale.

Alcuni marchi di fama mondiale sono ancora oggi un punto di riferimento, non solo per i vini, ma anche per il design attentamente curato nel corso dei secoli: etichette del famoso Château Mouton Rothschild, disegnate da vari artisti – tra cui Picasso, Francis Bacon e Niki de Saint Phalle.

marchio o un logo. A completare l'aspetto visivo si trovano finiture personalizzate come decorazioni in rilievo, colorate e non, sulla testa o sull'involucro della capsula. E, nonostante la complessità dei processi di stampa, grazie ad alcuni produttori di vino che hanno a cuore l'ambiente, in fase di progettazione, i materiali riciclabili e il rispetto dell'ambiente stanno giocando un ruolo sempre più importante.

L'etichetta dal punto di vista dell'artista

Gli intenditori di vino considerano senza dubbio un modello insuperabile le leggendarie etichette Château-Mouton-Rothschild-Pauillac, create da grandi nomi come Chagall, Braque, Picasso, Warhol e Keith Haring, i cui originali furono per lo più acquistati per la collezione d'arte privata di Rothschild. Anche le etichette di Niepoort-Colheita e Penfolds-Grange sono già considerate dei capolavori. Grazie alla chiarezza del design e alla qualità grafica, le etichette con caratteri tipografici contribuiscono a conferire un'estetica senza tempo e a consolidare la fama delle rispettive cantine.

Mentre i francesi puntano soprattutto sulla calligrafia classica, alcune cantine altoatesine puntano su etichette con scritte e immagini di gusto più ricercato. Tuttavia, poiché nel settore del vino ci troviamo in un'epoca di "usa e getta", sovraccarica di immagini, il volume visivo viene alzato sempre più. È giusto comunque sottolineare che, parallelamente agli elevati standard qualitativi della produzione vinicola, anche in Alto Adige diversi maestri cantinieri e produttori di vino rimangono fedeli alla tradizione di una presentazione che, pur moderna, continua a rispettare e riflettere la qualità del contenuto.

Molto recente è invece il dibattito sul fatto che, visti gli effetti dannosi sulla salute del consumo eccessivo di vino, in futuro sulle etichette dei vini dovrebbero essere inseriti testi di avvertimento

Mentre i francesi puntano soprattutto sulla calligrafia classica, alcune cantine altoatesine puntano su etichette con scritte e immagini di gusto più ricercato. Tuttavia, poiché nel settore del vino ci troviamo in un'epoca di "usa e getta", sovraccarica di immagini, il volume visivo viene alzato sempre più.

e immagini ripugnanti, similmente a quanto viene stampato sui pacchetti di sigarette. La domanda che mi pongo è la seguente: davvero il mio piacere a tavola dovrebbe essere accompagnato da un simile messaggio intimidatorio visivo-verbale? La nostra cultura del bere si sta sgretolando a causa di leggi assurde? C'entra ancora qualcosa con le nostre abitudini quotidiane e con un piacere che dura da secoli? In ogni caso, per grafici e artisti sarebbe una vera e propria sfida ideare un'etichetta che metta in guardia contro il "veleno".

Vino, arte ed eros

Il vino, noto anche come bevanda degli dèi, ha ispirato artisti, poeti e pensatori a creare grandi opere. Anche nel testo originale della Bibbia, al vino si fa riferimento direttamente o indirettamente in oltre trecento citazioni, e il vino lo si ritrova come tema frequente nelle pitture murali e nei dipinti su tavola degli edifici sacri. Grandi opere d'arte di tutte le epoche sono incentrate sul vino: dall'ultima cena di Cristo all'ubriachezza di Noè, fino alle nozze di Cana, durante le quali Gesù trasformò miracolosamente l'acqua in vino.

Il vino ha una tradizione secolare ed è sempre stato servito in banchetti e feste. Gli artisti si sono occupati di vino ed erotismo in tutte le epoche artistiche: dagli Egizi ai Greci, dagli Etruschi ai Romani, fino ai giorni nostri. I motivi più vari, dalla vendemmia alla fermentazione, al godimento, alla seduzione, all'orgia, all'estasi – temi e immagini che si trovano nelle collezioni e nei musei più rinomati del mondo: menadi e ninfe amanti dell'uva al seguito delle Baccanti, di Bacco e di Dioniso, gli dèi del vino. "Chi beve, si diverte, si concede, soffre", filosofeggia Kostis Papajorgis sull'ebbrezza. E non è un caso che i quadri che Caravaggio ha dedicato a Bacco, con la loro evidente materialità corporea, siano diventati icone di questo tema, scrive Marion Piffer Damiani. L'eros vive della polarizzazione e della sua vibrazione, che può diventare un tema per il vino e l'arte. Come il bere vino, anche l'arte significa oltrepassare i confini della vita quotidiana.

Nell'ambito del progetto culturale ed ecologico "Materia Prima", sia in relazione al lavoro quotidiano in vigna sia in cantina, sono numerosi gli interventi artistici realizzati negli ultimi anni nei dintorni di alcune tenute dell'Alto Adige. Su commissione di alcune aziende vinicole attente a questo tema, nella regione vinicola tra Appiano, Caldaro, Termeno e Magrè, sono sorte, accanto ad architetture nuove e più consapevoli, importanti e complesse opere d'arte realizzate da artiste e artisti contemporanei. Scrive Marion Piffer Damiani a proposito delle "Affinità elettive tra arte e cantina": "In una grande varietà di concetti e scenari si può sperimentare il complesso e delicato rapporto tra natura e cultura, cultura nel senso più ampio e originale del termine latino colere, cioè abitare, prendersi cura, adorare – e anche coltivare il campo".

Vite, uva, vino, sono da secoli le motivazioni dei viticoltori e tra i soggetti dell'arte. Scatenano associazioni e passioni: qui corpi, colori, immagini, lì fermentazione, corpo, lavoro. È come nella musica: le note (del contenuto) sono la cornice, e ciò che sta in mezzo è l'anima, l'impegno personale. Alla fine, ci sono il prodotto e il lavoro: la qualità del vino e l'arte dei mastri cantinieri.

\\

Una questione di etichetta

// Anche se i vini devono dimostrare il loro valore soprattutto attraverso olfatto e palato, sono vista e tatto i primi a essere coinvolti. Del resto, la bottiglia e l'etichetta sono i biglietti da visita di un vino. Nel corso del tempo, questi biglietti da visita hanno subìto un radicale cambiamento: non solo per via delle tendenze del momento, ma anche grazie alle possibilità tecniche.

Ampia è la gamma delle presentazioni offerte oggi dai vini (dell'Alto Adige); si spazia dalle bottiglie di forma insolita alle etichette disegnate da artisti fino a speciali processi di stampa che consentono addirittura di stampare l'oro sul vetro.

Qualunque sia l'aspetto individuale, quando si tratta di etichetta ci sono comunque delle regole da rispettare. Da un lato ci sono delle norme di legge molto chiare che prescrivono cosa possa e debba essere riportato sull'etichetta. E, dall'altro, ci sono le regole ben più sottili imposte dall'arte e dal design per creare un packaging senza tempo. \\

Classici senza tempo: dove la
qualità del vino è quella giusta,
le mode non contano.

ERBHOF
15 68
UNTERGANZNER
SÜDTIROL
DENOMINAZIONE DI ORIGINE CONTROLLATA - QUALITÄTSWEIN b.A.
ST. MAGDALENER
KLASSISCH
HEILMANN
2021
KULTIVIERT, GEKELTERT UND ABGEFÜLLT DURCH
PRODOTTO E IMBOTTIGLIATO ALL'ORIGINE DA
JOSEPHUS MAYR
ERBHOF UNTERGANZNER - KARDAUN/BOZEN - ITALIEN
PRODOTTO IN ITALIA

ATHOS
Rotwein – Vino Rosso
2017
ANSITZ DOLOMYTOS SACKER
Abgefüllt von – Imbottigliato da
Ansitz Dolomytos Sacker einf. landw. Ges. – Ritten, Italien – Renon, Italia
ENTHÄLT SULFITE – CONTIENE SOLFITI – CONTAINS SULFITES
PRODOTTO IN ITALIA

Mason di Mason
2020
MANINCOR
BARTHENAU
VIGNA S. MICHELE
2021
J. Hofstätter

Tipologie di etichette classiche
reinterpretate in chiave contemporanea:
basta uno sguardo per capire da quale
casa provenga il vino.

Le etichette disegnate dagli artisti trasmettono il messaggio ancor prima del primo sorso: qui dentro c'è qualcosa di speciale.

DOLOMYTOS
2007
DOLOMYTOS
Abgefüllt am
Ansitz Dolomytos - Panta Rei
Imbottigliata
dalla Tenuta
Dolomytos
πάυτα ῥεῖ (Unterinn - Panta Rei)
Ritten Dolomiten Italia
Vino da tavola • Tafelwein • Vin de table
13% vol
750 ml e
Bewahret die Göttlichkeit der Natur
In vino veritas - denn mit der Wahrheit stößt man überall an.
Auf ihr Wohl! - Ergo bibamus!

PACHER HOF
HOF
PRIVATE
ANDREAS HUBER
2017

Dal delicato gioco della filigrana,
fra trasparenza e rivestimento...

... alle serie più stravaganti con stampa in oro direttamente sul vetro: l'ideazione di etichette per i vini di alta qualità oggi non conosce praticamente limiti.

L'influenza stilistica attraverso i secoli

Lo sviluppo dell'architettura vinicola

// Da secoli il vino modella non solo il paesaggio dell'Alto Adige ma anche la sua architettura: dalle prime cantine alle residenze signorili e agli edifici cooperativi come espressione di una nuova consapevolezza contadina, fino all'architettura altamente innovativa di respiro internazionale. Sebbene l'aspetto degli edifici sia mutato nel tempo, sono sempre state e continuano a essere le esigenze della produzione vinicola a dettare le forme dell'architettura.

Walter Angonese

La cultura del vino in Alto Adige affonda le sue radici nell'epoca paleocristiana e anche l'architettura destinata al vino può guardare indietro a una tradizione millenaria. Il fatto che la produzione e la maturazione del vino richiedano condizioni climatiche particolari, si riflette in uno spazio appositamente creato o, meglio, in una particolare tipologia di locale, la cantina, solitamente costruita in muratura, o scavata nella roccia, e dotata di un sofisticato sistema di ventilazione naturale che sfrutta l'effetto camino dei condotti per la ventilazione e il raffreddamento (effetto condensa). Nella cantina, il mosto veniva fermentato in vino in grandi recipienti o vasche e vi venivano conservate anfore e successivamente botti di legno.

In un paese dalle forti connotazioni topografiche come l'Alto Adige, i nostri antenati hanno saputo sfruttare al meglio queste condizioni morfologiche, in primis i pendii esistenti. Le cantine erano quindi solitamente collocate in pendenza, spesso completamente interrate, in modo che la maggior parte possibile della superficie muraria potesse essere a diretto contatto con il terreno. In Alto Adige sono ancora numerose le cantine risalenti al Medioevo, il che fa della cantina una delle tipologie ambientali più antiche della nostra provincia. A causa della sua ubicazione sotterranea, è anche uno degli ambienti meno rimodellati di un edificio. Le cantine storiche sono istruttivi esempi della storia del vino e degli insediamenti di un luogo, e sono purtroppo ancora poco studiate.

La cantina come magazzino sotterraneo è solitamente collegata direttamente alla cantina di fermentazione, che nella tenuta doveva svolgere durante l'anno anche altre funzioni e che di solito si trova al piano terra. Le due cantine sono spesso collegate tramite una ripida scala. Bellissimi esempi si trovano nella residenza "Reich am Platz" (oggi Drescherkeller) a Caldaro o, per quanto riguarda l'architettura monastica, nella cantina dell'Abbazia di Novacella.

Il successo plasma l'architettura

Con l'emergere della tipologia edilizia delle aziende vinicole signorili, che in Alto Adige vengono chiamate "residenze" e risalgono principalmente ai secoli XVI e XVII, si ampliano anche i requisiti per la cantina e la sua architettura. Il processo di lavorazione viene sempre più perfezionato, il che richiede una sistemazione ben studiata e funzionale dei locali destinati alla produzione del vino. L'incremento dell'attività edilizia e la nascita di un nuovo stile architettonico, espressione locale del pieno rinascimento italiano – il prevosto Josef Weingartner lo definì lo "stile dell'Oltradige" – di questo periodo sono probabilmente da attribuire al successo economico del commercio del vino. Non si costruivano solo spazi abitativi belli e rappresentativi, ma anche cantine altrettanto rappresentative. Importanti esempi di questa moderna architettura del vino si trovano in abbondanza anche lungo la Strada del Vino dell'Alto Adige da Lana a Salorno.

Poiché le famiglie della piccola nobiltà altoatesina si dedicarono ben presto al lucroso commercio del vino e, come attestano i libri contabili, consegnarono il vino altoatesino alle diverse corti reali e imperiali, l'architettura del vino si trovò a cambiare ancora una volta. Il crescente numero di commercianti di vino professionisti provenienti dall'ambiente rurale e borghese alla fine del XVII secolo richiese nuovi spazi di stoccaggio, e le cantine dovettero quindi aumentare di dimensione. L'imponente "Torgglraum" (sala del torchio) del 1693 nell'odierno Museo del Vino di Caldaro (ex Pflegkeller) ne è un buon esempio. Le cantine di questo periodo sono quindi solitamente ambienti più grandi, contenenti tanti "recipienti in legno" (botti) e uno o più "Torggln" (torchi), necessariamente divisi in più campate per le loro dimensioni e decorati con belle colonne di arenaria. La volta a botte come tipologia di soffitto rimane di solito una costante, non solo per considerazioni climatiche, ma anche per testimoniare l'importanza della stanza per i suoi proprietari e per fungere quindi da vero e proprio status symbol.

Una nuova consapevolezza contadina

Con la fondazione delle prime cantine sociali alla fine del XIX secolo, l'architettura del vino in Alto Adige conobbe un ulteriore sviluppo. Ciò che era già valido per i produttori di vino del Medioevo, del Rinascimento, del Barocco e dell'inizio dell'Ottocento, nelle aziende cooperative viene affinato e adattato alle nuove scoperte dell'enologia. A restare sempre

Non si costruivano solo spazi abitativi belli e rappresentativi, ma anche cantine altrettanto rappresentative. Importanti esempi di questa moderna architettura del vino si trovano in abbondanza anche lungo la Strada del Vino dell'Alto Adige da Lana a Salorno.

costanti, sebbene con una diversa disposizione, sono la cantina di fermentazione per il conferimento del mosto e la fermentazione in tini o grandi recipienti ("Standern") e la "cantina profonda" per lo stoccaggio e la maturazione dei vini in botti.

L'affrancamento dei contadini, organizzati in cooperative, dalla grande dipendenza dai commercianti di vino e dalle imprese monastiche e aristocratiche portò anche a una consapevolezza completamente nuova, che – per quanto riguarda gli anni fondativi tra la fine del XIX e l'inizio del XX secolo – si è riflessa in sofisticate architetture vinicole. Dal punto di vista architettonico, i primi edifici delle cooperative non erano in alcun modo inferiori alle residenze e ai castelli storici. Eleganti edifici in stile guglielmino con influenze Art Nouveau e Werkbund, materiali nobili e design delle facciate che ricordano i palazzi (timpani delle scale, bifore, ecc.) caratterizzano l'architettura del vino di questo periodo. Centrali, per la scelta del luogo in cui realizzare questa architettura vinicola furono considerazioni specifiche legate alla produzione, come la consegna e la fermentazione, nonché il collegamento alla rete ferroviaria, già molto efficiente. Il mosto veniva solitamente consegnato al primo piano tramite una rampa adatta al passaggio di carri trainati da buoi. Da lì poteva passare direttamente nella cantina di fermentazione sottostante e quindi (al termine del processo di fermentazione) nella cantina di maturazione situata ancora più in basso. Da ciò deriva l'uso colloquiale del termine "cantina profonda".

Dal punto di vista architettonico, i primi edifici delle cooperative non erano in alcun modo inferiori alle residenze e ai castelli storici. Eleganti edifici in stile guglielmino con influenze Art Nouveau e Werkbund, materiali nobili e design delle facciate che ricordano i palazzi (timpani delle scale, bifore, ecc.) caratterizzano l'architettura del vino di questo periodo.

La qualità del vino porta con sé la qualità architettonica

La Prima Guerra Mondiale, l'annessione dell'Alto Adige all'Italia, la crisi economica della fine degli anni venti e la Seconda Guerra Mondiale condussero a un punto morto per quanto riguarda la nuova architettura del vino. Il dopoguerra rimase un periodo difficile; con l'incremento del turismo e l'enorme aumento della produzione della viticoltura altoatesina (con i suoi ben noti effetti collaterali negativi), vennero costruite molte strutture di cantine, vennero create anche nuove aziende di produzione – soprattutto nel settore cooperativo – e gli standard architettonici del tempo finirono per rimanere spesso provinciali e orientati esclusivamente alla funzionalità. Le esigenze architettoniche passarono nettamente in secondo piano.

E anche se Paolo Foradori, Luis Raifer, Peter Dipoli, Hans Terzer e pochi altri iniziarono a ripensare il vino altoatesino negli anni settanta, fu solo all'inizio degli anni novanta che si concretizzò l'ambizione di un'"equiparazione" tra qualità dei vini e qualità architettonica. Nel 1995, a Magrè, la coppia di architetti Abram & Schnabel ha costruito la nuova cantina Alois Lageder che ha fissato nuovi standard per l'Alto Adige, e non solo in termini di standard architettonici. L'esperienza e la curiosità internazionale di Alois Lageder e la voglia di sperimentare del mastro cantiniere Luis von Dellemann hanno dato vita a un'azienda di produzione che – in ambito europeo – è risultata estremamente innovativa e in grado di fungere da modello ben oltre l'Alto Adige. Con il concetto di "natural gravity flow" (vinificazione basata sul principio di gravità) è stato creato anche in provincia un prototipo che è diventato un modello per molti. Poco dopo seguirono l'esempio la Tenuta J. Hofstätter, la cantina sociale di San Michele-Appiano, la riattivata Tenuta Manincor, la cantina sociale di Terlano e infine quasi tutte le aziende vinicole più importanti. Ciò che prima dell'invenzione della pompa elettrica per il vino si dava per scontato, ovvero lavorare il mosto dall'alto verso il basso nel modo più delicato possibile e con il minor contatto possibile degli acini rotti con l'ossigeno, fa quindi la sua ricomparsa come un processo capace di migliorare la qualità del prodotto finale.

Grandi aspettative per il nuovo millennio

A partire dal 2000 si è assistito a un vero e proprio boom dell'architettura del vino sulla scena architettonica internazionale. Gli architetti più famosi del mondo, che negli anni novanta si occupavano di edifici museali o culturali, scoprirono l'architettura del vino. Herzog & de Meuron nella Napa Valley e poi a Pomerol, Frank O. Gehry, Zaha Hadid e Rafael Moneo in Rioja, Alvaro Siza Vieira in Portogallo e molte altre star internazionali si misero a costruire cantine in tutto il mondo, con l'America ancora una volta pioniera in questo campo.

Molti viticoltori austriaci hanno riconosciuto che un'architettura di qualità può solo giovare all'immagine di una cantina, poiché essa riflette un'idea di qualità, soprattutto dopo il crollo dell'immagine del settore vinicolo a seguito dello scandalo del vino del 1985. Anche il mondo del vino altoatesino si rese ben presto conto del potenziale di comunicazione aggiuntivo che un'architettura sofisticata può avere quando è abbinata a vini di qualità. La scena architettonica locale, sempre attenta agli esempi internazionali, ha seguito l'esempio. Gli architetti venivano incaricati direttamente oppure vincevano i concorsi banditi dalle cantine. Dalla fine degli anni novanta, i viticoltori (sia di piccole che di grandi aziende) e le cantine sociali si sono concentrati specificamente su questo aspetto simbiotico, che unisce l'orientamento enologico all'idea architettonica. Sono stati fatti massicci investimenti e il settore pubblico ha fornito un notevole sostegno finanziario a questa iniziativa di qualità.

Parallelismi tra viticoltura e architettura

Un edificio vinicolo contemporaneo deve rispondere a requisiti funzionali chiari e precisi; l'arte dell'architetto non consiste solo nel progettare facciate che racchiudano questi spazi funzionali, ma anche nel connettere l'idea architettonica con il funzionale attraverso gli spazi intermedi, ancora non perfettamente definiti. Si tratta di trovare un'identità specifica per l'azienda attraverso l'architettura. Enologia e architettura presentano alcuni parallelismi: alcuni (gli enologi) parlano di terroir, altri (gli architetti) parlano di contesto, ma entrambi hanno in mente la stessa cosa. Il buon vino nasce in cantina dal corretto assemblaggio delle partite di vino, la buona architettura da un'idea compositiva ben fondata, che combina vari singoli elementi. Entrambe le discipline sono unite dal metodo, così come dalla curiosità e dalla passione illimitata.

Questo è probabilmente uno dei motivi per cui negli ultimi anni in Alto Adige sono nate molte architetture vinicole di alto livello, alcune delle quali in grado di conquistare i più alti riconoscimenti internazionali. Alcune parlano un linguaggio architettonico più pacato e cercano di interagire in modo coerente con i caratteri delle rispettive aziende, altre si pongono in modo più espressivo puntando su uno speciale effetto di design. Altre ancora, dal punto di vista architettonico, rimangono molto provinciali e arbitrarie e non sfruttano in alcun modo il potenziale, spendendo comunque milioni di euro in nuovi investimenti.

In Alto Adige, l'architettura vinicola è diventata un elemento importante e identitario, e la pubblicità turistica capitalizza questo successo. La varietà architettonica riflette la varietà del territorio in termini di storia culturale e sociale. Tutte le nuove architetture vinicole hanno raggiunto la massima ottimizzazione funzionale dei processi produttivi. Il pensiero cooperativo degli enologi, che hanno prontamente chiarito ogni problematica ai colleghi, ha portato alla creazione di realtà produttive in grado di ottenere molta attenzione dal panorama enologico internazionale. Possiedono anche i migliori prerequisiti tecnologici per affrontare le principali sfide del futuro (in particolare il cambiamento climatico) con strategie e opzioni adeguate.

Una buona architettura del vino – come tutta l'architettura in generale – può realizzarsi solo in un dialogo collaborativo tra il committente e l'architetto. Una buona architettura del vino, inoltre, può emergere solo se si riesce a trovare un'armonia ideale, a trarne ispirazione e lasciare che le rispettive esperienze diventino parte di un discorso e di un processo unitario. Probabilmente sarà questa la sfida per il futuro, che sarà caratterizzato meno dalla "nuova costruzione" e più dal continuare a costruire sull'esistente. La buona architettura del vino, nella sua realizzazione, è pensata per essere duratura, nel senso di un concetto sostanziale di sostenibilità e nel senso di longevità: queste sono state e sono le costanti della sua lunga storia.

\\

L'architettura del vino in Alto Adige

// Da sempre l'economia del vino ha plasmato profondamente il volto dell'Alto Adige, in due modi distinti. Da un lato c'è il paesaggio, divenuto inconfondibile attraverso terrazzamenti e vigneti. Una peculiarità unica dell'Alto Adige. Dall'altro c'è anche l'architettura del vino, che plasma l'immagine delle città e dei paesi altoatesini. Ed è così da secoli.

Ciò che emerge chiaramente è che gli edifici dedicati al vino devono assolvere sempre a un duplice scopo. Da un lato devono essere funzionali e soddisfare le esigenze del settore vitivinicolo. Dall'altro devono anche sottolineare sempre la consapevolezza che il settore del vino ha di sé e la sua importanza.

Le pagine seguenti sono dedicate a esempi di edifici recenti di cantine sociali e di aziende vinicole in tutto l'Alto Adige che si inseriscono nella lunga tradizione dell'architettura del vino, comprese quelle che mirano a diventare punti di riferimento in grado di catturare lo sguardo. \\

Cantina Kurtatsch

Il fatto che il terroir abbia un ruolo sempre più centrale si riflette anche nell'architettura. La silhouette della sede della Cantina Kurtatsch, realizzata dallo studio di architettura Dell'Agnolo Kelderer di Bolzano, ricorda la "Millawand", la caratteristica parete rocciosa dolomitica su cui è adagiato il paese di Cortaccia. La facciata è costituita da una combinazione di cemento e dolomite bianca, il minerale che caratterizza i vigneti di Cortaccia.

Tenuta Kobler
Contesto tradizionale, volto innovativo: a Magrè, nel 2010, per l'azienda vinicola Kobler, gli architetti Lukas Mayr e Theodor Gallmetzer hanno creato anche una sala di degustazione che riflette gli elevati standard di qualità dei viticoltori – e che, con molto vetro, permette una connessione diretta con i vigneti circostanti.

Tenuta Elena Walch

La cantina, di 140 anni fa, del rinascimentale Castel Ringberg della Tenuta Elena Walch, è rimasta vuota per molto tempo prima che la padrona di casa, lei stessa architetto, la ristrutturasse. Elena Walch ha ricoperto la volta a botte della cantina con un rivestimento in Corten a forma di nido d'ape, elemento visivamente accattivante e allo stesso tempo funzionale per proteggere le botti di legno dall'umidità.

Cantina Bolzano

Gran parte della struttura che ospita la Cantina Bolzano a Gries ha un tetto ricoperto di viti, poiché l'edificio, progettato dallo studio di architettura bolzanino Dell'Agnolo Kelderer, è costruito nel fianco della collina. Come edificio "CasaClima Wine" soddisfa i più elevati standard energetici, mentre all'esterno una foglia di vite rende l'edificio inconfondibile, soprattutto di notte.

Tenuta Manincor

Una nuova soluzione per una residenza storica è quanto hanno ideato gli architetti Walter Angonese (Caldaro) e Rainer Köberl (Innsbruck) per la Tenuta Manincor a Caldaro. La nuova cantina è stata realizzata sotto il vigneto: 3.000 metri quadrati interrati ospitano oggi le botti e lo stoccaggio delle bottiglie.

Cantina Nals Margreid
Pareti in porfido sul retro, pareti in cemento brunito sul davanti: poiché il vino deve sempre essere espressione del terroir, per la Cantina Nals Margreid l'architetto Markus Scherer ha creato un legame con il paesaggio circostante sia con la scelta dei materiali sia con la scelta dei colori e, non da ultimo, con un tetto verde.

Cantina Tramin

Nel 2010 l'architetto Werner Tscholl di Laces per la Cantina Tramin ha creato una nuova icona architettonica. Ad attirare l'attenzione di tutti è soprattutto la sala degustazione, circondata da una struttura in acciaio verde e completamente vetrata, anche perché la struttura in acciaio riprende il colore e la forma dei vigneti circostanti.

Cantina Kaltern
La sede della Cantina Kaltern si trova direttamente sulla Strada del Vino. La facciata color bronzo dell'edificio, progettata dall'architetto Jutta Winkler, non lascia dubbi su cosa vi si trovi dentro. Il segreto è svelato dalle foglie di vite, artisticamente rappresentate, che di notte brillano di diversi colori.

Tenuta Pacher Hof

L'ampliamento della Tenuta Pacher Hof a Novacella, concepito dagli architetti brissinesi bergmeisterwolf, è caratterizzato da un grande rispetto per il paesaggio e per le costruzioni preesistenti. La cantina, il cui ingresso è segnalato da una torre rivestita con lastre di ottone brunito, è stata realizzata nel sottosuolo.

Franz Gojer – Glögglhof

L'ampliamento del Glögglhof si protende sui vigneti come un telescopio. Crea un collegamento diretto tra prodotto e materia prima, tra vino e uva e garantisce trasparenza. Ed è anche una rottura – del tutto voluta – tra l'edificio esistente e l'ampliamento moderno.

Tenuta J. Hofstätter
Una presenza estetica nel centro di Termeno: la Tenuta J. Hofstätter è tra le pioniere della moderna architettura del vino in Alto Adige. Nel 1997, nell'ambito dell'ampliamento della cantina, è stata costruita una suggestiva torre di cinque piani rivestita in rovere, progettata dagli architetti Walter Angonese, Markus Scherer e Zeno Bampi.

“...e insieme ci bevemmo del vino tirolese...”

La cultura del vino tirolese nella letteratura di viaggio

// **Viaggiare e degustare vino: oggi questo binomio ci sembra quasi scontato, ma in passato viaggiare era tutt’altro che piacevole, soprattutto quando significava attraversare le Alpi. Come il vino tirolese sia comunque entrato a far parte di questo pericoloso viaggio e cosa si pensasse della cultura vinicola locale è stato documentato nei libri di molti viaggiatori, dal Medioevo fino alla fine del XX secolo.**

Siegfried de Rachewiltz

Per gli uomini dell’antichità e del Medioevo, fino ai tempi moderni, il viaggio attraverso le Alpi era un’impresa piena di grandi pericoli e difficoltà. Tuttavia, nel corso dei secoli, moltissime persone hanno affrontato tali rischi: guerrieri e pellegrini, mendicanti e ambasciatori, ladri e giocolieri, studiosi e messaggeri, artisti, mercanti e carrettieri – tutti nutrivano la stessa speranza di riuscire a superare sani e salvi le montagne.
E naturalmente dovevano attraversare anche il “paese di montagna”: così veniva chiamato il nostro territorio prima che i conti del Tirolo, dal loro castello avito, lo trasformassero nella contea principesca del Tirolo. Alcuni di questi viaggiatori registrarono per iscritto le loro impressioni, dando vita ai primi esempi di letteratura di viaggio. E questo ci conduce direttamente al nostro argomento: la cultura del vino nell’antico Tirolo.

Già quando i Romani costruirono la Via Claudia Augusta per permettere alle loro legioni di attraversare le Alpi in tempi rapidi, su questa strada veniva trasportato anche il vino, ovviamente da sud a nord. Nel Medioevo fu soprattutto questa esportazione di vino che permise al conte Mainardo II del Tirolo di accumulare le ricchezze che consentirono al Tirolo di ottenere la sovranità e a lui stesso di raggiungere il rango di duca. Ma per l’esportazione del vino erano necessarie strade carrozzabili e così le antiche strade romane, ormai ridotte a mulattiere, furono in parte ripristinate e in parte vennero costruite nuove strade. Oltre agli ospizi per i pellegrini già esistenti, iniziarono a sorgere anche taverne dove si poteva cambiare cavallo, pernottare e bere vino tirolese.

"Il gran traffico di vino"

I numerosi carri carichi di vino e i loro spesso poco sobri conducenti erano esposti a notevoli pericoli; non pochi uscivano di strada e cadevano nei burroni, circostanza segnalata dalle numerose "Marterlen" (edicole votive) che ammonivano i viandanti. Questi incidenti erano causati anche dal cattivo stato delle strade, di cui si lamentò Cosimo III de' Medici, figlio del granduca Ferdinando di Toscana, quando fece visita a sua zia Anna de' Medici a Innsbruck nel 1667 con un seguito di sessantacinque persone. Durante il viaggio non poté comunque fare a meno di ammirare gli estesi vigneti intorno a Bolzano. Monsieur De Blainville ebbe un'esperienza simile quando accompagnò i figli del ministro della guerra britannico in un viaggio di formazione attraverso l'Europa continentale nel 1707: nel suo diario di viaggio si meravigliò dei numerosi carri carichi di vino tirolese che incontrarono durante l'attraversamento del Brennero. Questi carri erano diretti ad Augusta, da dove poi i vini venivano spediti in tutta la Germania.

Già quando i Romani costruirono la Via Claudia Augusta per permettere alle loro legioni di attraversare le Alpi in tempi rapidi, su questa strada veniva trasportato anche il vino, ovviamente da sud a nord.

Uno dei diari di viaggio più dettagliati del XVII secolo lo dobbiamo al cartografo veneziano Vincenzo Maria Coronelli, creatore dei famosi Globi di Coronelli. Tra l'altro, Coronelli elaborò progetti per la regolamentazione del flusso dell'Adige e nel suo diario di viaggio pubblicato nel 1697 menzionò con ammirazione gli sconfinati vigneti nella zona di Bolzano e "il gran traffico di vino" che aveva luogo nella città sulla Talvera.

L'assetto medievale della città di Bolzano non cambiò significativamente fino al XIX secolo; lo spettacolo offerto dal piccolo centro storico, quando era ancora circondato da un mare di vigneti in ogni direzione, doveva essere davvero indimenticabile. Questo paesaggio pittoresco ha sempre impressionato i viaggiatori del sud e del nord. Fu lo studioso francese Francois-Maximilien Misson, con il suo resoconto di viaggio più volte citato e plagiato "Nouveau Voyage d'Italie", pubblicato nel 1691, a trasformare l'immagine della città circondata dai vigneti in un topos letterario. Ad esempio, quando nel 1783 l'elettore palatino Karl Theodor intraprese un viaggio in Italia, il suo segretario scrisse nel diario di viaggio: "Attorno a Bolzano, le zone più basse, a perdita d'occhio, sono coperte di vigneti".

I viaggiatori, che accorrevano nella terra dove fioriscono i limoni, cercavano con impazienza le prime viti come annunciatrici del sud. Molto prima che Wolfgang von Goethe, durante il suo viaggio in Italia nel 1786, intravedesse le prime colline viticole alla luce del giorno dopo un viaggio notturno in carrozza a sud di Bressanone, Michel de Montaigne si era già deliziato con le prime viti e il loro succo nella città vescovile nel 1580: nel suo "Journal de Voyage" scrisse che era da Augusta che non vedeva più una vite.

Il curioso legame tra vino e religione

Nel 1842, anche Mary Wollstonecraft Shelley, autrice del grande classico "Frankenstein o il moderno Prometeo", viaggiò attraverso il Tirolo con suo figlio, dopo che il marito, il poeta Percy Bysshe Shelley, era annegato nel golfo di La Spezia, e fece sosta a Bressanone presso il già rinomato Hotel Elephant. La scrittrice godette anche della vista dei vigneti lungo l'Isarco e – come scrisse nel suo diario di viaggio – ne approfittò per fare una breve passeggiata e pensare all'Italia, nella gioiosa attesa di rimettere presto piede in questa terra tanto amata.

Alcuni passeggeri provenienti dal nord protestante trovarono invece curiose alcune espressioni di culto popolare nel Tirolo dedicato al Sacro Cuore di Gesù, alcune delle quali si riferivano addirittura al vino. Abbiamo già menzionato le edicole che commemorano tragici incidenti o che vengono poste lungo la strada in segno di gratitudine per salvezze miracolose. Luise von Göchhausen, dama di compagnia della duchessa Anna Amalia di Sassonia-Weimar, non ne fu particolarmente entusiasta, come si evince dal diario del suo viaggio in Italia nel 1788: "Ogni quarto d'ora un Cristo sanguinante, una rappresentazione di incidenti, carrozze che precipitano o leggende di santi che salvano le persone dalla morte con poteri miracolosi". I numerosi capitelli fungevano dunque da continuo monito contro i pericoli sempre in agguato: non c'era da stupirsi che cocchieri e viaggiatori cercassero di anestetizzare la paura e il disagio con un bel sorso di vino.

Il filologo Jean Marie Nisard, che lavorò alla Sorbona, sul suo diario di viaggio del 1835 "Promenades d'un artiste. Tyrol, Suisse, Nord de L'Italie", si indigna per una fontana con una statua di Cristo, da cui l'acqua zampilla attraverso un tubo posto nella ferita del costato. E il già citato Monsieur De Blainville osserva divertito un crocifisso decorato con foglie di vite e grappoli d'uva, supponendo che sia un ritorno al culto di Bacco: il crocifisso era decorato in questo modo in segno di gratitudine per una buona vendemmia. E infine la scrittrice di Weimar e amica di Clemens Brentano, Charlotte von Ahlefeld, nel suo diario di viaggio pubblicato nel 1828, si interroga sulla strana usanza alpina di suonare le campane per allontanare il maltempo.

I numerosi capitelli fungevano dunque da continuo monito contro i pericoli sempre in agguato: non c'era da stupirsi che cocchieri e viaggiatori cercassero di anestetizzare la paura e il disagio con un bel sorso di vino.

Saltner, pergole e altre peculiarità

Ma niente accendeva la fantasia degli artisti e degli scrittori di viaggio che vagavano per il Tirolo come la figura del tutto aliena del Saltner, il custode dei vigneti tirolesi. Questa immagine era talmente radicata che un soggiorno nella città termale di Merano senza incontrare il temibile spaventapasseri vivente era considerato incompleto. Per l'imperatrice Sissi venne meticolosamente preparato un incontro con un Saltner in un vigneto sotto Castel Tirolo. Lei e la sua dama di compagnia Irma Sztáray si abbandonarono a un illecito assaggio d'uva e furono "catturate"

Quando il terreno diventava più ripido e roccioso, le botti di vino dovevano essere trasferite dai carri ai cavalli da soma, come in questa scena che include le rovine di Castel Brunnenburg, sotto Castel Tirolo.

Raffigurazione: Johann Georg Paul Mohr, Tal in Welschtirol (Weintransport mit Saumpferden und Ruine Brunnenburg) (Valle nel Tirolo italiano, trasporto del vino con cavalli da soma e rovine di Brunnenburg), intorno al 1838, Amburgo, Hamburger Kunsthalle n. inv. 1235; da: La scoperta del paesaggio tirolese. Dal Romanticismo all'Impressionismo. Catalogo della mostra temporanea del 1992 al Museo provinciale di Castel Tirolo.

Per secoli il viaggio attraverso le Alpi è stato un'impresa assai pericolosa. E il fatto che molti cocchieri si facessero coraggio con qualche bicchiere di vino non migliorava certo le cose.

Raffigurazione: Michael Ignaz Mildorfer, Zwei Reisekutschen am Rande des Abgrundes (Due carrozze sull'orlo dell'abisso), proprietà privata; da: Attraverso le Alpi. Appunti di viaggio da Dürer a Heine. Catalogo dell'omonima mostra temporanea del 1998 al Museo provinciale di Castel Tirolo.

Paesaggio pittoresco: il paesaggio agricolo plasmato dai viticoltori nel corso dei secoli nel sud del Tirolo attirava inevitabilmente l'attenzione dei viaggiatori di passaggio. Alla fine del XIX secolo non fece eccezione nemmeno il pittore Hermann Heubner, che qui ritrasse Castel Tirolo e i vigneti circostanti.

Raffigurazione: Hermann Heubner, Schloss Tirol umgeben von Weinbergen (Castel Tirolo circondato da vigneti), xilografia colorata 1891, Archivio Brunnenburg.

Il paesaggio vinicolo del sud del Tirolo era un soggetto amato anche dai pionieri della fotografia. Qui Arthur Scheler ha ritratto una pergola a Merano intorno al 1930.

dal Saltner: ma invece di esigere il consueto pagamento per il furto dei grappoli, il Papageno tirolese si inginocchiò con riverenza davanti alla sua imperatrice.

Rimaniamo nel vigneto: per molti viaggiatori, le particolari forme di allevamento della vite che si potevano osservare in questo paese rappresentavano delle vere e proprie curiosità. Nel 1786 Goethe osservò con occhio esperto le pergole della zona di Bolzano e annotò nel suo "Viaggio in Italia": "Le colline ai piedi dei monti sono coltivate a vino. Le viti sono distese su lunghi e possenti pergolati, gli acini blu pendono eleganti dal soffitto e maturano al tepore della vicina terra".

C'erano però anche voci critiche: in "Malerische Reisebilder aus Tyrol" (Pittoresche impressioni di viaggio dal Tirolo) (1837), Karl Ettinger sottolineò che, coltivando la vite su pergole in modo che il sole possa irradiarla, "la vite può diffondersi di più e produrre più abbondantemente. Ma i grappoli pesanti sprofondano continuamente e vengono coperti dall'ombra delle foglie". Secondo Ettinger, che preferiva la coltivazione della vite come viene praticata lungo il Reno, ciò andava a discapito della qualità del vino. Aveva ragione in parte, ma il risultato dipendeva comunque anche dalla cura con cui si eseguivano le pratiche colturali, in particolare dalla tempestività con cui si procedeva alla legatura delle viti.

Gli archi ombrosi, che abbracciavano molti sentieri come delle volte di viti, erano comunque molto apprezzati dai viaggiatori e dagli ospiti delle terme. Così scrisse entusiasta Charlotte von Ahlefeld nel suo diario sul viaggio attraverso la Val Venosta fino a Merano: "La viticoltura è visibile ovunque, ma non affatica la vista con la costrizione imposta alle viti. Qui si arrampicano allegramente e spesso percorrevo lunghi tratti coperti da pergolati di viti". Probabilmente perché le protagoniste dei suoi romanzi di solito dovevano sottomettersi alla volontà degli uomini, a Charlotte piacque molto il modo "ribelle"

Lo spettacolo offerto dal piccolo centro storico, quando era ancora circondato da un mare di vigneti in ogni direzione, doveva essere davvero indimenticabile. Questo paesaggio pittoresco ha sempre impressionato i viaggiatori del sud e del nord.

con cui le viti altoatesine potevano svilupparsi liberamente sulle pergole.

Osservazione scientifica ed esperienza mistica

Anche Ida von Düringsfeld, anch'essa celebre scrittrice, soggiornò a lungo a Merano. In "Reiseskizzen aus Meran" (Schizzi di viaggio da Merano) (1868) descrisse con lo sguardo di un'etnologa le singole parti dei pergolati, come pali, listelli, e altri elementi, e riferì che il terreno sottostante veniva utilizzato per coltivare grano, mais e patate e per zucche, fagioli e verdure.

Molto meno "ancorata alla terra" è la descrizione fatta dall'autore dei romanzi d'arte e di viaggio James Martindale Blake, pubblicati nel 1910: l'escursione attraverso le volte dei vigneti sulla strada per Castel Tirolo per lui si rivelò un'esperienza mistica. Gli sembrò che si aprissero le pagine dell'Apocalisse di Giovanni, che attraverso questi corridoi di luce si potesse raggiungere il regno dei beati. Significativamente il suo romanzo di viaggio si intitola "Joy of Tyrol. A human revelation" (La gioia del Tirolo. Una rivelazione umana).

Tutto ciò, però, non esaurisce tutte le forme di allevamento della vite un tempo diffuse in Tirolo. Quando Luise von Göchhausen e la duchessa Amalia di Sassonia-Weimar-Eisenach si recarono in Italia, presso Egna e Salorno videro dalla loro carrozza viti che crescevano sugli alberi: "[...] lungo la strada ci sono molti alberi con viti in ghirlande". Questo tipo di allevamento, ripreso dall'antichità romana, in Tirolo può essere riscontrato fin dal Medioevo, come risulta dall'attestato di concessione del maso Puntleid di Velturno, in cui nel 1386 veniva richiesto il canone del vino a tutte le viti che crescevano nel maso, "sia sugli alberi che sulle piante perenni, sul pergolato o sui muri".

Dai resoconti di viaggio apprendiamo invece molto poco sulle diverse malattie della vite che, nel tempo, hanno afflitto anche i vigneti altoatesini. Un'eccezione è costituita dal famoso medico scozzese Sir John Forbes che pubblicò le sue osservazioni durante un viaggio attraverso la Germania e il Tirolo nel 1856. Il medico personale del principe Alberto, grande ammiratore di Andreas Hofer come la maggior parte degli inglesi, notò nella zona di Merano i vigneti distrutti, vittime dell'oidio che si stava diffondendo in Europa nel 1845. Nel 1910, in preda all'entusiasmo, James M. Blake riuscì a esaltare esteticamente il rivestimento in rame utilizzato per combattere la peronospora, introdotto nel 1878; descrisse come questo rivestimento alla luce del sole brillava, emanando giochi di colori simili a quelli prodotti dalle piume di pavone o dalle ali degli insetti.

Boccali e affascinanti cameriere

Ora entriamo in una locanda. Anche qui i viaggiatori si confrontavano con usi e costumi diversi. Il giovane letterato Andrea De Franceschi, che nel 1492 accompagnò due ambasciatori da Venezia a Linz, scrisse un resoconto di viaggio a riguardo. Notò che già a San Michele all'Adige, dove si fermarono all'Adlerwirt, il vino non veniva più servito in bicchieri ma in calici in argento o peltro – "alla maniera thodesca".

Ma ciò che sembrava impressionare ancor di più i viaggiatori, uomini e donne che fossero, erano le cameriere tirolesi. Mentre in Italia erano soprattutto gli uomini a servire ai tavoli, in Tirolo erano soprattutto le ragazze a servire cibo, bevande e intrattenimento. Le graziose cameriere tirolesi divennero presto un topos letterario più volte ripreso nella letteratura di viaggio. Nel descrivere il suo viaggio in Italia nel 1791, durante il quale accompagnò come dama di compagnia la contessa von Erbach, la paesaggista Marianne Kraus osserva maliziosamente: "L'informazione che vale la pena di comunicare a tutti i viaggiatori è che ci sono le cameriere più belle di tutto il Tirolo. Se andassi in viaggio con mio marito, salterei il Tirolo".

L'altra faccia della medaglia ce la mostra invece Heinrich Heine, che iniziò il suo viaggio nel nord dell'Italia nel

Ma ciò che sembrava impressionare ancor di più i viaggiatori, uomini e donne che fossero, erano le cameriere tirolesi. Mentre in Italia erano soprattutto gli uomini a servire ai tavoli, in Tirolo erano soprattutto le ragazze a servire cibo, bevande e intrattenimento.

Nessun viaggio attraverso il sud del Tirolo poteva dirsi completo senza un incontro con un Saltner. Questa figura mitica ha affascinato i viaggiatori per secoli.

Raffigurazione: Custode dei vigneti o Saltner presso Merano, incisione su acciaio intorno al 1850, casa editrice Thuille Bolzano; Archivio Brunnenburg.

Una visione insolita per gli ospiti stranieri. A differenza di altri luoghi, in Tirolo a servire il vino nelle locande sono delle ragazze. La letteratura dell'epoca concorda sul fatto che fossero le cameriere più belle in assoluto.

Raffigurazione: Alexander William, Servante d'Auberge à Inspruck (Cameriera tirolese), acquaforte colorata 1813; Archivio Brunnenburg.

1828. Nelle sue “Impressioni di viaggio” descrive con lingua tagliente come un nobile e un sacerdote abbiano molestato una cameriera in una locanda di Bressanone. “Entrambi condivano il loro pasto molestando l’inserviente con attenzioni che sembravano disgustare non poco la cara, bella fanciulla, tanto che lei si staccava violentemente quando uno di loro le dava pacche sulle spalle o l’altro tentava addirittura di abbracciarla. I due compagni si trattennero dal fare ulteriori avances solo quando lei rientrò nel ristorante con il suo bambino in braccio”.

Troppo pesante? Troppo dolce? Il vino del Tirolo

Poniamoci una domanda importante: cosa possiamo imparare dalla letteratura di viaggio sul vino tirolese del passato? Quanto è piaciuto ai viaggiatori, quali vigneti godevano di una reputazione speciale e quali sono, se ci sono, le indicazioni sui vitigni coltivati? Probabilmente il nome più antico del vino dell’Alto Adige è “Bozenaere”, utilizzato già nel 1158 dal cronista Vincenzo da Praga e intorno al 1217 da Wolfram von Eschenbach, in entrambi i casi per riferirsi al vino che da Bolzano viaggiava verso nord e veniva considerato eccellente. Si può supporre che si trattasse di vini provenienti soprattutto dall’area di Bolzano, ma anche da altre regioni vinicole tirolesi, che venivano commerciati a Bolzano e da lì si facevano strada attraverso le Alpi.

Nel tardo Medioevo era il Traminer a godere di una fama particolare ben oltre i confini del paese. Chissà se Leonardo Bruni, umanista e poi cancelliere di Firenze, abbia parlato di questo ottimo vino con Oswald von Wolkenstein al Concilio di Costanza? Bruni si era fermato a Termeno nel suo viaggio verso Costanza nel 1414 e in seguito lodò in una lettera questo incantevole paese, celebre per i suoi vigneti: secondo Bruni, era un paese benedetto e, soprattutto, caro a Bacco. Quando Oswald von Wolkenstein si trovò a Überlingen e non ritenne di suo gradimento il vino aspro come prugne selvatiche del Lago di Costanza, il suo pensiero corse a Termeno, come espresse con convinzione nella sua famosa canzone “Wer machen well sein peutel ring”. E quando nel 1461 Guglielmo III il valoroso, margravio di Meißen, in pellegrinaggio verso la Terra Santa per espiare la colpa di aver maltrattato e ripudiato la moglie, si trovò a passare davanti al famoso villaggio, scrisse nel suo diario: “Qui cresce il Tramyner!”.

Nel tardo Medioevo era il Traminer a godere di una fama particolare ben oltre i confini del paese.

Nel 1471 fu l’umanista, poeta e vescovo di Teramo, Giovanni Antonio Campano, durante il viaggio che lo stava portando al Consiglio imperiale di Ratisbona al seguito del cardinale Francesco Piccolomini, a celebrare l’“eccellente vino moscato di Termeno”. Le opinioni in merito a quali uve venissero all’epoca utilizzate per produrre il tanto decantato Traminer sono ancora contrastanti. Si può supporre che si trattasse di un vino bianco aromatico con un po’ di dolcezza residua, perché nel Medioevo tutto ciò che era dolce era considerato desiderabile in quanto di difficile reperimento e, pertanto, era un vero e proprio status symbol. Il vino bianco era considerato anche il vino più nobile, riservato alla nobiltà e al clero.

Se il sapore dolce (gout douceatre) del vino degustato a Bolzano – su cui François M. Misson espresse la sua disapprovazione nel 1691 – fosse intenzionale o fosse dovuto a problemi di fermentazione con i lieviti dell’epoca, oggi non è più possibile stabilirlo. Anche il conte palatino Federico Michele di Zweibrücken, capostipite dei re bavaresi, non amava il vino tirolese per la sua dolcezza, come si racconta nel diario del suo viaggio in Italia nel 1756. Tra le voci critiche va annoverata anche quella del paesaggista Frédéric Mercey, il quale, spinto dalla sete di scoperta, esplorò anche le piccole valli laterali del Tirolo; nonostante il vino di Bolzano fosse molto apprezzato in tutto il paese, all'artista parve troppo pesante e troppo scuro (trop épais et trop coloré). Nella sua guida "Le Tyrol et le Nord de L'Italie" (1833) raccontò di aver chiesto invano dell'acqua a Bressanone per diluire un po' il succo di Bolzano.

Il medico e filosofo francese della Sorbona di Parigi, Charles Patin, nelle sue "Relationes historiques et curieuses de Voyages" aveva un'opinione completamente diversa sui vini che gli vennero serviti durante il suo viaggio attraverso il Tirolo nel 1670: "Questi vini sono potenti e delicati, lusingano e conquistano il palato". Monsieur De Blainville rimase altrettanto colpito dalla loro gradevole speziatura, giudizio condiviso anche dallo studioso irlandese Thomas Nugent nel 1749.

Per quanto riguarda i singoli vini, dai resoconti di viaggio apprendiamo molto sulla località da cui provengono e ancor di più sul luogo in cui sono stati bevuti, ma quasi nulla sulle diverse varietà. Anche altre fonti dimostrano che per secoli il vino veniva diviso solo in bianco e rosso, mentre il vino rosso veniva differenziato tra Schiava e Lagrein. Ciò che poi cresceva nei vigneti e veniva infine servito era probabilmente un uvaggio.

"Questi vini sono potenti e delicati, lusingano e conquistano il palato."

Poiché la maggior parte dei viaggiatori si fermava a Bolzano, non sorprende che il vino di Bolzano venga ripetutamente descritto come il miglior vino tirolese. Quando nel 1699 il ventinovenne Carlo d'Assia-Kassel si trovò a Bolzano nel suo Grand Tour, il suo aiutante militare scrisse nel suo diario: "Il miglior vino tirolese è quello di Bolzano. E si riempiono con cura alcune bottiglie di Schiava per il tragitto". Il viaggio in Italia che il duca Carlo di Württemberg intraprese nel 1753 non fu diverso, come annotò anche il suo segretario: "A Bolzano abbiamo bevuto il miglior vino tirolese".

È risaputo che una forte richiesta in costante crescita possa indurre a frodi. Questo sembra essere stato un problema già intorno al 1870 perché nella sua guida del 1874 "Touristen-Lust und Leid in Tirol" (Piaceri e sofferenze turistiche in Tirolo) il famoso giornalista itinerante Gustav Rasch criticò aspramente la contraffazione del vino e in particolare le fabbriche di contraffazione del vino a Bolzano. Denunciò anche la diffusione del bere in Tirolo. Rasch, fervente ammiratore di Garibaldi, aveva partecipato attivamente alla rivoluzione del 1848/49 a Berlino ed è abbastanza plausibile che volesse sferrare qualche colpo al Tirolo clericale-conservatore. Tuttavia, già nel 1483, il domenicano Felix Fabri, di passaggio nel suo pellegrinaggio in Terra Santa, aveva elogiato il buon vino di Bolzano, accusando però la popolazione di essere viziosa e dedita al bere.

A quel tempo, molti pellegrini in viaggio scrivevano diari accurati e registravano i vari costi e spese del loro alloggio per aiutare o avvisare i pellegrini successivi. Lo fece anche Dietrich von Kettler, che nel 1519 intraprese un pellegrinaggio in Terra Santa insieme ad altri cinque nobili della Vestfalia. Come risulta dal suo diario meticolosamente scritto, pernottarono a Merano presso la trattoria Krone e pagarono nove kreuzer per il "malmoseer" che vi gustarono. Si trattava della Malvasia, un vino dolce importato dal sud che deve il suo nome al porto di Monemvasia nel Peloponneso: da lì i veneziani portarono il vitigno in Italia, dove il nome fu adottato per vitigni molto diversi e, come è noto, è usato ancora oggi.

Non solo vino di Bolzano

Con il passare del tempo il Tirolo divenne una meta di viaggio sempre più ambita e crebbe la necessità di guide turistiche dettagliate che comprendessero anche altre regioni vinicole. Carl Gottlob Küttner, insegnante privato di una nobile famiglia inglese, nel 1799 si recò in Tirolo e soggiornò anche a Merano. Nella sua guida di viaggio scrive: "Mentre andavo a Merano ho ammirato le colline riccamente coltivate [...] dove crescono diversi ottimi vini, che di solito sono considerati i migliori del Tirolo". Nella sua guida turistica in due volumi del 1835 "Il Tirolo dal Glockner all'Ortles", il regista e scrittore August Lewald è ancora più preciso, perché nella descrizione di Castel Tirolo menziona il Küchelberg che, grazie alla sua posizione favorevole, produce il vino più pregiato della zona. Con questo giudizio concordò nel 1884 anche lo studioso francese Jules Gourdault in "A Travers le Tyrol", che citò con approvazione anche il Terlano e l'Überetscher.

Adolph Schaubach non fu solo un alpinista e un illustre ricercatore alpino, ma anche un appassionato intenditore di vini, tanto che, nel suo esaustivo "Handbuch durch das mittlere und südliche Tyrol" (Manuale del Tirolo Centrale e Meridionale) (1850), prestò sempre grande attenzione ai vini locali. Nel meranese apprezzò il vino Algunder Leiten e, visitando Castel Tirolo, menzionò l'onesto capitano del castello, a cui piace servire ai suoi visitatori un buon bicchiere di vino fatto in casa: "Un buon, autentico vino tirolese rinfresca durante la salita". Sulla strada per Bolzano Schaubach invita a visitare Terlano, che deve la sua fama "al suo vino, che ogni viaggiatore dell'Alto Adige ha avuto modo di conoscere. Ma il vino di Terlano è ovunque migliore rispetto a quello che si beve nella stessa Terlano. Il vino di Terlano, il rosso come il bianco, è dolce fin dall'inizio e ha un profumo estremamente gradevole. È senza dubbio uno dei migliori vini tirolesi". Oltre al Terlano, secondo Schaubach, nei vigneti tirolesi prosperano anche "Farnatsch, Schwarzwälsche, Pfeffertraube, Bratinger e Zapfweinbeer". E quando arrivò a Bolzano, descrisse, e come potrebbe essere altrimenti, "l'uva Lagrein dal colore rosso scuro" come "l'uva più eccellente della zona di Bolzano".

\\

> Il viaggio in Italia che il duca Carlo di Württemberg intraprese nel 1753 non fu diverso, come annotò anche il suo segretario: "A Bolzano abbiamo bevuto il miglior vino tirolese".

“Mentre andavo a Merano ho ammirato le colline riccamente coltivate [...] dove crescono diversi ottimi vini, che di solito sono considerati i migliori del Tirolo.”

Vetrina sulla storia
Il Museo del Vino dell'Alto Adige

// Il presente volume fornisce una panoramica approfondita della secolare tradizione vinicola dell'Alto Adige. Ma cosa è sopravvissuto di questa storia e cosa possiamo apprendere dagli attrezzi storici, dalle opere d'arte e dagli oggetti di uso quotidiano legati al vino? Dal 1955 il Museo provinciale del Vino a Caldaro ha fatto sua questa domanda e si è dato il compito di rendere la risposta comprensibile a tutti.

Alexandra Untersulzner

Il Museo provinciale del Vino venne inaugurato il 18 settembre 1955 a Castel Ringberg a Caldaro. Due anni prima, presso la Camera di Commercio di Bolzano era stata fondata un'associazione, con la presidenza di Walther Amonn e del suo vice Luis Oberrauch, con l'obiettivo di creare una collezione inerente alla viticoltura e all'enotecnica per istituire un museo del vino aperto al pubblico. Tra i ventidue soci fondatori dell'associazione figuravano rappresentanti della cultura, dell'arte, della viticoltura e dell'economia vinicola.

La fondazione del Museo del Vino avvenne in un periodo caratterizzato da grandi cambiamenti nell'agricoltura e quindi anche nel settore vitivinicolo, soprattutto a causa dell'avvento della meccanizzazione. I promotori erano ben consapevoli sia di questo cambiamento che della conseguente necessità di preservare per le generazioni future le testimonianze della viticoltura storica attraverso la collezione di attrezzi da lavoro e oggetti vari. Il fatto che il museo sia nato come iniziativa privata riflette il contesto dell'epoca e deve essere molto apprezzato. Dopo l'apertura del Museo statale Ferdinandeum a Innsbruck nel 1845, nel Tirolo meridionale furono fondate le associazioni museali di Bolzano, Bressanone, Merano, Brunico e Chiusa. Tuttavia, le guerre mondiali e il fascismo limitarono fortemente un ulteriore sviluppo museale. A causa delle grandi sfide da affrontare in Alto Adige dopo il 1945 in ambito scolastico e culturale, la politica culturale ufficiale relegò i musei in secondo piano, come ebbe modo di osservare anche Hans Grießmair, direttore del Museo del Vino dal 1983 al 2004.

Alla ricerca di una sede per il futuro museo, l'associazione avviò delle trattative con la cantina Wilhelm Walch. Castel Ringberg era di proprietà della famiglia Walch, era vuoto ed era un'ideale sede museale sia per la sua ubicazione che per le sue dimensioni. La locazione dell'immobile fu possibile grazie alla disponibilità dei proprietari, essi stessi soci fondatori e membri del comitato direttivo dell'associazione e, dopo alcuni lavori preparatori, i primi oggetti della collezione poterono trovare posto nelle sale espositive. Fin dall'inizio la collezione venne costituita grazie a prestiti, generosamente messi a disposizione dai soci dell'associazione e da privati, ma anche da acquisizioni effettuate dall'associazione stessa. Alla realizzazione della collezione hanno partecipato in particolare Karl Theodor Hoeniger, Matthias Ladurner-Parthanes, Walther Amonn e Luis Oberrauch. Uno dei compiti del futuro curatore Oberrauch fu quello di cercare oggetti adatti in tutta la provincia e di scovare ciò che si poteva trovare nelle cantine, nelle sale dei torchi e nelle soffitte – oggetti spesso inutilizzati e ignorati per lungo tempo. La ricerca di reperti, a piedi o in macchina, ha condotto Oberrauch nella zona di Bolzano e nel Burgraviato, ma anche in Valle Isarco e in Val Venosta.

Conservatore della prima ora

Luis Oberrauch (1907-1992) ha lavorato per molti anni come mastro cantiniere e docente di enotecnica e viticoltura presso la scuola agraria di Muri-Gries. In qualità di curatore della prima ora di Castel Ringberg, svolse un ruolo chiave nella costituzione della collezione del museo, ed era noto per le sue visite guidate competenti e divertenti Quale storico locale, si dedicò con passione alla ricerca archeologica e alla fotografia.

Il primo museo del dopoguerra è dedicato al vino

In poco meno di due anni fu possibile raccogliere la consistente collezione presentata all'inaugurazione del museo. Nell'invito alla cerimonia vennero elencati numerosi oggetti, tra cui: torchi a vite e torchi a leva, sostegni per viti, imbuti di legno, botti e attrezzi da bottai, misuratori per vino e vari recipienti per vino e bevande. Riferendosi ad altri musei del vino in Europa, come quelli di Speyer, Krems o Rüdesheim, nel suo discorso di apertura Walther Amonn sottolineò con soddisfazione che il Museo del Vino dell'Alto Adige è stato il primo del suo genere a sud delle Alpi. Allo stesso tempo, è stato anche il primo museo fondato in Alto Adige dopo il 1945 e, insieme ai musei civici di Bolzano e Merano e al Museo Diocesano di Bressanone, una delle sole quattro collezioni museali accessibili.

Museo, lido, operetta

I vari festeggiamenti del 18 settembre 1955 non celebrarono solo l'inaugurazione del Museo provinciale del Vino; nello stesso giorno il programma prevedeva anche l'inaugurazione del nuovo lido al Lago di Caldaro, un corteo dedicato al vino a Bolzano e, in serata, al Teatro Comunale di Merano, la prima dell'operetta "Südtiroler Wein" di Roman Pola.

Negli anni successivi il museo fu aperto al pubblico nei pomeriggi feriali dalla primavera all'autunno. Una visita al Museo del Vino, così come una visita al Lago di Caldaro, era parte integrante di una vacanza in Alto Adige e le visite guidate organizzate dal curatore Oberrauch contribuirono molto alla popolarità del museo. La collezione venne anche integrata e ampliata con alcuni oggetti, ad esempio una collezione di anfore e una statuetta con un costume da Saltner. Su suggerimento dello storico dell'arte e studioso di castelli Josef Weingartner, alla dotazione del museo si aggiunse anche la "Mostra dei castelli", una collezione di modelli di castelli di Ludwig Mitterdorfer, che dal 2005 è esposta a Castel Trostburg, vicino a Ponte Gardena.

Nel giugno del 1970 il museo fu duramente colpito da un furto con scasso durante il quale furono rubati numerosi oggetti di valore, tra cui il pezzo forte della mostra, il dipinto del nano Perkeo di Johann Philipp von der Schlichten, pittore di corte del principe elettore Carl Philipp von der Pfalz. A tutt'oggi, gli oggetti rubati non sono stati ancora recuperati. Oltre ai danni materiali, la rapina destò anche grande preoccupazione per la sopravvivenza stessa della collezione.

Da associazione a museo provinciale

Anche per questo motivo, in occasione della celebrazione del venticinquesimo anniversario, il direttivo dell'associazione fondatrice si interrogò sul futuro del Museo del Vino. Alcuni membri fondatori erano venuti a mancare, erano aumentati le spese amministrative e i costi di gestione del museo, e si preannunciava anche un aumento del canone di locazione di Castel Ringberg. Si pensò a un possibile trasferimento del museo, ma anche allo scioglimento dell'associazione e al passaggio del museo alla Provincia Autonoma di Bolzano dopo che il secondo Statuto di autonomia del 1972 previde la possibilità di fondare musei provinciali. A questo scopo, l'associazione si rivolse all'allora assessore provinciale alla cultura Anton Zelger, che era anche presidente del Museo provinciale degli usi e costumi fondato nel 1976 a Teodone. Dopo lunghe trattative e discussioni sia in seno ai vari enti coinvolti, sia tra i componenti della Giunta provinciale, venne infine deciso di trasformare il Museo del Vino dell'Alto Adige, fino ad allora gestito privatamente, in una sezione distaccata del Museo provinciale degli usi e costumi. Sarebbe stata assorbita anche gran parte della collezione. Il passaggio avvenne nel giugno del 1983, subito dopo lo scioglimento dell'associazione fondatrice.

Con la nuova gestione il Museo del Vino rimase a Castel Ringberg fino al 1986, quando la sede museale venne trasferita nel centro di Caldaro e, più precisamente, nel seminterrato dell'ex cantina Di Pauli, già edificio amministrativo della signoria Caldaro-Laimburg e sede del tribunale. Il comune di Caldaro, proprietario dell'immobile, mise la struttura a disposizione a titolo gratuito per novantanove anni, consentendo così una pianificazione e prospettive a lungo termine per il museo. Dopo i lavori di ristrutturazione e adattamento, la nuova esposizione venne inaugurata nello storico seminterrato in occasione della Pasqua del 1988. Oggetti di artigianato, arte popolare, arte sacra e opere d'arte del XX secolo offrono uno spaccato della storia culturale della viticoltura altoatesina. Gli antichi attrezzi da lavoro, inoltre, raccontano la vita e il lavoro dei viticoltori e le tradizioni vitivinicole locali: dal lavoro in vigna alla produzione, allo stoccaggio e al trasporto del vino. Recipienti per bere e per il trasporto, in vetro e in ceramica completano il panorama storico-culturale della lunga tradizione locale della viticoltura.

Non esiste vignaiolo senza roncola

> La roncola è considerata uno dei simboli della viticoltura e, prima di perdere la sua importanza nel XX secolo a causa dell'uso delle cesoie per vite e uva, è stata utilizzata quotidianamente per secoli. Il Museo del Vino ha acquisito una collezione di circa duecento roncole e nel 2007 ne ha esposto una selezione in una mostra speciale.

Negli anni successivi l'attenzione si concentrò sulla creazione e sull'ampliamento del programma di divulgazione delle conoscenze. Date le crescenti aspettative dei visitatori del museo, l'offerta educativa per adulti, classi scolastiche e bambini venne quindi integrata non solo con visite a tema, degustazioni di vino e programmi estivi, ma anche con dimostrazioni di artigianato, p. e. di bottai e soffiatori di vetro. Anche il vigneto antistante al museo, con le sue antiche varietà di vino regionali ormai raramente coltivate, come Fraueler, uva fragola bianca, Blatterle e Gschlafene, allevate su diversi sistemi a pergola,

La prima sede del Museo del Vino:
Castel Ringberg a Caldaro,
qui in una foto del 1956.

Poco dopo la sua apertura nel 1955,
il Museo del Vino si pubblicizzò
con un manifesto riportante un
dipinto di Emanuel Fohn.

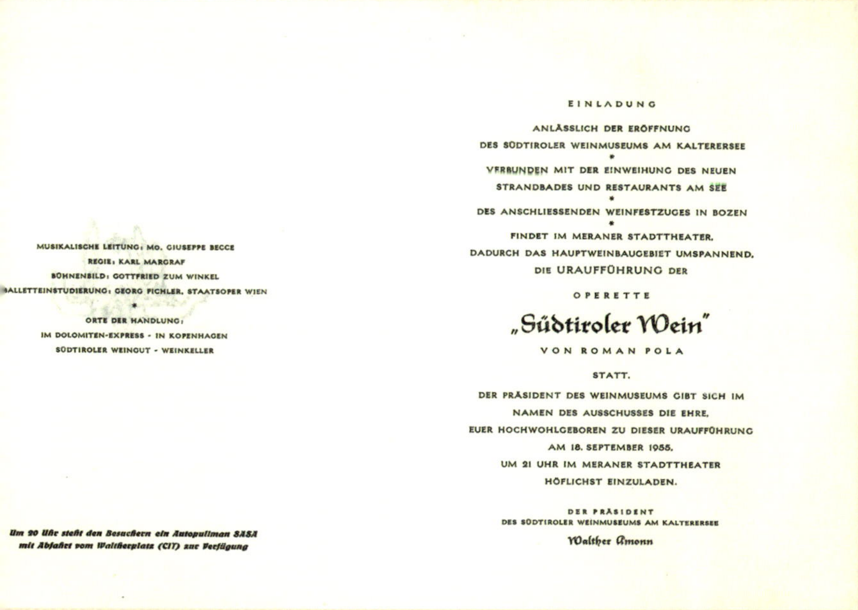

MUSIKALISCHE LEITUNG: MO. GIUSEPPE BECCE
REGIE: KARL MARGRAF
BÜHNENBILD: GOTTFRIED ZUM WINKEL
BALLETTEINSTUDIERUNG: GEORG PICHLER, STAATSOPER WIEN
*
ORTE DER HANDLUNG:
IM DOLOMITEN-EXPRESS - IN KOPENHAGEN
SÜDTIROLER WEINGUT - WEINKELLER

Um 20 Uhr steht den Besuchern ein Autopullman SASA
mit Abfahrt vom Waltherplatz (CIT) zur Verfügung

EINLADUNG

ANLÄSSLICH DER ERÖFFNUNG
DES SÜDTIROLER WEINMUSEUMS AM KALTERERSEE
*
VERBUNDEN MIT DER EINWEIHUNG DES NEUEN
STRANDBADES UND RESTAURANTS AM SEE
*
DES ANSCHLIESSENDEN WEINFESTZUGES IN BOZEN
*
FINDET IM MERANER STADTTHEATER,
DADURCH DAS HAUPTWEINBAUGEBIET UMSPANNEND,
DIE URAUFFÜHRUNG DER

OPERETTE

„Südtiroler Wein"

VON ROMAN POLA

STATT.

DER PRÄSIDENT DES WEINMUSEUMS GIBT SICH IM
NAMEN DES AUSSCHUSSES DIE EHRE,
EUER HOCHWOHLGEBOREN ZU DIESER URAUFFÜHRUNG
AM 18. SEPTEMBER 1955,
UM 21 UHR IM MERANER STADTTHEATER
HÖFLICHST EINZULADEN.

DER PRÄSIDENT
DES SÜDTIROLER WEINMUSEUMS AM KALTERERSEE
Walther Amonn

Quasi un evento di Stato:
l'inaugurazione del
Museo del Vino venne
celebrata nel settembre
del 1955 con un corteo
e la prima dell'operetta
"Südtiroler Wein".

è diventato un punto di attrazione unico. Un evento molto apprezzato è la visita guidata autunnale dedicata ai vitigni antichi, durante la quale i visitatori possono raccogliere i grappoli d'uva dalle viti e degustarli.

Allo stesso tempo, il Museo del Vino si è affermato anche come luogo di eventi dove ospitare letture, concerti e conferenze in collaborazione con associazioni ed enti culturali. Dal 2004 parte del contenuto della mostra è stato ampliato ed esposto in mostre speciali. Due di esse sono state dedicate ai soci fondatori del museo, Luis Oberrauch e Matthias Ladurner-Parthanes.

Coltivatore, folklorista, autore

Primogenito di una famiglia di contadini meranesi, Matthias Ladurner-Parthanes (1894-1986) crebbe nella tradizione vitivinicola della sua terra natale, riportando le proprie esperienze in numerose pubblicazioni, integrate con letteratura specialistica e interviste a esperti. Nel 1972 fu pubblicato il suo libro "Vom Perglwerk zur Torggl. Arbeit und Gerät im Südtiroler Weinbau" (Dalla pergola al torchio. Lavoro e attrezzature nella viticoltura altoatesina), divenuto ormai da tempo l'opera fondamentale della viticoltura storica dell'Alto Adige.

Dove sta conducendo il viaggio?

Per un museo la conoscenza e la documentazione della propria collezione costituiscono la base di tutte le attività successive. Gli oggetti che formavano il vecchio inventario ereditato dall'associazione, ma anche i prestiti e le nuove acquisizioni del Museo provinciale dopo il 1986, sono stati misurati, fotografati, archiviati digitalmente e documentati per quanto possibile. Per gli oggetti della collezione storica, la provenienza e il contesto sono rimasti spesso oscuri soprattutto perché, tranne pochi riferimenti nei libri contabili non erano disponibili informazioni precise. Sfortunatamente è andato perduto il catalogo cartaceo più volte citato da Walther Amonn e realizzato con grande precisione da Luis Oberrauch.

La panoramica esaustiva della collezione è stata una delle basi di partenza del nuovo progetto di orientamento elaborato nel 2017 che prevede lo sviluppo di una proposta per una nuova mostra permanente con una selezione di temi chiave. Va purtroppo constatato che la collezione non tiene adeguatamente conto del periodo successivo alla seconda metà del XX secolo, che alcune aree tematiche sono escluse per mancanza di spazio espositivo e che mancano interi gruppi di oggetti.

Uva, vino, religione

Il patrimonio del museo comprende anche una collezione di arte sacra relativa all'uva e al vino. Ciò che spicca in particolare è una teca con piccole figure che mostra la rappresentazione di Cristo nel torchio: sulla struttura del torchio a leva, Cristo si inginocchia sotto la croce e il suo sangue scorre in una bacinella, mentre Adamo ed Eva girano la leva simboleggiando così l'umanità peccatrice.

Nel corso degli anni si è consolidata la consapevolezza che la sede attuale difficilmente avrebbe potuto soddisfare gli standard museali del XXI secolo, in quanto priva di importanti dotazioni quali spazi per attività didattiche e mostre speciali. Durante la preparazione delle mostre tematiche si poneva sempre lo stesso problema: a causa della mancanza di sale dedicate, la mostra temporanea doveva sempre essere integrata nell'esposizione permanente. Anche la perdurante mancanza di un deposito ha avuto conseguenze di vasta portata: le donazioni che avrebbero colmato le lacune della raccolta hanno infatti dovuto essere rifiutate più di una volta. Una possibile soluzione si era profilata quando nel 2007 l'amministrazione provinciale dell'Alto Adige acquisì la

Oggetti storici in una cantina storica:
il Museo del Vino ha trovato la sua seconda
sede nell'ex cantina Di Pauli a Caldaro.

Negli anni cinquanta una visita al Museo
del Vino era diventata d'obbligo non solo
per i residenti, ma anche per i turisti –
così come una visita al Lago di Caldaro.

Una pubblicità assai sobria: il volantino
del Museo del Vino e della mostra
dei castelli è decorato con la fotografia
in bianco e nero di un torchio e con
il logo del museo disegnato
dall'artista Heiner Gschwendt.

È l'attrezzo per eccellenza dei viticoltori: la roncola, qui una proveniente da Merano del 1886, è stata utilizzata ininterrottamente per secoli.

Anche se nella Bibbia pochi argomenti ricorrano tanto spesso quanto quello relativo all'uva e al vino, la rappresentazione di Cristo nel torchio è comunque assai peculiare.

Spauracchio per turisti e icona culturale: nell'esposizione del Museo del Vino non può certo mancare il Saltner (qui sotto forma di statuetta).

storica tenuta Buol-Biegeleben a Caldaro e, nel 2012, anche la proprietà adiacente, con l'intenzione di trasferirvi il Museo del Vino. Il trasferimento della sede museale, tuttavia, è stato posticipato e la necessaria decisione politica non è stata presa, con la conseguenza che il progetto è stato infine abbandonato.

Spauracchio per turisti e figura di culto

Funzionario, personaggio di fantasia, spauracchio per turisti o guardiano? Dal 2018 al 2020 il Museo del Vino si è occupato del Saltner nell'ambito di un vasto progetto di ricerca e ha condotto ricerche in archivi e musei. I risultati dello studio sono stati pubblicati nel 2022, nel quarto volume della serie di pubblicazioni a cura del museo.

La questione di un possibile cambio di sede del Museo del Vino è recentemente tornata d'attualità e viene discussa tra politica, economia e cultura. L'attuale sede museale presenta numerosi vantaggi: la storica cantina Di Pauli offre al Museo del Vino un luogo autentico dall'atmosfera speciale che, insieme al vigneto con vista sul Lago di Caldaro, invita a immergersi nella storia del vino dell'Alto Adige. Tuttavia, al momento le possibilità di effettuare le integrazioni e le espansioni necessarie ai musei contemporanei sono scarse. Il futuro del Museo del Vino sarà presumibilmente chiarito al più tardi nel 2055, in occasione del centenario della fondazione.

\\

Il vino come motore dello sviluppo urbano

Bolzano, Merano e la Mitteleuropa

// Nel corso della storia, città e vino hanno stretto molti legami andati in gran parte perduti negli ultimi cento anni, anche se denominazioni quali "Città del Vino" o "Strada del Vino" continuano a essere utilizzate nella comunicazione pubblicitaria. Questo contributo analizza come Bolzano e Merano si siano sviluppate sotto l'influenza della viticoltura e del commercio del vino rispetto ad altre città vinicole della Mitteleuropa.

Josef Nössing

Il vino è stato una bevanda di culto e di lusso fin dall'antichità e solo nel tardo Medioevo divenne accessibile a una più ampia fascia della popolazione comprendente commercianti, artigiani e altri cittadini benestanti. Le persone meno abbienti continuavano invece a non poterselo permettere. Il consumo di vino aumentò, anche perché la birra non si poteva conservare a lungo e l'acqua nelle città era così contaminata da mettere in pericolo la salute. Le superfici vitate furono quindi ampliate e la resa incrementata. I prezzi del vino rimasero alti e servire vino ai propri ospiti era un segno di ricchezza.

Alla diffusione del vino seguì però un suo temporaneo declino. Nella seconda metà del XVI secolo, in viticoltura si registrarono cattivi raccolti e, dopo che il luppolo permise di conservare la birra più a lungo, la collettività preferì quest'ultima, più economica e digeribile. Dopo lunghe crisi, causate anche da eventi esterni come la Guerra dei Trent'anni, la viticoltura si riprese nel XVIII secolo, per poi scivolare nuovamente nella grave crisi causata dalle malattie della vite nella seconda metà dell'Ottocento. Fu solo nel XX secolo che il vino divenne una bevanda popolare alla portata di tutti. Tuttavia, il vino rimase sempre una bevanda dal grande potere simbolico, in grado di sottolineare lo status dell'ospite e sempre presente ancora oggi nelle occasioni di festa.

Lotta contro concorrenza e adulterazione

Non sorprende quindi che il vino generasse enormi profitti a chi lo commerciava, provocasse una forte concorrenza tra zone di produzione limitrofe e alimentasse una battaglia senza fine contro i contraffattori di vino. Le città investirono molte risorse per reperire un vino sano e bevibile, perché ne andava tanto della salute dei cittadini quanto del prestigio dell'amministrazione cittadina. Dato lo stato delle scienze naturali alla fine del Medioevo, era difficile riconoscere le contraffazioni, soprattutto perché era pratica comune addolcire il vino con miele, allungarlo con acqua e usare vari metodi per prolungarne la conservazione. La situazione si aggravava quando si tentava di trasformare il vino avariato, ammuffito o marcio in una bevanda ancora bevibile, aggiungendo sostanze per coprire il cattivo stato di conservazione.

Il Medioevo aveva i suoi mezzi per combattere la concorrenza: i privilegi dell'autorità principesca servivano a tutelarsi dal transito o dalla consegna di vini stranieri. Come molte altre città, nel 1372 anche Bolzano ottenne un privilegio dal principe del Tirolo il cui scopo era contrastare l'importazione dei vini prodotti a sud dell'Avisio e del Noce. Ciò colpì quasi tutti i vini prodotti nell'area trentina o più a sud. Nonostante il rinnovo costante di questo privilegio da parte dei diversi principi, Bolzano riuscì solo in parte a impedire il trasporto e il passaggio del vino a causa delle eccezioni concesse dai conti stessi.

I privilegi dell'autorità principesca servivano a tutelarsi dal transito o dalla consegna di vini stranieri. Come molte altre città, nel 1372 anche Bolzano ottenne un privilegio dal principe del Tirolo.

Produzione di vino vs commercio di vino

Chi arriva a Bolzano da nord, davanti ai primi caseggiati, vede un'ampia zona viticola estendersi su entrambi i lati dell'apertura della gola dell'Isarco. I vigneti si estendono con una densità analoga anche sul lato opposto della città. Al contrario, chiunque arrivi a Colonia o Lubecca vedrà pochi vigneti o nessuno, anche se tutte e tre le città hanno avuto una lunga storia legata al vino. La differenza sta nel fatto che Bolzano è sempre stata una città produttrice di vino, mentre Colonia e Lubecca erano importanti centri per il suo commercio. Oggi, a Colonia e Lubecca il vino non ha più l'importanza economica che aveva in passato, mentre Bolzano è ancora fortemente legata alla viticoltura e al commercio vinicolo.

Guardando alle calde regioni mediterranee raramente si troverà una città o un paese di una certa dimensione i cui dintorni siano così densamente ricoperti di vigneti come Bolzano, Vienna o Krems. Apparentemente questa osservazione rivela uno stato della viticoltura che contraddice ogni logica climatica e che si è sviluppato principalmente nel Medioevo e nella prima età moderna. Certo, la vite prospera nelle regioni calde del sud, dove è molto diffusa, ma per ragioni legate al commercio internazionale, l'ottimo vino di queste regioni era molto difficile o impossibile da commercializzare. Fanno eccezioni le città costiere – Venezia, per esempio, o Bordeaux– che erano in grado di svolgere un ruolo importante nel commercio interregionale del vino. Colonia e Lubecca traevano vantaggio dai loro rapporti commerciali nella regione anseatica e nella regione del Mar Baltico, mentre le stesse Vienna e Krems disponevano di un'ampia zona vinicola e, grazie alla navigabilità del Danubio, potevano fornire vino alla Baviera.

La viticoltura nell'Europa continentale si sviluppò in condizioni diverse rispetto a quelle più favorevoli delle regioni calde del Mediterraneo. Grazie alla crescente richiesta in tutte le parti d'Europa fin dall'alto Medioevo, il commercio del vino, partendo dalle menzionate regioni viticole della Mitteleuropa, riuscì presto ad adattarsi alle particolari condizioni e a trasformarsi in un'attività redditizia. Le vie d'acqua sul Danubio, sul Reno, nell'Atlantico, nel Mar del Nord e nel Mar Baltico facilitavano il trasporto, tuttavia, per prodotti di grande valore, si affrontavano anche lunghi e impegnativi percorsi via terra. Ne è un esempio il trasporto del vino attraverso le Alpi effettuato su carri e cavalli da soma, per oltre un millennio da sud a nord, da Bolzano fino alla Baviera e alla Svevia.

Il vino incentiva lo sviluppo urbano

La richiesta di vino incoraggiò quindi la coltivazione della vite soprattutto nelle zone periferiche in cui la vite poteva ancora prosperare e dove fu praticata con profitto e grande impegno. Questo fu probabilmente il motivo per cui già nel Medioevo nella regione austriaca del Danubio e in Alto Adige la viticoltura si sviluppò e si intensificò così tanto. In Alto Adige la monocoltura della vite è documentata sin dall'inizio del XV secolo, così come nei territori attorno a Vienna e lungo la Mosella, mentre ciò non avvenne più a sud. In Italia e in Grecia, infatti, la vite cresceva ovunque e per provvedere alle necessità alimentari di base prevalevano le colture miste.

Poiché la viticoltura richiedeva molta più manodopera rispetto alla coltivazione del grano – alcuni dicono dieci volte di più – le città vinicole si svilupparono più rapidamente delle altre. Nacquero così sulla Mosella (Franz Irsigler) piccoli insediamenti urbani (Remisch, Kues, Cochem, ecc.) e in Alto Adige, nell'Oltradige e in Bassa Atesina, insediamenti di tipo urbano (Caldaro, Termeno, Egna) con edifici residenziali e agricoli in pietra ben costruiti e una popolazione superiore alla media degli altri insediamenti. Vi emersero ben presto anche diritti di locazione migliori che altrove e i loro abitanti lottarono fin da subito per ottenere maggiori libertà. Ma ci sono anche esempi di come uno sviluppo prospero abbia potuto portare alla formazione di un proletariato di lavoratori migranti, come a Vienna nella prima età moderna. Il vino è stato quindi motore di molti movimenti: economici, sociali e culturali.

A Bolzano e Merano la monocoltura del vino influì sullo sviluppo urbano per ragioni politiche ed economiche. Dal XIII secolo Bolzano è stato un importante centro commerciale e punto di transito per un'ampia varietà di merci, tra le quali il vino aveva un ruolo fondamentale. Politicamente, almeno fino al tardo Medioevo, la città dipese da due signori: il vescovo di Trento, che possedeva il centro storico della città, e il principe del Tirolo, che deteneva il potere politico e controllava le aree circostanti. In consiglio comunale, che si sviluppò relativamente tardi, i cittadini trentini sedettero accanto ai sudditi contadini tirolesi. Poiché i diritti cittadini furono concessi solo dai principi della dinastia degli Asburgo, nell'amministrazione cittadina vennero inclusi non solo i quartieri urbani ormai raggruppati, ma anche le circostanti aree rurali. Di conseguenza, i viticoltori delle zone limitrofe votarono insieme ai cittadini e agli artigiani della città, facendo porre così molta attenzione sulla viticoltura e sul commercio del vino.

Diritti e libertà

Rispetto ad altre città vinicole i poteri della città di Bolzano rimanevano limitati; per esempio, ottenne solo nel XV secolo l'importante controllo sulla misurazione del vino, mentre Merano lo deteneva già dal XIV secolo. Di questa attività vennero incaricati i Weinmesser (ispettori del vino), che prestavano giuramento. Ad aiutarli c'erano i caricatori di vino, coloro che

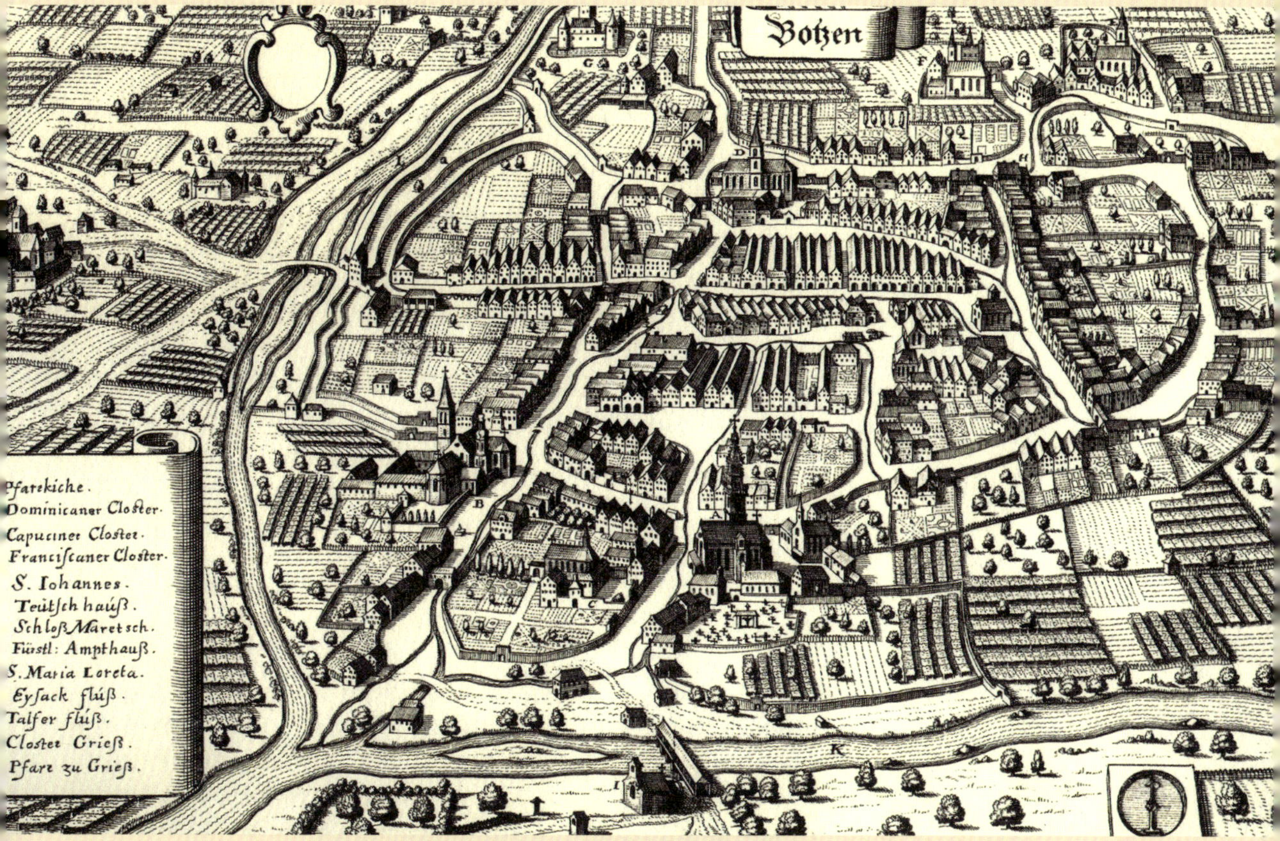

Già all'inizio dell'era moderna Bolzano era circondata da vigneti. Nella sua incisione del 1649 Matthäus Merian li raffigura con grande attenzione ai dettagli.

Ancora oggi la viticoltura caratterizza il paesaggio di Bolzano – soprattutto se vista dall'alto.

portavano le botti in cantina, le riportavano su e le caricavano sui carri per il trasporto via terra. Anche questi ultimi erano sottoposti alla città ma non erano tenuti a prestare giuramento.

Al vino introdotto in città per il consumo domestico non si applicavano dazi, mentre quello destinato al commercio doveva essere dichiarato sia in entrata che in uscita. Questa regolamentazione risale al 1210, quando le entrate doganali non confluivano nell'erario cittadino, ma in quello dei signori della città: prima in quello del vescovo di Trento, poi in quello dei principi del Tirolo.

Merano, al contrario, riconosceva quale proprio signore solo il principe del Tirolo. Lo sviluppo del commercio del vino fu tuttavia ostacolato dal fiorente commercio dei secoli precedenti e quando questo, nel XVI secolo, languì a causa della perdita della fiera annuale, riducendosi a soddisfare le esigenze locali, la maggior parte dei vigneti circostanti apparteneva o al principe del Tirolo o a una istituzione ecclesiastica. In ambito vinicolo, all'amministrazione comunale rimase solo la supervisione sulla vendita del vino in città. D'altra parte, secondo stime approssimative, il "Kellenamt" di Merano, ossia l'ufficio della cantina principesca, possedeva oltre un terzo dei vigneti intorno alla città. Le eccedenze del vino che vi veniva prodotto attraversavano il passo Giovo e raggiungevano la corte del principe a Innsbruck.

Il vino trasforma il volto della città

Dal punto di vista urbanistico, le antiche città vinicole si riconoscono dai grandi edifici adibiti a cantina, costruiti per immagazzinare il vino e poterlo trasportare al momento opportuno, o per servirlo sul posto a pagamento. Vienna, ad esempio, può offrire ancora oggi sorprendenti esempi storici, p. e. la Melker Stiftskeller, la Cantina dei Dodici Apostoli e la Cantina degli Agostiniani. A Vienna, dopo la liberalizzazione della viticoltura, sorsero intere strade di cantine, nelle quali i privati servivano vino novello direttamente nelle loro case. A Bolzano e Merano questo avvenne meno, perché gli edifici cittadini venivano utilizzati principalmente per il commercio. Lo si vede per esempio negli spazi di esposizione delle merci sotto i Portici, con i retrostanti magazzini. I profondi scantinati esistenti, dove oltre alle merci comunemente commerciate a Bolzano veniva soprattutto immagazzinato il vino, rimasero invisibili perché nessuno di essi veniva utilizzato per la vendita di vino. Ciononostante, erano comunque luoghi ben conosciuti, come dimostra la filastrocca tirolese della metà del XVI secolo: "Auff der stat Botzen keller tieff, groß marckht und gwerb, kurze schuldbrieff" (Nella città di Bolzano/cantine profonde/grandi mercati e affari/cambiali a vista). Il vino, insomma, veniva servito nelle frasche e anche nelle osterie contadine, senza però che gli ospiti venissero condotti direttamente nelle fresche cantine.

Anche qui si possono comunque trovare edifici che ricordano l'antica economia vinicola. A Merano da citare è il castello del principe del Tirolo con gli annessi edifici ex amministrativi dedicati anche al settore vinicolo, a Bolzano si possono citare la sede centrale economica del principe in via Bottai e la sede precedente, sempre dell'ufficio del principe, in vicolo Wolkenstein, trasformata in convento di frati cappuccini intorno al 1600. Entrambi gli edifici non erano destinati esclusivamente al vino e alla sua produzione, ma fungevano come punto di raccolta dei prodotti agricoli destinati alla corte di Innsbruck. Tra gli antichi masi vinicoli vanno menzionati anche l'Augsburger Mairhof in via Vintola e l'ex Tegernsee Mairhof in via San Quirino. Mentre i loro resti esistono ancora, sul sito dell'ex Freising Mairhof di Gries sorge oggi una scuola elementare.

Tra le numerose costruzioni religiose e opere d'arte, oltre alle tante raffigurazioni di Sant'Urbano, il santo protettore delle vigne, e alle decorazioni con tralci di vite, foglie e grappoli d'uva, si distingue la Leitacher Törl, (la porticina del vino) della ex chiesa parrocchiale, ora cattedrale, di Bolzano. Si dice che questa singolare opera d'arte gotica, che raffigura una coppia di viticoltori, il duca inginocchiato e la Madre di Dio, sia stata posta come ringraziamento per aver concesso all'ex chiesa parrocchiale cittadina il privilegio esclusivo di vendere il vino dieci giorni dopo la Pentecoste.

> Bolzano e, in misura molto minore, Merano si distinguono come città del vino per la cospicua presenza di alcuni mestieri e corporazioni; tra queste i già citati Weinmesser e i caricatori di vino, i bottai e i vignaioli.

Le professioni del vino in città

Bolzano e, in misura molto minore, Merano si distinguono come città del vino per la cospicua presenza di alcuni mestieri e corporazioni; tra queste i già citati Weinmesser e caricatori di vino, i bottai e i vignaioli. L'elenco dei marchi personali dei bottai bolzanini intorno al 1500 contiene circa venti diversi simboli di bottega. La via Bottai a Bolzano è ancora oggi una significativa testimonianza dell'epoca d'oro di questo mestiere. Naturalmente anche a Merano c'erano alcuni rappresentanti di questo mestiere, che però svolgevano un ruolo minore, così come minore era anche il numero dei Weinmesser che spesso dovevano svolgere i servizi più umili.

Tra i viticoltori figuravano sia le famiglie contadine che lavoravano i vigneti a mezzadria e consegnavano il mosto in autunno, sia i loro servi e domestici. Poiché i contratti di affitto fondiario contenevano sempre la clausola di "migliorare e non deteriorare" la proprietà, era compito dei viticoltori mantenere in buono stato sia gli edifici che i vigneti. Ciò richiedeva una mole di lavoro enorme, considerando che molti vigneti altoatesini necessitavano non solo della consueta cura della vite, ma anche della regolare manutenzione di muretti a secco, sentieri e canali di irrigazione nei vigneti situati su ripidi pendii. I servi e i domestici impiegati erano subordinati ai "Baumann", cioè al mezzadro, ma poiché spesso erano membri della famiglia non formavano una classe sociale subordinata come i viticoltori erranti che si possono trovare nelle regioni vinicole sul Danubio (Erich Landsteiner).

Nel tardo Medioevo era uso comune praticare la religione nell'ambito di una confraternita dei viticoltori. A Bolzano ce n'erano due, una presso la chiesa parrocchiale e l'altra presso la chiesa dei Domenicani. Si trattava innanzitutto di un gruppo di preghiera, ma anche di una comunità di interessi. Le confraternite si occupavano degli altari nelle rispettive chiese e partecipavano alle celebrazioni religiose con più o meno sfarzo: processioni, cortei e funerali fornivano la cornice ideale. La corporazione dei bottai non era in alcun modo inferiore a quella dei viticoltori, in quanto effettuava ricche donazioni alla chiesa parrocchiale e portava in processione non solo bandiere, ma anche statue e immagini sacre: la corporazione dei bottai portava un'immagine della flagellazione di Cristo e una di Gesù che porta la croce, i caricatori di vino un'Arca di Noè e le confraternite del vino esibivano un'immagine di Sant'Urbano e una del ritorno degli esploratori biblici con il grappolo d'uva. In questo modo, i settori della popolazione che erano attivi nella viticoltura o che lavoravano nella produzione del vino esprimevano efficacemente la loro presenza nella collettività e contribuivano a rendere le processioni un evento colorato e teatrale.

Le locande al centro dell'attenzione

In città, il vino veniva consumato in grandi quantità, come riportano anche gli elenchi di cibo e bevande dell'Ospedale Santo Spirito di Bolzano. Al di fuori delle città, invece, il vino era solitamente disponibile solo nelle locande; a partire dal XIV secolo, ogni paese ne aveva almeno una. Nelle città, inoltre, le amministrazioni si preoccupavano che nelle osterie e nelle mescite venisse servito vino buono e sano, al fine di preservare la salute dei cittadini e la buona reputazione della regione vinicola. Il consiglio comunale, comunque, si sentiva in dovere di limitare il consumo eccessivo di vino, un compito sancito anche dalle varie edizioni dell'ordinamento del Land Tirol che vietavano banchetti sontuosi con un consumo eccessivo di vino. Il provvedimento era necessario anche per motivi di ordine pubblico, poiché spesso gli ubriachi si azzuffavano con conseguenze a volte fatali. Il consiglio comunale vigilava rigorosamente anche sul rispetto del coprifuoco, che a Bolzano veniva chiaramente annunciato con la Campana del vino, che era la seconda per grandezza nel campanile della chiesa parrocchiale.

Inoltre veniva rigorosamente monitorata la tassa sulle bevande, il cosiddetto Ungeld, in vigore fin dal tardo Medioevo, la cui verifica spettava ai Weinmesser. Essi, nello svolgimento del loro compito, visitavano regolarmente le cantine dei locandieri e controllavano le scorte di vino, non solo stimando il contenuto di vino delle botti, ma anche travasandolo in appositi recipienti calibrati che gli ispettori portavano con sé. Come si evince dai verbali, i comuni di Bolzano e Merano dovettero spesso occuparsi di liti tra gli osti

A Bolzano e Merano i commercianti di vino non avevano un ruolo di primo piano, né hanno lasciato tracce evidenti nell'architettura urbana.

e le frasche e le mescite non autorizzate, perché queste ultime, insieme al proprio vino, ne servivano spesso dell'altro acquistato illegalmente. Non erano infrequenti nemmeno i litigi tra locandieri dovuti alla concorrenza sleale.

Quasi nessuna traccia di commercio del vino

Le affermazioni sul commercio del vino sono azzardate perché gli studi in materia sono troppo pochi o inesistenti. È difficile trovare, e non solo a Bolzano, registrazioni di commercianti di vino privati, poiché di solito alla morte del commerciante di vino o, al più tardi, con la cessazione dell'attività commerciale di singole famiglie, la documentazione relativa andava perduta. È tuttavia dimostrato che, già a metà del XIII secolo, a Bolzano esistevano mercanti che commerciavano vino e ci sono ragioni legittime per ritenere che a Bolzano e Merano ci siano sempre stati commercianti di vino, anche se molti gestivano la vendita solo come attività secondaria. Pertanto, il commercio del vino era spesso oscurato da altre attività commerciali. A Bolzano e Merano i commercianti di vino non avevano un ruolo di primo piano, né hanno lasciato tracce evidenti nell'architettura urbana. Ciò differisce da altre città, in cui i loro magnifici edifici sulla piazza centrale impressionano con il loro splendore, testimoni del loro passato prestigioso.

La ragione di ciò è da ricercare anche nello spazio assai limitato rimasto al commercio privato del vino. Si è già ricordato che in tutto l'Alto Adige chiese e monasteri – nonché il principe – possedessero molti terreni viticoli, coltivandoli secondo l'uso della signoria della gleba e provvedendo in proprio ai trasporti e al commercio di quanto prodotto. Si è già accennato anche al fatto che il principe del Tirolo possedesse un terzo delle tenute vinicole del circondario di Merano, gestite dall'apposito Kellenamt, l'ufficio della cantina principesca. A Bolzano era presente anche l'Ospedale dello Spirito Santo, fondato intorno al 1270, che possedeva tanti vigneti e commercializzava il vino prodotto in proprio. Secondo gli studi di Walter Schneider, tra il 1510 e il 1800, ne venivano venduti annualmente dai 250 ai 500 ettolitri. Il Pfarrkirchpropst, ossia l'amministratore della chiesa, di Bolzano non vendeva il suo vino solo in città, dieci giorni dopo Pentecoste, ma lo faceva tutto l'anno a osti e altri acquirenti sia al di qua che al di là del Brennero, fino alla pianura bavarese. Anche i monasteri locali di Monte San Giorgio, Wilten, Stams, Marienberg, Novacella, Castel Badia, Augia a Gries presso Bolzano, Welschmichel e i capitoli della cattedrale nonché i vescovi di Bressanone e Trento possedevano tanti vigneti.

Se si considera anche il vino che le istituzioni ecclesiastiche della Germania meridionale (vedi il capitolo dedicato) producevano nelle proprie tenute ed esportavano per la maggior parte senza sottostare a dazi doganali, è facile capire che nella regione vinicola dell'Alto Adige c'era ben poco margine di manovra per i commercianti di vino. Dopo la secolarizzazione intorno al 1800, molti di questi vigneti della chiesa divennero di proprietà privata, anche se le esportazioni esentasse erano cessate già da tempo. Da quel momento il commercio privato del vino decollò e i commercianti di vino divennero famosi, anche se pochissimi di loro avevano sede in città come Lun e Mumelter, ma piuttosto direttamente nelle zone di coltivazione, come l'antica famiglia di commercianti di vino Brigl ad Appiano.

\\

Degustare in alta quota
Il vino e le montagne

// Quasi tutte le vette più famose dell'Alto Adige vennero scalate nel XVIII e XIX secolo. La forza del vino spinse alcuni alpinisti in vetta e ne ricacciò altri a valle. E nella letteratura dedicata all'alpinismo e alle spedizioni il vino ha spesso un ruolo più importante delle imprese alpinistiche stesse. Queste sono ancora più sorprendenti se si considera la quantità di vino consumato in salita, in vetta e in discesa.

Andreas Lesti

Cosa sarebbe la storia dell'alpinismo senza il vino? Il Monte Bianco, il Großglockner e l'Ortles non avrebbero mai potuto essere scalati senza l'aiuto di questo elisir di lunga vita. Almeno questa è l'impressione che si ha leggendo i resoconti delle spedizioni e la letteratura alpinistica storica. E alcune grandi opere probabilmente non sarebbero mai state scritte senza l'effetto seducente del vino.

Ad esempio, alcuni testi di Johann Wolfgang von Goethe. Nel 1786 il giovane poeta intraprende il suo "Viaggio in Italia". Si entusiasma per la luce del sud, per la gente e per la "terra dove fioriscono i limoni" e parla anche del vino. All'inizio non ne è particolarmente colpito. Si lamenta con l'amica signora von Stein: "Qui vivo una vita molto moderata, non sopporto il vino rosso della zona, nemmeno quello tirolese; lo bevo con molta acqua". Ma l'arte della vinificazione sembra comunque affascinarlo; viaggia per chilometri "tra muri oltre i quali si vedono spalliere d'uva" e si stupisce di ciò che i viticoltori fanno per contrastare i ladri di uva: "Si è cercato di innalzare muri, comunque non abbastanza alti, con pietre, spine e altre cose per impedire ai passanti di cogliere l'uva. Molti proprietari spruzzano la calce sulle prime file, il che rende l'uva immangiabile ma non danneggia il vino perché la fermentazione elimina tutto".

In letteratura, del vino altoatesino si parlava già molto prima di Goethe. Già nel XII secolo il poeta medievale Wolfram von Eschenbach elogiava il cosiddetto "Bozenaere", il vino che veniva servito a Bolzano. E nel 1414 il menestrello Oswald von Wolkenstein, recatosi al Concilio di Costanza sul lago omonimo, non trovando di suo gusto le bevande offerte da re Sigismondo, lamentò la mancanza del vino altoatesino così:

Vino più dolce del susino,
L'anima mia soffre talmente
Che il canto del mio cuore si perde
E il pensier mio si volge a Termeno

Vast süsser wein als slehen tranck,
der reuhet mir die kel so kranck,
das sich verierrt mein hels gesangk,
dick gen Traminn stet mein gedanck

Ancora oggi, Termeno sulla Strada del Vino pubblicizza il suo Gewürztraminer con questa citazione.

Il vino nella conquista dell'inutile

Wolfram von Eschenbach, Oswald von Wolkenstein e Goethe non scalarono le montagne dell'Alto Adige; Goethe riservò questo piacere ai suoi viaggi in Svizzera. In Alto Adige i protagonisti di queste imprese sono altri. Tra la fine del XVIII e l'inizio del XIX secolo, in tutte le Alpi si diffuse l'entusiasmo per l'alpinismo. Le vette, un tempo spaventose e ostili, furono rilette in chiave positiva; la maestosità e l'estetica del paesaggio divennero ora un incentivo a salire in quota e l'alpinismo si trasformò in un piacere fine a sé stesso. Era iniziata la "conquista dell'inutile", come la definì una volta Reinhold Messner. Il vino, in bottiglie da litro, rappresentava un'ottima scorta di energia.

Prendiamo Julius Payer, ufficiale austro-ungarico, ricercatore, alpinista e gran bevitore. Stando al resoconto della sua spedizione, quando Payer, nel 1865, scalò l'Ortles insieme alla guida alpina locale Johann Pinggera, i due si dissetarono con tre bottiglie di vino in una mattinata. Ciononostante – o forse proprio grazie a questo – i due arrivarono in vetta e, durante una seconda sosta in discesa, prima del passo del Lago Gelato, ne bevvero un'altra ancora. Un anno dopo Payer e i suoi compagni salirono sulla Schneeglocke, questa volta con un'intera botte di vino regalata loro dalla locandiera di Trafoi – il vino "fece miracoli". Payer, tempo dopo, ascese anche il Gran Cono di Ghiaccio; giunto sulla vetta vuotò tutto d'un fiato anche l'ultima bottiglia di vino. Durante la discesa, allegro e rilassato, non prestò però molta attenzione ai suoi passi e ruzzolò giù dal pendio. Fortunatamente, il fido Pinggera, grazie alla sua prontezza, riuscì ad assicurarlo con la corda, evitando così una rovinosa caduta sul ghiacciaio dell'Ortles.

Payer non era l'unico a bere vino in abbondanza durante le ascensioni. Al contrario, nella storia del primo alpinismo ci sono numerosi esempi di eccessivo consumo di vino in montagna. Quando l'esploratore Horace-Bénédict de Saussure salì sulla vetta del Monte Bianco nel 1787, lo accompagnarono diciotto guide che si occuparono, tra le altre cose, di trasportare il vino fino alla vetta. Il britannico Albert Smith scalò la montagna nell'agosto del 1844, anche lui con una grande moltitudine di guide e di attrezzature, tra cui "60 bottiglie di Vin Ordinaire, 6 bottiglie di Bordeaux, 10 bottiglie di St. George, 15 bottiglie di St. Jean, 3 bottiglie di cognac" e "2 bottiglie di champagne". Nel resoconto della spedizione della prima ascensione del Großglockner nel 1800 si legge che nei pressi del rifugio Salmhütte "scorrevano champagne, Tokay e Malaga come se fossero stati spremuti dal vicino ghiacciaio". E il vino ha avuto un ruolo anche nella prima scalata del Cervino, come si legge in Edward Whymper.

Guide ubriache, ospiti alticci

Un caso interessante è anche quello di Leslie Stephen, alpinista britannico, scrittore e padre di Virginia Woolf. Quando nel 1870 partì da Bolzano verso Primiero, "si legò attorno una bottiglia di vino spagnolo". Spagnolo! Riuscì a scalare il Cimon della Pala, non è chiaro però perché non avesse portato con sé del vino altoatesino. Stephen descrisse le sue esperienze nel suo libro "The Playground of Europe". Scrisse anche delle abitudini alcoliche delle guide alpine locali osservando che "nessun inglese in buona coscienza dovrebbe storcere il naso davanti a ciò". Questo spinse Stephen a raccontare poi l'aneddoto di una guida svizzera che, ubriaca, si appoggiò al parapetto di un ripido sentiero e "ovviamente cadde oltre il bordo precipitando nel vuoto. Non conosco la distanza verticale che lo separava dal letto di dura roccia, ma posso supporre che l'altezza fosse vicina ai trenta metri. Sarebbe meno pericoloso il salto dal cornicione dell'edificio più alto di Londra al selciato. Michel si fece una bella dormita là sotto, si alzò la mattina presto, si scosse e tornò a casa sobrio e con le ossa intatte". Per inciso, nei suoi testi Stephen non solo prendeva in giro le guide alpine ubriache, ma anche l'allora nuova categoria di "Cook Tourist". Si riferiva ai primi turisti tutto compreso che viaggiarono in tutto il mondo con il tour operator britannico Thomas Cook, a partire dal 1860, anche attraverso le Alpi. L'ironia della storia è che Cook, inventore del turismo tutto compreso, era un convinto oppositore dell'alcol e il suo primo gruppo turistico era composto da attivisti del movimento per l'astinenza.

Una possibile risposta alla domanda sul perché Leslie Stephen bevesse vino spagnolo in Alto Adige può essere trovata in Walter White, uno scrittore di viaggi britannico che nel 1876, in "Holidays in Tyrol, Kufstein, Klobenstein and Paneveggio", mise in dubbio la qualità del vino altoatesino. Gli abitanti di Bolzano, scrisse, sono costretti a bere vino a causa della cattiva acqua potabile: "Certo, dove l'acqua è cattiva, si deve bere vino, e i bolzanini non esitano a sfruttare questa alternativa. Il vino della zona è di buona qualità; tuttavia, tentati da Bacco o Pluto, producono in grandi quantità una bevanda senza valore e la vendono ovunque. Avevo sentito parlare di queste contraffazioni e cercando di saperne di più, ho appreso da una fonte attendibile che a Bolzano ci sono cinque 'fabbriche di vino' dove questa robaccia rossa viene prodotta in migliaia di litri e venduta come vino. Non c'è da stupirsi che l'escursionista spesso rabbrividisca quando beve un sorso in una delle piccole osterie in montagna".

Ci sono informazioni pratiche sul vino e sull'alpinismo in Alto Adige anche nei "Libri di viaggio Meyer: Alpi tedesche, seconda parte" del 1900: il capitolo dedicato alle Dolomiti alterna consigli su guide alpine e su dove assaggiare ottimi vini.

Si porta con sé vino rosso – e molto altro ancora

In ogni caso, in quest'epoca il consumo di alcol in montagna è inarrestabile. Durante la sua certamente non serissima spedizione al Riffelberg vicino a Zermatt nel 1878, Mark Twain portò con sé "22 barili di whisky". Quattro anni dopo venne pubblicato il manuale "Handbuch des Alpinen-Sport": l'autore, l'alpinista tedesco-austriaco Julius Meurer, vi scrisse cose davvero sorprendenti – e, a differenza dell'umorista Twain, le intendeva seriamente. La frase: "Si consiglia quindi a tutti i turisti di non bere alcolici, nel senso più stretto del termine, ad alta quota", sembra essere ancora abbastanza ragionevole. Ma poi: "Nel vino troviamo un'inestimabile fonte di piacere per i nostri tour in quota e quindi non abbiamo bisogno di cercare qualcosa di meglio [...] Nelle soste brevi, si prende una tazza, la si riempie di vino rosso, ci si intinge dentro il pane, lo si mangia e infine si beve il resto del vino; questo è sufficiente e rafforza e rinfresca allo stesso tempo. Se si fa una pausa più lunga, si beve vino puro oppure, se si ha davvero sete, vino annacquato o vino allungato con neve sciolta". E questo è solo l'inizio: "Se si è già saliti in alto, ovvero ci si trova a un terzo della salita, allora è il momento di stappare. Se ci si sente esausti o magari si avvertono i sintomi del mal di montagna, basta portare con sé del Marsala o dello Sherry o del vecchio vino ungherese e berne due o tre sorsi; dopo pochi minuti si avvertirà l'effetto sorprendente [...]. Se necessario si può bere qualche sorso di mezz'ora in mezz'ora, ma mai tutto in una volta. Non si consiglierà mai abbastanza di portare con sé una bottiglia di vino vecchio e pesante durante un'escursione in montagna; ha già spinto in vetta molte persone che, senza di essa, non ce l'avrebbero fatta". E poi, naturalmente, è importante festeggiare il successo in vetta: "Una volta arrivati in cima, una bottiglia di champagne o anche un buon Asti spumante possono essere una bevanda rinfrescante che non potrebbe essere più deliziosa. Quando si scende, invece, non serve più stare tanto attenti, ed è possibile bere un po' di più senza alcun timore, così come non serve più essere schizzinosi con il cibo".

Ci sono esempi di consumo di vino sulle montagne dell'Alto Adige anche nel XX secolo. Luis Trenker, ad esempio, veniva dalla Val Gardena, non da una regione vinicola. Ma difficilmente poteva esserci miglior ambasciatore del vino altoatesino di questo alpinista, attore e buongustaio. Nei suoi libri e anche nel programma televisivo "Luis Trenker erzählt" degli anni sessanta, raccontava al mondo le "sue Dolomiti" e si entusiasmava per il Sassolungo, lo speck e il vino. E quando, negli anni settanta, lo scalatore e scrittore tedesco Nicholas Mailänder provò con un amico le vie ferrate sopra il Rifugio Roda di Vaèl, scrisse di quest'ultimo: "Se non riesce ad arrivare lassù solo con le mani e i piedi, preferisce calarsi di nuovo e lasciarsi riempire la testa di vino rosso". L'etica dell'arrampicata incontra l'enologia.

E poi ovviamente c'è Reinhold Messner, alpinista altoatesino e amante del vino. "Sì, il vino ha arricchito la storia dell'alpinismo", dice. Non tanto perché lo si beveva durante le spedizioni, il che non era necessariamente un vantaggio per ragioni di equilibrio, tra l'altro come aveva già sperimentato Julius Payer. "Ma al rientro, per me fa parte dell'alpinismo. Quando si beve una bottiglia nel rifugio, si raccontano storie e il vino dispiega il suo effetto rilassante e stimolante." Oggi, purtroppo, tutto ciò è stato un po' dimenticato. Mentre uno dei suoi insegnanti di arrampicata negli anni sessanta consigliava a Messner di portare con sé in montagna una miscela di vino, caffè e limone come una forma antesignana di bevanda energetica, attualmente gli alpinisti orientati alla prestazione tendono a stare lontani dall'alcol. "Oggi c'è meno piacere, calma e lentezza", si rammarica Messner.

E sull'Himalaya? "No, lì non ho mai portato il vino con me." Innanzitutto, perché ghiaccia velocemente e poi perché: "L'alcol non ha un buon sapore in alta quota – parlo per esperienza personale". Durante la spedizione del 1982 sul Kangchenjunga, lui e Friedl Mutschlechner, ricorda Messner, sognarono per settimane la prima birra che avrebbero bevuto dopo l'ascesa. "Ma quando finalmente l'abbiamo avuta tra le mani, l'abbiamo buttata via dopo il primo sorso". A casa in Alto Adige, invece, il vino tornò nuovamente ad avere un buon sapore. Per fortuna.

Non resta che citare Anderl Heckmair, l'alpinista tedesco che nel 1938 scalò per la prima volta la parete nord dell'Eiger insieme ai suoi compagni di cordata, che con grande umorismo disse: "L'alcol, consumato con moderazione, non è dannoso, nemmeno in grandi quantità".

\\

Il vino dell'Alto Adige e il mondo

Lo sguardo dall'esterno

// Anche chi è chiamato a confrontarsi costantemente con la concorrenza internazionale e i mercati globali non è esente da un certo grado di cecità professionale. Per questo motivo, nella stesura di questo libro, abbiamo invitato tre rinomati esperti di vino provenienti da fuori provincia a scrivere qualche considerazione sul vino dell'Alto Adige e sulla sua evoluzione.

Ciò che l'italiano Daniele Cernilli, lo svizzero Martin Kilchmann e lo statunitense Burton Anderson ci offrono nei tre capitoli seguenti è una sorta di sguardo, critico ed esterno, sulla produzione vinicola e sull'economia vinicola dell'Alto Adige, nonché una riflessione personale sul vino di un territorio speciale che accompagna i tre autori da anni, sia a livello professionale che privato. \\

Uno sguardo dall'Italia
Alsazia, Bordeaux, Borgogna – tutto in uno

// Varietà di vitigni, elevata qualità, prezzi ragionevoli: per Daniele Cernilli, eminenza del vino italiano, ciò che negli ultimi anni ha avuto luogo nella regione vinicola dell'Alto Adige è, a tutti gli effetti, un piccolo miracolo. A entusiasmarlo particolarmente è la ricchezza di varietà su una superficie così contenuta. È come se Alsazia, Bordeaux e Borgogna fossero racchiuse in un'area di soli 5.750 ettari.

Daniele Cernilli

L'Alto Adige corrisponde amministrativamente alla Provincia Autonoma di Bolzano, e pur non avendo uno status di Regione in senso stretto possiede una ricchezza culturale davvero unica. Ben tre lingue parlate, il tedesco, l'italiano e il ladino, e una posizione geografica che lo ha sempre distinto per essere una vera cerniera fra il mondo germanico, per il quale è l'estremo Sud, e quello latino, dove invece è la punta estrema del Settentrione. Dal punto di vista vitivinicolo questo ha un'importanza decisiva, tanto che potremmo dire che in un territorio piuttosto piccolo troviamo moltissime tipologie di uve che provengono da diverse parti d'Europa e una diversità di territori e di situazioni pedoclimatiche davvero impressionante. La prima cosa da osservare è che la vitivinicoltura insiste in amplissima prevalenza sulle valli dell'Adige e dell'Isarco, che formano una grande ypsilon, e che dividono le zone vitivinicole in diverse parti, con differenti tradizioni e molti vini che ne scaturiscono. Esiste una grande denominazione che copre gran parte della produzione, e che è "Alto Adige", ma che poi è declinata in molte tipologie su diverse aree.

Nel sud: i migliori del mondo

La subregione più vasta e importante è l'Oltradige che poi, come vedremo, è a sua volta distinguibile in aree diverse fra loro. Per dare un'idea, si tratta della parte sudoccidentale del territorio, a ovest del corso dell'Adige, appunto, e che ha come confine meridionale i punti di contatto con il Trentino e a nord la confluenza con l'Isarco e la conca di Bolzano. È percorso da sud a nord dalla Strada del Vino, che inizia nei pressi di Salorno e tocca diversi paesi fino a raggiungere Terlano. Alcuni di loro sono famosissimi e da loro prendono i nomi le cantine cooperative della zona che sono tra le migliori, se non le migliori, del mondo nella loro specificità. Ecco perciò da sud verso nord Magrè, Cortaccia, Termeno, Caldaro, Appiano, quest'ultima a sua volta divisa in tre ulteriori centri abitati, San Michele, San Paolo e Cornaiano. Infine Nalles. Ognuna con delle specifiche vitivinicole talvolta differenti. Così le zone più meridionali e calde sono la patria dei grandi rossi a base di Cabernet Sauvignon e di Merlot, che si spingono anche un po' più a nord, contemplando anche vigneti di Schiava. Andando verso nord troviamo vitigni come il Gewürztraminer, Chardonnay, Pinot Grigio e Pinot Bianco, una vera tipicità di tutta la viticoltura altoatesina, ma che trova quest'ultimo a rappresentare anche da queste parti delle espressioni davvero formidabili. Più a nord, in zone più fresche, fa la sua apparizione il Sauvignon, e nelle zone più elevate, a Mazon e ad Appiano anche il Pinot Nero, che ha delle punte qualitative sorprendenti. Da non dimenticare, sempre da queste parti, il Lago di Caldaro, rosso di deliziosa bevibilità prodotto con uve Schiava.

Bolzano e il Burgraviato: patria di grandi vini

La pianura di Bolzano, chiusa a est dalle colline di Santa Maddalena e dall'inizio della Valle Isarco, è prevalentemente zona di rossi. Il Lagrein, sia Scuro, sia Rosato/Kretzer, è molto famoso. Il rosso è un vino possente e dal colore molto concentrato e di recente è divenuto un vero portabandiera per la tradizione viticola dell'intera regione. Le vigne si trovano soprattutto a ovest di Bolzano, a Gries in particolare. A nord della città ecco le colline da dove proviene il Santa Maddalena, anch'esso derivante da uve Schiava con minime aggiunte di Lagrein.

Andando verso ovest, proseguendo sull'alto corso dell'Adige, il primo paese che s'incontra è Terlano, che ha una specifica denominazione all'interno della grande DOC "Alto Adige". Qui è il regno di grandissimi vini bianchi, a base di Pinot Bianco, di Sauvignon e di Chardonnay, con il Terlano frutto di un uvaggio fra le differenti varietà.

Ancora più a nord-ovest ed eccoci a Merano, una zona abbastanza calda che permette la produzione di ottimi rossi a base di Cabernet, di Merlot e talvolta e nelle zone più alte, persino di Pinot Nero, ma non mancano anche vini bianchi di ottimo livello e un rosso leggero, il Meranese di Collina, a base di Schiava.

Val Venosta e Valle Isarco: un altro mondo

Ancora più a ovest ed eccoci nella Valle Venosta, terra di viticoltura eroica, dove comincia a essere coltivato il Riesling, ma dove Pinot Bianco e Pinot Nero cominciano ad avere interpreti di grande talento.

Se invece da Santa Maddalena si prosegue verso nord-est, verso Bressanone e il Brennero, si entra nella Valle Isarco e qui cambia il mondo. Solo vini bianchi da uve in massima parte bianche, e vitigni che al di sotto delle Alpi si possono trovare quasi solo qui, come il Sylvaner, il Grüner Veltliner e il Kerner. Poi grandi versioni di Müller-Thurgau, qualche interprete di Riesling, di Gewürztraminer e di Sauvignon nella parte più meridionale.

Una piccola meraviglia

Come vedete non è semplicissimo orientarsi, è come avere Alsazia, Borgogna e Bordeaux racchiuse in poco più di 5.000 ettari di vigneto e in un territorio molto più piccolo di quelle grandi regioni vinicole francesi. È davvero sorprendente trovare tutto questo in poco più di 7.000 chilometri quadrati, tanta è la superficie dell'Alto Adige, con una produzione di poco meno di 400.000 ettolitri di vino, più o meno l'uno per cento di quella italiana. Se a questo ci aggiungiamo la grande diversità di varietà di uve e una qualità media che negli ultimi decenni è divenuta davvero altissima, con prezzi, è il caso di ricordarlo, ancora decisamente ragionevoli, allora si riesce a comprendere bene come mai i vini dell'Alto Adige stiano mietendo successi di vendita e di critica in mezzo mondo e da realtà locali, o limitate ai mercati di lingua tedesca, si possano trovare oltre che in tutta Italia anche sui principali mercati internazionali, dal Regno Unito agli USA, dal Giappone ai Paesi Scandinavi. Un piccolo miracolo frutto della passione, della determinazione, della preparazione tecnica di molti produttori e di molti Kellermeister (mastri cantinieri) e dello straordinario "melting pot" che qui si è realizzato come in pochi altri posti al mondo. Benvenuti in Alto Adige, insomma.

Un piccolo miracolo frutto della passione, della determinazione, della preparazione tecnica di molti produttori e di molti Kellermeister (mastri cantinieri) e dello straordinario "melting pot" che qui si è realizzato come in pochi altri posti al mondo.

Uno sguardo dalla Svizzera

Dal vino da pensionati all'alta qualità

// Dai vini di massa e "da pensionati" ai vini di alta qualità: lo svizzero Martin Kilchmann ha seguito la rivoluzione enologica altoatesina degli ultimi quarant'anni con occhio esperto, avendo anche avuto modo di conoscere e apprezzare moltissime grandi personalità del vino. Ma per Kilchmann non tutto è rose e fiori: per la regione vinicola dell'Alto Adige intravede sfide completamente nuove.

Martin Kilchmann

La prima volta che visitai la regione vinicola dell'Alto Adige fu nel 1982 con un gruppo di amici svizzeri appassionati di vino. A quel tempo ero ancora nella fase dell'innocenza enologica: sebbene il vino fosse per me un affascinante passatempo, non avrei mai immaginato che un giorno sarebbe diventato la mia professione.

All'epoca, il vino dell'Alto Adige, soprattutto quello della varietà predominante Schiava, si trovava ad affrontare enormi difficoltà di vendita. In particolare l'importante mercato svizzero, che per decenni aveva importato grandi quantità di Lago di Caldaro e Santa Maddalena, non offriva più una clientela per vini considerati "da pensionati". Nessuna delle due parti era esente da colpe: non sempre, infatti, gli altoatesini erano stati in grado di offrire qualità fuori da ogni dubbio e, per contro, i commercianti di vino svizzeri avevano abbassato i prezzi fino a limiti inaccettabili e non avevano saputo attrarre una clientela più giovane.

Un inizio a Magrè

Durante quel viaggio, il nostro gruppo visitò alcune cantine sociali, sostando anche presso la Tenuta Löwengang a Magrè, residenza estiva della famiglia Lageder. Qui fummo accolti da Wendelgard Dellemann e da suo fratello minore Alois (Luis) Lageder. Dopo la morte prematura del padre, Wendelgard gestì l'azienda vinicola insieme alla madre e sposò il talentuoso enotecnico Luis von Dellemann, nativo di Andriano. Luis Lageder, classe 1950, entrò nell'azienda di famiglia dopo aver studiato economia e seguito diversi corsi di enologia.

Allora, giunto a Magrè, non sapevo ancora niente di tutto questo. Ciò che mi rimase impresso, oltre alle scintillanti vasche di acciaio cromato, al vivace Pinot Bianco, al prelibato speck e allo schüttelbrot, fu la persona di Luis Lageder. Alto e magro, stava lì, pensieroso e calmo, spiegando la direzione che aveva dato alla sua azienda. Senza sapere molto delle strutture vinicole altoatesine, dei problemi emergenti con la Schiava, della precaria situazione del mercato che costrinse una regione vinicola ricca di tradizione a rivedere le proprie strategie, Lageder mi parve un luminoso faro di speranza. Sentii istintivamente che il futuro della tradizionale regione vinicola dell'Alto Adige sarebbe stato in una certa misura legato a questo cordiale giovane.

I protagonisti del cambiamento

Quando poi qualche anno dopo entrai nel giornalismo enologico e iniziai a visitare regolarmente l'Alto Adige, oltre a Lageder, conobbi molti altri dei protagonisti della scena vinicola in grado di accompagnare l'Alto Adige verso il futuro durante i grandi sconvolgimenti della fine degli anni ottanta e novanta. Per non dilungarmi troppo, riporterò qui solo alcuni nomi. Tutti hanno ampliato i miei orizzonti e mi hanno dato una visione di un territorio vinicolo di grande bellezza e varietà (mi perdoneranno gli esclusi per ragioni di spazio).

Luis Raifer, per molti anni capace direttore della cantina sociale di Colterenzio. Con grande forza visionaria, fu il primo a introdurre tra i colleghi la regolamentazione della resa e il pagamento in base alla qualità dell'uva. Quasi a margine, inoltre, verso la metà degli anni novanta aumentò anche dal 20 al 45 per cento la percentuale di vino bianco della sua cantina sociale. Ha infine avviato la divisione della gamma delle bottiglie in tre linee e la vinificazione in barrique della linea top di gamma.

Hans Terzer, responsabile e direttore della cantina sociale di San Michele-Appiano. È considerato il principale produttore di vino bianco della provincia. Con salda consapevolezza affermò – a ragione – di aver "introdotto un po' di sistematicità nella produzione del vino bianco". In qualità di allora presidente dei mastri cantinieri dell'Alto Adige, ebbe anche l'autorità per migliorare le cose.

Ignaz Niedrist, un viticoltore di Cornaiano, insieme agli amici Franz Gojer, Peter Pliger e Andreas Widmann – conosciuti anche come "la banda dei quattro" per la loro collaborazione affiatata e la loro capacità di agire sottotraccia – si cimentò con successo nel ruolo di Davide. Rappresentante di altre cantine indipendenti (organizzate oggi nell'associazione "Vignaioli dell'Alto Adige"), eloquente, colto e coraggioso, riuscì a conquistarsi il rispetto dei Golia rappresentati dalle cantine sociali e delle aziende vinicole con vini dalla forte identità. Infine, Peter Dipoli, commerciante di vini e, dal 1990, anche vignaiolo di Sauvignon Blanc: in questi anni di graduale cambiamento, ha sempre rappresentato una sorta di spina nel fianco del settore vitivinicolo altoatesino. Per amore dell'Alto Adige era sempre pronto a intervenire, a lodare, a criticare e dare consigli, a volte anche non richiesti. Nonostante la fama di testa calda, anche i suoi avversari segretamente riconoscevano che aveva ragione.

Il rinnovamento porta frutti

Oggi, quarant'anni dopo il mio primo viaggio in Alto Adige, il lavoro di rinnovamento sta dando frutti straordinari. L'Alto Adige si è evoluto da regione vinicola di massa a regione vinicola di alta qualità. Come una figlia problematica, la Schiava è stata relegata allo status di specialità certamente apprezzata, ma ridotta al 12 per cento della superficie coltivata. La percentuale di varietà bianche è aumentata dal 20 a un sorprendente 65 per cento. Nel corso degli anni i bianchi hanno conquistato le posizioni più adatte alle altitudini più giuste per loro. In Italia, l'Alto Adige è oggi considerato la principale regione vinicola per i vini bianchi. Anche in Svizzera, i bianchi stanno guadagnando popolarità. Sono state individuate le giuste esposizioni anche per le varietà rosse. La riva destra della Bassa Atesina è infatti considerata un paradiso per le varietà bordolesi.

In generale, la forza della viticoltura altoatesina risiede nella varietà dei vitigni, nella ricchezza e nell'ampiezza di una gamma che si distingue per il carattere dell'origine. La provincia vanta inoltre una densità unica al mondo di cantine sociali di eccellenza.

Nessuna domanda, nessuna obiezione, nessuna preoccupazione e nessun altro obiettivo da raggiungere? Al contrario: non importa quanto radioso appaia il mondo altoatesino nel bicchiere, i fatti dicono che non ci sia motivo di crogiolarsi nell'autocompiacimento. L'incremento delle malattie della vite è fonte di una crescente preoccupazione, con la flavescenza dorata e il mal dell'esca che provocano la morte di singole piante o di interi filari. Gli interventi sono molto costosi e richiedono una grande mole di lavoro.

E poi c'è la spada di Damocle del riscaldamento globale. Ci sono sicuramente dei vincitori: il Lagrein, per esempio, tollera bene il caldo, risultando meno rustico e con un'acidità meglio mitigata. Ma ci sono anche dei possibili sconfitti: l'aroma e la freschezza dei bianchi, dovute alla ripidezza del paesaggio e alla vicinanza delle Alpi, rischiano di perdersi a favore di una crescente pienezza e gradazione alcolica.

Naturalmente, del fenomeno si sta discutendo intensamente: per esempio si può reagire intervenendo sui metodi di cura della vite. È interessante notare che le aziende biodinamiche spesso producano vini più freschi. Ritorna in auge la pergola. Anche i metodi di pressatura possono avere un effetto attenuante. Un argomento di rilievo è quello della coltivazione della vite ad altitudini più elevate. In questo campo l'Alto Adige ha un ruolo pionieristico. I vigneti a 800 metri di altitudine non sono più rari e in alcuni singoli casi ci si spinge anche a oltre 1.000 metri. Tutto ciò sembra incoraggiante. Come scrisse una volta Hölderlin: "Ma dove è il pericolo, cresce anche ciò che dà salvezza".

\\

Oggi, quarant'anni dopo il mio primo viaggio in Alto Adige, il lavoro di rinnovamento sta dando frutti straordinari. L'Alto Adige si è evoluto da regione vinicola di massa a regione vinicola di alta qualità.

Uno sguardo dagli USA

Alto Adige – un nome che bisognerebbe conoscere

// "Per gli amanti del vino con gusti eclettici e senso dell'avventura, l'Alto Adige è un nome e un luogo che bisogna conoscere." Per il giornalista enologico americano Burton Anderson il verdetto sull'Alto Adige e sui suoi vini è chiaro. Anderson si dice particolarmente affascinato dalla varietà dei vini altoatesini, che hanno fatto un enorme salto di qualità da quando li ha conosciuti la prima volta, più di sessant'anni fa.

Burton Anderson

Ho assaggiato per la prima volta il vino altoatesino nel 1959, durante una settimana bianca in Austria. A quel tempo mi fu servito un vino rosso leggero chiamato Lago di Caldaro, che la gente del posto considerava austriaco quanto il Grüner Veltliner dei vigneti vicini. Ma ben presto appresi che il Lago di Caldaro era un pittoresco lago del Sudtirolo – o Alto Adige – un territorio alpino nell'Italia settentrionale luogo d'origine di molti vini: bianchi, rossi e rosati, fermi e frizzanti, secchi e dolci. E imparai che questi vini provengono da una varietà di vitigni, alcuni autoctoni e nobili, altri internazionali, che prosperano qui, sul versante soleggiato delle Alpi.

Da allora l'Italia ha vissuto una rivoluzione enologica che l'ha portata all'avanguardia nel mondo per qualità e prestigio. Ciascuna delle venti regioni segue il proprio approccio indipendente alla produzione vinicola. E l'Alto Adige, la provincia più settentrionale d'Italia, è rimasta all'avanguardia dell'innovazione.

Alcuni critici potrebbero obiettare che tale varietà sia eccessivamente ambiziosa, ma nessun'altra regione produttrice di vino in Europa copre una gamma così ampia di sapori.

Piccolo, ma variegato

L'Alto Adige è considerato il principale produttore di vini di origine controllata, con una gamma di vitigni che si estende da quelli autoctoni a quelli provenienti da Austria, Germania, Alsazia, Borgogna, Bordeaux e Champagne. Alcuni critici potrebbero obiettare che tale varietà sia eccessivamente ambiziosa, ma nessun'altra regione produttrice di vino in Europa copre una gamma così ampia di sapori.

Poiché solo una piccola parte del territorio montano dell'Alto Adige può essere coltivata, sui pendii pietrosi fino a 1.200 metri di altitudine sono stati ricavati dei terrazzamenti. Le diverse altitudini ed esposizioni assicurano un'ampia varietà di microclimi e le forti escursioni termiche tra il giorno e la notte assicurano ai vini i loro profumi caratteristici. In passato, quasi tutte le viti erano allevate su graticci di legno secondo il tradizionale sistema a pergola. Queste strutture, pittoresche ma costose, sebbene ancora in uso, nella maggior parte dei vitigni sono state gradualmente sostituite da sistemi di allevamento verticale che consentono alla luce solare di colpire direttamente i grappoli, rendendo la maturazione uniforme e le rese inferiori, due fattori fondamentali per migliorare la qualità.

La maggior parte dei vini viene commercializzata con la denominazione generica DOC Alto Adige-Südtirol, che comprende anche sei sottozone, quattro per i vini rossi a base di Schiava (Santa Maddalena, Colli di Bolzano, Meranese di Collina, Klausner Laitacher) e tre per altre aree: Terlano, Valle Isarco e Val Venosta. Due distinte classificazioni DOC si applicano al Lago di Caldaro, i cui vigneti si estendono fino al Trentino, e all'Etschtaler (Valdadige), che comprende sette tipi di vino coltivati dall'Alto Adige al Trentino, fino al Veneto. Il termine Alto Adige compare sulla capsula di ogni bottiglia prodotta nella regione, come simbolo distintivo di qualità e identità.

A prima vista la carta dei vini altoatesini può sembrare addirittura eccessiva, ma ce n'è per tutti i gusti, per ogni stagione e per ogni stato d'animo.

Vini per tutti i gusti

A prima vista la carta dei vini altoatesini può sembrare addirittura eccessiva; ce n'è per tutti i gusti, per ogni stagione e per ogni stato d'animo. Poiché gli stranieri conoscono meglio il profumo e il gusto dei vini "internazionali", che in Alto Adige continuano a essere tra i migliori d'Italia, ci concentriamo sull'unicità dei vini delle varietà autoctone.

Innanzitutto, la Schiava. In Alto Adige le varietà Schiava con le aggiunte Nobile, Grigia e Grossa, presentano sottili differenze di carattere, ma i migliori vini si presentano meravigliosamente leggeri e ariosi con note di viola, frutti di bosco e noci. Si sposano bene con la cucina locale, con piatti leggeri e spuntini. Sono stati a lungo liquidati dagli snob del vino come pesi leggeri, ma i nuovi approcci di innovativi vignaioli nel vigneto e in cantina hanno portato a notevoli miglioramenti stilistici. È un rispetto tutto nuovo, soprattutto per i vini delle zone classiche di Santa Maddalena e Lago di Caldaro.

Un'altra varietà autoctona di rilievo è il Lagrein, che prospera nei vigneti lungo l'Adige a Bolzano e dintorni. Viene utilizzato per produrre un vino di un intenso rosso scuro che può essere rotondo e fruttato da giovane, ma anche corposo e complesso se invecchiato, e un affascinante rosato o Kretzer. Quasi estinto negli anni settanta, il Lagrein, grazie alla cantina convento Muri-Gries, è tornato alla ribalta come vino rosso dal carattere incomparabile, che si distingue per un fruttato vellutato, una acidità morbida, tannini setosi e aromi speziati di frutti di bosco, ciliegie e violette, a cui viene conferita una nota nobile dalla maturazione in botti.

Un altro vitigno autoctono è il Moscato Rosa, da cui si ricava un leggendario vino da dessert, un rosso profumato e dalla personalità inimitabile.

Un nome che bisogna conoscere

Quando visitai per la prima volta l'Alto Adige agli inizi degli anni sessanta, le trattorie rurali servivano soprattutto gustosi piatti locali: carne e patate, speck, cavoli cappucci e crauti, pane di segale e canederli, sempre accompagnati da vini locali serviti in caraffe o brocche. Con le generazioni più giovani, la cucina ha assunto tratti mediterranei, spaziando da pizza e pasta ai piatti a base di olio extravergine d'oliva, erbe aromatiche, carni pregiate, formaggi e persino frutti di mare freschi. Ciononostante, gli chef hanno preso la saggia decisione di mantenere la cucina tradizionale, spesso rivisitata e adattata ai palati moderni, con un nuovo rispetto per i sapori antichi. Oggi l'Alto Adige offre una delle cucine più creative e innovative d'Italia, con una ricchezza di ristoranti pluripremiati che rendono pasteggiare qui un piacere unico.

Sulle carte dei vini si trovano spesso bottiglie provenienti da altre regioni e paesi, ma anche i palati più esigenti difficilmente dovranno oltrepassare i confini dell'Alto Adige per trovare vini che si abbinano perfettamente alle pietanze più diverse. Le cantine grandi e piccole, sia cantine sociali che aziende vinicole, offrono vini di alta qualità a prezzi ragionevoli. Può darsi che i vigneti delle Alpi offrano più varietà di quella che il consumatore convenzionale è disposto a gestire. Ma per gli amanti del vino dai gusti eclettici e dal senso dell'avventura, l'Alto Adige è un nome e un luogo da conoscere.

\\

I vini a base Schiava sono stati a lungo liquidati dagli snob del vino come pesi leggeri, ma i nuovi approcci di innovativi vignaioli nel vigneto e in cantina hanno portato a notevoli miglioramenti stilistici.

Guardare avanti

Il futuro della viticoltura altoatesina

// Come si prospetta il futuro del settore vitivinicolo dell'Alto Adige? Quali sfide dovrà affrontare questa terra vinicola? Le risposte alla questione del "quo vadis" possono essere trovate principalmente in una maggiore attenzione alla sostenibilità e in strategie efficaci per affrontare il cambiamento climatico. E, non da ultimo, in ciò che caratterizza essenzialmente la viticoltura altoatesina: le tante piccole aziende a conduzione familiare.

Andreas Kofler

Guardare nella sfera di cristallo è oscuro per definizione, ma se si vuole sapere dove conduce la strada, è bene sapere da quale direzione si provenga. Per il settore vinicolo altoatesino il megatrend dell'ultimo mezzo secolo è l'impegno per la qualità. Negli ultimi decenni viticoltura, vinificazione e marketing si sono evoluti in questa direzione e quindi continuare su questa strada non solo è consigliabile, ma anche abbastanza probabile.

Allo stesso tempo, osservando lo status quo della viticoltura altoatesina si nota che la fase di ricerca è finita. Oggi non si tratta più di stabilire dove sia meglio coltivare il tale vitigno, né di sperimentare come allevarlo al meglio. In Alto Adige questo sapere è presente e consolidato, e può quindi essere trasmesso alle generazioni future.

Dalla qualità del prodotto alla qualità della produzione

Con tutta probabilità, la strada della qualità continuerà quindi a essere percorsa per i prossimi tre, quattro o cinque decenni. Partendo da questo presupposto, bisogna chiedersi cosa si intenderà per qualità in futuro. Anche chi non ama fare previsioni ritiene comunque che il concetto di qualità per il prodotto vino non cambierà in modo rilevante. Ciò significa che, nonostante l'affermarsi di nuovi stili, nuove tendenze di gusto e nuove idee aromatiche, un buon vino per essere considerato di qualità dovrà continuare a soddisfare anche in futuro le aspettative dei clienti ed essere tecnicamente perfetto. Per garantire questa qualità a medio e lungo termine, è quindi importante garantire a lungo termine anche il know-how dei responsabili, motivo per cui la formazione professionale e il perfezionamento continuo di viticoltori e mastri cantinieri, che già oggi hanno un ruolo centrale nel successo del settore, continueranno ad averlo anche in futuro.

In avvenire, però, la sola qualità del prodotto non sarà più sufficiente, e la qualità complessiva del vino sarà determinata anche dalla qualità della produzione. Poiché in futuro la qualità del prodotto sarà sempre più un prerequisito per la presenza sul mercato, a divenire la chiave del successo sarà pertanto la qualità della produzione. Quindi le domande cruciali saranno: come è nato questo vino? Come viene gestito il vigneto? Com'è la biodiversità locale? Qual è l'impronta ecologica della mia bottiglia di vino? Chi beve buon vino in futuro vorrà farlo con la coscienza tranquilla, e potrà farlo solo sapendo che il vino è stato prodotto in modo sostenibile e che è stato fatto tutto il possibile per soddisfare le esigenze di sostenibilità.

Il settore vitivinicolo dell'Alto Adige ha già elaborato un piano per far decollare una produzione completamente sostenibile. Questo piano si chiama "Agenda del vino Alto Adige 2030" e prevede una serie di misure da attuare per ridurre l'impronta ecologica della produzione vinicola locale. Tali princìpi di sostenibilità guideranno anche le prossime generazioni, sempre con la consapevolezza che questi concetti – in qualsiasi settore – non siano definitivi, ma che debbano sapersi evolvere e adattare alle nuove sfide. Lavorare costantemente sulla sostenibilità sarà quindi uno degli ambiti centrali di azione del settore vinicolo altoatesino nei prossimi anni e decenni.

Un altro tema centrale è localizzare il vino in modo sempre più preciso. Proprio perché il mondo si sta avvicinando sempre più e i prodotti si stanno standardizzando a livello globale, il vino deve allontanarsi da questa tendenza e imporsi come prodotto altamente individuale. Come il percorso verso una maggiore sostenibilità, anche questa non è una via nuova in Alto Adige, ma deve essere seguita con coerenza. Dopotutto, il concetto di terroir è da anni profondamente radicato tra i viticoltori del territorio e viene perseguito in modo ancora più coerente e dettagliato attraverso il concetto di zonazione (UGA unità geografiche aggiuntive) da un lato e con la menzione "Vigna – Weingarten" dall'altro (vedere i capitoli sul tema presenti in questo libro). In questo modo, ai consumatori possono essere presentati vini che riflettano la loro origine, in grado di raccontare le proprie storie uniche e garantire così un legame emotivo tra vino e consumatore.

Il cambiamento climatico e le sue conseguenze

Alla qualità della produzione è strettamente connessa anche la sfida globale più importante: il cambiamento climatico che dominerà tutti gli ambiti della vita, soprattutto quelli strettamente legati alla natura e ai suoi cicli. Niente è legato alla natura quanto l'agricoltura e, come settore agricolo, anche la viticoltura ha quindi dovuto affrontare le conseguenze del cambiamento climatico. Ciò è particolarmente vero per l'Alto Adige, poiché il tasso di riscaldamento nella regione alpina arriva a circa il doppio della media globale. Le conseguenze di ciò possono essere chiaramente viste nel capitolo dedicato al clima.

Quando si pensa al futuro della viticoltura in Alto Adige, quindi, il cambiamento climatico merita un'attenzione del tutto particolare. Uno sguardo alla topografia mostra che l'Alto Adige, come regione vinicola, ha un chiaro vantaggio per quanto riguarda l'attenuazione degli effetti del riscaldamento globale: i vigneti possono infatti spostarsi verso l'alto e verso nord. Nei prossimi anni e decenni, la viticoltura in Alto Adige si aprirà la strada verso altitudini che prima non erano considerate adatte per questa coltura. Ciò significa anche che la mappa dei vini e delle varietà dell'Alto Adige cambierà in modo significativo. Le varietà bianche che fanno affidamento sulla freschezza e sul fruttato risaliranno i pendii, e le varietà di vino rosso amanti del calore andranno a occupare gli spazi vuoti che si verranno a creare. Ma c'è di più: è del tutto plausibile che, soprattutto nella parte meridionale dell'Alto Adige, dove le temperature sono già elevate, verranno introdotte varietà che ora stanno avendo successo nelle zone di coltivazione calde e secche dell'Europa meridionale.

La scarsità d'acqua sarà un altro problema che la viticoltura altoatesina dovrà affrontare sempre a causa del cambiamento climatico. Grazie all'irrigazione a goccia quasi generalizzata, già oggi la risorsa idrica viene gestita con attenzione, ma saranno necessarie ulteriori strategie per risparmiare acqua e utilizzarla miratamente dove è più necessaria. Mentre altri settori dell'agricoltura si affidano all'ausilio dei tensiometri, nella viticoltura, soprattutto in Alto Adige, la tecnologia dei sensori presenta i suoi limiti, perché le condizioni – dalla composizione del suolo all'irraggiamento solare – possono cambiare radicalmente anche nel giro di pochi metri. Pertanto, verrà posta maggiore enfasi su nuovi portainnesti con radici più profonde e quindi più resistenti alla siccità. E, per le situazioni di emergenza, si stanno realizzando sempre più bacini di stoccaggio idrico, in modo che viti e uve possano ricevere acqua sufficiente anche durante periodi prolungati di siccità.

Nel considerare un futuro sempre più caldo, non si può ignorare il rischio della diffusione di nuovi parassiti e di nuove malattie delle piante. Se l'UE manterrà la sua linea di rigidità sull'uso dei prodotti fitosanitari, sarà difficile intraprendere un'azione efficace contro i parassiti invasivi con la strategia utilizzata finora. Per affrontare questa sfida saranno necessari, e senza dubbio ci saranno, progressi nella ricerca e nello sviluppo, con tutta una serie di promettenti soluzioni per viti e uve più resistenti, che vanno dagli incroci classici alla cisgenesi. Ad avere il potenziale necessario per risolvere il dilemma di dover affrontare parassiti e malattie sempre più aggressivi con sempre meno pesticidi, sembrano soprattutto i vitigni cisgenici, cioè quelli i cui geni sensibili sono stati sostituiti con i geni resistenti di altre varietà.

Le piccole aziende come ostacolo e opportunità

Oltre a tutte le sfide esterne che colpiscono il settore vinicolo dell'Alto Adige, ce n'è una intrinseca che, paradossalmente, è anche la più grande opportunità per la regione vinicola altoatesina: la struttura su piccola scala. Il fatto che in Alto Adige sopravvivano così tante piccole aziende vinicole è una peculiarità globale che va tutelata. Ma cosa serve per tutelare le piccole aziende?

Almeno in teoria, la risposta a questa domanda è semplice: ciò di cui hanno bisogno i piccoli viticoltori è di aiuto. In futuro, questo aiuto dovrà provenire soprattutto dal settore stesso, per esempio dalle cooperative, che possono sostenere le piccole aziende in ambiti quali la digitalizzazione e la meccanizzazione. Se il sostegno viene da enti di un ordine di grandezza superiore, anche la carenza di manodopera può essere gestita meglio, per esempio con offerte di formazione per giovani talenti o con aiuti concreti sotto forma di assistenza gestionale organizzata da cooperative o associazioni.

Oltre a questi ostacoli, le piccole strutture del settore vitivinicolo altoatesino offrono però anche enormi opportunità, perché rappresentano un'alternativa ai grandi colossi globali. Mentre questi ultimi presentano vantaggi dal punto di vista dei costi, in futuro la simpatia dei consumatori andrà probabilmente sempre più ai piccoli fornitori familiari con i quali è possibile instaurare un rapporto personale.

Questa tendenza si nota già oggi: le aziende che hanno creato un efficiente commercio online notano che i consumatori preferiscono acquistare direttamente dagli agricoltori piuttosto che compiere un ulteriore passaggio attraverso uno dei giganti dell'e-commerce.

Le relazioni interpersonali giocano un ruolo importante anche nell'ultima strategia a cui in questo contributo si vuole accennare: l'enoturismo. L'Alto Adige ha già le migliori premesse per diventare una destinazione ambita dagli enoturisti di tutto il mondo, perché esistono già strutture alberghiere e ristoranti di alta qualità. Se nei prossimi anni la viticoltura altoatesina riuscirà a sviluppare un'offerta enoturistica allettante, potrà spuntare le voci più importanti della check-list per un futuro di successo: contatto diretto tra produttori e consumatori, approccio personale, comunicazione senza filtri dei vantaggi offerti dai vini altoatesini e un legame con il vino che si fonda sull'esperienza personale. E quindi sulle emozioni.

Oltre a questi ostacoli, le piccole strutture del settore vitivinicolo altoatesino offrono però anche enormi opportunità, perché rappresentano un'alternativa ai grandi colossi globali. Mentre questi ultimi presentano vantaggi dal punto di vista dei costi, in futuro la simpatia dei consumatori andrà probabilmente sempre più ai piccoli fornitori familiari.

Chi si nasconde dietro al vino?
Il percorso dalla vite al bicchiere è lungo e spesso difficile ed è un viaggio durante il quale si incontrano numerosi compagni. Si occupano di formazione, ricerca e consulenza, mediazione, lobbying e marketing. Meglio ancora se insieme.

5.

Qui si vive il vino

Ricerca, consulenza, associazioni

Pionieri nella vicina regione

Istituto agrario e centro sperimentale a San Michele all'Adige

// Le radici della formazione locale e della ricerca in viticoltura ed enologia non si trovano in Alto Adige, ma in Trentino. Nel 1874, a San Michele all'Adige, sotto la guida di Edmund Mach, furono fondati una scuola agraria e un centro sperimentale. Entrambi esistono ancora oggi e lo stretto legame con l'Alto Adige (e con Laimburg che, nel tempo, è diventato il "suo" centro per la formazione e la sperimentazione) non si è mai interrotto.

Francesco Spagnolli

Furono gli sconvolgimenti agricoli a metà dell'Ottocento a portare alla fondazione dell'Istituto Agrario di San Michele all'Adige. All'epoca, la vite e il gelso, alla base rispettivamente della viticoltura e della bachicoltura, erano stati colpiti da malattie per le quali si cercava disperatamente un rimedio. Formazione e ricerca si trovarono quindi a giocare un ruolo centrale e si decise che sarebbe stato il caso di promuoverle anche nel Tirolo meridionale. A Innsbruck vennero pertanto individuati i due capisaldi del futuro istituto agrario. Il primo è di carattere geografico: l'istituto avrebbe avuto sede nell'ex monastero dei monaci agostiniani di San Michele all'Adige, di proprietà della Corona. Il secondo è di carattere personale: si ritenne di aver trovato il fondatore ideale, nonché primo direttore, dell'istituto nel ventisettenne Edmund Mach, assistente di ricerca presso la "Casa Madre" di Klosterneuburg. Nel corso del 1873 Mach si mise all'opera con un incarico provvisorio, acquistando attrezzature e materiali per il centro sperimentale e reclutando insegnanti per la scuola professionale.

L'atto ufficiale di fondazione dell'Istituto Agrario di San Michele all'Adige fu emanato il 12 gennaio 1874 con delibera del Landtag, la Dieta tirolese. Venne inoltre varato un primo statuto per definire, tra l'altro, i requisiti per l'ammissione degli studenti. Gli studenti avrebbero dovuto essere quindici all'anno, dando la priorità a quelli tirolesi. Il rapporto linguistico venne fissato a 5:3; andavano quindi ammessi tre studenti italiani ogni cinque di lingua tedesca. In un documento del 17 luglio 1874 vennero quindi definiti in

Nel 1959 viene immesso sul mercato il primo Bordeaux trentino. Il produttore è Castel San Michele. Oggi la bottiglia fa parte della collezione dell'Enoteca provinciale del Trentino a Palazzo Roccabruna a Trento.

È considerato il padre dell'Istituto Agrario di San Michele all'Adige ed è un tipico figlio della duplice monarchia: Edmund Mach, nato nel 1846 a Bergamo quale figlio di un medico militare imperialregio, formatosi a Vienna, Praga e Klosterneuburg, approdò in Trentino come enologo, direttore scolastico e pioniere della viticoltura.

Le radici della formazione vitivinicola nel Tirolo del Sud affondano qui: nell'ex monastero agostiniano a San Michele all'Adige.

maniera strettamente gerarchica gli ambiti di responsabilità dei dipendenti: dal direttore al cappellano, all'insegnante, fino agli impiegati e assistenti.

Gli inizi di una nuova scuola

Nel nuovo istituto agrario gli studenti avevano la possibilità di frequentare un corso biennale in cui fin dall'inizio è stata enfatizzata la combinazione di teoria e pratica. La giornata degli studenti iniziava alle cinque del mattino; tranne otto settimane di vacanze estive, il resto dell'anno era interamente dedicato all'attività didattica. L'insegnamento era sempre bilingue, il che significava che i diplomati potevano trovare lavoro in tutto l'impero asburgico. Colpisce anche il fatto che, sotto la guida di Mach, ci fosse uno stretto legame tra la scuola e il centro sperimentale, spesso infatti i ricercatori erano anche insegnanti. Al centro sperimentale l'attenzione era posta principalmente sulla selezione dei vitigni più adatti, con esperimenti condotti soprattutto sulle varietà autoctone. Ma venivano testati anche i vitigni più "pregiati" di Bordeaux, Borgogna e Rheingau. La qualità della viticoltura veniva migliorata anche grazie agli istruttori itineranti dell'istituto, che andavano a insegnare ai contadini sul posto, direttamente a casa loro.

Fin dall'inizio il numero delle domande di ammissione all'istituto di San Michele all'Adige fu enorme. Invece dei quindici studenti previsti, nei primi anni scolastici se ne contarono già diciotto, più altri otto studenti che ricevevano un insegnamento straordinario. In linea di principio, durante gli anni sotto la guida di Mach (1874-1899), il numero degli studenti oscillò tra quindici e trentotto, con un'offerta formativa in costante espansione. Oltre alla formazione viticola ed enologica venivano offerti anche corsi sull'affinamento della vite. Inoltre l'espansione dell'infestazione da fillossera portò il centro sperimentale ad avviare l'allevamento di varietà basate su viti americane. Fin dagli inizi, quindi, l'istituto agrario seppe tenere il passo con gli sviluppi più attuali.

Ripartenza in un nuovo Stato

Come per tutto il Tirolo, la Prima Guerra Mondiale segnò una svolta anche per l'Istituto Agrario di San Michele all'Adige. Durante gli anni della guerra, l'insegnamento e il lavoro sperimentale furono in gran parte sospesi; dopo il conflitto bisognò anche ricominciare da capo in un nuovo Stato. La grande maggioranza del personale dirigente e docente venne sostituita e l'insegnamento divenne esclusivamente monolingue. Ciononostante, gli studenti altoatesini restarono a scuola. Dal 1919 al 1923 gli studenti altoatesini che frequentarono l'istituto furono dai sette ai dieci all'anno, ovvero circa il 10-15 per cento del corpo studentesco.

Gli anni venti portarono una serie di innovazioni. La scuola dovette adeguarsi alle riforme del ministro della Pubblica Istruzione Giuseppe Gentile e nel 1926 l'istituto fu trasformato in un consorzio nel quale erano rappresentati Stato e Provincia e destinato a durare ben sessantadue anni. Nel 1933 seguì una seconda riforma in seguito alla quale il triennio venne suddiviso in un primo anno propedeutico, durante il quale uniformare il livello degli studenti, e un biennio presso la scuola professionale di agraria. Nel centro sperimentale, invece, l'attenzione continuò a essere rivolta alla ricerca sui vitigni, mentre il laboratorio di analisi di San Michele all'Adige si specializzò negli studi necessari per l'esportazione del vino.

Una seconda ripartenza arrivò dopo il fascismo e la Seconda Guerra Mondiale, ma fu soprattutto di natura personale. Presidenti e direttori cambiarono con grande frequenza finché ad assumere la presidenza fu Bruno Kessler che, eletto nel 1957, mantenne la carica per vent'anni, più a lungo di chiunque altro prima o dopo di lui. La scuola continuò a essere

Negli anni novanta l'istituto ha quindi intrapreso un percorso innovativo offrendo una formazione transfrontaliera presso l'Università di Scienze applicate di Geisenheim per conseguire il diploma di laurea in "Ingegneria viticola ed enologica".

strutturata in anni preparatori e bienni, mentre il centro sperimentale si occupava dei lavori di base, soprattutto in vista dell'incremento di qualità adottato in viticoltura a partire dagli anni ottanta. Nel 1988, sciolto il consorzio sotto la cui tutela era stato precedentemente gestito l'istituto, con la legge provinciale n. 28 del 5 novembre 1990 venne fondato il nuovo Istituto Agrario di San Michele all'Adige basato sui due pilastri: scuola e centro sperimentale.

Trent'anni, tre sviluppi

Gli ultimi trent'anni dell'Istituto Agrario di San Michele all'Adige sono stati caratterizzati da tre sviluppi. Il primo riguarda l'offerta formativa, che è stata progressivamente ampliata. Ciò significa che si formano non "solo" tecnici vitivinicoli ma anche enologi. Negli anni novanta l'istituto ha quindi intrapreso un percorso innovativo offrendo una formazione transfrontaliera presso l'Università di Scienze applicate di Geisenheim per conseguire il diploma di laurea in "Ingegneria viticola ed enologica". Un secondo sviluppo è stato poi compiuto con la costituzione dell'ESAT, l'ente per lo sviluppo tecnico dell'agricoltura trentina.

Infine, nel 2005, l'istituto agrario è diventato un ente gestito dalla Fondazione Edmund Mach. Anche se il 95 per cento del capitale è detenuto dalla Provincia di Trento, la fondazione è un ente di diritto privato. Il "nuovo" Istituto Agrario di San Michele all'Adige è oggi suddiviso in tre poli, CIF (scuola), CTT (centro tecnico) e CRI (centro ricerca e innovazione), gestisce un'azienda agricola con sedi a San Michele all'Adige e Faedo e in altre località periferiche e, non da ultimo, una cantina e una distilleria.

Ricerca scientifica, formazione, azienda agricola
Laimburg

// Il Centro di Sperimentazione Laimburg è stato fondato nel 1975 come centro di ricerca agricola della Provincia di Bolzano. Le sue origini risalgono al 1958, quando vennero istituite una scuola di agraria e un'azienda agricola dimostrativa. Ancora oggi, l'interazione tra centro di sperimentazione, azienda agricola ed ente di formazione promuove la sostenibilità e la competitività dell'agricoltura altoatesina.

Michael Oberhuber

Il Centro di Sperimentazione Laimburg venne fondato nel 1975 con la funzione di centro di ricerca agricola della Provincia di Bolzano. Venne istituito allo scopo di dare supporto alle aziende agricole nel trovare soluzioni concrete alle sfide dell'epoca, soprattutto in frutti- e viticoltura. La storia di Laimburg è, inoltre, legata allo sviluppo del vino di qualità altoatesino.

"Laimburg" si trova ai piedi del Monte di Mezzo nel comune di Vadena e prende il nome dalle rovine del castello soprastante. Il sito racchiude il cuore della ricerca scientifica e della formazione professionale negli ambiti dell'agricoltura e della lavorazione alimentare in Alto Adige. Oltre al Centro di Sperimentazione e alla Cantina provinciale Laimburg, vi hanno sede anche la scuola professionale e il podere dell'Agenzia Demanio provinciale.

La scuola professionale: un vivaio di talenti del settore vitivinicolo

Parallelamente allo sviluppo di Laimburg e all'istituzionalizzazione del Centro di Sperimentazione, venne creato un ente in grado di offrire una formazione moderna e orientata alla pratica, destinata a preparare i giovani alla gestione di un'azienda agricola. Le lezioni presso la scuola biennale di frutticoltura e viticoltura di Laimburg, con annesso convitto, iniziarono nel 1962 con una prima classe di ventisette alunni. Nel 1992/93 la formazione professionale è stata estesa a tre anni, nel 2007 un quarto anno di specializzazione ha portato alla qualifica di "direttore/direttrice di azienda agricola" e dal 2014/15 un quinto anno conduce al conseguimento del diploma di maturità. Oltre all'insegnamento

Dall’alto le trasformazioni che hanno interessato Laimburg sono quasi impercettibili. Solo un’osservazione più attenta rivela come, negli ultimi trent’anni, il centro di ricerca e la scuola si siano evoluti anche dal punto di vista edilizio.

Confrontando le due fotografie qui sopra, si nota chiaramente come la scuola e il Centro di Sperimentazione Laimburg siano cambiati negli ultimi trent’anni.

Il nome del sito deriva dalle rovine che lo sovrastano (qui in una fotografia d’archivio). Tuttavia, quando si parla di Laimburg, pochi pensano ai ruderi del castello.

di conoscenze e competenze nel campo della frutticoltura e della viticoltura, della gestione aziendale, della vinificazione, della difesa delle piante e della tecnologia agraria, c'è sempre stata una forte attenzione alla pratica. La formazione comprende quindi anche potatura di alberi e viti, innesto di alberi e viti, esercitazioni di vinificazione e manutenzione dei macchinari, sempre sotto la supervisione di personale esperto spesso coinvolto anche nelle attività di ricerca. È previsto anche uno stage presso un'azienda esterna. Gli intensi scambi di studentesse e studenti e l'ampio networking in ambito locale ed europeo degli ultimi vent'anni testimoniano l'apertura della scuola al mondo esterno.

Nei suoi sessant'anni di vita, la scuola professionale Laimburg ha istruito la maggior parte dei professionisti della viticoltura e frutticoltura altoatesini, preparandoli a gestire con successo le aziende agricole e dando così un contributo significativo allo sviluppo della qualità in viticoltura.

Ricerca applicata nel campo della viticoltura

Basandosi su metodi scientifici, il Centro di Sperimentazione Laimburg affronta tutti gli anelli della catena del valore del vino, tenendo conto delle particolari condizioni pedoclimatiche dell'Alto Adige, e si avvale dei terreni e del know-how gestionale di venti aziende agricole di proprietà provinciale. Il lavoro di ricerca è coordinato con i vari rappresentanti della viticoltura e della vinificazione e viene quindi trasferito in modo efficace nella pratica. Se, negli anni sessanta l'obiettivo era quello di selezionare cloni ad alta resa e resistenti ai principali virus della vite, dal 1980 in poi sono diventate primarie le caratteristiche qualitative dell'uva. Un'organizzazione del sistema dei vivai dell'Alto Adige ha fornito ai viticoltori altoatesini viti sane e certificate.

L'obiettivo attuale del gruppo di lavoro "Varietà e Materiale di Propagazione Viticola" del Centro di Sperimentazione Laimburg è la selezione di nuovi cloni e la determinazione dell'idoneità alla coltivazione degli attuali cloni, varietà e portainnesti. Con la comparsa del marciume acido, la ricerca si è incentrata sui cloni a grappoli spargoli. Per contrastare il cambiamento climatico l'obiettivo è trovare cloni a maturazione tardiva con livelli di acidità più elevati, combinati con un'elevata qualità del vino, nonché portainnesti con una migliore tolleranza alla siccità. Un'altra priorità sono i portainnesti con ridotta trasmissione di virus e il loro impatto sulla qualità del vino. Per quanto riguarda la sperimentazione varietale, l'attenzione è concentrata sulle nuove varietà con una maggiore resistenza alle malattie fungine (le varietà PIWI) e su oltre trenta varietà di vino rosso e bianco di alta qualità e maturazione tardiva con una maggiore tolleranza al caldo e alla siccità. Per preservare la biodiversità, alcune antiche varietà locali vengono raccolte, analizzate con tecniche di biologia molecolare e conservate nell'area a loro dedicata. I Giardini di Castel Trauttmansdorff a Merano, di proprietà provinciale, offrono un giardino botanico di particolare rilievo per queste varietà.

Gli effetti del cambiamento climatico e le misure contro i disturbi fisiologici come il disseccamento del rachide, l'avvizzamento del grappolo e gli acini verdi nel Gewürztraminer sono al centro degli esperimenti del gruppo di lavoro "Fisiologia e Tecniche Colturali". Sono in corso anche diversi studi sugli abbinamenti tra varietà e ubicazione. Dagli anni settanta, oltre alla classica forma di allevamento a spalliera, sono state sperimentate forme quali la spalliera bassa utilizzata in Borgogna per il Pinot Nero e il sistema di potatura minima come sistema estensivo e ritardante la maturazione.

Lo sviluppo di un modello di valutazione basato sulle somme di calore consente di individuare le zone di coltivazione ottimali per le singole varietà e per la produzione di alcune tipologie di vino, adattandole ai progressivi cambiamenti climatici. Anche gli esperimenti sull'accumulo di humus attraverso la semina autunnale e l'uso del biochar per promuovere la ritenzione del carbonio a lungo termine nel suolo hanno lo scopo di limitare le ripercussioni del cambiamento climatico.

Sostenibilità: obiettivo di ricerca dell'Istituto della Salute delle Piante

Nella difesa delle piante l'attenzione si è spostata dalla verifica dell'efficacia dei prodotti fitosanitari commerciali allo sviluppo di strategie sostenibili per la protezione delle colture. I gruppi di lavoro "Fitopatologia", "Entomologia" e "Valutazione Fitofarmaci" si basano su una profonda conoscenza della biologia degli organismi nocivi e sui dati raccolti localmente inerenti all'efficacia dei prodotti fitosanitari nonché sulla sperimentazione di metodi fitosanitari innovativi. Si sta lavorando, tra l'altro, su modelli di prognosi e strategie di trattamento sostenibili per affrontare nuovi parassiti come il moscerino dei piccoli frutti (*Drosophila suzukii*), comparso nel 2010, utilizzando le reti e il metodo Attract & Kill, con cui il parassita è attirato da sostanze naturali.

Il gruppo di lavoro "Virologia e Diagnostica" effettua anche studi fitodiagnostici con metodi di biologia molecolare e monitora la presenza dello *Scaphoideus titanus*, vettore della flavescenza dorata. Per quanto riguarda la malattia dell'arricciamento del Pinot Grigio, trasmessa da virus, si stanno cercando misure per ottenere un nuovo impianto sano e robusto a seguito dell'estirpazione di un vigneto infetto dal virus. L'uso sostenibile dei prodotti fitosanitari è un altro tema centrale nella difesa delle piante: spruzzatori antidispersione, nuove tecniche di applicazione, come ugelli permanenti all'interno del vigneto, un riciclo efficiente delle acque reflue e l'innesto di apposite siepi come barriere antidispersione, sono attualmente in fase di studio. Nel nuovo laboratorio digitale all'aperto LIDO – Laimburg Integrated Digital Orchard vengono riunite le tecnologie digitali per creare il vigneto del futuro, per esempio tramite sistemi di irrigazione controllati da sensori.

Ricerca applicata nel settore Enologia

Fin dall'inizio dell'attività del settore "Vinificazione" nel 1984, vengono studiate le questioni legate alla vinificazione, dalla cantina al prodotto finito. Il gruppo di lavoro "Vinificazione e Tecniche Viticole" utilizza microvinificazioni, analisi e valutazioni sensoriali per determinare gli effetti della selezione di cloni e portainnesti nonché di varie tecniche di coltivazione sulla qualità del vino. Gli studi sulle interazioni tra varietà e terroir costituiscono un altro importante ambito di ricerca, così come l'analisi degli effetti della riduzione delle rese o del taglio dei tralci con successivo appassimento degli acini sui tralci non più collegati alla vite. Inoltre, viene esaminata l'influenza di tecniche di potatura ritardanti il germogliamento, le spazzole diradanti, come anche gli effetti della grandine. Oggetto di analisi sono anche gli effetti dei prodotti fitosanitari su vinificazione e fermentazione nonché sulle proprietà sensoriali dei vini.

Il gruppo di lavoro "Procedure e Trasferimento Conoscenze" si occupa di argomenti relativi all'enotecnica, come la tecnologia di filtrazione, l'analisi di coadiuvanti enologici, lieviti, batteri e prodotti di recente introduzione, riduzione del contenuto alcolico e tempi di permanenza sulle bucce, raffreddamento dell'uva e tecnica di pressatura e la loro influenza sulla qualità del vino. Oggi, le tecnologie digitali supportano anche l'attività di vinificazione, per esempio con la separazione degli acini automatica e supportata da sensori dopo che le uve sono

La Cantina nella Roccia non è solo una classica cantina vinicola, ma anche una delle sale di rappresentanza della Provincia Autonoma di Bolzano.

Il lavoro sperimentale è molto duro: anche con i macchinari più moderni.

Gli esperti del Centro di Sperimentazione Laimburg intervengono con grande competenza anche nei vigneti.

La gamma delle attività del Centro di Sperimentazione Laimburg spazia dal vigneto alla cantina. In tutti i laboratori ci si concentra sulle nuove scoperte in grado di far progredire la viticoltura e la vinificazione – non solo in Alto Adige.

La vite in laboratorio: grazie a un vasto know-how e a sofisticate tecnologie, nel Centro di Sperimentazione Laimburg si conducono studi approfonditi sui genomi delle diverse varietà di vite.

state conferite in cantina o per la produzione di diversi stili di vino. Si sta, inoltre, lavorando allo sviluppo di un modello di valutazione della qualità del vino basato sui componenti del mosto.

Fin dalla sua fondazione, il Centro di Sperimentazione Laimburg offre consulenze enologiche individuali e di gruppo a produttori di vino e organizza corsi di formazione e perfezionamento. Gli argomenti spaziano dalla lavorazione dell'uva alla vinificazione, all'analisi sensoriale del vino.

Il vino al microscopio: la ricerca in laboratorio

Le sperimentazioni nel vigneto e in cantina sono accompagnate dalle più moderne analisi chimiche, microbiologiche e biomolecolari. Il "Laboratorio per Analisi Vino e Bevande" è specializzato nelle analisi di tutti i comuni parametri del vino, indispensabili per chiarire questioni sperimentali e garantire la qualità nelle cantine. Il Laboratorio offre servizi a terzi di analisi chimico-fisiche di mosti d'uva, vino, succhi di frutta e distillati. Ogni anno, a supporto della pianificazione della vendemmia, effettua anche l'esame della maturazione dei principali vitigni altoatesini.

I settori Biologia Molecolare e Microbiologia nonché Chimica Alimentare, utilizzano approcci genomici e metabolomici per fornire dati dettagliati sui campioni di vino fino al livello delle molecole che ne determinano la qualità. La tipicità e l'autenticità dei vini altoatesini vengono analizzate mediante la spettroscopia di risonanza magnetica nucleare (NMR). Spettrometri di massa all'avanguardia garantiscono una precisa analisi sulla sicurezza dei prodotti. La valutazione sensoriale dei vini e la relativa impressione sui sensi umani rimangono però indispensabili. Il Centro di Sperimentazione Laimburg gestisce un moderno laboratorio di analisi sensoriale degli alimenti, in cui i vini vengono valutati da qualificati esperti provinciali.

Applicazione nella pratica: la Cantina provinciale Laimburg

Fin dalla sua fondazione come cantina aziendale e successivamente come cantina scolastica e centro di formazione per molti enologi altoatesini, il vigneto provinciale ha permesso di mettere in pratica tutte le conoscenze acquisite grazie alla ricerca viticola ed enologica. Oggi la Cantina Laimburg affianca il Centro di Sperimentazione con la propria produzione di vini che fungono da modello rappresentativo della regione vinicola dell'Alto Adige.

Il vino scolpito nella pietra: la Cantina nella Roccia

Speciale esempio di architettura vinicola tradizionale e allo stesso tempo contemporanea, la Cantina nella Roccia è la sala di rappresentanza ufficiale dell'Alto Adige e il luogo in cui si vive la cultura del vino altoatesina e l'alto livello qualitativo dei vini altoatesini. Dalla sua apertura nel 1990 oltre 200.000 ospiti hanno visitato la Cantina nella Roccia in occasione di visite guidate, degustazioni ed eventi.

Le uve della Cantina Laimburg, per un totale di 90.000 bottiglie di vino, provengono dai vigneti di proprietà della Provincia in tutto l'Alto Adige situati a un'altitudine compresa tra i 200 e i 750 metri. È importante portare nel bicchiere sia il carattere tipico dei vitigni altoatesini sia le innovazioni provenienti dalla ricerca, sempre garantendo la massima qualità. Oltre ai "Vini del Podere" e alla "Selezione Maniero", i "Vini particolari" sono il risultato di una moderna selezione dell'uva e di vitigni resistenti ai funghi come Solaris o Cabernet Cortis: uno sviluppo che traccia la rotta verso il futuro del vino dell'Alto Adige.

Il Centro di Sperimentazione Laimburg è stato riorganizzato negli anni 2016 e 2017. Da allora, le superfici coltivate precedentemente gestite in autonomia dalle diverse aziende agricole e il know-how pratico dei rispettivi gestori sono stati messi a disposizione del Centro di Sperimentazione tramite l'azienda agricola Laimburg dell'Agenzia Demanio provinciale.

Le menti di Laimburg

L'enologo e comunicatore del vino **Klaus Platter**, direttore dell'amministrazione del Podere Laimburg dal 1970 al 2010, è considerato un pioniere di Laimburg e l'iniziatore della Cantina nella Roccia. È stato anche a lungo insegnante di vinificazione e uno dei pionieri della viticoltura di qualità in Alto Adige. Anche il pioniere della vinificazione Andreas Weiss è stato per lungo tempo insegnante di viticoltura nonché il primo responsabile del settore Viticoltura del Centro di Sperimentazione Laimburg. Questa carica è ricoperta oggi da Barbara Raifer, scienziata specializzata in sistemi di coltivazione e fisiologia della vite. Nel corso degli anni Martin Aurich, Armin Kobler e Ulrich Pedri hanno diretto il settore Enologia, promuovendo il settore vitivinicolo altoatesino con esperimenti enotecnici, lavori di sviluppo della valutazione sensoriale dei vini nonché tramite corsi di formazione e consulenza professionale.

\\

Fin dalla sua fondazione come cantina aziendale e successivamente come cantina scolastica e centro di formazione per molti enologi altoatesini, il vigneto provinciale ha permesso di mettere in pratica tutte le conoscenze acquisite grazie alla ricerca viticola ed enologica.

Consulenza dai professionisti per i professionisti

Il Centro di Consulenza per la fruttiviticoltura dell'Alto Adige

// Per non lasciare la consulenza esclusivamente alle aziende fitosanitarie, nel 1957 venne fondato il Centro di Consulenza per la fruttiviticoltura dell'Alto Adige. Dapprima ente individuale, nel corso dei decenni il centro si è trasformato in un fornitore di servizi moderno, organizzato in modo capillare e in grado di coprire una vastissima gamma di argomenti.

Hansjörg Hafner

Senza attirare molta attenzione, il 20 dicembre 1957 i viticoltori e frutticoltori del Burgraviato fondarono il Centro di Consulenza per la fruttiviticoltura dell'Alto Adige, allora denominato Centro di sperimentazione e consulenza. A quel tempo, un gruppo di agricoltori giovani e dinamici, guidato da Sepp Innerhofer, era convinto che il settore fruttivinicolo, economicamente emergente, avesse bisogno di un'organizzazione indipendente e neutrale che operasse nell'interesse dei coltivatori. Fino ad allora, infatti, la consulenza fitosanitaria agli agricoltori era nelle mani della principale associazione altoatesina in questo settore, cioè il "Consorzio Agrario", e delle aziende fitosanitarie operanti sul territorio provinciale. Dall'inizio di dicembre del 1958 Hermann Oberhofer si rese disponibile come primo consulente a tempo pieno e nel novembre del 1964 uscì il primo numero della rivista specializzata "obstbau*weinbau". È l'inizio di un'organizzazione di consulenza che si è sviluppata nel corso di decenni.

Tuttavia, mentre nei primi anni le consulenze sulla frutticoltura presero piede in tutta la provincia, a molti professionisti mancava un'analoga offerta di consulenza sulla viticoltura. Alcuni frutticoltori e viticoltori particolarmente attivi dell'Oltradige si rivolsero quindi alla sede del Centro di consulenza di Lana iniziando a reclutare iscritti a Caldaro, Appiano, Termeno e Cortaccia. Dopo diverse discussioni e i necessari preparativi, il 12 febbraio 1965, a Caldaro, venne fondato il distretto vitivinicolo dell'Oltradige e, dal 1967, i controlli sui vigneti furono estesi a tutto l'Alto Adige. Vennero inoltre pubblicate circolari separate e un piano di irrorazione rivolto ai soci viticoltori, per i quali vennero effettuati anche diversi esperimenti dedicati. Molto apprezzata fu anche la "Settimana della viticoltura", tenutasi per la prima volta a Caldaro nel 1967. Nel corso di questo evento formativo si svolsero lezioni di base su argomenti quali concimazione, difesa delle piante, meccanizzazione, diritto vitivinicolo e gestione aziendale. In tal modo il Centro per la consulenza riscosse un crescente apprezzamento professionale tra i viticoltori, che si riflesse anche nell'incremento del numero degli iscritti e della superficie vitata. Alla fine del 1967 la superficie viticola da tutelare ammontava già a 885 dei 7.035 ettari complessivi dell'Alto Adige.

Un gruppo di agricoltori giovani e dinamici, guidato da Sepp Innerhofer, era convinto che il settore frutti-vinicolo, economicamente emergente, avesse bisogno di un'organizzazione indipendente e neutrale che operasse nell'interesse dei coltivatori.

Consulenti impegnati nella ricerca applicata

Per rendere più efficace la consulenza individuale, a Bolzano-Gries venne introdotta una giornata di consulenza settimanale. Sebbene il centro avesse ormai da tempo cambiato il proprio nome da Centro di sperimentazione e consulenza in Centro di Consulenza, in viticoltura si continuavano a eseguire esperimenti di irrorazione contro agenti patogeni fungini e animali, contro il disseccamento del rachide e contro le erbe infestanti. Questa attività era assolutamente essenziale, perché all'epoca non esisteva un centro di sperimentazione ufficiale e si potevano ottenere risultati utilizzabili nella pratica solo rivolgendosi all'Istituto Agrario di San Michele all'Adige. Dall'anno vitivinicolo 1968 vennero effettuate regolarmente anche rilevazioni dei costi nel settore. L'obiettivo era offrire ai viticoltori un confronto tra le varie opzioni per risparmiare sui costi di produzione.

Vennero adottati approcci innovativi anche per combattere la tignola della vite. Nella primavera del 1972, al Lago di Caldaro, furono appesi per la prima volta dei barattoli di esche allo scopo di controllare il volo delle farfalle. In tal modo fu possibile osservare la rotta del volo degli insetti e, su questa base, fornire ai viticoltori consigli mirati per contrastarli più efficacemente. Un altro ambito di attività del Centro di Consulenza fu la meccanizzazione sui pendii ripidi. Per ridurre i costi e facilitare il lavoro, sui pendii si consigliava di realizzare i vigneti su terrazzamenti trasversali che permettono la coltivazione con piccoli trattori o cingolati. Nell'inverno 1975/76 si svolsero le prime ispezioni sulla potatura che riscossero grande interesse.

Via dal veleno!

Similmente alla frutticoltura, nel 1983 anche in viticoltura il motto era: "Lontano dai veleni di classe I!". Nell'interesse dell'utilizzatore, dell'ambiente e del consumatore, si decise infatti di evitare in generale l'uso di preparati della più alta classe tossica presente in viticoltura. Le esperienze positive maturate nel 1983 e i risultati di un sondaggio anonimo effettuato tra i soci nell'autunno del 1984 sul numero di trattamenti contro le malattie e i parassiti più importanti della viticoltura, dimostrarono come la strada imboccata fosse quella giusta. L'80 per cento degli intervistati, per esempio, decise di non combattere più il verme del fieno e l'irrorazione contro gli acari scese in media da 2 a 0,2 trattamenti all'anno. I risultati furono presentati anche alla conferenza sulla viticoltura dell'Alto Adige del 1985.

L'offerta del Centro di Consulenza venne ulteriormente ampliata nel 1991 con l'introduzione del servizio di allerta peronospora all'inizio della stagione vegetativa. Con il sostegno della Ripartizione provinciale Agricoltura, vennero allestite ventinove stazioni meteorologiche sparse in tutta la regione vinicola dell'Alto Adige. Ogni stazione meteorologica era supervisionata da un viticoltore che, in caso di pioggia, doveva comunicare telefonicamente i valori meteorologici al consulente responsabile. Quest'ultimo doveva quindi calcolare il rischio di infezione e fornire un rapporto sulla situazione del meteo e sul rischio di infezione, nonché raccomandazioni per la lotta contro la peronospora, in un messaggio registrato sulla segreteria telefonica che i soci del Centro di Consulenza potevano ascoltare. Il nuovo sistema, che permise di risparmiare numerose irrorazioni, soprattutto nel periodo dal germogliamento alla fioritura, fu accolto con grande soddisfazione dagli iscritti.

Qualità e nuovi metodi

Per motivare i soci viticoltori a produrre vino di qualità, nel maggio 1997 l'Ufficio per la viticoltura organizzò a Cornaiano un convegno primaverile sul tema "La gestione della chioma orientata alla qualità". Di fronte a una sala gremita, una serie di autorevoli relatori provenienti dalla Germania, dall'Austria e dal Centro di Sperimentazione Laimburg, presentarono i risultati degli esperimenti e le ultime scoperte sulla gestione della chioma. Su queste nuove conoscenze ci si basò anche nel 1998, quando per la prima volta la tignola della vite fu contrastata con il metodo della confusione su una superficie di 10 ettari nei dintorni del Lago di Caldaro e di 12 ettari a Settequerce. Mentre a Settequerce i risultati furono costantemente positivi e negli anni successivi il metodo della confusione fu applicato su un'area ulteriormente ampliata, l'infestazione al Lago di Caldaro rimase al di sopra della soglia di danno.

Nell'autunno del 1998 i consulenti testarono per la prima volta diversi metodi di stima della resa. Per poter fare una previsione sul rendimento del raccolto successivo, i pesi dei singoli acini e dei grappoli venivano registrati ancor prima che gli acini prendessero colore. Poiché per i viticoltori la questione dell'irrigazione stava diventando sempre più importante, nel marzo del 1999 il Centro di Consulenza organizzò ad Appiano un convegno sul tema "L'acqua in viticoltura", durante il quale vennero discussi sia gli aspetti fisiologici della vite che i requisiti legati al suolo.

Espansione costante: tematica e geografica

Dall'inizio degli anni sessanta, l'Associazione diplomati degli istituti agrari (Absolventen Landwirtschaftlicher Schulen ALS), in collaborazione con la Ripartizione provinciale Agricoltura, con il Centro di Consulenza per la fruttiviticoltura dell'Alto Adige e con il Centro di Sperimentazione Laimburg, organizza ogni anno il Convegno sulla viticoltura dell'Alto Adige. Nel corso di questa conferenza provinciale, i consulenti stessi tengono relazioni o presentazioni su temi di attualità in tutti gli ambiti di interesse. Anche in Valle Isarco e nel Burgraviato si tengono annualmente convegni distrettuali sulla viticoltura. I consulenti vitivinicoli sono rappresentati anche nel comitato “Giornata della tecnologia in viticoltura” e nel gruppo di lavoro per l’organizzazione del seminario vitivinicolo ALS.

Se si guarda allo sviluppo dell’intera offerta di consulenza, non si nota solo la sua costante espansione. Mentre in passato, il sostegno era incentrato sulla difesa delle piante, con l’inizio del nuovo millennio l’accento è stato posto maggiormente sulle misure di miglioramento della qualità. Queste includono, per esempio, l’allevamento della vite, la riduzione della resa e il controllo della crescita. Allo stesso tempo, con il passare dei decenni, il Centro di Consulenza dell’Alto Adige si è trasformato da ente individuale a moderno e affidabile fornitore di servizi per il settore frutticolo e vitivinicolo altoatesino con una presenza capillare sul territorio. Nel 2023 la superficie vitata degli iscritti ammontava a circa 4.500 ettari (di cui 288 ettari destinati a vino biologico), pari a quasi l’80 per cento dell’intera superficie vitata dell’Alto Adige. Quest’area associativa è suddivisa tra circa 2.800 soci. Nel corso degli anni, il team dedicato alla vinificazione è cresciuto fino a contare otto dipendenti e anche la consulenza offerta è estremamente diversificata. In circa quaranta città si svolgono incontri regolari con gli iscritti. Inoltre, attraverso tutti i canali digitali, c’è un vivace flusso di informazioni e scambi di esperienze da e con le cantine e le aziende vinicole.

\\

Il Centro di Consulenza dell’Alto Adige si è trasformato da ente individuale a moderno e affidabile fornitore di servizi per il settore frutticolo e vitivinicolo altoatesino con una presenza capillare sul territorio. Nel 2023 la superficie vitata degli iscritti ammontava a circa 4.500 ettari.

Essere forti insieme
Le cantine sociali

// Come singoli produttori, molti viticoltori dell'Alto Adige alla fine del XIX secolo sarebbero andati incontro alla rovina. Si salvarono grazie alla nascita delle cantine sociali che non solo hanno plasmato lo sviluppo della viticoltura negli ultimi 125 anni ma continuano ancora oggi a giocare un ruolo centrale. Il motto "Essere forti insieme" è ancora valido, anche se le condizioni generali hanno subìto un cambiamento radicale.

Walter Schullian

La viticoltura organizzata in cooperative occupa un posto di grande rilievo nel panorama vitivinicolo dell'Alto Adige. Nel 2020, quattordici cantine sociali gestivano 3.491 ettari, pari al 62,8 per cento della superficie viticola e al 65 per cento della produzione di vino. Le prime cantine sociali vennero fondate nel 1893. La molteplicità dei fattori che hanno portato alla loro creazione può essere compresa analizzando il contesto storico. Dopo la dissoluzione della servitù della gleba nell'XI e XII secolo, in Tirolo si affermò il sistema feudale alto medievale con l'introduzione del censo fondiario. Si auspicava un aumento della produzione, poiché il coltivatore della terra poteva passare da servo della gleba a libero agricoltore. Questo fu anche uno dei motivi principali dell'emergere di una classe agricola unificata, anche se non sempre libera, a partire dal 1500 circa.

Nell'indagine condotta da Otto Stolz sui "masi/possedimenti liberi" in Tirolo, tra il 1775 e il 1778 il distretto dell'Oltradige-Bassa Atesina, dominato dalla viticoltura, con il 46 per cento dei possedimenti liberi era nettamente avanti a tutti gli altri (Val Venosta 33 per cento, media Valle dell'Adige 4 per cento, Valle Isarco 7 per cento, Val Pusteria 9 per cento). Villa di Mezzo e Caldaro sono i leader del distretto con il 61 per cento, davanti a Cornaiano ed Egna con il 49 per cento ciascuno. Poiché la viticoltura è da sempre considerata una delle forme economiche più redditizie, si può presumere che i vigneti siano stati tra i primi a essere annoverati tra i possedimenti liberi in Tirolo contribuendo così allo sviluppo del libero possesso della terra.

Condizioni assai dure per i viticoltori

A seguito della soppressione dei diritti feudali avvenuta tra il 1848 e il 1853, per i possedimenti ancora soggetti al dominio feudale i contadini dovettero pagare un terzo del valore stimato in venti rate annuali. Dalla metà dell'Ottocento si verificarono anche gravi perdite di raccolto a causa di malattie fungine e della fillossera. Nell'inverno 1879/80 abbondanti nevicate e un freddo estremo provocarono il cedimento di strutture portanti e di vigne, mentre nel 1868, 1882 e 1885 il fondovalle dell'Adige venne inondato. Il passaggio dalla bachicoltura alla viticoltura in Trentino generò inoltre un'ulteriore concorrenza. Nel 1892 i dazi doganali per le importazioni di vino dall'Italia furono ridotti causando un calo fino al 40 per cento dei prezzi del mosto nell'economia vinicola altoatesina dipendente dall'esportazione. In Alto Adige la mancata uniformità nell'applicazione del diritto consuetudinario di successione ereditaria portò a una frammentazione delle superfici in ampie zone.

Nel 1894 Edmund Mach riferì che i produttori di grandi e medie dimensioni continuavano ancora a lavorare e vendere la maggior parte dei loro prodotti da soli. Gli altri, soprattutto i piccoli viticoltori, dipendevano dalla commercializzazione attraverso i produttori più grandi, i cosiddetti "signori del vino". Tra gli acquirenti del vino dei contadini c'erano anche gli osti. L'apertura delle linee ferroviarie favorì il commercio e nuovi commercianti entrarono nel mercato. La competizione con i signori del vino andava a scapito della viticoltura su piccola scala; in molti casi il prezzo del mosto era fissato a un livello così basso che i viticoltori si dovevano indebitare finendo anche per fallire a causa delle difficoltà economiche, dell'aumento dei tassi di interesse e del calo dei prezzi dei vigneti. La maggior parte dei piccoli agricoltori non aveva né la possibilità di conservare il vino in magazzino né familiarità con il mercato, il che significava che

La viticoltura organizzata in cooperative occupa un posto di grande rilievo nel panorama vitivinicolo dell'Alto Adige. Nel 2020, quattordici cantine sociali gestivano 3.491 ettari, pari al 62,8 per cento della superficie viticola e al 65 per cento della produzione di vino.

era costretta a venderlo prima della vendemmia. Grandi quantità di raccolto venivano respinte o dovevano essere vendute a qualsiasi prezzo. Dal 1868 al 1892 furono messe all'asta 28.052 aziende agricole del Tirolo, naturalmente non solo vinicole.

Poiché condizioni simili, a volte anche più gravi, esistevano anche nel resto del mondo di lingua tedesca, Friedrich Wilhelm Raiffeisen e Hermann Schulze-Delitzsch proposero come soluzione l'idea di associazione cooperativa, autoaiuto e autogestione comunitaria e solidale quando la forza dell'individuo non era sufficiente. Nel 1867, in Prussia, Schulze-Delitzsch pose le basi giuridiche che servirono da modello per la legge cooperativa austriaca del 9 aprile 1873.

Nate dall'emergenza

È stata l'emergenza a spingere i piccoli agricoltori verso una gestione autonoma e collettiva della produzione e della commercializzazione dei propri prodotti. La crisi diede il via anche ad altre misure nel settore agricolo e alla promozione mirata della creazione di cooperative sul modello Raiffeisen. Anche l'enciclica "Rerum

Novarum" del 1891 spinse numerosi esponenti del clero a credere nella causa e ad avere un ruolo chiave nella fondazione e nella gestione delle prime cooperative agricole.

Le cooperative sono società con un numero variabile di capitale e di soci; nelle cantine sociali ciò implica una superficie vitata dei soci e una produzione variabili. Lo scopo non è quello di ottenere un dividendo elevato, ma di generare adeguati prezzi di pagamento alla consegna dell'uva. In linea di principio ogni membro ha diritto a un voto, ma sia la vecchia legge austriaca che l'attuale legge italiana prevedono un diritto di voto limitato in base alla quota di partecipazione. Le cooperative non possono essere soggette ad acquisizioni ostili, il che rende l'amministrazione cooperativa indipendente dall'entità della quota di partecipazione e impedisce il predominio di un singolo investitore.

I pionieri di fine secolo

Le prime cooperative agricole in Alto Adige furono le cooperative lattiero-casearie di Villabassa (1878), San Candido e Dobbiaco (1889), mentre la fondazione delle cooperative vinicole avvenne in tre fasi. Tra il 1893 e il 1909 furono fondate diciotto cantine sociali, tra il 1923 e il 1934 sette e tra il 1951 e il 1993 altre sette, per≈un totale di trentadue. Negli anni trenta a Cortaccia esisteva un'azienda vinicola di contadini, sulla quale purtroppo non è stato possibile trovare ulteriori informazioni. In molti casi i pionieri delle cantine sociali poterono finanziarsi in parte tramite le casse rurali Raiffeisen precedentemente costituitesi. Il 25 aprile 1893, trentun soci fondarono ad Andriano la cantina sociale "Erste Tiroler Kellereigenossenschaft", la prima cooperativa vinicola tirolese. Seguirono nello stesso anno le cantine di Terlano ed Egna-Montagna. In tutti e tre i casi, la vicinanza del collegamento ferroviario può averne

Tra il 1893 e il 1909 furono fondate diciotto cantine sociali, tra il 1923 e il 1934 sette e tra il 1951 e il 1993 altre sette, per un totale di trentadue.

facilitato la fondazione. Poiché la ferrovia dell'Oltradige iniziò la propria attività solo nel 1898, in quella zona la fondazione delle cantine sociali avvenne più tardi. Prima del 1900 furono fondate le cantine sociali di Missiano (1894), di Ora (1897), di Termeno (1898) e nel 1900 la "Kellereigenossenschaft Kaltern (la cantina sociale di Caldaro, ex Erste) e quella di Cortaccia. In questa prima fase di fondazione sorsero anche le cantine sociali di Marlengo e Magrè, entrambe nel 1901, la "Bauernkellerei Kaltern" (l'azienda vinicola di contadini di Caldaro) nel 1906, quelle di Frangarto, di Appiano (San Michele) e di San Paolo nel 1907, la cantina di Gries, la "Jubiläumskellerei"(cantina del giubileo) di Caldaro nel 1908 e la cantina di Lagundo nel 1909. Tra il 1890 e il 1898 in Trentino sorsero otto cooperative vinicole, il doppio di quelle dell'Alto Adige, mentre nell'attuale territorio austriaco, la prima cantina sociale fu quella di Traismauer (in Bassa Austria) fondata nel 1898.

Tutte le cantine sociali dovevano aderire alla "Anwaltschaftsverband der deutsch-tirolischen Spar- und Darlehenskassenvereine" (federazione di tutela delle associazioni di risparmio e prestito tedesco-tirolesi) e sottoporsi al suo controllo. Le cooperative fondate durante l'impero austro-ungarico ricevevano contributi di fondazione una tantum e, in alcuni casi, prestiti senza interessi da parte del Tiroler Landeskulturrat. La stragrande maggioranza dei soci era composta da piccoli agricoltori distaccatisi dai commercianti di vino, mentre nella seconda fase fondativa, dopo la fine della Prima Guerra Mondiale, alle cantine sociali si unirono anche i produttori che commerciavano vino.

Le donne poterono diventare membri ma poterono esercitare il diritto di voto all'assemblea generale solo dopo l'annessione dell'Alto Adige all'Italia, cioè dopo il 10 ottobre 1920 (legge 1776/1919). In precedenza, potevano solo farsi rappresentare da un uomo maggiorenne, o un familiare o un altro socio. Ciò interessò soprattutto molte donne nelle zone in cui le proprietà venivano suddivise in parti uguali tra i figli, perché ebbero la possibilità di acquisire aziende vinicole attraverso l'eredità. Questa disposizione riguardava anche le vedove. Tuttavia, a causa della scarsità di uomini durante gli anni della guerra, queste norme vennero anche disattese.

Intorno al 1900 le quantità consegnate erano ancora modeste (cantina di Termeno 8.500 ettolitri, cantina Erste 6.871 ettolitri di mosto) ma le cooperative crescevano. Dalla fondazione al 1928, le quattordici cantine sociali ancora in essere nel 1909 poterono aumentare il numero dei soci di 415 unità (+46 per cento) e registrarono un aumento nella consegna del mosto del 21 per cento. Tra il 1924 e il 1928 la produzione di mosto di queste cantine raggiunse una media di 101.000 ettolitri. Includendo le cantine di Cornaiano, dell'Oltradige e la Neue di Caldaro, tutte fondate tra il 1923 e il 1925, nello stesso periodo la produzione di mosto raggiunse i 122.000 ettolitri. In dieci delle quattordici cantine, tra il 1918 e il 1922 le consegne diminuirono anche a causa della fuoriuscita dei soci.

Negli anni tra le due guerre furono fondate le cantine sociali di Cornaiano (1923), di Oltradige Appiano (1925), la cantina Neue di Caldaro (1925), la cantina Santa Maddalena-Santa Giustina-Leitach (1930), nel 1932 la cantina Josef Baron Di Pauli e quella di Nalles e, infine, nel 1933, la ricostituzione della cantina di Cortaccia. Nel 1951/52 si aggiunsero la cantina di Tirolo e la cantina di Merano, seguite dalle cantine Margreid-Entiklar nel 1954, Colterenzio nel 1960, Valle Isarco nonché la cooperativa di produttori di vino Bressanone-Novacella nel 1961 e, infine, dalla cantina di Salorno nel 1993.

Le realizzazioni dei pionieri

I fondatori dovettero trovare locali idonei alla cooperativa, progettare, realizzare e arredare l'edificio, nonché raccogliere fondi per il finanziamento e garantirne la responsabilità o affittare cantine e attrezzature. Di norma venivano costruiti appartamenti per il mastro cantiniere e gli altri dipendenti, come i bottai. Alcuni edifici aziendali sfruttarono la gravità per lo stoccaggio in cantina, per cui vennero costruite rampe, che non erano facili da percorrere per i veicoli trainati da cavalli o buoi. Per alcune cooperative fu naturale cercare un luogo vicino alla stazione ferroviaria e costruire propri binari di collegamento, come a Caldaro e San Michele. In molti casi, per risparmiare sui costi, i soci contribuirono personalmente ai lavori di costruzione. A causa dell'indebitamento successivo alla prima fase di costruzione, alcune cantine sociali introdussero un divieto di recesso con obbligo di conferimento per i successivi dieci anni.

Alcune cantine sociali furono in grado di costruire o acquisire le proprie strutture entro pochi anni dalla fondazione, ma altre dovettero attendere molto più a

> Le attività delle prime cantine sociali si estendevano alla produzione e commercializzazione del vino, all'utilizzo delle vinacce per la produzione dell'acquavite e alla vendita dell'uva.

lungo. La capacità produttiva della maggior parte delle cooperative era modesta; nel 1908 a San Michele era di circa 9.000 ettolitri, nel 1909 a San Paolo di 15.000, a Terlano nel 1925 di 8.000. Un'eccezione fu la Jubiläumskellerei con 21.429 ettolitri nel 1909. Le attività delle prime cantine sociali si estendevano alla produzione e commercializzazione del vino, all'utilizzo delle vinacce per la produzione dell'acquavite e alla vendita dell'uva. Quest'ultima interessava soprattutto la varietà Schiava, che veniva esportata come cosiddetta "uva curativa" di Merano o del Lago di Caldaro. È stata quasi dimenticata la distribuzione ai membri di beni di prima necessità come rame, zolfo e patate negli anni difficili.

Sebbene la maggioranza dei pionieri delle cantine sociali avesse ben poca esperienza nella gestione di un'impresa, sempre più viticoltori affidarono i loro prodotti a queste nuove istituzioni. Dal punto di vista odierno non si può che ammirare l'idealismo di questi uomini, poiché lavoravano in gran parte su base volontaria o solo per una frazione della retribuzione offerta da posizioni analoghe. Già gli statuti dell'epoca di fondazione stabilivano che "l'uva deve essere raccolta con cura e possono essere consegnate solo uve sane". Erano consentiti anche gli acquisti in uvaggio per tagli e in caso di perdita del raccolto, ma questi dovevano essere effettuati attraverso l'Associazione delle Cantine Sociali. Diverse pubblicazioni della principale area di coltivazione riportano che, già a metà degli anni venti, i membri erano sollecitati a piantare diverse varietà e non solo Schiava. Dopo la Seconda Guerra Mondiale, però, si cercò di aumentare la produzione, cosa per la quale la Schiava era molto adatta.

Sfide straordinarie: la guerra e gli anni tra i conflitti

L'obbligo di conferire le uve provenienti dalle proprietà appartenenti ai soci era previsto fin nei primi statuti. Quest'obbligo distingue le cantine sociali dell'Alto Adige da quelle austriache, ma anche da quelle italiane. Di norma, gli statuti consentono di conservare una quantità limitata per uso personale, anche se, fino a poco tempo fa, sorgevano problemi con i soci che gestivano un'osteria o lavoravano nel turismo. Anche durante gli anni della guerra ci furono tentativi da parte di singoli soci di lavorare e vendere personalmente l'uva migliore.

Fin dall'inizio, la sfida fu ridurre al minimo i rischi nella vinificazione e puntare alla qualità. Nei primi anni, in alcuni luoghi, si dovette rinunciare all'energia elettrica per l'impossibilità di allacciarsi alla rete elettrica. Non tutte le cooperative riuscirono a dotarsi delle attrezzature enotecniche necessarie. La mancanza di spazio costrinse alcune di esse a dover continuare ad affittare locali e attrezzature.

Oltre a tutto questo, i fondatori dovettero costruirsi una clientela nuova in Alto Adige e all'estero, grazie ai contatti con rivenditori nell'impero, in Germania e Svizzera. Vennero stampati annunci pubblicitari e aperte filiali. Per le tre cantine sociali più antiche è documentata la vendita di vino da tavola nella vendemmia del 1893. Inizialmente non veniva venduto solo il vino, ma anche il mosto, il che consentiva di risparmiare spazio di stoccaggio e realizzare rapidi incassi.

Durante gli anni della guerra, dal 1915 al 1918, le cantine sociali furono incitate a sottoscrivere obbligazioni di guerra, il che portò a significative perdite. Ci furono

Fin dall'inizio, la sfida fu ridurre al minimo i rischi nella vinificazione e puntare alla qualità.

anche cattivi raccolti. Gli archivi della cantina sociale di Termeno riportano che nel 1917, l'anno peggiore, in cantina c'erano solo 500 ettolitri di mosto invece dei 6.700 di media. Il vino veniva spedito quasi solo in botti. Fino alla fine della Prima Guerra Mondiale le vendite principali passavano dal Brennero. Dopo l'annessione all'Italia, il mercato di vendita dell'impero austro-ungarico sparì e le vendite poterono avvenire solo in parte su commissione; anche il cambio valutario causò perdite. Il forte aumento dell'imposta sugli alcolici nel 1923 rese poco redditizia anche l'attività di distillazione di liquori.

Furono necessari molti sforzi per trovare nuovi canali di vendita e rilanciare le esportazioni. Nel decennio dal 1919 al 1928, la quota dell'Alto Adige nelle esportazioni italiane ammontava al 20 per cento verso la Svizzera, al 50 per cento verso l'Austria e al 60 per cento verso la Germania, grazie soprattutto alle società commerciali. Nel 1949 le cooperative vinicole esportavano circa un quarto della loro produzione di vino.

Per ridurre la loro dipendenza dai grossisti, già negli anni trenta alcune cantine sociali iniziarono ad assumere rappresentanti e a rifornire gli osti con i camion. Durante questo periodo, le conseguenze della crisi economica globale e del regime fascista misero le cantine sociali di fronte a enormi sfide. Alcune rischiarono il fallimento, schiacciate tra una crescente quantità di debiti e la difficoltà di riscuotere i crediti dai clienti insolventi. Affinché ai membri potesse essere garantito un reddito vitale minimo, la valutazione delle scorte fu fissata a un livello molto elevato, il che portò a un ulteriore indebitamento. Nel 1936 il debito della cantina sociale di Egna raggiunse il valore di circa tre raccolti. Nel 1934, dei crediti della cantina sociale Erste di Caldaro quasi il 60 per cento risultava irrecuperabile. A Cortaccia la cantina sociale fondata nel 1900 a responsabilità illimitata dovette presentare domanda di liquidazione nel 1934 e contemporaneamente venne fondata la "Cantina sociale cooperativa di Cortaccia" a responsabilità limitata. In tutti questi casi citati come esempio, i soci fecero grandi sacrifici per saldare i debiti anche con la vendita di terreni, anche se in singoli casi riuscirono a ottenere contributi e prestiti agevolati da Roma.

Negli anni trenta alcune cooperative vinicole furono gestite da commissari fascisti, come San Michele nel 1935, la Großkellerei nel 1937/38, Santa Maddalena nel 1940 e Termeno dal 1939 al 1942. Il cambio di nome forzato da Jubiläumskellerei a Großkellerei risale a questo periodo, perché il nome originale commemorava il sessantesimo anniversario di regno dell'imperatore Francesco Giuseppe. Durante il periodo delle Opzioni, alcune cantine sociali si trovarono di fronte a una questione esistenziale, perché solo una minoranza decise di restare. Un esempio fu la cantina sociale di San Michele, in cui 110 membri su 124 votarono per la partenza e nessuno sapeva chi avrebbe rilevato la quota degli optanti.

Nuovo inizio dopo la Seconda Guerra Mondiale

Dopo la Seconda Guerra Mondiale furono stipulati accordi di compensazione con la Svizzera e dal 1949, grazie al cosiddetto "Accordino", fu possibile esportare in Tirolo settentrionale e Vorarlberg. Grazie all'aumento delle rese negli anni cinquanta e sessanta, si riuscì a esportare grandi quantità di vino rosso altoatesino a buon mercato (soprattutto Schiava) nei paesi settentrionali specializzati in vini bianchi e nelle aree della birra e a beneficiare dell'avvento del turismo in Alto Adige. Ciò comportò l'ampliamento degli spazi di stoccaggio e il passaggio di alcune cantine alle bottiglie da un litro. In questo periodo si diffuse anche la concorrenza sleale nell'acquisto del vino e la disputa sulla denominazione "Lago di Caldaro".

Alla fine degli anni sessanta, la consegna dell'uva sostituì il trasporto del mosto, un cambiamento che richiedeva nuove stazioni di scarico ma facilitava il lavoro di vendemmia e migliorava la qualità del vino. Furono climatizzate le cantine, furono acquistate vasche d'acciaio, presse moderne e macchinari per la lavorazione del vino, furono costruiti negozi al dettaglio e sale di degustazione. Nel 1970 entrò in vigore la prima regolamentazione DOC per il Lago di Caldaro, seguita nel 1971 da quella per Santa Maddalena e Meraner, contribuendo in parte a stabilizzare e aumentare i prezzi. Inoltre, negli anni settanta, alcune società di commercio vinicolo cessarono l'attività, il che portò le cantine sociali a espandere la loro superficie. Negli anni ottanta si registrò un calo della superficie, dovuto alla forte concorrenza della frutticoltura, al crollo dei prezzi all'ingrosso provocato dalle eccedenze di vino nella Comunità Europea e all'aumento dell'attività edilizia nelle aree precedentemente vinicole. All'inizio e alla metà degli anni ottanta si diede maggiore importanza alla consulenza e al supporto dei soci nella scelta delle varietà adatte al luogo, nei metodi di coltivazione, nelle misure di cura e nella riduzione della quantità, e grande enfasi fu posta anche sulla produzione del vino.

Collaborazione e dati affidabili

Già l'11 dicembre 1900 sette cooperative si unirono per formare l'associazione delle cooperative vinicole del Tirolo tedesco. I suoi compiti consistevano nella revisione e nella chiusura dei libri contabili principali e sussidiari delle cooperative affiliate, nell'organizzare la vendita del vino, coordinarne i prezzi, presentare registrazioni alle autorità, fornire stampati, attrezzature per la cantina e macchinari. Nel 1927, attraverso la costituzione forzata dei sindacati fascisti, l'associazione venne subordinata all'Ente Nazionale Fascista della Cooperazione di Modena e le cantine sociali della Bassa Atesina furono annesse amministrativamente al Trentino. L'associazione fu rifondata nel 1946.

Ci furono anche tentativi di istituire una cantina centrale. Nel 1971 dodici cantine sociali diedero vita alla Vereinigte

Tabella 1

Descrizione	**1972**	**2020**	**%**
Numero soci	2.417	3.249	+ 34
Superfici annesse (in ha)	2.112	3.491	+ 65
Percentuale superfici in Alto Adige (in %)	38,9	62,8	+ 61
Fornitura uve (in dt)	249.817	286.717	+ 15
Quota di esportazione (in %)	21,0	27,1	+ 29
Capacità di stoccaggio (in hl)	422.712	530.004	+ 25
Dipendenti	269	364	+ 35
Quota costi personale (in %)	42,4	27,1	– 36
Quota ammortamento (in %)	13,6	10,4	– 24
Quota costi operativi e di vendita (in %)	12,5	34,5	+ 176
Quota bottiglie e confezionamento (in %)	11,8	19,8	+ 68

Winzerkellerei RAETIA (cantina vinicola unificata), che però non entrò mai in attività. Nel 1984 sette cooperative fondarono l'Associazione Vignaioli Altoatesini con lo scopo di imbottigliare e commercializzare congiuntamente ma, dopo diversi anni di contrasti sugli obiettivi, venne sciolta nel 2018.

Dall'epoca della fondazione ai primi anni settanta non si conoscono dati in grado di fornire un quadro complessivo della situazione patrimoniale, del conto economico, dei costi, della commercializzazione, delle superfici viticole, dei prezzi di conferimento e delle strutture tecniche delle cantine sociali. Sono invece disponibili quelli degli ultimi cinquant'anni, da quando la Federazione Raiffeisen dell'Alto Adige ha iniziato a raccoglierli, analizzarli e metterli a disposizione delle cooperative. Queste "statistiche del vino" sono diventate sempre più dettagliate e sono considerate un patrimonio unico della viticoltura altoatesina e non solo. Tabella 1

Dai dati emerge che, anche se la superficie è aumentata del 65 per cento, dal 1972 il volume del raccolto è aumentato solo del 15 per cento, il che ha portato a un notevole aumento della qualità come dimostrano i numerosi premi nazionali e internazionali conquistati negli ultimi anni. Va sottolineato che i vini premiati non sono prodotti di nicchia, ma vini di considerevoli quantità, il che riflette la ricerca della qualità su larga scala e lo spirito cooperativo. Seguendo la tendenza generale in Alto Adige, tra il 1982 e il 2020 la quota di Schiava è scesa dal 71,4 al 14,3 per cento, mentre la quota di vino bianco è aumentata dall'11,7 al 66,1 per cento. Delle originarie trentadue cantine sociali, dodici si sono fuse e sei si sono sciolte, così che attualmente sono quattordici. Tabella 2

L'analisi della storia e dello sviluppo evidenzia che le cantine sociali hanno dato un contributo essenziale alla viticoltura e all'indipendenza economica dei viticoltori in Alto Adige, svolgendo anche una preziosa missione sociale. Oggi, in Alto Adige, sarebbe impensabile produrre vino alle condizioni del libero mercato del vino come avviene in alcune parti dell'Austria o dell'Italia.

\\

Tabella 2

	Lista delle cantine sociali	Fondazione	Variazione nome	Fusione	Scioglimento
A	**esistenti**				
1	Terlano	1893		2008	
2	Termeno	1898		1971	
3	Marlengo = Cantina Merano Burggräfler	1901		1984, 2010	
4	Appiano = Cantina San Michele-Appiano	1907	1907		
5	San Paolo	1907			
6	Cantina del giubileo = Grande Cantina = Cantina Caldaro	1908	1927, 1992	1992, 2016	
7	Cornaiano	1923			
8	Santa Maddalena, Santa Giustina, San Pietro e Leitach = Cantina Bolzano	1930		2001	
9	Nalles = Cantina Nalles Magrè Niclara	1932		1985	
10	Cortaccia con responsabilità limitata	1934			
11	Colterenzio	1960		1972	
12	Cantina Valle Isarco	1961			
13	Cooperativa produttori vinicoli Bressanone-Novacella e dintorni	1961			
14	Salorno	1993			
B	**non più esistenti**				
15	Erste Tiroler Kellereigenossenschaft (prima cooperativa vinicola tirolese) = Cantina Andriano	1893		2008	
16	Egna-Montagna	1893		1971	
17	Missiano	1894			1895
18	Ora	1897			1934
19	Kellereigenossenschaft in Kaltern (cantina sociale Caldaro) = Erste Kellereigenossenschaft Kaltern (cantina sociale Caldaro)= Erste & Neue	1900	1926, 1986	1986, 1990, 2016	
20	Cortaccia a responsabilità illimitata	1900			1941
21	Magrè	1901			1926
22	Lana	1903			1904
23	Bauernkellerei Kaltern (cantina contadina Caldaro)	1906		1992	
24	Frangarto	1907			1931
25	Gries	1908		2001	
26	Lagundo	1909	2000	1984	
27	Überetscher Kellereigenossenschaft Eppan (Cantina sociale Oltradige Appiano)	1925		1972	
28	Neue Kellereigenossenschaft Kaltern (Nuova Cantina sociale Caldaro)	1925		1986	
29	Josef Baron Di Pauli Caldaro	1932		1990	
30	Tirolo	1951		1959	
31	Merano	1952		1959, 2010	
32	Magrè-Niclara	1954		1985	

A prescindere da quanto possa essere stato turbolento lo sviluppo vissuto dalle cantine sociali dell'Alto Adige negli ultimi 130 anni, una cosa non è cambiata: al centro dell'attenzione c'è sempre stato – e c'è ancora – il vino, come testimonia il dipinto di Robert Scherer nella Puntay-Keller della Cantina di Caldaro, realizzato per il centenario della prima cantina sociale di Caldaro. Nel 2016 la cantina di Caldaro si fuse con la cooperativa Erste+Neue.

Precorritrici e pioniere
Le tenute dell'Alto Adige

// Le radici delle tenute dell'Alto Adige risalgono al XIX secolo. Inizialmente, come aziende vinicole private e imprenditoriali, hanno dominato a lungo il commercio del vino in provincia. In tempi più recenti, invece, si sono evolute in aziende vinicole classiche le cui uve provengono da vigneti propri e da quelli di selezionati partner. Flessibili e dinamiche, le tenute hanno sempre assunto il ruolo di precorritrici e pioniere nello sviluppo vitivinicolo dell'Alto Adige.

Martin Foradori

La fondazione delle prime aziende vinicole private risale alla metà dell'Ottocento. A quel tempo terminò il dominio signorile esercitato dalla nobiltà e dai monasteri, e gli stessi contadini divennero padroni dei loro vigneti – e anche del loro vino. Questo duplice ruolo – a quello del viticoltore si aggiunse quello di mastro cantiniere – per molti agricoltori era totalmente nuovo e spesso li travolse fino a sopraffarli. Ecco perché entrarono in scena famiglie di viticoltori attive nel commercio e imprenditori che da quel momento in poi non lavoreranno più solo l'uva dei propri vigneti, ma acquisteranno anche l'uva, il mosto o il vino "sfuso" dai contadini, affinando e commercializzando il vino prodotto. In questo modo gli agricoltori avevano la possibilità di concentrarsi sul proprio lavoro in vigna ma allo stesso tempo venne a crearsi una sorta di monopolio da parte dei produttori che si occupavano della commercializzazione del vino.

In questo periodo le grandi famiglie di viticoltori sono le protagoniste indiscusse del panorama vitivinicolo dell'Alto Adige. Stabiliscono le linee guida per la coltivazione, dettano il loro volere nella vinificazione e dominano il mercato. Con la crescita della domanda crebbero però anche le sfide e le aziende vinicole private tentarono di risolverle insieme per la prima volta già nel 1880, quando venne fondato il "Club dei Commercianti di Vino", che negli anni novanta dell'Ottocento divenne l'"Associazione dei Commercianti di Vino e dei Produttori di Vino". Il cambio di nome riflette anche la consapevolezza di quel mutamento avvenuto all'interno delle stesse aziende vinicole private. Alla fine del XIX secolo, infatti, non si consideravano più solo commercianti, cioè semplici intermediari tra produttori e consumatori, ma vollero mettere in risalto anche la propria produzione – e quindi il proprio radicamento nel mondo della viticoltura.

Il commercio viene prima della produzione

Questa immagine di sé subì un altro radicale cambiamento nella prima metà del XX secolo. Negli anni prebellici, bellici e postbellici, tra i due pilastri delle aziende vinicole private, cioè il commercio da un lato e la produzione propria dall'altro, il primo assunse un ruolo nettamente predominante. Le aziende vinicole private si riunirono quindi nel 1946 per costituire una nuova associazione: l'Associazione Grossisti Vino che si impegnò a promuovere il libero commercio e l'esportazione del vino, due fattori che negli anni precedenti si erano quasi completamente fermati.

Le aziende vinicole private diventarono così grossisti di vino, la cui attività principale era la vendita di vino sfuso, e rappresentarono uno sbocco importante anche per le cantine sociali. Non è raro, infatti, che le cooperative commercializzino una notevole quantità di vino attraverso le aziende vinicole private, in grado di costruire una fitta rete di acquirenti in tutta Europa (e soprattutto nei paesi di lingua tedesca) grazie alla loro lunga tradizione e ai legami personali.

> Puntare tutto sulla vendita di vino sfuso si adattò bene allo spirito del settore vinicolo negli anni tra il 1950 e il 1980, quando l'obiettivo principale era produrre la massima quantità possibile e vendere quantità ancora maggiori.

Puntare tutto sulla vendita di vino sfuso si adattò bene allo spirito del settore vinicolo negli anni tra il 1950 e il 1980, quando l'obiettivo principale era produrre la massima quantità possibile e vendere quantità ancora maggiori. Nel 1971 l'Associazione Grossisti Vini si trasformò in Associazione Vini Alto Adige, ma la svolta verso la qualità si verificò solo alla fine degli anni ottanta. E anche questa svolta venne guidata soprattutto dalle aziende vinicole private che reagirono con rapidità e agilità ai cambiamenti legati allo spirito del tempo, alle abitudini dei consumatori e alle esigenze del mercato.

La crisi degli anni ottanta

Dopo molti decenni di successi nelle vendite di Schiava, Lago di Caldaro e Santa Maddalena, alla fine degli anni ottanta all'orizzonte si profilarono le prime nubi. I classici mercati di vendita di questi vini – Svizzera, Tirolo settentrionale, Vorarlberg e Germania meridionale – stavano gradualmente iniziando a disdegnare questi prodotti. Le ragioni risiedono nel cambiamento dei gusti del consumatore finale che ora preferiva vini più corposi e scuri. Inoltre – in questo caso bisogna fare un po' di autocritica – la qualità dei vini Schiava messi sul mercato all'epoca era spesso inferiore alla media.

La situazione divenne drammatica: le vendite stagnavano e le cantine erano piene. Molte delle aziende vinicole impegnate nella commercializzazione non riuscirono a sopportare la pressione finanziaria e si ritrovarono nell'impossibilità di continuare ad acquistare uva dai viticoltori, soprattutto quella di qualità inferiore alla media. Alcune settimane prima della vendemmia, quindi, molti viticoltori dovettero cercare nuovi acquirenti per le loro uve, dando così il via a una prima migrazione verso le cooperative. Esse, tuttavia, per meri motivi di capacità di stoccaggio, ebbero talvolta grandi difficoltà a gestire le quantità aggiuntive. Entrò pertanto in gioco la politica altoatesina che, con generosi contributi finanziari, sostenne le cooperative nell'ampliamento delle cantine e nell'acquisto di attrezzature meccaniche.

La pressione di una concorrenza distorta

Negli anni successivi la pressione sulle aziende vinicole private aumentò ulteriormente a causa della rapida crescita delle cooperative. Tale crescita venne portata avanti dalla politica attraverso lo stanziamento mirato di finanziamenti, denaro negato alle aziende vinicole private. Questo sostegno pubblico, generoso ma unilaterale, influì indirettamente anche sui prezzi dell'uva. Soprattutto negli anni novanta, le aziende vinicole commerciali persero centinaia di fornitori, sulle cui uve avevano potuto contare per decenni, fornitori che scelsero di rivolgersi alle cantine sociali.

Sulle aziende vinicole private questo sviluppo ebbe un doppio impatto. Da un lato, il loro numero diminuì – alcune abbandonarono del tutto il mercato – dall'altro, il loro ruolo si trovò a cambiare nuovamente. Alla fine degli anni novanta si verificò infatti una sorta di "ritorno alle origini", con i commercianti di vino sfuso che tornarono a diventare produttori di vino grazie alle uve provenienti dai propri vigneti e da quelli di alcuni partner selezionati e fedeli. Inoltre, i vini non venivano più venduti in cisterne ma imbottigliati direttamente dai produttori stessi.

La nascita delle tenute

Questo cambiamento si è consolidato all'inizio del nuovo millennio grazie a una svolta – non del tutto volontaria – compiuta dalla politica e a un adeguamento delle linee guida per il finanziamento ai requisiti dell'UE. Ora anche le aziende vinicole private possono beneficiare di

> Se si guarda alla storia contemporanea del vino dell'Alto Adige, è evidente che le aziende vinicole private/tenute abbiano svolto spesso un ruolo pionieristico nei principali sviluppi del settore del vino.

finanziamenti pubblici. L'inizio della nuova era è avvenuto nel 2004 con la ridenominazione dell'Associazione Vini Alto Adige: con il nuovo nome "Le Tenute dell'Alto Adige" ci si scrolla di dosso la polvere degli anni settanta e si sottolinea la nuova (vecchia) immagine delle aziende vinicole private. È quella delle singole aziende vinicole, per lo più a conduzione familiare, ognuna delle quali porta la firma dei singoli proprietari. E questi ultimi mettono cuore e anima nei loro vigneti e nella produzione del vino portando avanti la tradizione vinicola delle loro famiglie.

"Le Tenute dell'Alto Adige" riuniscono oggi trentatré aziende vitivinicole private e si considerano rappresentanti dell'economia vinicola privata dell'Alto Adige. Allo stesso tempo costituiscono anche un sano contrappeso alla concorrenza organizzata in modo cooperativo.

Flessibili e sempre all'avanguardia

Se si guarda alla storia contemporanea del vino dell'Alto Adige, è evidente che le aziende vinicole private/tenute abbiano svolto spesso un ruolo pionieristico nei principali sviluppi del settore del vino, come era già avvenuto negli anni ottanta, con il passaggio "dalla massa alla classe, lontano dall'oppressivo dominio della

Schiava". Anche i primi impianti a spalliera sono stati allestiti nei vigneti delle aziende vinicole private, nelle cui cantine sono state installate anche le prime barrique. Non da ultimo, sono stati soprattutto i vini delle aziende vinicole private a conquistare le prime posizioni nelle guide enologiche nazionali e internazionali quando queste ultime stavano acquisendo sempre più importanza. A condurre questi sviluppi sono state le famiglie di viticoltori. E ancora oggi sono all'avanguardia in importanti innovazioni, come la zonazione dei vigneti e la menzione "Vigna - Weingarten", entrambi temi centrali del vino del nostro tempo.

La situazione attuale

Analizzando sia le tenute dell'Alto Adige e la loro evoluzione a partire dal 2004, sia tutte le numerose associazioni che si sono susseguite dal 1880, emerge chiaramente come la flessibilità non riguardi solo le singole aziende vinicole, ma anche le loro associazioni. Il cambiamento nel ruolo e nell'immagine delle aziende vinicole private avvenuto nel corso dei decenni è sempre andato di pari passo con una trasformazione delle strutture sovraordinate con l'obiettivo di fornire alle aziende vinicole una rappresentanza degli interessi e servizi efficienti.

E, per inciso, questo è valido ancora oggi. Tuttavia, l'associazione "Le Tenute dell'Alto Adige" ha rinunciato ad avere una propria struttura amministrativa e si è strettamente legata al "Consorzio Vini Alto Adige". In questo senso, si può dire che, negli ultimi quasi duecento anni, nella regione vinicola dell'Alto Adige sia cambiato praticamente tutto, tranne una cosa: le aziende vinicole private, le cantine commerciali, le tenute - o come volete chiamarle - rimangono un pilastro del mondo vitivinicolo altoatesino.

\\

A condurre questi sviluppi sono state le famiglie di viticoltori. E ancora oggi sono all'avanguardia in importanti innovazioni, come la zonazione dei vigneti e la menzione "Vigna - Weingarten", entrambi temi centrali del vino del nostro tempo.

Tutto da una sola mano
Vignaioli dell'Alto Adige

// L'11 maggio 1999, sei mesi prima dell'inizio del nuovo millennio, nacque l'associazione dei "Vignaioli dell'Alto Adige". L'associazione conta oggi oltre cento aziende che, come afferma lo stesso ente, sono gestite dagli "individualisti tra i viticoltori altoatesini". Individualisti che non solo accompagnano il loro vino dalla vite al bicchiere, ma lo commercializzano anche, con tutte le sfide che un simile approccio comporta.

Peter Robatscher

La storia dei Vignaioli dell'Alto Adige affonda le sue radici intorno a Bolzano. La collina di Santa Maddalena è considerata l'area vitivinicola storica di piccole aziende vinicole indipendenti. Qui la concentrazione di produttori che vendono direttamente il proprio vino è più alta rispetto a qualsiasi altro luogo dell'Alto Adige e da generazioni il vino viene prodotto nelle proprie cantine. Nel 1999, dodici viticoltori decisero di unire le forze per commercializzare direttamente i prodotti delle loro cantine e, allo stesso tempo, creare una rete, condividere idee e promuovere i propri vini prodotti in modo sostenibile. Nascono i Vignaioli dell'Alto Adige.

Sebbene la nascita dell'associazione abbia suscitato un grande interesse nell'opinione pubblica, il consenso non fu unanime. Il motivo è ovvio: l'Alto Adige è un territorio di piccole aziende agricole e vitivinicole che operano con successo sul mercato internazionale unendosi in cooperative. Per questo motivo, venne messa in dubbio sia l'utilità di una nuova organizzazione di piccoli viticoltori indipendenti che la loro futura capacità di resistere sul mercato. Gli scettici sospettavano che "i produttori di nicchia, con le loro poche bottiglie" non avrebbero potuto sopravvivere nel vasto mondo del vino.

Iscritti decuplicati in vent'anni

Nonostante gli scettici, in meno di vent'anni l'associazione è cresciuta fino a contare oltre cento membri. Nel corso degli anni, il duro lavoro e la forza di volontà hanno dato i loro frutti: alcuni la chiamerebbero caparbietà, noi lo chiamiamo spirito pionieristico. Non è un caso che i Vignaioli dell'Alto Adige siano anche tra i soci fondatori del Consorzio Vini Alto Adige e della FIVI (Federazione Italiana Vignaioli Indipendenti), che conta oggi oltre 1.600 soci in tutta Italia.

La gestione dei Vignaioli dell'Alto Adige è affidata al consiglio di amministrazione e di sorveglianza nonché al presidente. Così come gli organi associativi, anche quest'ultimo viene eletto ogni tre anni direttamente dall'assemblea generale. Fino a oggi, ogni presidente ha ricoperto la carica per due mandati consecutivi. In questo modo si garantisce l'apporto di idee nuove e progetti differenziati, senza però rinunciare a continuità e stabilità.

Le aziende associate coprono una vasta gamma di realtà – dalle cantine tradizionali e dai masi storici ai nuovi produttori – e sono sparse in tutte le zone della provincia. Ci sono vignaioli indipendenti da Rio di Pusteria all'ingresso della Val Pusteria, fino a Salorno, al confine con il Trentino, ma ce ne sono anche a ovest, attraverso la Valle dell'Adige vicino a Merano e fino a Mazia in Val Venosta, ad altitudini dove prima la viticoltura era impensabile. Complessivamente, circa il 7 per cento della superficie vitata dell'Alto Adige è attualmente coltivata da viticoltori indipendenti.

I dodici fondatori

Franz von Pfeil, *Kränzelhof (presidente dal 1999 al 2005)*
Martin Aurich, *Tenuta Unterortl-Castel Juval*
Peter Dipoli, *Tenuta Peter Dipoli*
Alois Ochsenreiter, *Tenuta Haderburg*
Heinrich Plattner, *Residenza Waldgries*
Peter Pliger, *Kuenhof*
Georg Ramoser, *Tenuta Untermoserhof*
Michael Goëss-Enzenberg, *Tenuta Manincor (presidente dal 2011 al 2017)*
Christian Giovanelli-Dürfeld, *Panholzerhof*
Andreas Nicolussi-Leck, *Tenuta Stroblhof*
Heinrich Rottensteiner, *Tenuta Obermoser*
Josephus Mayr, *Tenuta Erbhof Unterganzner (presidente dal 2005 al 2011)*

(Dal 2017 al 2023 il presidente dell'associazione è stato Hannes Baumgartner della Tenuta Strasserhof; dal 2023 la carica è passata a Magdalena Pratzner, Tenuta Falkenstein.)

La propria firma, la propria degustazione di vini

Tutte le aziende associate lavorano in modo sostenibile e circa un terzo di esse lavora secondo criteri biologici o biodinamici. La sostenibilità in tutte le sue sfaccettature è diventata parte della filosofia degli iscritti e ognuno di essi persegue la propria idea di vino perfetto. La particolarità è che i vignaioli indipendenti producono tutto da soli, dalla vite al bicchiere. E così anche i loro vini hanno una firma unica e inconfondibile. Questa caratteristica si evidenzia anche durante le degustazioni congiunte, come la "Vinea Tirolensis", organizzata dall'associazione ogni autunno; questa presentazione annuale delle piccole aziende vinicole ha recentemente celebrato la sua ventesima edizione.

Oltre alla rappresentanza comune degli interessi e all'assistenza in materia di diritto del vino, l'Associazione dei Vignaioli dell'Alto Adige offre ai suoi iscritti una serie di corsi di formazione professionali e specializzati nonché viaggi di studio in altre regioni vitivinicole. L'associazione funge quindi da rete e, allo stesso tempo, da piattaforma che permette agli associati di incontrarsi.

"Ci rideranno dietro"

Il fatto che oggi tutto questo funzioni bene è merito dei fondatori – e della loro idea di creare un'associazione di produttori venditori in proprio che, come dice Georg Ramoser dell'Untermoserhof di

Santa Maddalena, "si sentivano senza casa". Sentendosi scarsamente rappresentanti dalle altre associazioni vinicole, i vignaioli hanno pensato di dare vita a una propria rappresentanza di categoria nonché a eventi e degustazioni comuni. "All'epoca soprattutto Peter Dipoli aveva la convinzione che le aziende più piccole dovessero riunirsi e presentarsi insieme", ricorda Ramoser, "conosceva i vigneron francesi ed era convinto della validità di quell'esempio".

Dopo la fondazione dei Vignaioli dell'Alto Adige, gli iscritti ebbero finalmente la possibilità di esprimere le loro opinioni e avere informazioni di prima mano. Per gli interessati era importante poter avere voce in capitolo sulle questioni relative alle tecniche di coltivazione, alle norme di produzione e alla commercializzazione. Fin dall'inizio vennero anche fissati dei criteri di qualità per gli associati. "Sono stati redatti statuti e regole etiche che stabiliscono che tutti i soci devono produrre vino di ottima qualità", spiega Ramoser. Le aziende, inoltre, devono potersi guadagnare da vivere principalmente con i propri prodotti vitivinicoli.

"Nell'atmosfera di rinnovamento post crisi, i produttori iniziarono a concentrare la produzione esclusivamente sulla qualità e anche gli acquirenti apprezzarono moltissimo questa decisione coraggiosa."

Ciononostante, il nuovo attore sulla scena del vino altoatesino non venne accolto a braccia aperte. "All'inizio venivamo derisi e ci veniva ricordato molto spesso che l'Alto Adige avesse già un sistema cooperativo molto efficiente", spiega Ramoser, "le discussioni erano spesso accese, bisognava avere la pelle dura, e purtroppo molte amicizie finirono. Ma con il passare degli anni le divergenze si sono attenuate e siamo stati finalmente riconosciuti e apprezzati come validi partner".

La svolta dell'autoconsapevolezza

Nel corso del tempo, a cambiare non fu solo la reputazione dei Vignaioli dell'Alto Adige, ma anche loro stessi. Mentre, inizialmente, i vini sfusi venivano prodotti e spediti via treno in vagoni cisterna diretti in Svizzera e Austria, alcuni ristoratori interessati incoraggiarono i vignaioli a imbottigliare il loro prodotto. La proposta trovò terreno fertile, soprattutto dopo il crollo del mercato del vino sfuso all'inizio degli anni ottanta. "Nell'atmosfera di rinnovamento post crisi, i produttori iniziarono a concentrare la produzione esclusivamente sulla qualità e anche gli acquirenti apprezzarono moltissimo questa decisione coraggiosa", afferma Ramoser.

Si iniziò a sfruttare strategicamente la posizione dell'Alto Adige a cavallo tra l'area linguistica tedesca e italiana. Questo facilitò molto, soprattutto in un primo momento, le esportazioni che dopo la svolta orientata alla qualità aumentarono costantemente e rappresentano oggi una quota significativa delle vendite di vini. Nel corso degli anni è aumentato anche l'interesse per le degustazioni in cui i vini potevano essere confrontati in modo sistematico. "Le degustazioni e gli eventi hanno creato una competizione sana tra i produttori, competizione che continua ancora oggi", spiega il viticoltore dell'Untermoserhof.

Attenzione sul terroir

Soprattutto negli ultimi anni, i vignaioli indipendenti hanno attribuito sempre più importanza al concetto di terroir. "I nostri vini dovrebbero sempre riflettere il luogo, la varietà e anche l'annata", afferma Ramoser aggiungendo che un marchio può essere limitato nel tempo e influenzato dalle condizioni di mercato, ma una posizione geografica resta per sempre. "In questo la Borgogna indica una chiara direzione che anche i vignaioli indipendenti seguono."

Il principio guida dei Vignaioli dell'Alto Adige è che tutti dovrebbero valorizzare le proprie zone e le proprie varietà e prestare attenzione alla qualità dei prodotti che ne derivano. "Il principio di base dovrebbe essere sempre quello di abbinare la varietà giusta alla posizione giusta, anche se ciò potrebbe non corrispondere alle tendenze del momento", afferma Florian Ramoser, figlio di Georg, che oggi gestisce l'Untermoserhof. Una vite ha spesso una durata di vita di oltre cento anni; i migliori vini provengono da viti che hanno vent'anni o più. "Già solo per questo motivo, una strategia di coltivazione orientata alle tendenze non ha senso."

Secondo Ramoser jr, il concetto di terroir riflette un'idea di sostenibilità globale in viticoltura. "Il nostro compito è anche informare il cliente sulla località, l'origine e la varietà. Non appena i clienti comprendono queste connessioni, le apprezzano." Così come viene apprezzata anche la produzione sostenibile. Ciò significa che la difesa delle piante viene effettuata con la massima attenzione possibile, cercando generalmente di avere il minor impatto possibile sulla natura e mostrando il massimo rispetto per ciò che si possiede e si lavora. "Un'azienda agricola viene gestita per generazioni e ogni generazione è quindi una proprietaria solo temporanea", sostiene Florian Ramoser. "La generazione successiva deve trovare un ambiente intatto, qualsiasi altra ipotesi è impensabile."

Giovani aperti al mondo

"I vignaioli indipendenti prestano un'attenzione particolare anche alla formazione, in particolare della giovane generazione che può avvalersi di una solida formazione professionale, spesso integrata con studi specialistici", dice Ramoser jr. A questo si aggiungono stage in tutto il mondo che permettono di ampliare gli orizzonti. "Molte delle conoscenze acquisite vengono poi messe in pratica a casa: qualcosa funziona, qualcosa no", confida Florian Ramoser.

Questi stage permettono anche di raggiungere un secondo scopo: lo sviluppo di reti internazionali in cui le persone condividono idee e organizzano degustazioni. "Ognuno aiuta l'altro, la condivisione unisce le persone, le idee comuni diventano progetti che vengono realizzati con successo", dice Ramoser che è anche consapevole di quali sfide attendano i Vignaioli dell'Alto Adige: "Una migliore considerazione per i vignaioli che commerciano in proprio, un impegno rigoroso per la qualità, la sostenibilità nei suoi molteplici ambiti e il principio di trattare con rispetto ciò che si ha a disposizione".

\\

Varietà riunita

Il Consorzio Vini Alto Adige

// La viticoltura altoatesina, pur caratterizzata da una grandissima varietà, è unita da saldi obiettivi comuni. Si tratta di tutelare i vini DOC dell'Alto Adige, garantendone la qualità, sostenendo i circa 4.800 produttori, rappresentandone gli interessi e, non da ultimo, creando un'immagine e una presenza unitaria sui mercati. Di tutto questo, dal 2007, si occupa il Consorzio Vini Alto Adige, che riunisce sotto di sé tutti i principali attori vitivinicoli della provincia.

Eduard Bernhart

La regione vinicola dell'Alto Adige vive dei suoi contrasti, della sua varietà quasi incredibile che, nonostante la sua superficie poco estesa, la pone in una posizione di vantaggio rispetto ad altre regioni vinicole. Un'espressione di questa varietà è la molteplicità di soggetti che plasmano il settore vitivinicolo altoatesino. Sono almeno 5.000 i viticoltori che costituiscono il fondamento della nostra produzione, ciascuno con il proprio sapere, la propria esperienza e la propria competenza. E ognuno con le proprie opinioni.

Non c'è da stupirsi, quindi, che negli ultimi 150 anni si siano sviluppate diverse forme organizzative. Nei tempi passati i viticoltori hanno potuto commercializzare il proprio prodotto attraverso le case di commercio del vino. Nella seconda metà dell'Ottocento vennero fondate le prime cantine sociali, che divennero un modello di successo riuscendo a riunire sotto il proprio tetto la grande maggioranza dei viticoltori. Ma c'erano sempre vignaioli che non volevano rinunciare al loro prodotto e volevano accompagnarlo dalla vite al bicchiere.

Una tale molteplicità di attori è innanzitutto una ricchezza ma può anche diventare una sfida, soprattutto quando un approccio comune appare non solo sensato ma anche necessario.

Molti protagonisti, un solo consorzio

Tutto ciò è diventato particolarmente evidente nel corso della svolta qualitativa percorsa dall'economia vinicola altoatesina negli anni ottanta e va di pari passo con la necessità di una presenza più professionale, ma soprattutto congiunta, sui mercati. Le basi vennero poste con la "Promozione del vino altoatesino" presso la Camera di Commercio di Bolzano, ente dal quale si sono sviluppate successivamente EOS (Organizzazione Export Alto Adige) e IDM Alto Adige.

Il pilastro di una presenza di successo sui mercati è costituito dai vini DOC dell'Alto Adige. La loro tutela è la ragione per cui nel 2007 il settore vitivinicolo ha costituito il "Consorzio per la Tutela dei Vini di Qualità dell'Alto Adige", che oggi opera con il nome di "Consorzio Vini Alto Adige". Lo scopo della nuova istituzione, come recitava l'atto costitutivo, era quello di "tutelare, promuovere e salvaguardare" gli interessi che ruotano intorno ai vini DOC dell'Alto Adige. E nell'attuale statuto "l'esercizio della tutela" dei vini a denominazione d'origine controllata è ancora menzionato come primo tra i principali compiti del consorzio.

Nel corso degli anni i compiti sono aumentati e il consorzio si è sviluppato fino a diventare una piattaforma comune per i tre principali attori vitivinicoli della provincia: le cantine sociali, le tenute dell'Alto Adige e i vignaioli dell'Alto Adige, che rappresentano rispettivamente il 70, il 25 e il 5 per cento della produzione.

Una tale molteplicità di attori è innanzitutto una ricchezza ma può anche diventare una sfida, soprattutto quando un approccio comune appare non solo sensato ma anche necessario.

Mercato competitivo, presenza congiunta

Se si esamina lo statuto del consorzio, si nota che, oltre alla tutela, vengono menzionate come priorità "la promozione delle vendite, la valorizzazione e l'informazione dei consumatori", in breve: il marketing e la comunicazione. In quest'ambito vengono elaborate strategie di marketing a breve, medio e lungo termine, con il consorzio chiamato a curare la comunicazione del marchio "Vini Alto Adige" occupandosi dell'esplorazione di nuovi mercati e del rafforzamento di quelli esistenti.

Grazie all'implementazione di misure mirate di promozione delle vendite, il consorzio riesce a essere presente nei diversi mercati target comunicando così la cultura vinicola altoatesina in tutto il mondo. Inoltre, come soggetto unitario rappresentante di tutti gli operatori/produttori della denominazione, è in grado di mettere in contatto i produttori/operatori con i gruppi target nei diversi mercati e di mantenere viva l'attenzione sui vini Alto Adige DOC e sul loro territorio di origine.

Un incarico così complesso non può essere svolto dal solo Consorzio Vini Alto Adige. È necessario l'appoggio di partner, soprattutto del settore pubblico, come l'amministrazione provinciale, IDM Alto Adige e la Camera di Commercio di Bolzano. Senza questi partner non sarebbe possibile affrontare i mercati obiettivo in modo strutturato e incisivo attraverso partecipazioni fieristiche, ricerche di mercato, seminari, degustazioni, viaggi stampa, eventi di formazione, un sito web professionale, una considerevole presenza sui social media e un lavoro mediatico mirato, sia con i media tradizionali che con i nuovi media.

Anno dopo anno il viaggio di "Vini Alto Adige" attraversa tutto il mondo. Il consorzio organizza i suoi eventi in tutti i principali mercati, soprattutto in Italia, ma anche in Germania e Svizzera, Regno

Unito, Paesi Bassi e Belgio, Usa e Canada, Giappone e Corea del Sud. Il marketing di "Vini Alto Adige" è un'azione di portata internazionale che difficilmente potrebbe essere affrontata da singoli viticoltori o singole cooperative.

Da ente di tutela a centro di competenza

Se inizialmente aveva la "sola" funzione di tutelare i produttori sul mercato del vino, nel corso degli anni al Consorzio Vini Alto Adige sono stati affidati compiti sempre più ampi. La ricetta per avere successo sul mercato - unire le forze, creare sinergie, anteporre ciò che è comune a ciò che divide - è stata estesa anche ad altri ambiti. È così che il consorzio è diventato sempre più quello che è oggi: un centro di competenza per il vino altoatesino che crea le condizioni per garantire ai viticoltori un rendimento equo, un valore aggiunto elevato e un futuro di successo a lungo termine.

Alla base rimane sempre la qualità del prodotto "Vini Alto Adige". Anche la tutela della qualità è oggi, in parte, nelle mani del consorzio. I suoi esperti collaborano con i produttori per definire i disciplinari di produzione delle diverse denominazioni di origine, che in una seconda fase dovranno essere sottoposti all'approvazione del ministero competente a Roma. Le denominazioni d'origine sono solo la parte più evidente di un riposizionamento che il settore del vino altoatesino persegue costantemente a partire dall'offensiva di qualità lanciata alla fine degli anni ottanta: la focalizzazione sempre più marcata sul terroir. I vini altoatesini devono quindi riflettere il paesaggio, il clima, il suolo e la cultura delle rispettive zone di produzione, evitando la standardizzazione e l'omologazione presente negli anni settanta e all'inizio degli anni ottanta.

Proprio perché al terroir viene data così tanta importanza, la scelta della varietà giusta è fondamentale. Dove cresce meglio una determinata varietà, dove ha una tradizione consolidata e dove trova le migliori condizioni? A tutte queste domande risponde uno studio approfondito sulla classificazione delle sottozone elaborato sotto la guida del consorzio. Questo studio ha rappresentato il primo passo di un iter compiuto a Roma che ha portato al riconoscimento legale delle zone di provenienza, le unità geografiche aggiuntive, da indicare sulle etichette dei vini altoatesini.

Prospettiva sul 2030

La qualità continua a essere una priorità assoluta per il Consorzio Vini Alto Adige. È chiaro però che il concetto di qualità oggi comprende molto di più della "sola" qualità del prodotto; riguarda anche la qualità del processo produttivo. Per garantire a lungo termine questa qualità e per lasciare alle future generazioni un'economia vinicola solida e le sue basi naturali, nel 2020 il consorzio ha lanciato, insieme a numerosi partner, la "Agenda 2030 del Consorzio Vini Alto Adige".

L'Agenda è intesa come una sorta di guida verso il futuro dell'economia vinicola altoatesina: un'economia vinicola sostenibile a tutto tondo e orientata al futuro. Il punto di partenza sono i cinque pilastri su cui poggia la viticoltura: suolo, vigneti, vino, territorio e persone. Per ognuno di questi pilastri sono stati definiti obiettivi e misure concrete con l'obiettivo di promuovere la sostenibilità in tutti i suoi aspetti. L'Agenda 2030 prevede misure come il passaggio a una fertilizzazione puramente organica, la sostituzione della plastica monouso con materiali biodegradabili o il rilevamento preciso, e la successiva ottimizzazione, del consumo di acqua. Particolare attenzione è riservata anche alla biodiversità nei vigneti.

Poiché la sostenibilità comprende anche e soprattutto la tutela del clima, anche il settore vitivinicolo altoatesino sta compiendo enormi sforzi in questo ambito. L'accento è posto sulla riduzione della propria impronta di carbonio, su un programma di tutela del clima e su una strategia che punta a preparare la viticoltura ad affrontare le conseguenze del cambiamento climatico. A ciò si aggiunge la creazione e la promozione di circuiti economici regionali che dovrebbero garantire la sostenibilità non solo ecologica ma anche economica.

L'Agenda 2030 del Consorzio Vini Alto Adige è quindi un ottimo esempio di come opera il consorzio: mettendo in rete tutti gli attori, raccogliendo know-how e creando sinergie, si sviluppano strategie su cui i produttori possano basare il proprio lavoro.

Il consorzio è un centro di competenza per il vino altoatesino che crea le condizioni per garantire ai viticoltori un rendimento equo, un valore aggiunto elevato e un futuro di successo a lungo termine.

\\

Disponibilità all'ascolto e all'aiuto

Nato come consorzio di tutela, è diventato un centro di competenza: il Consorzio Vini Alto Adige ha compiuto una notevole evoluzione dalla sua fondazione nel 2007. Una cosa però è rimasta invariata: il consorzio è al servizio dei suoi associati, rappresentandoli all'esterno, consigliandoli, informandoli sulle novità del mondo del vino, fornendo loro assistenza legale e un supporto tangibile in tutte le questioni legate al vino.

Oltre a essere un centro di competenza, il Consorzio Vini Alto Adige è anche un centro di servizi. È la piattaforma in cui si incontrano tutti i protagonisti del mondo vitivinicolo altoatesino, a prescindere dal settore di provenienza. Politici, produttori, scienziati, esperti di marketing, giuristi e pubblica amministrazione trovano qui uno spazio comune per confrontarsi e collaborare. Lo scopo di questa complessa rete è quello di consolidare per il futuro le fondamenta su cui la viticoltura altoatesina si basa da secoli. Il Consorzio Vini Alto Adige non è stato chiamato casualmente in questo modo, ma perché, in tutto e per tutto il consorzio è il vino dell'Alto Adige.

Da figure esotiche a professionisti ricercati

Associazione Sommelier e Accademia del Vino

// Se negli anni settanta in Alto Adige i sommelier erano ancora figure esotiche, oggi è impossibile immaginare la ristorazione senza di loro. Dal 1972 la formazione e l'aggiornamento professionale dei sommelier sono affidati all'Associazione Sommelier Alto Adige che ha accompagnato lo sviluppo dell'economia vinicola in provincia con partner altamente qualificati. Per tutti coloro che sono interessati al vino ma non desiderano diventare sommelier, l'associazione ha fondato l'Accademia del Vino.

Christine Mayr

Sommelier? Chi? Cosa? È per caso quel signore tutto impettito con tanto di papillon e voce impostata che spiega, abbina e serve vini agli ospiti benestanti nei ristoranti di lusso? Niente di tutto ciò! Dalla "democratizzazione" del vino, il termine sommelier non si riferisce più solo a un addetto al servizio di sala esperto di vino nel settore ristorativo e alberghiero, ma anche a collaboratori qualificati in cantine, aziende vinicole e presso i rivenditori specializzati di vino, nonché a moderatori di eventi enologici. Sui banchi di scuola dell'Associazione Sommelier Alto Adige siedono anche uno o due giornalisti appassionati di vino. Si tratta in ogni caso di un profilo professionale protetto che, secondo l'associazione internazionale del vino OIV (Organization Internationale de la Vigne et du Vin), prevede un preciso percorso formativo comprensivo di esame finale.

Da cinquant'anni l'Associazione Sommelier Alto Adige è il punto di riferimento della formazione professionale dei sommelier in provincia; è nata nel 1972 come sezione autonoma dell'Associazione Italiana Sommeliers AIS. I membri fondatori furono il primo presidente Arthur Winkler e i suoi intrepidi colleghi Bruno Weger, Franz Zelger e Jakob Lezuo. Riconoscendo il cambiamento in atto, con l'aiuto della Camera di Commercio, organizzarono il primo corso per sommelier. I primi diplomi furono consegnati il 12 gennaio 1973.

Suddivisione regionale

Inizialmente le sezioni di Trento e Bolzano erano unite sotto lo stesso tetto; la loro separazione in due associazioni diverse avvenne solo nel 1975. La divisione avvenne sotto la direzione di Adolf Dissertori che assunse la presidenza dell'associazione nell'autunno del 1972 e la mantenne per otto anni. Nel 1980 fu sostituito da Erwin Blaas che diresse i sommelier altoatesini per dieci anni. In occasione della sessantaseiesima Mostra Vini Bolzano, presso l'Hotel Greif, Blaas organizzò per la prima volta un concorso esclusivamente altoatesino per l'assegnazione del titolo "Sommelier dell'anno". Il primo ad aggiudicarselo fu Franz Waldner di Scena.

Dopo le dimissioni di Erwin Blaas nel 1990, ad assumere ad interim la guida dell'associazione fu Ferdinand Pichler di Ora. Dopo di lui fu il turno di Sigi Dissertori che mantenne la carica per ben undici anni. Tra i membri onorari nominati in questo periodo figurano, tra gli altri, l'ex ministro tedesco dell'agricoltura Josef Ertl e il presidente emerito della giunta provinciale Luis Durnwalder. Durante il mandato di Dissertori diversi libri di testo furono tradotti per la prima volta dall'italiano al tedesco e nel 1995 nacque DIONYSOS, la rivista dell'associazione. Dopo la riprogettazione del 2018, ora è l'unica rivista di vino dell'Alto Adige.

Fucina di esperti

A partire dal 2002, l'autrice di questo contributo ha avuto l'onore di presiedere l'associazione per vent'anni. Il compito principale continua a essere la formazione professionale di specialisti per il settore della ristorazione, dell'economia vinicola e del commercio del vino. Ogni anno vengono organizzati dodici-tredici corsi grazie ai quali vengono formati circa quattrocento appassionati di vino. Il programma formativo è molto ampio e comprende seminari su vari argomenti come le mansioni del sommelier, la viticoltura e l'enotecnica e tecnica di degustazione, birra e distillati, legislazione ed etichette, le regioni vitivinicole d'Italia, i paesi vinicoli del mondo nonché l'abbinamento cibo e vino. La formazione da sommelier culmina con un esame da sostenersi sia in forma scritta che orale. Dovranno inoltre essere degustati diversi vini e dovrà essere presentato un riuscito abbinamento cibo e vino. Il premio per il "duro lavoro" dei nostri partecipanti al corso è il diploma di sommelier riconosciuto dallo Stato.

Chi non vuole affrontare questo percorso formativo ma vuole comunque imparare tutto quello che c'è da sapere sul vino, da dieci anni ha un nuovo posto dove farlo: l'Accademia del Vino dell'Alto Adige, fondata a Caldaro dall'Associazione Sommelier con partner istituzionali. Lo scopo dell'Accademia del Vino è sempre stato quello di avvicinare al mondo del vino gli appassionati e coloro che desiderano approcciarsi a questo settore senza dover intraprendere il lungo percorso di studi per diventare sommelier. Diversi moduli e diverse aree tematiche – dal vino alla birra, dall'inglese per gli appassionati del vino al piacere del gusto altoatesino – offrono varietà e divertimento. Per i più ambiziosi sono d'obbligo anche le degustazioni speciali con diversi Master of Wine.

\\

Custodi delle cantine e volti delle aziende vinicole

L'Associazione dei Kellermeister dell'Alto Adige

// Quando i Kellermeister (responsabili di cantina) altoatesini decisero di fondare un'associazione nel 1957 non fu un atto di scarsa modestia bensì una necessità. L'obiettivo era di tenersi aggiornati sulle più recenti pratiche di cantina e organizzare corsi di formazione e di perfezionamento. Ciò che allora non si poteva prevedere era che l'associazione avrebbe avuto un ruolo determinante nello sviluppo della qualità dei vini dell'Alto Adige.

Hans Terzer

Il 18 maggio 1957, trentadue Kellermeister si riunirono presso il ristorante Schwarzer Adler a Caldaro per partecipare all'assemblea fondativa dell'Associazione dei Kellermeister dell'Alto Adige. Nel suo statuto fondativo, l'associazione fissò come obiettivi fondamentali "la consulenza tecnica, la formazione e il perfezionamento dei soci nel campo della vinificazione, il miglioramento della vinificazione in generale, nonché l'attuazione e la promozione di esperimenti che possano apportare benefici alla produzione vinicola". Come primo presidente fu eletto il chimico Bruno Weger, che diresse l'associazione per trentasei anni e che, fin dall'inizio, svolse un ruolo chiave. Essendo uno dei pochi membri professionalmente preparati, fu lui ad avviare la formazione dei Kellermeister e a trovare nell'Associazione diplomati degli istituti agrari il contesto formale in cui sviluppare l'Associazione dei Kellermeister. Al momento della fondazione dell'associazione, Weger, che gestiva un laboratorio privato a Bolzano, fu incaricato di "tenere un breve corso a Bolzano l'1, il 2 e il 3 agosto". Successivamente venne organizzato un viaggio di formazione in Renania.

Ottimismo e nuove visioni per il futuro

L'autore di questo contributo divenne presidente dell'associazione nel 1993, raccogliendo l'eredità di Bruno Weger, in un periodo di rinnovato slancio del settore vitivinicolo altoatesino. Con la crisi degli anni ottanta ormai alle spalle, si aprì una nuova fase caratterizzata da una forte spinta innovativa. Già nei primi anni riuscimmo a ottenere buoni risultati nelle valutazioni delle varie guide enologiche. La strategia è stata puntare sulla qualità e, soprattutto, riposizionarsi sul mercato italiano. Ad aumentare notevolmente fu soprattutto la richiesta dei nostri vini bianchi, motivo per cui abbiamo continuato a investire costantemente nella loro produzione e affinamento.

Negli ultimi decenni, i Kellermeister hanno contribuito in modo sostanziale a far sì che l'Alto Adige oggi venga considerato allo stesso livello delle migliori regioni vitivinicole del mondo e che, soprattutto, si distingua a livello nazionale. I nostri punti di forza sono i vini bianchi, in particolare le varietà aromatiche del Gewürztraminer e del Sauvignon, nonché le varietà borgognone Pinot Bianco, Pinot Grigio e Chardonnay. Tra i vini rossi, l'autoctono Lagrein è il fiore all'occhiello dell'Alto Adige. Il Pinot Nero si sta affermando sempre più come vitigno del futuro e la Schiava continuerà ad avere il ruolo di specialità locale. Ci sarà sempre spazio per i prodotti di nicchia, come i vini bianchi della Valle Isarco e della Val Venosta, nonché il Cabernet e il Merlot.

Creatori in cantina e anche al di fuori

In passato il Kellermeister era il custode della cantina e svolgeva principalmente lì il suo lavoro. Le cose ora sono cambiate radicalmente. Oggi il Kellermeister non è più solo il creatore di vino tra le botti ma in molti casi anche il volto dell'azienda vinicola e l'ambasciatore della rispettiva cantina. Negli ultimi decenni il ruolo del Kellermeister si è esteso ben oltre la cantina instaurando un legame sempre più stretto con la viticoltura e i viticoltori. In cantina, il compito del Kellermeister rimane quello di creare vini che riflettano sempre più il nostro terroir e il nostro paesaggio, conferendo loro un carattere chiaro e inconfondibile.

Da oltre sei decenni l'Associazione dei Kellermeister dell'Alto Adige si adopera per preservare la tipicità e l'unicità dei vini altoatesini. In futuro, in Alto Adige, dovremo impegnarci di più per produrre ciò che meglio si adatta a ogni singola azienda vinicola e a ogni singola piccola area vinicola. La profilazione ha senso solo con le rispettive varietà principali, sulle quali occorre lavorare in modo più intensivo. Anche la qualità può essere ulteriormente migliorata. Infine, il cambiamento climatico rappresenta una sfida particolare di cui bisogna tenere conto in viticoltura e soprattutto nei nuovi impianti. Per esempio, si possono piantare cloni di vitigni a maturazione tardiva. Ma per intervenire in modo mirato sugli sviluppi climatici possono essere utilizzati anche gli interventi viticoli, come la gestione della chioma.

Negli ultimi decenni, i Kellermeister hanno contribuito in modo sostanziale a far sì che l'Alto Adige oggi venga considerato allo stesso livello delle migliori regioni vitivinicole del mondo e che, soprattutto, si distingua a livello nazionale.

Memorie dell'epoca della fondazione

Combattenti solitari senza una solida formazione: questi erano i Kellermeister altoatesini nel dopoguerra. "Eravamo sparsi in tutte le zone vinicole dell'Alto Adige, in Oltradige, Bassa Atesina, a Bolzano e nel Burgraviato", racconta Alfons Giovanett, membro del primo consiglio direttivo e tesoriere dell'Associazione dei Kellermeister dell'Alto Adige dal 1973 al 1993. "La maggior parte di noi aveva una qualche formazione, qualche anno di scuola a San Michele all'Adige o un corso di formazione base a Muri-Gries, ma nessuno di noi era enologo qualificato come i Kellermeister di oggi", continua Giovanett. L'"unico vero esperto in provincia" era Bruno Weger, che non solo forniva consulenza ai Kellermeister ma eseguiva anche prove e analisi di laboratorio.

Di conseguenza, la formazione e l'aggiornamento professionale furono considerati punti essenziali nello statuto dell'associazione. Inoltre l'associazione promosse l'apertura e favorì la condivisione di idee ed esperienze. "Prima ognuno aveva i suoi segreti e sperimentava nella propria cantina", così Giovanett. "Abbiamo organizzato degustazioni di vino a cui ognuno portava due o tre bottiglie di un prototipo. Poi si assaggiava, si discuteva, si criticava e si facevano proposte di miglioramento." L'associazione divenne anche un importante strumento di informazione attraverso il quale i Kellermeister venivano aggiornati sulle nuove linee guida, regolamenti e leggi. "Interessanti e costruttivi erano i viaggi didattici annuali, per esempio alle cantine in Alsazia, alla fabbrica Seitz-Werke in Germania o a un sugherificio in Sardegna", sempre Giovanett.

L'associazione doveva quindi colmare una lacuna, poiché i Kellermeister avevano poche opportunità di formazione e di perfezionamento e anche l'enotecnica era a un livello basilare. L'enologia veniva insegnata solo presso l'Istituto Agrario di San Michele all'Adige. Chi aveva buoni contatti poteva trovare un posto per una formazione a Klosterneuburg, Veitshöchheim, Weinsberg o Geisenheim ma in Alto Adige la formazione mancava completamente, anche dopo l'inizio delle attività didattiche a Laimburg nel 1963. La svolta avvenne solo a metà degli anni ottanta con la fondazione della sezione di vinificazione nel Centro di Sperimentazione Laimburg sotto la direzione di Martin Aurich. Così, per la prima volta i Kellermeister ebbero a disposizione un punto di riferimento per consulenze e informazioni.

\\

Salvataggio dall'estinzione
L'Associazione dei Viticoltori della Val Venosta

// Dopo decenni di declino, la viticoltura in Val Venosta negli anni ottanta era sull'orlo dell'estinzione. Un destino che un gruppo di viticoltori appassionati non ha voluto accettare. Nel febbraio del 1981 fondarono l'Associazione dei Viticoltori della Val Venosta che da allora, con grande determinazione e competenza, ha dato il suo significativo contributo alla rinascita della viticoltura nella valle.

Monika Unterthurner

Rispetto al resto dell'Alto Adige, lo sviluppo della viticoltura in Val Venosta nel XX secolo non si è svolto sotto una buona stella. La crescente frammentazione della proprietà rese la coltivazione della vite poco redditizia. Non si riuscì a tenere il passo con le moderne tecniche viticole e la qualità del vino ne risentì notevolmente. Numerosi vigneti vennero abbandonati nel corso degli anni e in molte zone vennero estirpati e sostituiti con meleti. La viticoltura era praticata solo come hobby. Dagli anni trenta in poi, in soli cinquant'anni, la superficie vitata si ridusse a un quarto di quella originaria. Negli anni ottanta, nella valle rimanevano solo 48 ettari di vigneti.

Per contrastare questa tendenza, il 25 febbraio 1981, sessantacinque viticoltori della Val Venosta si riunirono e fondarono l'Associazione dei Viticoltori della Val Venosta. L'obiettivo dell'associazione era quello di promuovere la viticoltura, soprattutto attraverso il miglioramento delle competenze tecniche degli agricoltori e la cura del paesaggio culturale, che aveva sofferto a causa dell'abbandono dei tradizionali terrazzamenti vinicoli. Non da ultimo, si voleva delimitare geograficamente la regione vinicola della Val Venosta, obiettivo raggiunto con l'introduzione della DOC "Alto Adige Val Venosta" nel 1995.

Partenza con i vini rustici

Grazie a seminari regolari, viaggi di studio, sopralluoghi nei vigneti e consulenze è stato possibile trasmettere molte competenze tecniche. Durante le degustazioni vinicole nei diversi paesi, i vini dei soci venivano analizzati e discussi sotto la guida di esperti. La degustazione annuale organizzata dall'associazione offriva l'opportunità di confrontare i propri vini e di dare visibilità ai vini della valle. Mentre inizialmente venivano presentati vini ancora piuttosto rustici, nel corso degli anni si è assistito a un continuo miglioramento della qualità. Questo ha creato una nuova atmosfera di entusiasmo anche tra molti giovani agricoltori. I vigneti furono ripiantati selezionando le varietà più adatte. La viticoltura nella valle venne modernizzata sotto molti aspetti. È anche grazie alla fervida attività dell'associazione che la qualità dei vini della Val Venosta è migliorata enormemente e la superficie vitata nella valle ha potuto arrivare oggi a 83 ettari.

Con il passare del tempo, il numero dei soci è arrivato a quasi duecento. Oltre ad alcuni viticoltori commerciali, ci sono soprattutto viticoltori per hobby che, con grande passione, coltivano i ripidi terrazzamenti della Val Venosta. Il presidente fondatore Leo Forcher ha diretto l'associazione per quasi quattro decenni, lasciando la presidenza nel 2020 dopo trentanove anni. Attualmente, le attività dell'associazione vengono portate avanti con grande entusiasmo da un gruppo di giovani viticoltori venostani sotto la guida del nuovo presidente Matthias Bernhart.

\\

Con il passare del tempo, il numero dei soci è arrivato a quasi duecento. Oltre ad alcuni viticoltori commerciali, ci sono soprattutto viticoltori per hobby che, con grande passione, coltivano i ripidi terrazzamenti della Val Venosta.

Rappresentanza di categoria dell'Alto Adige

L'Associazione Enologi Enotecnici

// L'associazione ASSOENOLOGI è la rappresentanza nazionale degli enologi e degli enotecnici. Da più di quarant'anni questa associazione ha in Alto Adige una sezione che va oltre il semplice ruolo di rappresentanza di categoria. La sezione altoatesina dell'Associazione Enologi ed Enotecnici è anche l'espressione concreta di una nuova consapevolezza e di una rinnovata fiducia in sé stessa della viticoltura altoatesina dei primi anni ottanta.

Stephan Filippi, Klaus Platter

ASSOENOLOGI, Associazione Enologi Enotecnici Italiani (AEI), è l'organizzazione nazionale che rappresenta gli interessi degli enologi e degli enotecnici che operano nel settore della viticoltura e della vinificazione. L'associazione, fondata nel 1891 con sede a Milano, oggi conta 4.300 soci ed è organizzata a livello regionale in sedici sezioni. Ogni sezione elegge tra i propri membri un comitato direttivo composto da quattro a sei persone, in carica per un periodo di quattro anni, nonché un presidente e un vicepresidente, che sono le persone di contatto per la sede centrale.

Tramite la rivista mensile dell'associazione "l'Enologo", e digitalmente, i membri vengono informati su normative, modifiche legislative e relative interpretazioni, nonché su nuovi risultati della ricerca nel campo della vinificazione, dell'analisi del vino, della tecnologia enologica, della percezione della qualità e della viticoltura, oltre che sulle ultime tendenze enologiche a livello mondiale. Vengono inoltre pubblicate offerte di perfezionamento e di lavoro e vengono fornite informazioni legali e informazioni sulla sicurezza sul lavoro. L'AEI organizza valutazioni dei vini nazionali e internazionali, nomina i giurati tra i membri della sua associazione per i vari concorsi e stabilisce gli standard di qualità per la valutazione dei vini.

Autonoma dal 1981

Fino al 1981 gli enologi ed enotecnici altoatesini erano integrati nell'AEI come sezione "Trentino-Alto Adige". Tuttavia, su iniziativa di Hubert Romaner, diplomato alla Scuola Enologica di Conegliano, e di Carlo Fedrizzi, diplomato all'Istituto di Viticoltura di San Michele all'Adige, alla Provincia Autonoma di Bolzano venne assegnata una propria sezione. Il 5 aprile 1981, presso l'Hotel Steiner a Laives, prese ufficialmente vita la sedicesima sezione dell'Associazione Enologi Enotecnici Italiani. La nuova sezione ha sede presso il Centro di Sperimentazione Laimburg di Vadena. I promotori Romaner e Fedrizzi furono eletti rispettivamente primo presidente e vicepresidente della sezione locale. Dopo la morte di Romaner nel 1990, Fedrizzi gli succedette alla presidenza e Klaus Platter, diplomato alla Höhere Bundeslehranstalt a Klosterneuburg presso Vienna, fu eletto vicepresidente.

Fino ad allora, però, la qualifica di "enologo" non era tutelata dalla legge e, per questo motivo, il 10 aprile 1991, il parlamento ha ridefinito la figura dell'enologo anche con il contributo dei parlamentari altoatesini. Per legge, a tutti coloro che possedevano i requisiti professionali necessari, ovvero il diploma di scuola superiore e la specializzazione in viticoltura/vinificazione, veniva ora riconosciuto il titolo professionale di "enologo/enologa". Allo stesso tempo l'associazione ASSOENOLOGI rappresenta anche gli interessi degli enotecnici con diploma di scuola superiore e specializzazione in vinificazione.

All'inizio del 2022 la sezione altoatesina di ASSOENOLOGI contava quarantasei soci e Stephan Filippi, laureato in Viticoltura ed Enologia presso l'Istituto di San Michele all'Adige, ne è il presidente dal 2001. Filippi fa parte anche del consiglio direttivo nazionale dell'associazione: come membro dal 1999 e anche come vicepresidente di ASSOENOLOGI dal 2013 al 2021.

\\

Fino all'inizio degli anni novanta, però, la qualifica di "enologo" non era tutelata dalla legge e, per questo motivo, il 10 aprile 1991, il parlamento di Roma ha ridefinito la figura dell'enologo anche con il contributo dei parlamentari altoatesini.

Nuove fondamenta per la viticoltura
I vivai dell'Alto Adige

// Un materiale vegetale sano e forte è fondamentale per produrre grandi vini e garantire sicurezza economica. Da oltre settant'anni i vivai altoatesini si occupano di fornire questo materiale vegetale fungendo da anello di congiunzione tra l'allevamento della vite e i viticoltori. I vivai hanno così dato delle nuove fondamenta alla viticoltura altoatesina. Nel vero senso della parola.

Klaus Platter

La fillossera è lunga circa un millimetro, eppure ha messo sottosopra la viticoltura europea. O meglio: l'ha costretta a crearsi nuove fondamenta. Dopo l'infestazione da fillossera nel XIX secolo, i vitigni nobili sono stati innestati sulle viti selvatiche americane perché le loro radici sono resistenti all'infestazione da fillossera. Fino agli anni cinquanta una parte delle viti innestate (dette "Raseln") veniva ancora prodotta nelle aziende vinicole stesse. A questo scopo ogni anno veniva rinnovata una "stoaß", ovvero circa 1.000-1.500 metri quadrati di vigneto, il cui terreno veniva arato fino a una profondità di 40 centimetri e in primavera piantato con giovani viti.

I portainnesti più diffusi in Alto Adige erano incroci tra i due più importanti vitigni americani resistenti alla fillossera, Berlandieri e Riparia, i cui più conosciuti erano Teleki 5 C e Kober 5 BB. In primavera le marze venivano prelevate da viti giovani e molto produttive, e l'innesto veniva poi effettuato in locali caldi o in cantine fuori terra. Su un portainnesto lungo 30 centimetri veniva congiunta una marza tramite la tecnica del taglio a lingua. Il materiale innestato veniva poi imballato in scatole tra segatura bagnata, coperto con il vetro e tenuto in una stanza a 25 gradi Celsius. All'epoca la resa delle viti innestate era di circa il 30 per cento, oggi è l'85-90 per cento. Di norma, il fabbisogno per un nuovo impianto viticolo era di 500-1.000 viti innestate.

La cooperazione come punto di partenza

A metà degli anni cinquanta, in Alto Adige si contavano circa quindici vivaisti a tempo pieno o parziale, i cosiddetti "Rebschuler". Tuttavia, c'era molta incertezza sulla purezza varietale e sulle condizioni fitosanitarie di una varietà di vite; dopo l'impianto, il primo germoglio rappresentava spesso una sorpresa. Ciononostante, i vivaisti erano i principali punti di riferimento per i viticoltori, i quali iniziarono a selezionare varietà di uva e portainnesti in modo più differenziato – a seconda del microclima e del mercato – solo con il miglioramento della formazione dei giovani agricoltori presso la Scuola professionale per la frutticoltura di Laimburg.

Alla fine degli anni cinquanta, su richiesta dell'Unione Agricoltori e Coltivatori Diretti Sudtirolesi e su incarico dell'allora assessore provinciale all'agricoltura Peter Brugger, l'ingegnere vitivinicolo Andreas Weiss fu incaricato di organizzare il sistema vivaistico della vite, effettuare prove varietali e di portainnesti e avviare l'allevamento di cloni per i singoli vitigni. Uno dei suoi primi passi fu quello di riunire tutti i vivaisti – organizzati in cooperativa – nell'"Associazione vivai dell'Alto Adige" (BSR). Nel 1958 l'associazione, che nel 1993 si sarebbe trasformata nel "Consorzio vivai dell'Alto Adige", contava i soli sedici soci fondatori. Il primo presidente fu Josef Mair-Larch di Terlano e la supervisione tecnica era affidata a Weiss e al suo team (Heinrich von Mörl, Eduard Spitaler).

Poco dopo la sua fondazione, la BSR prese in affitto tre ettari di bosco a Caldaro, li disboscò e realizzò un impianto per la coltura di piante madri con i più importanti vitigni americani adatti alle condizioni dell'Alto Adige. Con il sostegno dell'istituto di ricerca di Geisenheim, Weiss iniziò anche a procurarsi materiale di portainnesto varietalmente puro e sano. A causa della crescente richiesta di viti innestate, anche nel Nord Italia alcuni vivai iniziarono a piantare i propri impianti di piante madri per portainnesti. Dalla metà degli anni sessanta i viticoltori altoatesini poterono quindi acquistare innesti standardizzati, varietalmente puri e visivamente esenti da virus con varietà di uva su portainnesti di loro scelta.

Alla fine degli anni cinquanta, l'ingegnere vitivinicolo Andreas Weiss fu incaricato di organizzare il sistema vivaistico della vite, effettuare prove varietali e di portainnesti e avviare l'allevamento di cloni per i singoli vitigni.

Sperimentazioni con i nuovi cloni

Contestualmente, Weiss e il suo team iniziarono a lavorare sul miglioramento genetico delle varietà nobili altoatesine, ossia a ibridare cloni. Ciò significa che per ciascuna varietà vennero esaminati diversi ceppi di vite per diversi anni, valutando il loro stato di salute, la stabilità della resa, la maturazione e il contenuto di zuccheri e venivano propagati solo dopo aver controllato la qualità del vino. A questo scopo, in un'ampia varietà di aree di coltivazione in tutta la provincia vennero piantati sistemi clonati combinati con vari portainnesti. Così, a metà degli anni settanta, in Alto Adige furono immessi sul mercato i primi cloni con specifiche caratteristiche varietali. Con la Direttiva CEE n. 68/193 del 1968 sulla circolazione del materiale di propagazione vegetativa della vite, per la prima volta la selezione e la propagazione delle piantine di vite vennero regolamentate per legge e poste sotto il controllo della Ripartizione provinciale Agricoltura diretta da Franz Zelger e Luis Oberhammer. Con l'acquisizione del maso Binnenlandhof da parte del Centro di Sperimentazione Laimburg, furono creati i primi marzai con marze certificate secondo le direttive UE per la produzione di materiale di propagazione di tutte le varietà di uva altoatesine. Ancora oggi è qui che i vivaisti altoatesini acquistano la maggior parte del loro materiale vegetale certificato.

Fino all'inizio degli anni ottanta, il lavoro di selezione si concentrava principalmente sulla sicurezza della resa, lasciando al produttore la possibilità di decidere se concentrarsi sulla qualità o sulla quantità. Mancava inoltre una regolamentazione legale chiara sulla denominazione di origine e sul controllo di qualità; il che portò negli anni sessanta e settanta all'acquisto di cloni in grado di promettere grandi rese ma che in Alto Adige portò invece a una produzione di massa di qualità mediocre.

Zona di espansione Valle Isarco

Lo sviluppo della regione vinicola della Valle Isarco dimostra la stretta collaborazione tra settore pubblico e vivai. Ai viticoltori della Valle Isarco veniva assicurata una fornitura annuale di 30.000-80.000 piante innestate di diverse varietà di vitigni, finanziate con sussidi statali.

In seguito al lavoro sperimentale di Laimburg e alla formazione degli agricoltori altoatesini, nonché come reazione ai cambiamenti del mercato vitivinicolo, si è deciso di discostarsi da questa tendenza: con materiale clonato correlato alla qualità del vino, rese ridotte e sperimentazioni di cloni provenienti da varie regioni europee. Da quel momento in poi l'attenzione viene focalizzata su iniziative di miglioramento della qualità e misure volte alla produzione di materiale vegetale di alta qualità, nonché sulla collaborazione con il Centro di Sperimentazione Laimburg e altri istituti di selezione.

Pioniere dei PIWI e voce dell'Alto Adige in Europa

Dal vivaio Erhard Tutzer ha preso avvio tutta una serie di iniziative pionieristiche per migliorare la qualità del materiale viticolo e la cooperazione transfrontaliera. Dal 1980 al 2003 Tutzer ha rappresentato l'Alto Adige nell'Associazione Nazionale Vivaisti della vite e nella commissione consultiva dell'UE. Le sue viti sono ora nei vigneti più famosi d'Italia, mentre i venticinque anni di impegno nell'allevamento resistente fanno di lui un pioniere delle varietà PIWI in Alto Adige.

\\

Fino all'inizio degli anni ottanta, il lavoro di selezione si concentrava principalmente sulla sicurezza della resa, lasciando al produttore la possibilità di decidere se concentrarsi sulla qualità o sulla quantità.

Scuole dopo la scuola

Associazione diplomati e Convegno di Viticoltura

// La consapevolezza che l'apprendimento non termini con la fine della frequentazione della scuola è alla base dell'Associazione diplomati delle scuole agrarie. È stata (ri) fondata nel 1947 e, da molteplici punti di vista, ha gettato le basi del perfezionamento della viticoltura – anche con un evento imperdibile per il mondo del vino altoatesino: il Convegno di Viticoltura, che si tiene ogni anno dal 1963.

Helmuth Scartezzini

Dopo aver completato la formazione presso l'Istituto Agrario di San Michele all'Adige, fondato nel 1874, i diplomati non volevano disperdersi, ma mantenere i contatti e continuare insieme la loro crescita. Pertanto, a partire dal 1897, si iniziò a discutere della creazione di un'associazione, anche se, almeno in questa prima fase, l'attenzione venne posta soprattutto sul cameratismo. L'associazione venne fondata dieci anni dopo, riservata inizialmente ai soli diplomati di lingua tedesca. Seppur sopravvissuta alla Prima Guerra Mondiale, l'associazione venne sospesa dal 1930 al 1946 a causa dei divieti fascisti. È interessante notare come i primi presidenti dell'associazione provenissero tutti dal settore vitivinicolo: Josef Zipperle, per esempio, mastro cantiniere dell'azienda Lun e poi della cantina sociale di Terlano, Max Egger della cantina Freiberger e il commerciante di vini Luis Lageder, questi ultimi entrambi di Bolzano.

Nel 1947 gli ex iscritti riuscirono a ricostituire l'associazione, ora denominata ufficialmente "Associazione diplomati delle scuole agrarie" (ALS), aperta anche ai diplomati degli altri istituti agrari e orientata a promuovere la frutticoltura e viticoltura. A questo scopo, tra l'altro, venne indetto un concorso di degustazione di vini per premiare i migliori degustatori. Poiché in provincia mancava una scuola specifica, una delle priorità dell'ALS divenne la formazione professionale dei giovani agricoltori. Dal 1947, al maso Doblhof a Merano, si iniziò a tenere corsi di agricoltura della durata di diversi mesi. Su suggerimento dell'associazione, anche nella cantina convento di Muri-Gries si riuscì a organizzare un corso plurimestrale di frutticoltura e viticoltura che, dopo sei anni di attività, sfociò nel 1953 nella prima Scuola provinciale di frutticoltura e viticoltura, della durata di un anno. Inoltre, nel 1954 Bruno Weger, che non era solo un membro dell'associazione ma anche chimico ed enologo, si fece carico della formazione continua dei mastri cantinieri avviando corsi teorici e pratici della durata di dieci giorni. Per le esercitazioni pratiche Weger mise a disposizione il proprio laboratorio di Bolzano e sarà lui a dirigere e consigliare i mastri cantinieri per oltre trentacinque anni. Questi ultimi, che si unirono già nel 1957, arriveranno però a formare una propria sezione in seno all'Associazione diplomati solo nel 1993.

Appuntamento imperdibile: il Convegno di Viticoltura

All'inizio degli anni cinquanta l'ALS organizzò per la prima volta dei "corsi di osservazione", da cui, nelle diverse località, si svilupparono i servizi di osservazione volontaria di malattie e parassiti. Nei mesi invernali fu possibile tenere corsi di viticoltura di sei giorni a Terlano, Termeno, Cortaccia e Montagna. Dal 1954 al 1960, l'associazione organizzò conferenze individuali di viticoltura e corsi di formazione per gestori di aziende vinicole, decidendo poco dopo di adottare anche per la viticoltura il modello di una giornata di studio già utilizzato con successo dal 1953 nel campo della frutticoltura. Nel 1963, con il patrocinio della Ripartizione provinciale Agricoltura, la Camera di Commercio di Bolzano e l'ALS riuscirono infine a organizzare il primo Convegno di Viticoltura dell'Alto Adige, un evento che da allora è diventato un appuntamento imperdibile per la viticoltura altoatesina. Il convegno si svolgeva solitamente a Caldaro o ad Appiano nei mesi invernali e, oltre alle indicazioni sulle misure di coltivazione e cura per i viticoltori, forniva anche informazioni sul mercato del vino e sulle modifiche della legislazione vitivinicola.

All'organizzazione del convegno si aggiunse in seguito anche il Centro di Consulenza per la fruttiviticoltura dell'Alto Adige, i cui esperti, così come quelli del Centro di Sperimentazione Laimburg erano relatori molto richiesti. A metà degli anni ottanta l'ALS si fece carico dell'organizzazione delle conferenze, grazie anche al sostegno finanziario della Provincia. La serie di conferenze divenne un evento annuale per il settore della viticoltura al quale prendono parte ogni anno dai quattrocento ai seicento partecipanti. Dalle numerose relazioni sono emersi diversi impulsi innovativi, come l'inverdimento permanente degli impianti o il passaggio a vitigni internazionali. Tra i convegni vitivinicoli minori, che si svolgono nelle singole regioni vinicole, spicca quello in Valle Isarco, che a partire dal 1962 si è svolto già cinquantotto volte. Sotto la guida della Ripartizione provinciale Agricoltura, durante incontri di mezza giornata con le aziende vinicole della valle, vengono affrontate esigenze specifiche della regione vinicola. Dalla metà degli anni ottanta si sono aggiunti anche i convegni del Burgraviato e della Val Venosta.

L'offerta formativa dell'Associazione diplomati si è ampliata con i seminari sulla viticoltura che dal 1991 si svolgono ogni anno con un gruppo ridotto di partecipanti presso la "Casa della Famiglia" a Stella sul Renon. Degna di nota anche la "Giornata tecnica", un evento ALS, a cadenza biennale, dedicato alle dimostrazioni e alle esposizioni di macchinari per la viticoltura. Tra il 1965 e il 1993 la manifestazione si svolse in concomitanza con un analogo evento dedicato alla frutticoltura. I due appuntamenti poi vennero separati per poter tenere meglio conto delle esigenze specifiche della meccanizzazione nella viticoltura su pendii ripidi.

\\

Con il tempo tutto cambia. Eppure nulla cambia.

// In viticoltura la natura è il metronomo che scandisce il ritmo. È in inverno che si prepara ciò che cresce in primavera, si coltiva in estate e fruttifica in autunno. Nel vero senso della parola. I viticoltori guardano sempre il cielo, a volte con gratitudine, quando il sole riscalda il terreno, le viti e l'uva, o quando cade la pioggia tanto attesa. E a volte anche con preoccupazione, quando si avvicinano nuvole scure che preannunciano grandine, temporali o forti piogge.

A prescindere dalle variazioni climatiche a breve termine, passate o future, il lavoro nella viticoltura e nella vinificazione segue ritmi che si basano sulle stagioni e sulle varie attività da svolgere in ciascuna di esse. E sebbene negli ultimi cento anni nella viticoltura e nella vinificazione in Alto Adige sia cambiato praticamente tutto, lo scorrere delle stagioni è rimasto lo stesso.

In fin dei conti sono le viti, l'uva e il vino a scandire il ciclo delle stagioni. Così è stato all'inizio, così è stato nella fase turbolenta del "sempre di più" e così è – ormai da circa quarant'anni – anche nell'epoca focalizzata sulla qualità dell'uva e del vino. E sulla gioia che ne deriva, a prescindere dal periodo dell'anno. \\

Una distesa di vigne innevate non è uno spettacolo che si vede tutti i giorni. In effetti la neve raggiunge raramente il fondovalle, soprattutto nel sud dell'Alto Adige. Ma quando lo fa, esalta la quiete che regna sui vigneti durante l'inverno. È il momento di fare un respiro profondo: sia per le viti sia per i viticoltori.

Mentre nei vigneti regna ancora una grande calma, nelle cantine c'è già fermento. Già nei primi giorni di primavera molti vini sono pronti per essere imbottigliati. È il frutto del lavoro dell'anno precedente, prima che ricominci il ciclo dei lavori fuori dalla cantina.

Durante l'inverno, nei vigneti si procede alla potatura e alla legatura delle viti – lavori che, sia oggi, come si vede nella foto a destra, sia negli anni cinquanta, vengono eseguiti esclusivamente a mano. Entrambe queste operazioni mirano a favorire la crescita ottimale della vite guidandola nella forma desiderata e assicurando una distribuzione uniforme delle sostanze nutritive.

I vigneti non sono opere destinate a durare per sempre. Ciò significa che, oltre alla cura costante, è necessario anche ripiantarli a intervalli regolari. Mentre in passato si puntava soprattutto sulla Schiava e quasi esclusivamente sulla pergola, oggi la domanda è: quale vitigno? E quale sistema di allevamento?

Quello che può apparire un piacevole momento di convivialità è in realtà un lavoro professionale: è necessario prelevare e degustare regolarmente dei campioni dalle varie botti, per verificare la qualità del vino e assicurarsi che stia evolvendo nel modo giusto.

Ci sono periodi in cui i viticoltori vorrebbero avere un paio di mani in più per gestire tutto il carico di lavoro. Per esempio in primavera, quando i vigneti si risvegliano, un tempo era anche il momento del trasporto del vino dell'anno precedente: con carri e cavalli, ma più spesso con un tiro di buoi come nella foto a destra scattata presso la cantina Wilhelm Walch a Termeno (intorno al 1900).

La tendenza è chiara: a causa del cambiamento climatico le viti germogliano sempre prima e costringono viticoltrici e viticoltori ad adattarsi a un ritmo nuovo – anche se continuano a utilizzare il tradizionale sistema di allevamento a pergola.

Nella tarda primavera le viti producono le loro infiorescenze: è il momento della fioritura. Quando le innumerevoli gemme vengono fecondate, formano l'uva. Vale quindi la pena di dar loro un'occhiata più da vicino.

Südtirol Wein
Vini Alto Adig
EMILIA ROMAG
GARDA
LUGANA
VALTÈNESI
GIACOBAZZI
POLETTI
15
15
D

Un grande prodotto ha bisogno di un grande palcoscenico: in primavera il vino altoatesino viene presentato alle principali fiere dei mercati più importanti. Da decenni, quindi, si prende parte alla *Prowein* di Düsseldorf a marzo e alla *Vinitaly* di Verona ad aprile – e sempre con uno stand collettivo.

Affinché il vino possa arrivare al cliente, un tempo in botti da trasporto e su carri, come qui a Cornaiano, è necessario un lavoro preparatorio. Questo include anche attività meno conosciute, come la lavorazione del terreno.

La viticoltura altoatesina affonda le sue radici nella tradizione, tramandata di generazione in generazione, che ha plasmato il paesaggio viticolo, ma è caratterizzata anche da un alto livello di competenza e innovazione. Per le viticoltrici e i viticoltori, quindi, è essenziale rimanere sempre aggiornati e continuare a formarsi – meglio ancora, come mostra l'immagine a sinistra, direttamente sul campo.

Un passaggio graduale: da secoli, in Alto Adige, ci si affida alla pergola, che ancora oggi ha la sua ragione d'essere, anche se si stanno affermando nuove forme di allevamento. L'importante è che siano in grado di adattarsi ai terreni scoscesi dell'Alto Adige.

Il vino è un patrimonio culturale, quindi, è importante far conoscere agli interessati tutto ciò che c'è dietro: il lavoro, la conoscenza, l'impegno. Ecco perché ogni anno a migliaia di visitatori vengono fatti scoprire i segreti del vino altoatesino, grazie a visite guidate nelle cantine e a degustazioni.

Un bicchiere di vino fa parte della convivialità altoatesina. Essendo anche un'importante risorsa economica e un ottimo richiamo turistico, il vino è al centro di numerosi eventi, occasioni per confrontarsi, discutere e condividere passioni, soprattutto nelle belle giornate.

Uno degli interventi più importanti per garantire la qualità è il diradamento dei grappoli all'inizio dell'estate. Solo riducendo la resa in modo mirato, infatti, si può garantire che l'uva possa sfruttare tutto il potenziale della vite.

Splendido paesaggio, duro lavoro: il raccolto inizia all'inizio dell'autunno e il panorama da cartolina sul monastero di Sabiona non lo rende più facile. Dopotutto, la vendemmia è da sempre un lavoro manuale.

La vendemmia, in dialetto altoatesino "es Wimmen", è una di quelle attività in cui la tecnologia incide ben poco. E nella quale, oggi come cento anni fa, è coinvolta tutta la famiglia.

Mentre oggi in cantina arrivano solo uve intatte, un tempo l'uva veniva pigiata direttamente nel vigneto, caricata a spalla nel "Gonzal" e trasportata in cantina nel "Kastlet".

Non è solo una questione di cavalli:
per secoli il raccolto veniva portato
in cantina nelle botti da trasporto, i “Kastlet”.
Oggi l’uva viene sistemata con la massima
cura in cassette. E i trattori hanno preso
il posto dei quadrupedi.

Anche se le due fotografie ritraggono epoche diverse, una cosa non è cambiata durante la vendemmia: la gioia di poter finalmente raccogliere i frutti del proprio lavoro in vigna.

Prima si fatica, poi si brinda: poiché l'opera dei viticoltori altoatesini è spesso resa più difficile dalla morfologia, il lavoro in vigna – soprattutto durante la vendemmia – può essere svolto solo in gruppo. E questo è un buon motivo per brindare.

Un momento tanto atteso: con la consegna delle (ultime) uve in cantina si conclude l'anno di lavoro nel vigneto. Prima che ciò accada, però, bisognava – e bisogna tuttora – passare dalla bilancia (a sinistra presso J. Hofstätter a Termeno) solo con i grappoli più belli, come a destra presso la cantina sociale di Cornaiano.

Attenzione, rispetto e cautela sono oggi fondamentali nel trattamento dell'uva e l'intero processo di vinificazione viene controllato e monitorato. Negli anni cinquanta e sessanta, in cantina, molte cose si affidavano all'intuito e solo in rari casi, come in questa fotografia, si ricorreva a semplici metodi di misurazione.

Oggi, solo l'uva priva di imperfezioni viene utilizzata per produrre vino. Ciò significa che durante il controllo ogni grappolo viene esaminato attentamente e quelli che non soddisfano i requisiti vengono scartati senza esitazione.

Fino agli anni settanta, la tecnologia utilizzata nelle cantine altoatesine era molto semplice e, soprattutto, quasi esclusivamente mirata a rendere efficiente la produzione di vino rosso. Oggi, a seconda della varietà e del risultato desiderato, si impiega invece una tecnologia su misura.

Anche se le tecnologie aiutano molto, il lavoro in cantina rimane in gran parte manuale, proprio come nei vigneti. I dipendenti di un'azienda vinicola, insomma, non devono aver paura di sporcarsi le mani.

La moda è certamente cambiata molto dagli anni ottanta, ma le classiche botti in legno, grandi o piccole che siano, svolgono ancora un ruolo centrale nella vinificazione. Il legno non solo permette al vino di "respirare" ma rilascia anche tannini che ne influenzano l'aroma.

In Alto Adige i bottai sono sempre stati molto richiesti e per secoli le loro corporazioni hanno avuto un ruolo importante nella vita cittadina. Anche all'inizio del XX secolo, le doghe per le botti da trasporto venivano impilate fino a raggiungere l'altezza di un campanile e i bottai posavano orgogliosi davanti a una grande botte in legno prima di completarla.

Due fotografie, due filosofie di degustare il vino. Mentre per gli uomini a sinistra il bicchiere di vino è una ricompensa per il lavoro svolto, per i degustatori professionisti (a destra) è parte del loro mestiere. Questo, però, non significa che i viticoltori discutano meno animatamente di vino rispetto ai degustatori di professione.

BACH

... e tutto ricomincia da capo: in Alto Adige, con la fine della vendemmia e l'arrivo dei mesi freddi, per i viticoltori la nuova stagione si apre con la potatura. Anche sulle colline intorno a Bolzano, dove si stanno ponendo le basi per la prossima annata di Santa Maddalena.

Che si tratti di moderne spalliere o di tradizionali strutture a pergola, la viticoltura modella il paesaggio dell'Alto Adige anche quando i vigneti si stanno già preparando al riposo invernale e l'anno volge al termine.

Appendice

Leo Andergassen, storico dell'arte e conservatore di beni culturali, direttore del Museo storico-culturale della Provincia di Bolzano a Castel Tirolo

Burton Anderson, statunitense, scrittore freelance di reportage su vini, cibo e viaggi, ex redattore capo dell'"International Herald Tribune" a Parigi

Walter Angonese, architetto, docente presso l'Accademia di Architettura a Mendrisio (Svizzera), membro del Comitato scientifico della Fondazione Dolomiti UNESCO

Eduard Bernhart, agronomo, agricoltore, sommelier, dal 2018 direttore del Consorzio Vini Alto Adige

Alexandra Cembran proviene da una famiglia di viticoltori, in passato anche commercianti di vino, per quasi dieci anni responsabile di progetti UE di promozione alle vendite di prodotti agricoli presso EOS e IDM, dal 2020 responsabile marketing presso il Consorzio Vini Alto Adige

Daniele Cernilli, giornalista e critico enologico, cofondatore di "Gambero Rosso", redattore di lunga data di "Vini d'Italia", direttore della piattaforma DoctorWine

Peter Dipoli, diplomato presso l'Istituto Agrario di San Michele all'Adige, viticoltore e commerciante di vino, ideatore di diversi eventi dedicati al vino, tra cui la Sauvignon Experience e le Giornate del Pinot Nero

Lukas Egarter Vigl, ecologo del paesaggio, senior researcher presso l'Istituto per l'ambiente alpino di Eurac Research con focus di ricerca sull'analisi degli effetti delle interazioni tra ecosistemi (anche agricoli), società e clima

Stephan Filippi, enologo, dal 2001 mastro cantiniere di Cantina Bolzano, dal 2004 presidente dell'Associazione Enologi ed Enotecnici dell'Alto Adige

Martin Foradori, viticoltore di quarta generazione della Tenuta J. Hofstätter di Termeno, presidente delle Tenute dell'Alto Adige e vicepresidente del Consorzio Vini Alto Adige

Hansjörg Hafner, responsabile del settore viticoltura presso il Centro di Consulenza per la fruttiviticoltura dell'Alto Adige, vicepresidente della Cantina Terlano

Paul Hafner, consulente vinicolo presso il Centro di Consulenza per la fruttiviticoltura dell'Alto Adige

P. Plazidus-Karl Hungerbühler OSB, filosofo e teologo, dal 1961 presso la cantina convento Muri-Gries, ordinato sacerdote nel 1965

Martin Kilchmann, germanista e giornalista enologico freelance svizzero, autore di numerosi libri sul vino e, tra gli altri, anche sull'Alto Adige

Andreas Kofler, frutticoltore e viticoltore, presidente della Cantina Kurtatsch e presidente del Consorzio Vini Alto Adige

Andreas Lesti, germanista e alpinista, redattore presso la "Frankfurter Allgemeine Sonntagszeitung", si occupa soprattutto di turismo e cultura sulle Alpi e in altre regioni di montagna, argomento sul quale ha scritto tre libri

Elmar Locher, studioso di letteratura, dal 1992 al 2016 professore associato di Letteratura tedesca presso l'Università di Verona, presidente del Verein der Bücherwürmer Lana/Literatur Lana (Associazione dei bibliofili di Lana) e del Comitato internazionale del premio per la lirica Lyrikpreis Meran

Ivo Maran, studioso di scienze naturali, viticoltore presso il Remichhof di Caldaro, Comitato scientifico per l'Alto Adige della Gesellschaft für Geschichte des Weines e. V. (Società per la storia del vino)

Catrin Marzoli, archeologa e studiosa di storia antica, dal 2013 direttrice dell'Ufficio Beni archeologici della Provincia Autonoma di Bolzano

Christine Mayr, sommelier, presidente dell'Accademia del Vino dell'Alto Adige, per lungo tempo presidente dell'Associazione Sommelier dell'Alto Adige

Manfred Alois Mayr, artista figurativo e architettonico con un proprio atelier a Bolzano, diplomato all'Accademia di Belle Arti di Vienna

Stefan Morandell, storico specializzato nella storia del vino, bibliotecario

Ignaz Niedrist, già enologo della Cantina Colterenzio, dal 1991 viticoltore presso la Tenuta Ignaz Niedrist a Cornaiano

Josef Nössing, archivista e storico specializzato in storia dell'economia, delle migrazioni, degli insediamenti nonché in storia della provincia, curatore di castelli e archivi, con all'attivo numerosissime pubblicazioni. Per oltre vent'anni direttore dell'Archivio provinciale dell'Alto Adige

Michael Oberhuber, dottorato di ricerca in chimica organica, attività di ricerca sulle molecole RNA tra l'altro a San Diego, dal 2009 direttore del Centro di Sperimentazione Laimburg presso il quale effettua ricerche nel campo degli elementi contenuti nelle piante e della qualità degli alimenti, attività di docenza presso la Libera Università di Bolzano

Christof Pichler, tecnico agrario, sommelier, segretario delle commissioni di degustazione vini DOC e direttore dell'ufficio Economia vitivinicola della Camera di Commercio di Bolzano

Klaus Platter, enologo, per lunghi anni direttore amministrativo di Laimburg e del podere provinciale, per venticinque anni segretario e presidente della Associazione vivai dell'Alto Adige (BSR), cofondatore della sezione Alto Adige della Federazione Nazionale degli Enologi

Siegfried de Rachewiltz, folklorista e studioso di letteratura, per lunghi anni direttore del Museo storico-culturale della Provincia di Bolzano a Castel Tirolo, fondatore e direttore del Museo dell'Agricoltura Brunnenburg

Barbara Raifer, agronoma, responsabile dell'area viticoltura presso il Centro di Sperimentazione Laimburg

Josef Reiterer, mastro cantiniere, fondatore della Cantina Metodo Classico Arunda a Meltina, presidente di lunga data dell'Associazione Produttori Spumante Alto Adige Metodo Classico

Peter Robatscher, dal 2010 direttore dell'Associazione Vignaioli dell'Alto Adige

Helmuth Scartezzini, agronomo, collezionista di letteratura vitivinicola, autore di trattati sulla viticoltura dell'Alto Adige, per quasi trent'anni direttore dell'Ufficio Frutti e Viticoltura della Provincia Autonoma di Bolzano

Walter Schullian, contabile nel campo del commercio di frutta e vino, già revisore dei conti presso la Federazione Cooperative Raiffeisen dell'Alto Adige, per sedici anni direttore del reparto Amministrazione aziendale settore merci, per dodici anni mandatario presso due cantine sociali, secondariamente anche agricoltore

Francesco Spagnolli, biologo, docente universitario e direttore dell'Istituto Agrario di San Michele all'Adige per oltre vent'anni

Hubert Steiner, archeologo e studioso di storia antica, vicedirettore dell'Ufficio Beni archeologici della Provincia Autonoma di Bolzano

Hans Terzer, dal 1977 direttore di cantina della Cantina San Michele-Appiano, dal 1993 presidente dell'Associazione dei Kellermeister dell'Alto Adige, sostenitore della qualità senza compromessi quando si tratta del vino dell'Alto Adige

Martin Thalheimer, agronomo, collaboratore scientifico presso l'Istituto per la frutticoltura del Centro di Sperimentazione Laimburg, responsabile del gruppo di lavoro Terreno, concimazione, irrigazione

Simon Tscholl, ecologo, ricercatore post dottorato presso l'Istituto per l'ambiente alpino di Eurac Research con focus di ricerca sull'analisi spaziotemporale degli ecosistemi (anche agricoli) in relazione al cambiamento climatico

Alexandra Untersulzner, folklorista e germanista, dal 2004 direttrice del Museo provinciale del Vino e del Museo provinciale degli usi e costumi di Teodone nonché per la caccia e la pesca presso Castel Wolfsthurn

Monika Unterthurner, ristoratrice, sommelier, accademica del vino e ambassador Aquae Nobilis, per sette anni presidente delle Giornate del Riesling di Naturno

Irmgard Windegger, viticoltrice presso la Tenuta bio Zollweghof sopra Lana, ex presidente del Verein für Kultur und Heimatpflege (Associazione per la Cultura e la Cura del territorio) di Tesimo

Roland Zwerger, storico specializzato in storia del paese di Termeno

1.2 Fattori climatici, gruppi di maturazione e cambiamento climatico

Harlfinger, O.: Klimahandbuch der österreichischen Bodenschätzung. Teil 2: Strahlung, Weinbau, Phänologie, Innsbruck 2002, p. 259.

IPCC: Summary for Policymakers. In: Climate Change 2021: The Physical Science Basis. Contribution of Working Group I to the Sixth Assessment Report of the Intergovernmental Panel on Climate Change [V. Masson-Delmotte, P. Zhai, A. Pirani, S.L. Connors, C. Péan, S. Berger, N. Caud, Y. Chen, L. Goldfarb, M.I. Gomis, M. Huang, K. Leitzell, E. Lonnoy, J.B.R. Matthews, T.K. Maycock, T. Waterfield, O. Yelekçi, R. Yu, and B. Zhou (eds.)]. Cambridge University Press, Cambridge 2021, pp. 3-32, doi:10.1017/9781009157896.001.

Jones, G.V.: Terroir and the importance of climate to winegrape production. 2015. https://www.guildsomm.com/public_content/features/articles/b/gregory_jones/posts/climate-grapes-and-wine [consultato il 02/03/22].

Nicholas, K.A.; William, H.D.: Farmscale adaptation and vulnerability to environmental stresses: Insights from winegrowing in Northern California.

Global Environmental Change. volume 22, 2a edizione, 2012, pp. 483-494.

Winkler, A.; Cook, J.; Kliewer, W.; Lider, L.: General Viticulture, University of California Press, Berkeley 1974, 740.

2.1 Bevanda cerimoniale e status symbol

Acconcia, Valeria; Piergrossi, Alessandra: L'archeologia del vino nella penisola italiana e nelle grandi isole del Tirreno tra il neolitico e la romanizzazione: tematiche, dati e approcci possibili, in: Bollettino di Archeologia On line Direzione Generale Archeologia. Belle Arti e Paesaggio XII/2, 2021, pp. 184-230.

Ciurletti, Gianni: Vite e vino dalla preistoria all'età romana, in: Calò, Antonio; Bertoldi Lenoci, Liana; Pontalti, Michele; Scienza, Attilio: Storia regionale della vite e del vino in Italia, Trentino, San Michele all'Adige 2012, pp. 43-77.

Eibner, Alexandra: Feste und Rituale in der Situlenkunst, in: Mitt. Anthr. Ges. Vienna 2015, Bd. 145, pp. 55-84.

Locatelli, Daniela: Il cerimoniale del banchetto a Sud delle Alpi nell'età del Ferro, in: Marzatico, Franco; Gebhard, Rupert; Gleirscher, Paul (a cura di): Le grandi vie delle civiltà. Relazioni e scambi fra Mediterraneo e il centro Europa dalla Preistoria alla Romanità, catalogo mostra, Trento 2011, pp. 269-273.

Lunz, Reimo: Urzeitliche Weinkultur und Weinwirtschaft im Raum Siebeneich-Terlan, in: Terlan und der Wein: Ursprung und Entwicklung des Terlaner Weinbaus, Terlano 1993, pp. 15-44.

Marzatico, Franco: La cultura del vino nel mondo retico: aspetti ideologici ed archeologici, in: Storia regionale delle vite e del vino in Italia – Trentino, 1993, pp. 21-42.

Marzoli, Catrin; Wiel Marin, Federica: Der ausgedehnte jüngereisenzeitliche Kultplatz von Siebeneich (Südtirol), in: Álvarez, J.M.; Nogales, T.; Rodà, I. (a cura di): ACTAS XVIII Congreso Internacional Arqueología Clásica, Merida 2014, pp. 593-598.

Pisoni, Luca; Tecchiati, Umberto: Il vino nell'età del Ferro atesina come paradigma delle diversità tra Alpi e Mediterraneo. In: Forni, G.; Kezich, G.; Scienza, A.: Le frontiere nascoste della cultura del vino. Annali di San Michele 25, 2014, pp. 113-131.

2.5 Buon vino proveniente dal sud

Ebnicher, Gottfried: Die Grundherrschaft des Stiftes Wilten in Südtirol bis ins 18. Jahrhundert. Diss. phil. Innsbruck 1970.

Heitmeier, Irmtraud: Verkehrsorganisation und Infrastruktur an alpinen Passstraßen im Mittelalter, in: Christian Later, Michaela Helmbrecht und Ursina Jecklin-Tischhauser (a cura di), Infrastruktur und Distribution zwischen Antike und Frühmittelalter. SAFM Studien zu Spätantike und Frühmittelalter 8, pp. 7-35.

Liebhart, Wilhelm: Die Reichsabtei St. Ulrich und Afra in Südtirol, in: Wolfram Baer, Pankraz Fried und Bernhard Hagel, Schwaben-Tirol. Historische Beziehungen zwischen Schwaben und Tirol von der Römerzeit bis zur Gegenwart. Beiträge zur Ausstellung der Stadt Augsburg und des Bezirkes Schwaben (7 luglio-15 ottobre 1989), Augusta 1989, pp. 141-146.

Loose, Rainer: Das Hochstift Augsburg am Oberen Weg, in: Der Schlern 74 (2000), pp. 578-584.

Nössing, Josef: Die Bedeutung der Tiroler Weine im Mittelalter, in: Christhard Schrenk und Hubert Weckbach (a cura di), Weinwirtschaft im Mittelalter. Quellen und Forschungen zur Geschichte der Stadt Heilbronn 9, Heilbronn 1997, pp. 193-203.

Stolz, Otto: Geschichte des Zollwesens, Handels und Verkehrs in Tirol und Vorarlberg von den Anfängen bis ins 20. Jahrhundert. Schlern-Schriften 108, Innsbruck 1953.

Stutzer, Dietmar: Weingüter bayerische Prälatenklöster in Südtirol. Rosenheim 1980.

Terzer, Simon Peter: "Etschwein und S. Magniobst". Grundherrschaft und Besitz des Klosters St. Mang (Füssen) in Südtirol bis zur Säkularisation. Diplomarbeit Innsbruck 2005.

Tumler, Franz: Herkunft und Terminologie des Weinbaues im Etsch- und Eisacktale. Schlern-Schriften 4, Innsbruck 1924.

Weber, Andreas Otto: Studien zum Weinbau der altbayerischen Klöster im Mittelalter. Altbayern – österreichischer Donauraum – Südtirol. Vierteljahresschrift für Sozial- und Wirtschaftsgeschichte, Beihefte 141, Stoccarda 1999.

Wolfram, Herwig: Österreichische Geschichte 378-907. Grenzen und Räume. Geschichte Österreichs vor seiner Entstehung. Vienna 1995.

Wüst, Wolfgang: Hochstift und Domkapitel Augsburg in Tirol, in: Wolfram Baer, Pankraz Fried und Bernhard Hagel, Schwaben-Tirol. Historische Beziehungen zwischen Schwaben und Tirol von der Römerzeit bis zur Gegenwart. Beiträge zur Ausstellung der Stadt Augsburg und des Bezirkes Schwaben, Augusta 1989, pp. 103-116.

3.1 Tra virtù e pestilenza

Locher, Elmar (a cura di): Hippolytus Guarinonius. Die Grewel der Verwüstung Menschlichen Geschlechts. Reprint der Ausgabe Ingolstadt 1610. edition sturzflüge, Bolzano 1993.

Locher, Elmar: Von der Bewegung. Frühneuzeitliche Reflexionen zu Raum und Zeit in den "Greweln" des Hippolyt Guarinoni. In: Elmar Locher (a cura di), Hippolytus Guarinonius im interkulturellen Kontext seiner Zeit. edition sturzflüge/Studien-Verlag, Bolzano-Innsbruck 1995, pp. 81-96.

Locher, Elmar: Beglaubigungsstrategien als rhetorisch-topische Verfahren in den "Greweln der Verwüstung Menschlichen Geschlecht". In: Klaus Amann u. Max Siller (a cura di), Hippolytus Guarinonius. Universitätsverlag Wagner, Innsbruck 2008, pp. 139-154.

Locher, Elmar: Hippolytus Guarinonius, in: Wilhelm Kühlmann, Jan-Dirk Müller u. a. (a cura di), VL 16, 3. Band. Walter de Gruyter Berlin-Boston 2014, pp. 125-132.

3.2 "Dare lustro al vino della Valle dell'Adige"

Hungerbühler, Plazidus-Karl; Maran, Ivo; Morandell, Stefan: Der Weinbau im Etschlande von Augustin Nagele, Propst zu Gries (1753–1815), in: Schriften zur Weingeschichte, Gesellschaft für Geschichte des Weines (a cura di), n. 187, Wiesbaden 2015.

Hungerbühler, Plazidus-Karl; Maran, Ivo; Morandell, Stefan: Augustin Nagele (1753–1815), Propst in Gries bei Bozen und Autor der ersten Monographie über den Weinbau in Südtirol im Jahr 1808, in: Der Schlern, 89a edizione, 2015, quaderno 11, pp. 46-53.

3.8 A tutela del vino e dei consumatori

AIS Associazione Sommelier Alto Adige: Der Sommelier. Allgemeine Grundbegriffe 1C, 1998.

Lezuo, Jakob: Die DOC-Regelung, relazione, Camera di Commercio Bolzano 1993.

Pichler, Christof: Die Weingesetzgebung, relazione, Camera di Commercio Bolzano 2008.

Zanotti, Helmuth: Gesetzgebung und Önografie der italienischen Weine, relazione, Camera di Commercio Bolzano 2004.

4.1 Le Madonne dell'uva, santi del vino e libagioni

Amonn, Walther (a cura di): Museo provinciale del vino. Catalogo, Bolzano.

Andergassen, Leo: Wein und Rebe in der Kunst, in: Vom Wein in Kaltern. 100 Jahre Erste und Neue Kellereigenossenschaft, Caldaro 2000, pp. 29-40.

Andergassen, Leo: Wein und Rebe im sakralen Kontext, in: WeinKunst. Weinland Südtirol in der Kunst, Catalogo della mostra presso Lanserhaus Appiano, Appiano 2013, pp. 11-22.

Andergassen, Leo: Traubenmadonnen, in: Weinbruderschaft 1996–2016, Ora 2016, pp. 202-205.

Andergassen, Leo: Die Trinkstube im Rothaler unter den Meraner Lauben, in: Weinbruderschaft 1996-2016, Ora 2016, pp. 220-223.

Andergassen, Leo: Himmlische Schutzherren über Wein und Keller, in: Tiroler Bauernkalender 2022, pp. 205-209.

De Jongh, Eddy: Grape symbolism in paintings of the 16th and 17th centuries, in: Simiolus 7 (1974), pp. 166-191.

Emmerling, Ernst: Der Wein auf Münzen und Medaillen, Wiesbaden 1969.

Frowein, Peter: Wein und Leben. Zur Symbolik der antiken und frühchristlichen Kunst. Unter Mitwirkung von Grete Schäfer, Bonn 1976.

Gössmann, F.: Die Traube St. Urbanus – gehört sie dem Papst oder dem Bischof gleichen Namens?, in: Der Schlern 53 (1979), pp. 372/373.

Graff, Dieter: Weinheilige und Rebenpatrone, Saarbrücken 1988.

Graff-Höfgen, Gisela; Graff, Dieter: Maria in den Reben, Brauchtum und Bekenntnis, Saarbrücken 1990.

Grießmair, Hans: Il Museo provinciale del Vino, Bolzano 1989.

Hamdorf, Friedrich Wilhelm: Dionysos, Bacchus, Kult und Wandlungen des Weingottes, Monaco 1986.

Hofmann, Werner (a cura di): Wasser und Wein. Zwei Dinge des Lebens. Aus der Sicht der Kunst von der Antike bis heute, Ausstellungskatalog Krems, Vienna-Colonia 1995.

Jung, Hermann: Unsterblicher Bacchus, Weindenkmäler aus zwei Jahrtausenden, Duisburg 1955.

Jung, Hermann: Wein in der Kunst, Monaco 1961.

Lechner, Gregor Martin: Wasser und Wein, Funktion und Bedeutung in Kunst und Liturgie der Barockzeit, in: Catalogo della mostra Wasser & Wein, Krems 1995, pp. 77-89.

Leitermann, Heinz: Der Heilige Urbanus am Mittelrhein, in: Heimat-Jahrbuch Landkreis Bingen 10 (1965), pp. 79-82.
Lühmann, Werner: St. Urban, Beiträge zur Vita und Legende, zum Brauchtum und zur Ikonographie, Würzburg 1968.
Nussbaum, Otto: Die große Traube Christus, in: Jahrbuch für Antike und Christentum 6 (1963), pp. 136-143.
Schreiber, Georg: Zur Symbolik, Sprache und Volkskunde des Weines, in: Beiträge zur sprachlichen Überlieferung, Berlino 1953, pp. 208-232.
Schreiber, Georg: Deutsche Weingeschichte. Der Wein in Volksleben, Kult und Wirtschaft, Colonia 1980.
Thomas, Alois: Die Darstellung Christi in der Kelter (Forschungen zur Volkskunde 20/21), Düsseldorf 1936.
Thomas, Alois: Brauchtum um Winzer und Wein an der Mittelmosel, in: Zeitschrift des Rheinischen Vereins für Denkmalpflege 1957, pp. 28-38.
Thomas, Alois: Maria die Weinrebe, Kurtrierisches Jahrbuch 10 (1970), pp. 30-55.
Walzer, Albert: St. Urban, Patron der Weingärtner, in: Schwäbische Heimat 2 (1951), pp. 189-192.
Weckwerth, Alfred: Der in der weinumrankten Kelter Gekreuzigte, in: Festschrift für Alois Thomas, Treviri 1967, pp. 469-473.

4.2 Le mode passano, lo stile resta

Allmaier, Michael: Wein ohne Alkohol, in: Die Zeit, 15 ottobre 2020, n. 43.
Hubert, Wolfgang; Reith, Heike: Wein und Kunst, Busse + Seewald Verlag 1993.
Mayr, Manfred Alois: Über Transparenz und Verdeckung, The Black Tower 01/2022.
Moser, Peter: Best of originelle Wein-Etiketten, in: Falstaff, 19 aprile 2021.
Piffer-Damiani, Marion: Wahlverwandtschaften zwischen Kunst und Keller, in: Arunda n. 83 (2012).
Sager, Peter: Edle Drucksache – Bilder für den Flaschenbauch, in: Zeitmagazin n. 37, settembre 1994.

4.5 Vetrina sulla storia

Grießmair, Hans: Fünfzig Jahre Südtiroler Weinmuseum. Ein Rückblick, in: Der Schlern, 79a edizione, 2005, quaderno 8/9, pp. 4-11.
Grießmair, Hans: Das Südtiroler Weinmuseum. Bolzano 1989.

4.6 Il vino come motore dello sviluppo urbano

Grass, Nikolaus: Fragmente zur Geschichte der Tiroler Weinkultur, in: Aus Wirtschaft und Geschichte, Festschrift für Ferdinand Ulmer. Tiroler Wirtschaftsstudien 17, Innsbruck 1963, pp. 137-168.
Irsigler, Franz: Weinstädte an der Mosel im Mittelalter, in: Ferdinand Opll (a cura di), Stadt und Wein. Beiträge zur Geschichte der Städte Mitteleuropas, Band XIV, Linz 1996, pp. 165-180.
Landsteiner, Erich: Weinbau und bürgerliche Hantierung. Weinproduktion und Weinhandel in den landesfürstlichen Städten und Märkten Niederösterreichs in der frühen Neuzeit, in: Ferdinand Opll (a cura di), Stadt und Wein, op. cit., pp.17-51.
Nössing, Josef: Die Bedeutung der Tiroler Weine im Mittelalter, in: Christhard Schrenk und Hubert Weckbach (a cura di): Weinwirtschaft im Mittelalter. Quellen und Forschungen zur Geschichte der Stadt Heilbronn, Band 9, Heilbronn 1997, pp. 193-204.
Nössing, Josef: Wo bester Wein in Fülle wächst. Über die Weinleiten und den Bozner Wein im Mittelalter, in: Heinz Tiefenbrunner: Häusergeschichte von Zwölfmalgreien, Heimatschutzverein Bozen (a cura di), Bolzano 2011, pp. 320-329.
Opll, Ferdinand (a cura di): Stadt und Wein. Beiträge zur Geschichte der Städte Mitteleuropas, Band XIV, Linz/Donau 1996.

Schneider, Walter: Weinverkauf des Heilig-Geist-Spitals in Bozen im 16., 17. und 18. Jahrhundert, in: Der Schlern, 70a edizione (1996), pp. 195-211.
Schneider, Walter: Das Heilig-Geist-Spital in Bozen. Aufriß zu einer Geschichte des Spitals von den Anfängen bis 1922, in: Walter Schneider e Giorgio Delle Donne: Das Krankenhaus Bozen einst und jetzt. Bolzano 1992, pp. 1-76.
Stampfer, Cölestin: Geschichte von Meran, der alten Hauptstadt des Landes Tirol, von den ältesten Zeiten bis zur Gegenwart. Innsbruck 1889.
Wohlgemuth, Alfred: Beiträge zur Geschichte des Weinbaues und der Gastwirtschaft in und um Meran von den Anfängen bis zum Beginn des 20. Jahrhunderts. Dissertation Innsbruck 1979.

4.7 Degustare in alta quota

Berger, Frank: Julius Payer – Die unerforschte Welt der Berge und des Eises, Tyrolia 2015.
De Saussure, Horace-Bénédict: Kurzer Bericht von einer Reise auf den Gipfel des Mont Blanc, im August 1787, 1788.
Meyers Reisebücher: Deutsche Alpen, Zweiter Teil, Leipzig und Wien, Bibliographisches Institut, 1900.
Poeten des Abgrunds, Panico Alpinverlag 2010.
Runggaldier, Ingrid: Gezahnt wie der Kiefer eines Alligators – Was Reisende über die Dolomiten schrieben, Edition Raetia, Bolzano 2023.
Stephen, Leslie: Der Tummelplatz Europas, 1871.
Twain, Mark: Bummel durch Europa, 1880.
von Eschenbach, Wolfram: Willehalm. W. Schröder (a cura di), Berlino-New York 1878, p. 174, strofa 136, 10.
von Goethe, Johann Wolfgang: "Italienische Reise", Goethe Werke, vol. VI, Insel Verlag 1993.
von Wolkenstein, Oswald: citato nella versione originale, pubblicata in Anton Schwob, Oswald von Wolkenstein, p. 108.
White, Walter: Holidays in Tyrol, Kufstein, Klobenstein and Paneveggio, Chapman and Hall, London 1876.
Whymper, Edward: Matterhorn. AS Verlag, Zürich 2005.

5.1 Pionieri nella vicina regione

Baldessari, M.; Benetti, V.; Ferrari, S.; Todeschini, E.: Cento anni di vivaismo viticolo nel Trentino. Vivai cooperativi di Padergnone (a cura di), 1985.
Corsini, V.: Storia di un Istituto nella storia di un paese autonomo. Istituto Agrario Provinciale (a cura di), 1974.
Giacomoni, F.: L'Istituto Agrario di San Michele all'Adige. Editrice Saturnia, Trento 1994.
Segnana, A.: L'Istituto nel ventennio fascista. La direzione di Enrico Avanzi. Annuario C. I. F. San Michele, 11, 2021, pp. 14-21.
Spagnolli, Francesco: San Michele e la spumantistica trentina: storie intrecciate di monasteri, uomini e bollicine. Annuario C. I. F. San Michele, 8, 2017, pp. 94-99.
Tafner, S.: San Michele. La storia parla al futuro. IASMA (a cura di), TEMI, Trento 2004.

5.4 Essere forti insieme

Mach, Edmund: Der Weinbau und die Weine Deutschtirols, 1894.
Pichler, Walter; Walter, Konrad: Zwischen Selbsthilfe und Marktlogik, Edition Raetia, Bolzano 2007.
Schmertzing, Michaela: Die Kellereigenossenschaften in Südtirol, 1991.
Ulmer, Ferdinand: Die Weinwirtschaft Südtirols, Wagner, Innsbruck 1931.
Zemmer, Erich: Die Kellereigenossenschaften Südtirols und Vergleich derselben mit den Winzergenossenschaften Niederösterreichs, 1953

Consorzio Vini Alto Adige, Florian Andergassen: pp. 12/13, 16/17, 446, 461, 462, 470/471
Consorzio Vini Alto Adige, Tiberio Sorvillo: pp. 14/15, 18/19, 20/21, 178, 444, 464/465, 472/473
Consorzio Vini Alto Adige, Benjamin Pfitscher: p. 22/23
Tenuta J. Hofstätter, Antie Braito: p. 24, 449, 489
Martin Thalheimer: p. 31
Cantina Tramin, Günther Facchinelli: p. 55 (in alto)
Centro di Sperimentazione Laimburg: p. 55 (in basso), p. 58 (in alto)
Tenuta Tiefenbrunner: pp. 58 (in basso), 480
Irmgard Windegger: pp. 67, 68
Geobrowser della Provincia Autonoma di Bolzano: p. 79 (in alto)
Archivio Storico della Città di Bolzano, collezione di pergamene: p. 79 (al centro)
Consorzio Vini Alto Adige: p. 79 (in basso)
Museo provinciale del Vino, Hermann Maria Gasser: pp. 88/89, 186/187, 355 (in alto), 356 (in alto a ds)
Ufficio Beni archeologici: pp. 92, 95 (al centro e in basso)
Wikimedia Commons: p. 101
Museo Uomo nel Tempo: pp. 102 (in alto e in basso a sn), 173 (in basso a ds)
Museo Ferdinandeum: p. 102 (in basso a ds)
da Oberhofer, H. et. al.: La fruttiviticoltura nel corso del tempo. Centro di Consulenza per la fruttiviticoltura dell'Alto Adige, Lana 2007: p. 126
Archivio fotografico Cornaiano: pp. 135 (in alto), 209 (in alto), 246 (in alto a ds), 249 (in basso), 447, 460
Centro di Consulenza per la fruttiviticoltura dell'Alto Adige: pp. 135 (al centro e in basso), 136 (in alto), 173 (in alto e in basso a sn), 174, 177 (in alto), 179 (in basso)
Archivio fotografico Hugo Atzwanger, Museo provinciale degli usi e costumi: pp. 136 (in basso), 160 (in basso)
Raccolta Ivo Maran: pp. 142, 143, 146, 156 (in alto), 189, 215
Barbara Raifer: pp. 150 (in alto a sn)
Roland Zwerger: p. 150 (in alto a ds)
Cantina Tramin, Florian Andergassen: p. 150 (in basso), 328/329
Lorenz Fränzl: p. 153
Raccolta Helmuth Scartezzini: pp. 159, 160 (in alto)
Manincor, Alex Filz: pp. 177 (in basso), 324/325, 488, 492, 493, 495
Raccolta Hansjörg Hafner: p. 178
Edgar Baumgartl: p. 195 (in alto a ds)
Peter Daldos: p. 195 (in alto a sn e in basso)
Archivio fotografico Cornaiano, Cantina Girlan: pp. 208, 249 (in alto a sn)
Archivio fotografico Cornaiano, Hartmuth Spitaler: pp. 209 (in basso), 251 (a sn e in alto a ds), 474, 487, 490, 494, 497
Raccolta Museo Civico Monaco di Baviera: p. 233 (in alto)
Archivio fotografico Cornaiano, Hilde Wöth: p. 246 (in alto a sn e in basso)
Archivio fotografico Cornaiano, Hedwig Andergassen: p. 249 (in alto a ds)
Archivio fotografico Cornaiano, Anneliese Oberrauch Weger: pp. 251 (in basso), 476, 477 (sn), 478
Camera di Commercio di Bolzano: pp. 256, 257
Museo provinciale del Vino, Irene Tomedi: pp. 262/263
Leo Andergassen: pp. 265 (sn e in alto a ds), 267 (in alto), 268, 269
Museo provinciale storico-culturale della Provincia di Bolzano a Castel Tirolo: p. 265 (in basso)
Museo Diocesano Hofburg Bressanone, Andrea Terza: p. 267 (al centro e in basso)
Cantina San Michele-Appiano: p. 276, 277, 278/279
Consorzio Vini Alto Adige, Armin Huber: pp. 280/281, 297 (in basso)
Tenuta J. Hofstätter: pp. 282/283, 284/285, 484/485

Manincor, Walter Niedermayr: pp. 286, 287
Manincor: pp. 288/289, 452, 466, 467
Tenuta Alois Lageder, John McDermott: pp. 290/291
Tenuta Alois Lageder: pp. 292/293
Cantina convento Muri-Gries: pp. 298 (in alto), 361 (in basso)
Château Mouton Rothschild: p. 298 (in basso)
Consorzio Vini Alto Adige, Klaus Peterlin: pp. 302-309
Cantina Kurtatsch, Florian Andergassen: pp. 316/317, 486
Weinhof Kobler: pp. 318/319
Elena Walch, Tobias Kaser: pp. 320/321
Cantina Bolzano: pp. 322/323, 448, 456/457, 463, 481, 500/501
Nalles Magrè: pp. 326/327
Cantina Caldaro, Alex Filz: pp. 330/331
Tenuta Pacher Hof: pp. 332/333
Franz Gojer – Glögglhof, Jan Kusstatscher: pp. 334/335
Tenuta J. Hofstätter, Sabine Jellasitz Jackson: pp. 336/337
Arthur Scheler (intorno al 1930), Archivio Brunnenburg: p. 342 (in basso)
Archivio fotografico Erika Groth-Schmachtenberger, Museo provinciale degli usi e costumi: pp. 353 (in alto a sn), 355 (in basso)
Museo provinciale del Vino: pp. 353 (in alto a ds e in basso), 355 (al centro), 356 (in alto a sn e in basso)
Museo provinciale del Vino, Gerd Eder: pp. 386/387
Fondazione Edmund Mach: p. 389 (in alto a ds e in basso)
Archivio della C.C.I.A.A. di Trento/Romano Magrone: p. 389 (al centro)
Archivio Centro di Sperimentazione Laimburg: pp. 393 (in alto e in basso a ds), 396 (in basso)
Centro di Sperimentazione Laimburg, Ivo Corrà: pp. 393 (in basso a sn), 396 (in alto e al centro), 397
Cantina Kaltern: p. 413
Associazione turistica Caldaro, Helmuth Rier: pp. 442/443, 468/469, 504/505
Castelfeder, HerbMedia: p. 445
Consorzio Vini Alto Adige, Tobias Kaser: pp. 450/451, 498, 499
Archivio fotografico Wilhelm Walch: pp. 453, 477, 483, 496
Manincor, Bernhard Mayr: pp. 454/455
Consorzio Vini Alto Adige, Sven Schomburg Fotografie: pp. 458/459
Cantina Merano, Helmuth Rier: p. 475
Cantina Terlano: p. 479
Consorzio Vini Alto Adige, F-Tech Production: p. 482
Cantina Girlan: p. 485
Tenuta J. Hofstätter, Peter Koren: p. 491
Associazione turistica Caldaro, Marion Lafogler: p. 502
Archivio fotografico Cornaiano, Luis Tapfer: p. 503

COLOPHON

Vino in Alto Adige.
Storia e presente
di un territorio vinicolo unico

1ª edizione 2025
© Athesia Buch Srl, Bolzano
Via del Vigneto, 7 | I-39100 Bolzano
casa.editrice@athesia.it

Titolo dell'edizione originale:
"Wein in Südtirol"

Coordinamento dell'edizione italiana:
Exlibris, Bolzano (Daniela Kahler)
Traduzione dal tedesco:
Exlibris, Bolzano (Sergio Colombi)
Supervisione traduzione dei termini tecnici:
Exlibris, Bolzano (Tiziana Panfilo)
Revisione generale edizione italiana:
Milena Macaluso

In qualità di Curatore di questo libro, il Consorzio Vini Alto Adige non ha esercitato alcuna influenza sui contenuti dei capitoli pubblicati; degli stessi e della loro accuratezza sono pertanto pienamente responsabili le autrici e gli autori. Anche le opinioni espresse nei singoli capitoli sono quelle di autrici e autori, e non riflettono necessariamente le posizioni del Consorzio Vini Alto Adige.

ISBN 978-88-6839-848-4

Realizzato con il sostegno della Provincia Autonoma di Bolzano – Alto Adige, Cultura italiana

AUTONOME PROVINZ BOZEN - SÜDTIROL
Abteilung Italienische Kultur
PROVINCIA AUTONOMA DI BOLZANO - ALTO ADIGE
Ripartizione Cultura italiana

Curatore:
Consorzio Vini Alto Adige

Idea:
Peter Dipoli, Ivo Maran

Coordinamento progetto Consorzio Vini Alto Adige:
Eduard Bernhart, Heidi Schweigkofler, Kathrin Werth

Coordinamento redazionale:
J. Christian Rainer

Ideazione del libro e progettazione grafica, infografiche:
himmel. Studio für Design und Kommunikation, Scheffau-Innsbruck/Tirolo
(Kurt Höretzeder, Lisa Arzberger, Valentina Recheis)

Carta pagine interne:
Mondi Pergrafica Natural Rough

Font:
Walbaum 12/Walbaum 6 (Monotype)

Qualora il Curatore, nonostante le accurate ricerche, non fosse riuscito a rintracciare tutti i titolari dei diritti d'autore, è lieto di procedere a riconoscere i diritti legittimi su segnalazione, secondo le modalità consuete.

Immagine di copertina:
Consorzio Vini Alto Adige/Tobias Kaser (copertina anteriore); Museo provinciale degli usi e costumi (copertina posteriore)

Stampa: **Printer Trento**

Tiratura: **2.500 copie**

Stampato su carta rispettosa dell'ambiente, sbiancata senza cloro e priva di acidi.

Per essere sempre aggiornati
www.athesia-tappeiner.com